EUL VERLAG

Rechnungslegung und Wirtschaftsprüfung

Herausgegeben von Prof. (em.) Dr. Dr. h. c. Jörg Baetge, Münster, Prof. Dr. Hans-Jürgen Kirsch, Münster, und Prof. Dr. Stefan Thiele, Wuppertal

Band 40
Christian Weber
Rechnungslegung und Lizenzierung im deutschen Profifußball
Lohmar – Köln 2012 ♦ 300 S. ♦ € 59,- (D) ♦ ISBN 978-3-8441-0164-5

Band 41
Yasmine Bassen
Internationale Rechnungslegung von Nonprofit-Organisationen
Lohmar – Köln 2012 ♦ 276 S. ♦ € 58,- (D) ♦ ISBN 978-3-8441-0167-6

Band 42
Stephan G. Schön
Praxis der IFRS 7-Berichterstattung bei Nicht-Finanzdienstleistern
Lohmar – Köln 2012 ♦ 540 S. ♦ € 75,- (D) ♦ ISBN 978-3-8441-0182-9

Band 43
Lena Schoo
Umsatzrealisierung nach IFRS – Entscheidungsnützlichkeit der Regelungen des Revenue-Recognition-Projektes versus der geltenden Regelungen
Lohmar – Köln 2013 ♦ 288 S. ♦ € 58,- (D) ♦ ISBN 978-3-8441-0268-0

Band 44
Dirk Stöppel
Die kaufmännische Lageberichterstattung von Hochschulen
Lohmar – Köln 2013 ♦ 324 S. ♦ € 62,- (D) ♦ ISBN 978-3-8441-0280-2

Band 45
Fabian Graupe
Die Bilanzierung von Leasingverhältnissen beim Leasinggeber in der Internationalen Rechnungslegung
Lohmar – Köln 2013 ♦ 304 S. ♦ € 59,- (D) ♦ ISBN 978-3-8441-0281-9

JOSEF EUL VERLAG

Reihe: Rechnungslegung und Wirtschaftsprüfung · Band 45

Herausgegeben von Prof. (em.) Dr. Dr. h. c. Jörg Baetge, Münster, Prof. Dr. Hans-Jürgen Kirsch, Münster, und Prof. Dr. Stefan Thiele, Wuppertal

Dr. Fabian Graupe

Die Bilanzierung von Leasingverhältnissen beim Leasinggeber in der Internationalen Rechnungslegung

Mit einem Geleitwort von Prof. Dr. Dr. h. c. Jörg Baetge,
Westfälische Wilhelms-Universität Münster

EUL VERLAG

Bibliografische Information der Deutschen Nationalbibliothek

Die Deutsche Nationalbibliothek verzeichnet diese Publikation in der Deutschen Nationalbibliografie; detaillierte bibliografische Daten sind im Internet über <http://dnb.d-nb.de> abrufbar.

Dissertation, Westfälische Wilhelms-Universität Münster, 2013

D 6

ISBN 978-3-8441-0281-9
1. Auflage Oktober 2013

JOSEF EUL VERLAG GmbH
Brandsberg 6
53797 Lohmar
Tel.: 0 22 05 / 90 10 6-6
Fax: 0 22 05 / 90 10 6-88
E-Mail: info@eul-verlag.de
http://www.eul-verlag.de

Bei der Herstellung unserer Bücher möchten wir die Umwelt schonen. Dieses Buch ist daher auf säurefreiem, 100% chlorfrei gebleichtem, alterungsbeständigem Papier nach DIN 6738 gedruckt.

Geleitwort

Das Leasing stellt sowohl in Deutschland als auch in anderen Ländern mit marktwirtschaftlicher Ordnung eine beliebte Finanzierungsform dar. Aufgrund der hohen volks- und betriebswirtschaftlichen Bedeutung des Leasings ist es evident, dass die Bilanzierung von Leasingverhältnissen die Darstellung der Vermögens-, Finanz- und Ertragslage eines Unternehmens stark beeinflussen kann. Die Bilanzierung von Leasingverhältnissen nach IFRS wird indes im internationalen Schrifttum seit geraumer Zeit vehement kritisiert. Vor allem die erheblichen Ermessenspielräume, welche die Anwendung des bisher gültigen IAS 17 mit sich bringt, und die mangelnde Konformität des IAS 17 mit dem *conceptual framework* stehen im Mittelpunkt der Kritik. Die Bilanzierung von Leasingverhältnissen soll nach der Absicht des IASB künftig aber auf eine neue konzeptionelle Grundlage, das sog. *right of use model,* gestellt werden. Der IASB will mit dem *right of use model* einen IFRS verabschieden, welcher gewährleisten soll, dass die Vertragsparteien sämtliche Vermögenswerte und Schulden, die aus einem Leasingverhältnis resultieren, in der Bilanz erfassen. Während das *right of use model* bezüglich der Bilanzierung **beim Leasingnehmer** intensiv diskutiert worden ist, sind die Folgen für den **Leasinggeber** bisher vergleichsweise wenig thematisiert worden. Deshalb sind viele Fragen, die sich im Zusammenhang mit der Leasinggeberbilanzierung stellen, bisher ungeklärt. Das betrifft auch und vor allem die **Ertragsrealisierung**. Dies ist umso bedeutsamer als der IASB gerade auch die Regelungen zur Umsatzrealisierung nach IFRS im Reformprojekt *revenue recognition* umfassend überarbeitet. Die Frage aber, wie die Regelungen zur Ertragsrealisierung beim Leasinggeber auszugestalten sind, damit diese mit den Vorschlägen des Board im Reformprojekt *revenue recognition* konzeptionell im Einklang stehen, wird bisher kaum diskutiert.

Der Verfasser untersucht in der vorliegenden Arbeit, wie der Ansatz (*approach*) des IASB zur künftigen Leasinggeberbilanzierung ausgestaltet werden soll, damit sichergestellt ist, dass in der Bilanz sämtliche Vermögenswerte und/oder Schulden erfasst werden, die für einen Leasinggeber aus einem Leasingverhältnis resultieren und der Ansatz zugleich mit den Vorschlägen des IASB zur künftigen Umsatzrealisierung im Einklang steht. Der Verfasser entwickelt als Grundlage für seine Analyse der Leasinggeberbilanzierung ein Anforderungsprofil. Die verschiedenen Vorschläge des IASB zur Leasinggeberbilanzierung nach dem *right of use model* werden dargestellt und anhand des entwickelten Anforderungsprofils kritisch gewürdigt.

Die Untersuchung umfasst fünf Abschnitte. Im **ersten Abschnitt** werden die Bedeutung der Leasinggeberbilanzierung nach IFRS, die Problemstellung und der Gang der Untersuchung erläutert.

Im **zweiten Abschnitt** legt der Verfasser die Grundlagen für seine Untersuchung. Dazu setzt er sich zunächst intensiv mit dem Begriff des Leasings auseinander. Nach einem kurzen historischen Abriss der Entwicklung des Leasings vom „Leasing der ersten Generation" zum heutigen „Leasing der dritten Generation" systematisiert der Verfasser die Anbieter von Leasingobjekten. Dabei werden hersteller-/händlerabhängige, hersteller-/händlerunabhängige und sonstige Leasinggeber unterschieden und es wird verdeutlicht, dass Leasinggeber aus sehr unterschiedlichen Motiven Leasingverhältnisse eingehen. Daher unterscheiden sich Leasingverhältnisse in ihrer konkreten vertraglichen Ausgestaltung erheblich voneinander. Aufgrund der sehr weit gefassten Definition eines Leasingverhältnisses nach IFRS stellen indes sämtliche Leasingverhältnisse der ersten, zweiten und dritten Generation sowie sämtliche Leasingverhältnisse, die ein hersteller-/händlerabhängiger, hersteller-/händlerunabhängiger oder ein sonstiger Leasinggeber eingeht, grundsätzlich Leasingverhältnisse im Sinne der IFRS dar. Als eines der zentralen Merkmale aller Leasingverhältnisse erweist sich, dass der Leasinggeber bestimmte Verfügungsrechte an dem Leasinggegenstand mit Beginn der Laufzeit des Leasingverhältnisses auf den Leasingnehmer überträgt. Dieses Faktum nutzt der Verfasser und systematisiert die Verfügungsrechte, die mit dem Eigentum an einem Gegenstand verbunden sind, anhand der **Theorie der Verfügungsrechte** (*usus, usus fructus, abusus, successionis*). Er zeigt, welche Verfügungsrechte zur Entstehung eines Leasingverhältnisses mindestens auf eine Vertragspartei übertragen werden müssen, welche Kombinationen von Verfügungsrechten in verschiedenen Leasingverhältnissen übertragen werden und in welchen Fällen eine Vertragspartei so umfangreiche Verfügungsrechte auf eine andere Partei überträgt, dass – unabhängig von der Bezeichnung des Vertrags – ein Verkauf des zugrunde liegenden Gegenstands konstatiert werden muss.

Im **dritten Abschnitt** entwickelt der Verfasser ein Anforderungsprofil für die Leasinggeberbilanzierung nach IFRS auf der Basis des *conceptual framework*. In zwei Unterabschnitten zeigt er sowohl die Erfassung eines Leasingverhältnisses in der Bilanz des Leasinggebers als auch die Ertragsrealisierung in dessen Gesamtergebnisrechnung. Mit seinem Anforderungsprofil liefert der Verfasser die Basis erstens zur Beantwortung der Frage, ob die *de lege lata* Leasinggeberbilanzierung nach IAS 17 reformbedürftig ist, und zweitens, wie die vorgeschlagenen Ansätze für die *de lege ferenda* Leasinggeberbilanzierung zu würdigen sind.

Ausgehend vom Zweck eines IFRS-Abschlusses (Vermittlung entscheidungsnützlicher Informationen) macht er deutlich, dass in der **Bilanz eines Leasinggebers** sämtliche Vermögenswerte und Schulden im Sinne des *conceptual framework* erfasst werden müssen. Nur dann werde zweckgerecht gewährleistet, dass sämtliche wirtschaftlichen Ressourcen des Leasinggebers und sämtliche Ansprüche gegen den Leasinggeber für den Abschlussadressaten erkennbar seien. Dementsprechend wird geklärt, welche wirtschaftlichen Ressourcen bzw. welche Ansprüche gegen den Leasinggeber zu Beginn des Leasingverhältnisses, zu Beginn der Laufzeit des Leasingverhältnisses, während der Laufzeit des Leasingverhältnisses sowie zum Ende des Leasingverhältnisses aus einem Leasingverhältnis resultieren und welche dieser Vielzahl an Ressourcen und Ansprüchen die Definitions- und Ansatzkriterien eines Vermögenswerts bzw. einer Schuld im Sinne des *conceptual framework* erfüllen. Zunächst wird ein sog. einfaches Leasingverhältnis analysiert. Danach werden komplexere Vertragsklauseln wie Laufzeit- und Kündigungsoptionen, Kaufoptionen, Restwertgarantien, Servicebestandteile und bedingte Leasingraten berücksichtigt. Der Verfasser zeigt, dass aus jedem Leasingverhältnis für einen Leasinggeber ein finanzieller Vermögenswert resultiert, der dessen Anspruch auf das Entgelt repräsentiert, weil er den Leasinggegenstand dem Leasingnehmer zur Verfügung gestellt und das Recht auf Nutzung übertragen hat. Nach den Vorgaben des *conceptual framework* müsste dieser finanzielle Vermögenswert nach Ansicht des Verfassers zum Barwert der nutzungsunabhängigen Leasingraten während der unkündbaren Mindestleasingdauer bewertet werden. Sofern der Leasingnehmer den Leasinggegenstand am Ende der Laufzeit des Leasingverhältnisses an den Leasinggeber zurückgibt, resultiert aus einem Leasingverhältnis mit Beginn der Laufzeit zudem ein Restvermögenswert. Sofern sich der Leasinggeber den kalkulierten Restwert vertraglich garantieren lässt, unterliegt der Restvermögenswert keiner Wertminderungspflicht nach IAS 36. Auf der Passivseite darf sich ein Leasingverhältnis nach Ansicht des Verfassers nur dann niederschlagen, wenn aus einem schwebenden Leasingverhältnis ein Verlust droht oder wirtschaftliche Belastungen durch Leistungsstörungen drohen. Der Verfasser spiegelt die derzeitig geltende Regelung der bilanziellen Erfassung von Leasingverhältnissen (nach IAS 17) an den von ihm herausgearbeiteten Anforderungen und zeigt, dass die *de lege lata* Leasinggeberbilanzierung diesen nicht gerecht wird.

Auch für die **Ertragsrealisierung** beim Leasinggeber entwickelt der Verfasser ein Anforderungsprofil auf der Basis des Zwecks eines IFRS-Abschlusses. Er erläutert die Vorgaben des *conceptual framework* zur Ertragsrealisierung und zeigt, dass der IASB mit dem Reformprojekt *revenue recognition* beabsichtigt, künftig die bilanzorientierten Ertragsrealisierungsvorschriften des *conceptual framework* (*asset and liability approach*) umfassender umzusetzen als dies nach den derzeitig gültigen Standards der Fall ist. Die im Reformprojekt vorgesehenen fünf Schritte zur Umsatzrealisierung werden systematisch dargestellt und analysiert. Außerdem wird untersucht, wie für die Ertragsrealisierung beim Leasinggeber gewährleistet werden kann, dass diese mit den Vorschlägen des IASB im Reformprojekt *revenue recognition* konsistent ist. Hierfür wird geklärt, welche separaten Leistungsverpflichtungen für einen Leasinggeber aus einem Leasingverhältnis resultieren können, wie der Transaktionspreis und somit die Ertragsrealisierung der Höhe nach zu bestimmen ist, wie die Leasingraten auf die verschiedenen separaten Leistungsverpflichtungen aufzuteilen sind und zu welchem Zeitpunkt bzw. über welchen Zeitraum die Erträge zu realisieren sind. Der Verfasser verdeutlicht seine Ergebnisse mit Beispielen, spiegelt die derzeit gültigen Ertragsrealisierungsvorschriften an seinen Anforderungen und zeigt, dass der IAS 17 diesen nicht gerecht wird.

Der **vierte Abschnitt** behandelt die Vorschläge des IASB zur künftigen Leasinggeberbilanzierung nach dem *right of use model.* Dieses Modell und seine Umsetzung werden dargestellt und am Anforderungsprofil kritisch gewürdigt. Der ursprüngliche und der revidierte Standardentwurf *leases* sehen einen hybriden Ansatz zur Leasinggeberbilanzierung vor. Der Verfasser setzt sich mit den jeweiligen Klassifizierungsvorschriften auseinander und zeigt, dass beide hybriden Ansätze ermessensbehaftete und nicht überschneidungsfreie Abgrenzungen implizieren und somit zu ähnlich großen Ermessensspielräumen führen würden, wie nach derzeitiger Rechtslage (IAS 17). Der Verfasser zeigt, dass die Nachteile, die aus einem hybriden Ansatz resultieren, im Vergleich zu den vom Board angeführten Vorteilen deutlich überwiegen. Der Verfasser spricht sich daher nachdrücklich für einen **einheitlichen Ansatz** aus und setzt sich mit den verschiedenen, vom Board seit Beginn des Reformprojekts vorgeschlagenen Ansätzen zur Leasinggeberbilanzierung nach dem *right of* *use model* (*performance obligation approach*, *derecognition approach*, *receivable and residual approach*) kritisch auseinander. Der Verfasser kommt zu dem Ergebnis, dass der *receivable and residual approach* das entwickelte Anforderungsprofil besser erfüllt als die anderen Ansätze. Zudem sei er grundsätzlich als einheitlicher Ansatz für die Bilanzierung aller Leasingverhältnisse nach dem *right of use model* geeignet, auch wenn er Schwächen aufweise, die sich allerdings entsprechend den konkreten Handlungsempfehlungen für den IASB beseitigen lassen.

Die Arbeit schließt im **fünften Abschnitt** mit einer Zusammenfassung.

Der Verfasser bearbeitet mit dem Thema der Bilanzierung von Leasingverhältnissen beim Leasinggeber in der Internationalen Rechnungslegung ein hochaktuelles Thema von großer theoretischer und praktischer Bedeutung. Es wäre zu wünschen, dass der IASB die konstruktive Kritik an seinem Reformvorschlag bei der endgültigen Verabschiedung seines Standards zur Leasingbilanzierung berücksichtigt.

Münster in Westfalen, im August 2013 — Prof. Dr. Dr. h.c. Jörg Baetge

Vorwort des Verfassers

Die vorliegende Arbeit entstand während meiner Tätigkeit als wissenschaftlicher Mitarbeiter im Forschungsteam Baetge und meiner Tätigkeit als fachlicher Mitarbeiter bei der Ernst & Young GmbH Wirtschaftsprüfungsgesellschaft in Stuttgart und Düsseldorf. Sie wurde im Juli 2013 von der Wirtschaftswissenschaftlichen Fakultät der Westfälischen Wilhelms-Universität als Dissertation angenommen.

Meinem verehrten Doktorvater, Herrn Prof. Dr. Dr. h.c. Jörg Baetge, danke ich herzlich für die wissenschaftliche Betreuung der Arbeit und für die Übernahme des Erstgutachtens. Seine fachlichen Anregungen und seine stete Zuversicht in das erfolgreiche Gelingen der Arbeit haben mir immer sehr geholfen. Für die weitreichende Unterstützung der Ernst & Young GmbH Wirtschaftsprüfungsgesellschaft bedanke ich mich stellvertretend herzlich bei Herrn WP/StB Prof. Dr. Peter Wollmert, Herrn WP/StB Prof. Dr. Peter Oser und Herrn WP/StB Dr. Stefan Bischof. Mein Dank gilt auch Herrn StB Prof. Dr. Christoph Watrin für die Zweitbegutachtung der Arbeit.

Für fachliche Hinweise danke ich zudem Prof. Dr. Hans-Jürgen Kirsch und seinem Team sowie meinen ehemaligen und derzeitigen Kolleginnen und Kollegen des Forschungsteams Baetge. Ganz besonders bedanke ich mich bei meinen Kollegen, Herrn Dipl.-Kfm. Peter Dittmar, Herrn Dr. Henner Klönne und Herrn Markus May (M.Sc.), die trotz ihrer hohen Arbeitsbelastung das Manuskript kritisch durcharbeiteten, mir viele wertvolle Hinweise lieferten und einen großen Anteil am guten Gelingen der Arbeit haben.

Der größte Dank gebührt schließlich meiner Familie – meinen Eltern, meinem Bruder Jonas und meiner Partnerin Stephanie – für das tiefe Vertrauen, die bedingungslose Unterstützung und den außergewöhnlichen Rückhalt. Ihnen ist die Arbeit gewidmet.

Münster in Westfalen, im August 2013 Fabian Graupe

Inhaltsübersicht

Inhaltsverzeichnis

Verzeichnis der Übersichten

Abkürzungsverzeichnis

A

AAA	American Accounting Association
Abs.	Absatz/Absätze
abzgl.	abzüglich
ADS	Adler/Düring/Schmaltz
AG	Aktiengesellschaft(en)/Die Aktiengesellschaft (Zeitschrift)
ANC	Autorite des normes comptables

B

BB	Betriebs-Berater (Zeitschrift)
BC	Zeitschrift für Bilanzierung, Rechnungswesen und Controlling (Zeitschrift)/basis for conclusion
Bd.	Band
BDO	Binder Dijker Otte
BFuP	Betriebswirtschaftliche Forschung und Praxis (Zeitschrift)
BGB	Bürgerliches Gesetzbuch
BGBl.	Bundesgesetzblatt
BGH	Bundesgerichtshof
BGHZ	Bundesgerichtshof in Zivilsachen
BMF	Bundesministerium der Finanzen
bspw.	beispielsweise
bzgl.	bezüglich
bzw.	beziehungsweise

C

CF	conceptual framework
CL	comment letter

D

DAX	Deutscher Aktienindex
DB	Der Betrieb (Zeitschrift)
DBW	Die Betriebswirtschaft (Zeitschrift)
DCF	discounted cash flow
Dipl.-Kfm.	Diplom-Kaufmann
d. h.	das heißt
DP	discussion paper
DRS	Deutscher Rechnungslegung Standard
DRSC	Deutsches Rechnungslegungs Standards Committee e.V.
DStR	Deutsches Steuerrecht (Zeitschrift)

E

ED	exposure draft
EFRAG	European Financial Reporting Advisory Group
EG	Europäische Gemeinschaft
EITF	Emerging Issues Task Force
etc.	et cetera
EU	Europäische Union
EVP	Einzelveräußerungspreis

F

f.	folgende (Seite)
FASB	Financial Accounting Standards Board
FAZ	Frankfurter Allgemeine Zeitung
FB	Finanz-Betrieb (Zeitschrift)
ff.	fortfolgende
FLF	Finanzierung, Leasing, Factoring (Zeitschrift)
FR	Finanz-Rundschau

G

GAAP	Generally Accepted Accounting Principles
GE	Geldeinheiten
ggf.	gegebenenfalls
GmbH	Gesellschaft(en) mit beschränkter Haftung
GoB	Grundsätze ordnungsmäßiger Buchführung
GuV	Gewinn- und Verlustrechnung

H

HdR	Handbuch der Rechnungslegung
HdR-E	Handbuch der Rechnungslegung - Einzelabschluss
HFA	Hauptfachausschuss
HGB	Handelsgesetzbuch
Hrsg.	Herausgeber
hrsg. v.	herausgegeben von

I

IAS	International Accounting Standard(s)
IASB	International Accounting Standards Board
IASC	International Accounting Standards Committee
i. d. R.	in der Regel
i. e. S.	im engeren Sinne
IDW	Institut der Wirtschaftsprüfer in Deutschland e.V.
IE	illustrative example
IFRIC	International Financial Reporting Interpretations Committee
IFRS	International Financial Reporting Standard(s)

IOSCO	International Organization of Securities Commissions
IRZ	Zeitschrift für Internationale Rechnungslegung (Zeitschrift)
IT	Informationstechnologie
i. V. m.	in Verbindung mit

K

KfZ	Kraftfahrzeug
Komm.	Kommentar
KoR	Zeitschrift für internationale und kapitalmarkt-orientierte Rechnungslegung (Zeitschrift)

L

LG	Leasinggeber
LIBOR	London Interbank Offered Rate
LN	Leasingnehmer
LR	Leasingrate

M

Max	Maximum
MDAX	Mid-Cap-DAX
Mrd.	Milliarde

N

Nr.	Nummer(n)
NWB	Neue Wirtschaftsbriefe

O

o. g.	oben genannt

P

PiR	Praxis der internationalen Rechnungslegung (Zeitschrift)
PKW	Personenkraftwagen
PWC	PricewaterhouseCoopers

R

RaL	Recht auf Leasingraten
RGBl.	Reichsgesetzblatt
RIW	Recht der internationalen Wirtschaft (Zeitschrift)

S

S.	Seite(n)
Sbr	Schmalenbach Business Review
SFAS	Statement of Financial Accounting Standards
SIC	Standing Interpretations Committee

sog.	sogenannte(r)
StKongR	Steuerberaterkongress-report
StuB	Steuern und Bilanzen (Zeitschrift)

T

TGE	Tausend Geldeinheiten
Tz.	Textziffer

U

u. a.	unter anderem
US	United States
USA	United States of America

V

vgl.	vergleiche
VPI	Verbraucherpreisindex

W

WiSt	Wirtschaftswissenschaftliches Studium (Zeitschrift)
WPg	Die Wirtschaftsprüfung (Zeitschrift)
www	world wide web

Z

z. B.	zum Beispiel
ZfB	Zeitschrift für Betriebswirtschaft (Zeitschrift)
ZfbF	Zeitschrift für betriebswirtschaftliche Forschung (Zeitschrift)
ZfhF	Zeitschrift für handelswissenschaftliche Forschung (Zeitschrift)
ZIP	Zeitschrift für Wirtschaftsrecht (Zeitschrift)
ZR	Blätter für Zürcherische Rechtsprechung (Zeitschrift)
zzgl.	zuzüglich

1 Einleitung

11 Die Bedeutung der Leasinggeberbilanzierung nach IFRS

Zum 31.12.2011 waren in Deutschland Güter im Wert von über 200 Mrd. Euro verleast.[1] Im Jahr 2011 betrug das Volumen des Leasing-Neugeschäfts 48,5 Mrd. Euro, sodass sich bei gesamtwirtschaftlichen Investitionen von 323,3 Mrd. Euro eine Leasingquote – das Verhältnis aus den über Leasing finanzierten Investitionen und den gesamtwirtschaftlichen Investitionen – von 15 % ergibt.[2] Der Anteil leasingfinanzierter Investitionen an der Gesamtsumme aller **außenfinanzierten** Investitionen lag im Jahr 2011 sogar bei 53 %,[3] sodass in 2011 mehr Investitionen über Leasing finanziert wurden als über Bankkredite.[4] Dem Leasing kommt somit als Finanzierungsform eine **hohe volkswirtschaftliche und betriebswirtschaftliche Bedeutung** zu.

In den für Konzernabschlüsse deutscher kapitalmarktorientierter Mutterunternehmen gemäß § 315a HGB verpflichtend[5] anzuwendenden ***International Financial Reporting Standards*** (IFRS) ist die bilanzielle Behandlung von Leasingverhältnissen – sowohl für den Leasinggeber als auch für den Leasingnehmer – im ***International Accounting Standard*** **(IAS)** 17 ***Leases*** geregelt. Dass Leasingverhältnisse, die gemäß den Vorgaben nach IAS 17 bilanziert werden, die **wirtschaftliche Lage**[6] eines Leasing**gebers** stark beeinflussen können, zeigt bspw. der Geschäftsbericht 2011 des nach Fahrzeugabsatz größten deutschen Automobilherstellers, der VOLKSWAGEN AG:

---

1 Vgl. BUNDESVERBAND DEUTSCHER LEASING-UNTERNEHMEN (HRSG.), Jahresbericht 2011/2012, S. 6.

2 Vgl. BUNDESVERBAND DEUTSCHER LEASING-UNTERNEHMEN (HRSG.), Jahresbericht 2011/2012, S. 19. Die gesamtwirtschaftlichen Investitionen umfassen die Bruttoanlageninvestitionen der deutschen Privatwirtschaft ohne Wohnungsbau.

3 Vgl. BUNDESVERBAND DEUTSCHER LEASING-UNTERNEHMEN (HRSG.), Jahresbericht 2011/2012, S. 4. Zum Begriff der Außenfinanzierung vgl. ausführlich PERRIDON, L./STEINER, M./RATHGEBER, A., Finanzwirtschaft, S. 360-470.

4 Vgl. dazu bereits im Jahr 2007 O.V., Bankkredit, S. 14.

5 Diese Pflicht resultiert aus der sog. IAS-Verordnung der EG. Vgl. EUROPÄISCHE GEMEINSCHAFT, Verordnung Nr. 1606/2002 des Europäischen Parlaments und des Rates vom 19. Juli 2002 betreffend die Anwendung internationaler Rechnungslegungsstandards. Vgl. dazu auch BAETGE, J./KIRSCH, H.-J./THIELE, S., Konzernbilanzen, S. 33.

6 Zum Begriff der wirtschaftlichen Lage vgl. LEFFSON, U., GoB, S. 36-38.

Bei der VOLKSWAGEN AG stellen die Erträge aus dem weltweiten Leasinggeschäft mit 10,245 Mrd. Euro ca. 6,4 % der gesamten Umsatzerlöse dar,[7] sodass die Bilanzierung nach IAS 17 einen wesentlichen Einfluss auf die **Ertragslage** hat. Überdies weist die VOLKSWAGEN AG unter den langfristigen Vermögenswerten verleastes Vermögen in Höhe von 16,626 Mrd. Euro aus (das entspricht 11,23 % der langfristigen Vermögenswerte bzw. 6,56 % der Bilanzsumme), bei dem das **wirtschaftliche Eigentum** an den zugrunde liegenden Vermögenswerten bei der VOLKSWAGEN AG **verblieben** ist.[8] Schließlich sind unter den Forderungen aus Finanzdienstleistungen Forderungen in Höhe von 19,188 Mrd. Euro ausgewiesen (das entspricht 18,16 % der kurzfristigen Vermögenswerte bzw. 7,57 % der Bilanzsumme), die aus Leasingverträgen resultieren, bei denen das wirtschaftliche Eigentum an den zugrunde liegenden Vermögenswerten auf den Leasingnehmer **übergegangen** ist.[9] Die Bilanzierung nach IAS 17 hat für die VOLKSWAGEN AG als Leasinggeber daher auch eine hohe Bedeutung für die **Vermögenslage**.

Am Beispiel der VOLKSWAGEN AG ist zu erkennen, dass in IAS 17 **zwei Formen** von Leasingverhältnissen unterschieden werden, abhängig davon, ob das wirtschaftliche Eigentum am Leasingobjekt beim Leasinggeber verbleibt oder auf den Leasingnehmer übergeht.[10] Sofern das wirtschaftliche Eigentum am verleasten Vermögenswert beim Leasinggeber verbleibt, handelt es sich um ein **operatives Leasingverhältnis.** Geht das wirtschaftliche Eigentum indes auf den Leasingnehmer über, liegt ein **Finanzierungsleasing-Verhältnis** vor. Wirtschaftlicher Eigentümer ist nach den Vorgaben des IAS 17, wer im Wesentlichen alle Risiken trägt und im Wesentlichen alle Chancen besitzt, die mit dem Leasingobjekt verbunden sind.[11] Dieser Grundsatz wird in der internationalen Rechnungslegung als *risk and reward approach* bezeichnet.[12]

---

7 Vgl. VOLKSWAGEN AG (HRSG.), Geschäftsbericht 2011, S. 280.

8 Vgl. VOLKSWAGEN AG (HRSG.), Geschäftsbericht 2011, S. 295.

9 Vgl. VOLKSWAGEN AG (HRSG.), Geschäftsbericht 2011, S. 298.

10 Vgl. IAS 17.7.

11 Vgl. dazu ausführlich MELLWIG, W., Leasing, S. 74-82.

12 Vgl. NAILOR, H./LENNARD, A., New Approach, S. 1.

12 Problemstellung

Die Bilanzierung von operativen Leasingverhältnissen nach IAS 17 unterscheidet sich erheblich von der Bilanzierung von Finanzierungsleasing-Verhältnissen. Falls im Wesentlichen alle Risiken und Chancen, die mit dem Vermögenswert verbunden sind, beim Leasinggeber verbleiben, also ein operatives Leasingverhältnis vorliegt, wird das Leasingobjekt in der Bilanz des Leasinggebers erfasst und dort nach den für den jeweiligen Vermögenswert einschlägigen Regelungen bilanziert.[13] Die Leasingraten werden bei operativen Leasingverhältnissen ratierlich über die Laufzeit des Leasingverhältnisses als Ertrag erfasst.[14] Gehen die mit dem Leasingobjekt verbundenen Risiken und Chancen hingegen im Wesentlichen auf den Leasingnehmer über, wird das Leasingverhältnis beim Leasinggeber ähnlich einem Verkauf mit Ratenzahlung bilanziert.[15] Der Leasinggeber bucht das Leasingobjekt aus seiner Bilanz aus und aktiviert stattdessen eine Forderung, die sich aus dem Anspruch gegenüber dem Leasingnehmer begründet, die künftig zu zahlenden Leasingraten zu erhalten.[16] Falls die einzubuchende Forderung das auszubuchende Leasingobjekt der Höhe nach übersteigt – was regelmäßig beim sog. Hersteller- oder Händlerleasing[17] gegeben ist – realisiert der Leasinggeber zu Beginn des Leasingverhältnisses einen Gewinn.[18]

Die Leasingbilanzierung nach IAS 17 mit der **dichotomen Unterscheidung** in operatives Leasing und Finanzierungsleasing ist im internationalen Schrifttum **erheblicher Kritik** ausgesetzt.[19] Zum einen wird an der Leasingbilanzierung moniert, dass die Unterscheidung in

---

13 Vgl. IAS 17.49.

14 Vgl. IAS 17.50.

15 Vgl. WEINSTOCK, M., Leases, S. 796.

16 Vgl. IAS 17.36.

17 Zu den Begriffen des Hersteller- und Händlerleasings vgl. MARTINEK, M., § 3. Erscheinungsformen, in: Leasinghandbuch, Tz. 10.

18 Vgl. IAS 17.42 sowie ausführlich KIRSCH, H.-J., in: IFRS-Komm., Kommentierung zu IAS 17, Tz. 60-63.

19 Zur Kritik an IAS 17 vgl. stellvertretend VATER, H., Eldorado, S. 2099 f.; FÜLBIER, R. U./PFERDEHIRT, H., Überlegungen, S. 276; FÜLBIER, R. U./FEHR, J., Diskussionsstand, S. 181; FÜLBIER, R. U./FEHR, J., Gleichbehandlung, S. 675; FISCHER, D./SIGGELKOW, L., Diskussionspapier, S. 174. Zur gleichgerichteten Kritik an den entsprechenden Regelungen in den US-GAAP, die

operatives Leasing und Finanzierungsleasing für den Leasingnehmer und den Leasinggeber mit erheblichen Ermessensspielräumen einhergehe und die Gefahr bestünde, dass wirtschaftlich ähnliche Sachverhalte unterschiedlich abgebildet werden.[20] Zum anderen wird an der Bilanzierung von operativen Leasingverhältnissen kritisiert, dass diese bilanzneutral erfolgt. Dies bedeutet konkret, dass ein Leasingverhältnis zu Beginn der Laufzeit keine bilanziellen Auswirkungen hat – weder für den **Leasingnehmer** noch für den **Leasinggeber.** Der Leasingnehmer erfasst bei einem operativen Leasingverhältnis lediglich die Leasingraten ratierlich als Aufwand. Weder wird hier das Recht auf Nutzung des geleasten Vermögenswerts auf der Aktivseite der Bilanz gezeigt noch wird die Verpflichtung des Leasingnehmers, die künftigen Leasingraten zu zahlen, als Schuld erfasst (*off balance sheet* Effekt),[21] obgleich im Schrifttum kritisch angeführt wird, das Recht auf Nutzung des Leasingobjekts erfülle die Definition eines Vermögenswerts gemäß dem *Conceptual Framework for Financial Reporting 2010* (kurz: *„conceptual framework"* oder „CF") und die Verpflichtung, Leasingraten zu zahlen, erfülle die Definition einer Schuld im Sinne des *conceptual framework.*[22] Auch die Bilanzierung von operativen Leasingverhältnissen beim Leasinggeber wird im Schrifttum kritisiert. Der Leasinggeber übertrage zu Beginn des Leasingverhältnisses ein Recht auf Nutzung am Leasingobjekt auf den Leasingnehmer und der resultierende Anspruch des Leasinggebers, die künftigen Leasingraten vom Leasingnehmer zu erhalten,

dem IAS 17 sehr ähnlich sind, vgl. REITHER, C., Accounting, S. 288; MONSON, D., Commentary, S. 275 f.

20 Vgl. NAILOR, H./LENNARD, A., New Approach, S. 2; BAETGE, J./GRAUPE, F., ED Leases, S. 477.

21 Der *off balance sheet* Effekt kann nicht nur in den IFRS, sondern in allen wichtigen Rechnungslegungsregimen beobachtet werden, namentlich im US-amerikanischen ASC 840, in der kanadischen Section 3065, im australischen AASB 117, im britischen SSAP 21 sowie im neuseeländischen NZ IAS 17. Im deutschen Handelsrecht ist die Bilanzierung von Leasingverhältnissen nicht explizit geregelt. In der Praxis werden daher meist die auf der BFH-Rechtsprechung beruhenden steuerlichen Leasing-Erlasse herangezogen, um die handelsrechtliche Bilanzierung von Leasingverhältnissen zu konkretisieren. Vgl. BMF, Schreiben vom 19. April 1971; BMF, Schreiben vom 21. März 1972; BMF, Schreiben vom 22. Dezember 1975; BMF, Schreiben vom 23. Dezember 1991. Im Falle eines sog. erlasskonformen Leasings wird der Leasingvertrag derart gestaltet, dass gemäß den Vorgaben der steuerlichen Erlasse das Leasingobjekt steuerlich dem Leasinggeber zugeordnet wird und der Leasingnehmer somit den *off balance sheet* Effekt erzielt. Zum Begriff des erlasskonformen Leasings vgl. MARTINEK, M., § 2 Absatzwirtschaftliche Hintergründe, in: Leasinghandbuch, Tz. 13.

22 Vgl. stellvertretend ANDREJEWSKI, K., Risikobestimmung, S. 258; MILDEBRATH, C., IAS-Einzelabschluss, S. 93. Zur Kritik am *off balance sheet* Effekt vgl. bereits in den 1960er Jahren HALL, W., Current Problems, S. 41; VATTER, W., Accounting for Leases, S. 135; MYERS, J., Reporting of Leases, S. 37 f.

stelle einen finanziellen Vermögenswert dar.[23] Dennoch hat ein operatives Leasingverhältnis nach IFRS beim Leasinggeber *de lege lata* zu Beginn der Laufzeit des Leasingverhältnisses keine bilanziellen Konsequenzen. *"[This does] not provide adequate information about the lessor's exposure to credit risk (arising from a lease) and exposure to asset risk (arising from its retained interest in the underlying asset)"*[24].

Aufgrund der anhaltenden Kritik an der bilanziellen Behandlung von Leasingverhältnissen nach IFRS hat der *International Accounting Standards Board* (IASB)[25] im Juli 2006 das Projekt *leases* auf seine Reformagenda gesetzt.[26] **Ziel dieses Reformprojekts** des IASB ist es, einen IFRS zu entwickeln, welcher gewährleistet, dass **sämtliche Vermögenswerte und Schulden im Sinne des *conceptual framework***, die aus einem Leasingverhältnis resultieren, in der Bilanz des Leasingnehmers und des Leasinggebers vollständig und korrekt erfasst werden.[27] Im Laufe des Reformprozesses hat der IASB seine Vorschläge in einem Diskussionspapier,[28] in einem Standardentwurf[29] und einem revidierten Standardentwurf[30] der Öffentlichkeit vorgestellt.

---

23 Vgl. SABEL, E., Leasingverträge, S. 159.

24 IFRS FOUNDATION (HRSG.), ED/2013/6.BC3 (c). Einfügung durch den Verfasser.

25 Bis 2001 war das *International Accounting Standards Commitee* (IASC) als Vorgängerorganisation des IASB tätig. Vgl. dazu BAETGE, J./THIELE, S./PLOCK, M., Restrukturierung, S. 1033-1038.

26 Vgl. IASC FOUNDATION (HRSG.), IASB Update July 2006, S. 7. Das Reformprojekt ist ein gemeinsames Projekt von IASB und dem US-amerikanischen *Financial Accounting Standards Board* (FASB) und Teil eines konkreten Plans, die Rechnungslegung nach IFRS und US-GAAP zu vereinheitlichen. Vgl. PETERS, S., Entscheidungsnützlichkeit, S. 2 f. Da die vorliegende Arbeit indes auf die Bilanzierung nach IFRS beschränkt ist und sich die Vorschläge und Vorgaben des IASB und FASB mitunter im Detail unterscheiden, wird im Folgenden ausschließlich vom IASB bzw. von den Vorschlägen des IASB die Rede sein, obgleich es sich auch um gemeinsame Beschlüsse beider Standardsetzer handeln kann.

27 Vgl. dazu das proklamierte Ziel des Reformprojektes auf der Homepage des IASB, abrufbar unter www.ifrs.org. Bis Mitte des Jahres 2012 wurde auf der Homepage des IASB in diesem Zusammenhang betont, dass das Ziel des Reformprojekts mithilfe eines **einheitlichen** Modells erzielt werden soll. *"The aim of the project is to develop a new single approach to lease accounting that would ensure that all assets and liabilities arising under lease contracts are recognised in the statement of financial position (balance sheet)."* Abrufbar unter http://archive.is/ffVX. Von diesem Vorhaben hat der IASB aber mittlerweile Abstand genommen.

28 Vgl. IASC FOUNDATION (HRSG.), DP/2009/1; zum Diskussionspapier vgl. ausführlich SCHMIDT, P., Discussion Paper, S. 253-259.

29 Vgl. IFRS FOUNDATION (HRSG.), ED/2010/9; zum Standardentwurf vgl. ausführlich FÜLBIER, R. U./FEHR, J., Der Standardentwurf, S. 1019-1023.

Das künftige Modell zur Bilanzierung von Leasingverhältnissen nach IFRS soll nach Ansicht des IASB auf einer neuen konzeptionellen Grundlage stehen, welche bereits in den 1990er Jahren von den Standardsetzern Australiens, Großbritanniens, Kanadas, Neuseelands, der USA und vom IASC (die mittlerweile aufgelöste sog. G4+1-Gruppe)[31] entwickelt wurde:[32] Bei der Bilanzierung von Leasingverhältnissen soll nicht mehr der materielle oder immaterielle Gegenstand bzw. das wirtschaftliche Eigentum am Gegenstand einschlägig sein, sondern **die aus dem Leasingverhältnis resultierenden ansatzpflichtigen Rechte und Pflichten** der Vertragspartner. Dies bedeutet, dass das Leasingobjekt als ein Bündel von übertragbaren Nutzungsrechten angesehen wird.[33] Dieses Modell wird als ***right of use model***[34] bezeichnet und stellt für die Bilanzierung von Leasingverhältnissen einen „**Paradigmenwechsel**“[35] dar. Eine Rechte- und Pflichtenbilanzierung soll gewährleisten, dass sämtliche ansatzpflichtigen Vermögenswerte und Schulden im Sinne des *conceptual framework* in den Bilanzen der Leasingnehmer und Leasinggeber abgebildet werden.

Der Thematik, wie eine **Leasinggeberbilanzierung** auszugestalten ist, die eine vollständige Erfassung sämtlicher Vermögenswerte und Schulden sicherstellt, wurde vom Board im Vergleich zur künftigen Leasingnehmerbilanzierung weniger Beachtung geschenkt. So beschloss der IASB im Juli 2008 gar, die Reform der Leasinggeberbilanzierung auszusetzen und zunächst einen neuen IFRS ausschließlich für Leasingnehmer zu entwickeln.[36] Diese Entscheidung wurde indes im Mai 2009 revidiert und die Beratungen zur Leasinggeberbilanzierung wurden wieder aufgenommen. Seit Beginn der Reform im Jahr 2006 hat der

30 Vgl. IFRS FOUNDATION (HRSG.), ED/2013/6.

31 Neuseeland ist der Gruppe erst später beigetreten. Nach dem Beitritt hätte die Gruppe eigentlich in G5+1 umbenannt werden müssen. Vgl. SABEL, E., Leasingverträge, S. 103.

32 Vgl. MCGREGOR, W., A new Approach, S. 1-34 und darauf aufbauend NAILOR, H./LENNARD, A., New Approach, S. 1-148.

33 "Der Abschluss eines Leasingvertrages [macht] aus einem körperlichen Gut ein immaterielles Nutzungsrecht“, HELMSCHROTT, H., Umbruch, S. 37. Einfügung durch den Verfasser. LABRENZ, H., Analyse, S. 81, spricht von einer „Abstraktion vom Leasingobjekt und der Fokussierung auf die Rechte und Pflichten“. Vgl. dazu auch MATENA, S., Vermögenszurechnung, S. 152-159.

34 Vgl. MCGREGOR, W., A new Approach, S. 15.

35 OVERSBERG, T., Paradigmenwechsel, S. 378.

36 Vgl. IASC FOUNDATION (HRSG.), IASB Update July 2008, S. 4. Aus diesem Grund sind in dem im Jahr 2009 veröffentlichten Diskussionspapier nur jene rudimentären Vorschläge zur geplanten Leasinggeberbilanzierung enthalten, die bis Juli 2008 entwickelt wurden.

IASB – trotz der anscheinend eher nachrangigen Behandlung der Leasinggeberseite – verschiedene Ansätze (*approaches*) zur möglichen künftigen Leasinggeberbilanzierung veröffentlicht. Die vorgeschlagenen Ansätze sind sehr heterogen, obwohl sie die Gemeinsamkeit besitzen, dass sie das *right of use model* beim Leasinggeber umsetzen sollen.[37] Teilweise unterscheiden sich die Ansätze deutlich von den bisherigen Regelungen des IAS 17,[38] teilweise sind sie den Regelungen des IAS 17 aber auch ähnlich.[39] Dabei erscheint unmittelbar fraglich, **welches der vorgeschlagenen neuen Ansätze** des IASB zur künftigen Leasinggeberbilanzierung **geeignet** ist. Geeignet bedeutet in diesem Fall, dass gemäß dem Grundkonzept des *right of use model* das Leasingobjekt als ein Bündel von Nutzungsrechten betrachtet wird, sämtliche ansatzpflichtigen Rechte (Vermögenswerte) und Pflichten (Schulden), die aus dem Leasingverhältnis entstehen, in der Bilanz des Leasinggebers abgebildet werden und letztlich eine Bilanzierung gewährleistet wird, die mit dem *conceptual framework* im Einklang steht.[40]

Das Schrifttum hat der Frage, wie ein Modell zur künftigen Leasinggeberbilanzierung auszugestalten ist, bislang eher wenig Beachtung geschenkt. Die bisherigen Untersuchungen analysieren ganz überwiegend lediglich die Leasingnehmerseite.[41] Diese Forschungslücke soll durch die vorliegende Arbeit geschlossen werden.

---

37 Im März 2011 hat der IASB nochmals bestätigt, dass das *right of use model* das Grundkonzept für die künftige Bilanzierung von Leasingverhältnissen nach IFRS darstellt. Dabei hat der Board die Leasinggeberbilanzierung explizit mit eingeschlossen. Vgl. IFRS FOUNDATION (HRSG.), IASB Update 1 and 2 March 2011, S. 4.

38 So die Vorschläge im Diskussionspapier und im Standardentwurf *leases*. Vgl. IASC FOUNDATION (HRSG.), DP/2009/1.10.1-10.49; IFRS FOUNDATION (HRSG.), ED/2010/9.28-63.

39 So der Vorschlag im revidierten Standardentwurf *leases*. Vgl. IFRS FOUNDATION (HRSG.), ED/2013/6.68-109.

40 Wie oben erläutert, ist das *right of use model* letztlich ein Mittel zum Zweck, eine Leasingbilanzierung zu gewährleisten, die mit dem *conceptual framework* im Einklang steht und sicherstellt, dass sämtliche Vermögenswerte und Schulden aus einem Leasingverhältnis in der jeweiligen Bilanz der Vertragspartner abgebildet werden. Sofern im Folgenden von der „Bilanzierung nach dem *right of use model*“ oder den „Anforderungen des *right of use model*“ gesprochen wird, ist damit immer eine Bilanzierung gemeint, welche letztlich kompatibel zum *conceptual framework* sein soll bzw. welche die Anforderungen des *conceptual framework* umsetzen soll.

41 Vgl. zu diesem Befund LIPE, R., Lease Accounting, S. 306; PFERDEHIRT, H., Leasingbilanzierung, S. 148. Deutliche Schwerpunkte auf der Leasingnehmerseite haben bspw. die Untersuchungen von MCGREGOR, PFERDEHIRT und PETERS. Vgl. MCGREGOR, W., New Framework, S. 17-20; MCGREGOR, W., A new Approach, S. 7-23; PFERDEHIRT, H., Leasingbilanzierung, S. 121-148

Neben der Frage, welche Vermögenswerte und Schulden für einen Leasinggeber aus einem Leasingverhältnis resultieren, ist es zudem aus einem weiteren Grund **unbedingt notwendig**, eine intensive Diskussion zur künftigen Leasinggeberbilanzierung zu führen: Die bilanzielle Behandlung von Leasingverhältnissen beim Leasinggeber steht im unmittelbaren Zusammenhang mit der Realisierung der aus dem Leasingverhältnis resultierenden positiven (ggf. auch negativen) Erfolgsbeiträge.[42] Mit PFERDEHIRT kann bei der Leasinggeberbilanzierung von einem „**Spezialfall der Ertragsrealisierung**"[43] gesprochen werden. Die Leasinggeberbilanzierung determiniert den **Zeitpunkt und die Höhe der Ertrags- bzw. Gewinnrealisierung** aus einem Leasingverhältnis und hat somit einen erheblichen Einfluss auf die Darstellung der Ertragslage beim Leasinggeber. Die Regelungen zur allgemeinen[44]

und 158-211; PETERS, S., Entscheidungsnützlichkeit, S. 159-259. Die Untersuchungen zeigen, dass das *right of use model* für die Bilanzierung eines Leasingverhältnisses beim Leasingnehmer weitreichende Konsequenzen hätte: Der IASB teilt nämlich mittlerweile die überwiegende Meinung des Schrifttums und ist der Ansicht, dass **jedes** Leasingverhältnis dem Leasingnehmer ein **Nutzungsrecht** einräume, welches die Definition eines Vermögenswertes gemäß dem *conceptual framework* erfülle. Zudem resultiere aus jedem Leasingverhältnis für den Leasingnehmer eine **Verpflichtung**, Leasingraten zu zahlen. Diese stelle nach Ansicht des IASB eine Schuld im Sinne des *conceptual framework* dar. Eine Bilanzierung nach dem *right of use model* würde daher den *off balance sheet* Effekt beim Leasingnehmer unterbinden, sodass sich die Darstellung der wirtschaftlichen Lage in den Abschlüssen vieler Leasingnehmer künftig wesentlich ändern könnte. Im Schrifttum existiert eine Vielzahl von Studien, die simulieren, wie sich die geplanten Neuregelungen des IASB zur bilanziellen Behandlung von Leasingverhältnissen auf die Abschlüsse von Leasingnehmern und somit auf zentrale (Steuerungs-)Kennzahlen auswirken. Für Deutschland untersuchten bspw. GIERSBERG/VÖGTLE die Auswirkungen der geplanten Neuregelungen der Bilanzierung von Leasingverhältnissen auf wichtige Finanzkennzahlen für die Unternehmen des DAX-30, LEIBFRIED/ROGOWSKI für den DAX-30 und den MDAX sowie FÜLBIER/LIRIO SILVA/PFERDEHIRT für den DAX-30, den MDAX und den SDAX. Vgl. GIERSBERG, J./VÖGTLE, M., Bilanzielle Auswirkungen, S. 431-442; LEIBFRIED, P./ROGOWSKI, C., Mögliche zukünftige Leasingbilanzierung, S. 552-555; FÜLBIER, R. U./LIRIO SILVA, J./PFERDEHIRT, H., Lease Capitalization, S. 122-144. Als Pionier für Simulationsstudien gilt NELSON, der bereits 1963 einen solchen Simulationsversuch anhand von elf ausgewählten US-amerikanischen Unternehmen veröffentlichte. Vgl. NELSON, A., Capitalizing Leases, S. 49-58. Für Großbritannien führten BEATTIE/EDWARDS/GOODACRE Simulationsstudien für insgesamt 300 kapitalmarktorientierte Unternehmen über vier Jahre durch. Vgl. BEATTIE, V./EDWARDS, K./GOODACRE, A., Impact, S. 233-254. Studien aus Neuseeland und Kanada, also aus Ländern, die ebenfalls in der G4+1-Gruppe vertreten waren und die die potenziellen Auswirkungen der Leasingreform auf Kennzahlen untersuchen, existieren von DUROCHER und BANNETT/BRADBURRY; vgl. DUROCHER, S., Capitalization (nicht veröffentlicht); BANNETT, B./BRADBURRY, M., Operating Leases, S. 101-114.

42 Zum Begriff der Erfolgsbeiträge vgl. LEFFSON, U., GoB, S. 248.

43 PFERDEHIRT, H., Leasingbilanzierung, S. 148. Hervorhebung durch den Verfasser.

44 Allgemein, weil spezielle Sachverhalte wie Erträge aus Anteilen an assoziierten Unternehmen und Gemeinschaftsunternehmen (IAS 28), Versicherungsverträgen (IFRS 4), *Fair Value*-Änderungen bei Finanzinstrumenten (IAS 39), aus dem Abbau von Bodenschätzen (IFRS 6) oder eben aus Lea-

Ertragsrealisierung nach IFRS, die in IAS 18 *Revenue*[45] kodifiziert sind, werden seit 2002 durch das Reformprojekt *revenue recognition* umfassend reformiert.[46] Die künftige Leasinggeberbilanzierung muss **konzeptionell** zwingend mit den Vorschlägen des Reformprojektes *revenue recognition* **im Einklang** stehen. Dieses Erfordernis wurde auch vom IASB erkannt. In den *basis for conclusions* zum Standardentwurf der künftigen Leasingbilanzierung heißt es in Tz. 13 (Einfügung durch den Verfasser):

> *"[The] boards think it is important that accounting for leases by lessors should, as much as possible, be consistent with the proposals in their project on revenue recognition".*

Das **übergeordnete Ziel** der vorliegenden Arbeit ist es daher zu analysieren, wie die künftige Leasinggeberbilanzierung ausgestaltet werden sollte, damit diese gewährleistet, dass sämtliche Vermögenswerte und Schulden in der Bilanz erfasst werden und sie konzeptionell mit dem Reformprojekt *revenue recognition* im Einklang steht. Hierzu wird zunächst ein Anforderungsprofil an die Leasinggeberbilanzierung entwickelt und im nächsten Schritt werden die seit Beginn des Reformprojekts *leases* veröffentlichten Vorschläge zur Leasinggeberbilanzierung unter besonderer Berücksichtigung der darin enthaltenen Vorschriften zur Ertragsrealisierung **erläutert** und dahingehend **gewürdigt**, ob sie

- sämtliche ansatzpflichtigen **Vermögenswerte und Schulden des Leasinggebers korrekt abbilden** (kritische Würdigung der Abbildung eines Leasingverhältnisses in der Bilanz des Leasinggebers) und
- **konzeptionell** mit den Vorschlägen zur Ertragsrealisierung des Reformprojekts *revenue recognition* **im Einklang stehen** (kritische Würdigung der Abbildung eines Leasingverhältnisses in der Gesamtergebnisrechnung des Leasinggebers).

---

sing (IAS 17) gemäß dem Grundsatz *lex specialis derogat legi generali* in gesonderten IFRS geregelt sind.

45 IAS 18 regelt u.a. die Ertragsrealisierung aus dem Verkauf von Gütern und der Erbringung von Dienstleistungen. Vgl. IAS 18.1.

46 Im Juni 2010 wurde ein Standardentwurf und im November 2011 ein revidierter Standardentwurf veröffentlicht. Vgl. IFRS FOUNDATION (HRSG.), ED/2010/6; IFRS FOUNDATION (HRSG.), ED/2011/6. Zum Standardentwurf vgl. ausführlich HOMMEL, M./SCHMITZ, S., Umsatzrealisation, S. 17-24. Zum revidierten Standardentwurf vgl. ausführlich GROTE, A./HOLD, C./PILHOFER, J., Umsatzrealisierung (Teil 1), S. 105-113, sowie GROTE, A./HOLD, C./PILHOFER, J., Umsatzrealisierung (Teil 2), S. 170-177.

Um dieses übergeordnete Ziel der Arbeit zu erreichen, sind folgende Fragen zu beantworten:

- Welche **ansatzpflichtigen Vermögenswerte und Schulden** resultieren für einen Leasinggeber aus einem Leasingverhältnis und wie sind diese zu **bewerten** (Erst- und Folgebewertung)?
- Welcher der vom IASB vorgeschlagenen Ansätze zur künftigen Leasinggeberbilanzierung bildet die Vermögenswerte und Schulden eines Leasinggebers **vollständig und sachgerecht** ab?
- Was sind die **Leistungspflichten** des Leasinggebers und wann sind diese als erfüllt anzusehen?
- Welchen **Zeitpunkt oder Zeitraum** sehen die Ansätze des IASB zur künftigen Leasinggeberbilanzierung für die Ertragsrealisierung vor? Stehen diese Regelungen konzeptionell im Einklang mit dem neuen Ertragsrealisierungskonzept gemäß dem Reformprojekt *revenue recognition*?
- Welcher der vom IASB vorgeschlagenen Ansätze zur künftigen Leasinggeberbilanzierung ist vor dem Hintergrund der beiden Beurteilungsmaßstäbe, die dieser Arbeit zugrunde liegen (Anforderungen des *conceptual framework* i.V.m. dem *right of use model* und konzeptioneller Einklang zum Reformprojekt *revenue recognition*), am geeignetsten? Sollte dieser identifizierte Ansatz modifiziert werden, um die Anforderungen des *right of use model* möglichst umfänglich umzusetzen bzw. größtmöglichen konzeptionellen Einklang zum Reformprojekt *revenue recognition* zu erreichen? Wenn ja, wie sollten diese Modifikationen ausgestaltet sein? Wie lauten die Handlungsempfehlungen für den IASB für die Leasinggeberbilanzierung im künftigen finalen IFRS *Leases*?

13 Gang der Untersuchung

Im Anschluss an die Einleitung werden in **Abschnitt 2** die Grundlagen der Untersuchung dargestellt. Zunächst wird das Untersuchungsobjekt der vorliegenden Arbeit – ein Leasingverhältnis nach IFRS – abgegrenzt, indem der Begriff des Leasings in der Internationalen

Rechnungslegung detailliert analysiert wird (**Abschnitt 21**). Wie zu zeigen sein wird, besteht ein wesentliches Merkmal aller Leasingverhältnisse darin, dass die **Verfügungsrechte** an dem zugrunde liegenden Leasinggegenstand „teilweise beim Leasingnehmer und teilweise beim Leasinggeber [liegen]".[47] Aus diesem Grund wird in **Abschnitt 22** zunächst allgemein mit der Theorie der Verfügungsrechte ein Ansatz erläutert, mit dem einzelne Verfügungsrechte an einem Gut systematisiert werden können. Auf Basis dieser Systematisierung wird in **Abschnitt 23** analysiert, wie sich die Verfügungsrechte bei einem Leasingverhältnis auf der einen Seite und einem Kauf auf der anderen Seite auf Leasingnehmer und Leasinggeber bzw. Käufer und Verkäufer verteilen. **Abschnitt 23** dient dazu, den wirtschaftlichen Gehalt eines Leasingverhältnisses zu erläutern und überdies ein Leasingverhältnis von einem Verkauf abzugrenzen.

Da ein Ziel der vorliegenden Arbeit ist, die vom IASB vorgeschlagenen Ansätze zur künftigen Leasinggeberbilanzierung darzustellen und zu würdigen, wird in **Abschnitt 3** ein Anforderungsprofil für die Leasinggeberbilanzierung entwickelt, welches als Maßstab dient, die Vorschläge des IASB zu beurteilen. Das *conceptual framework* dient dabei mit BALLWIESER als "Leitmaxime"[48]. In **Abschnitt 32** wird zunächst ein Anforderungsprofil für die Abbildung von Leasingverhältnissen in der **Bilanz** des Leasinggebers entwickelt. Ausgehend vom Zweck eines IFRS-Abschlusses wird in **Abschnitt 321** dargestellt, welche Anforderungen an eine IFRS-Bilanz im Allgemeinen zu stellen sind, um den Zweck eines IFRS-Abschlusses zu erfüllen. Diese Anforderungen werden in **Abschnitt 322** aus der Perspektive eines Leasinggebers – zunächst in einem einfachen Leasingverhältnis (**Abschnitt 322.1**) und nachfolgend für komplexe Leasingverhältnisse (**Abschnitt 322.2**) – konkretisiert. In **Abschnitt 323** wird herausgearbeitet, dass die derzeitigen Regelungen zur Leasinggeberbilanzierung in IAS 17 gemäß dem dort kodifizierten Konzept des wirtschaftlichen Eigentums nicht geeignet sind, die Anforderungen des *conceptual framework* zu erfüllen. **Abschnitt 323** soll verdeutlichen, dass die Leasinggeberbilanzierung *de lege lata* reformbedürftig ist. In **Abschnitt 33** wird ein Anforderungsprofil für die Ertragsrealisierung beim Leasinggeber entwickelt. Ausgehend von den allgemeinen Anforderungen des *conceptual framework* (**Abschnitt 332**) ist dabei das zentrale Erfordernis, dass die

[47] BAETGE, J./KIRSCH, H.-J./THIELE, S., Bilanzen, S. 659. Einfügung durch den Verfasser.

[48] BALLWIESER, W., Rahmenkonzepte, S. 338.

Leasinggeberbilanzierung mit der Ertragsrealisierung gemäß dem Reformprojekt *revenue recognition* konzeptionell im Einklang steht. Aus diesem Grund wird in **Abschnitt 333** das Konzept der künftigen Ertragsrealisierung erläutert und angeführt, welche Implikationen für die Ertragsrealisierung beim Leasinggeber daraus resultieren. In **Abschnitt 334** wird erläutert, weshalb die Ertragsrealisierung gemäß den Vorgaben in IAS 17 nicht geeignet ist, diese Anforderung zu erfüllen.

Abschnitt 4 wird den Vorschlägen des IASB zur künftigen Leasinggeberbilanzierung gewidmet. Um die Probleme zu beheben, die das derzeitige Konzept in IAS 17 mit sich bringt, schlägt der IASB vor, künftig eine Bilanzierung gemäß dem *right of use model* vorzuschreiben. Dieses neue Konzept wird in **Abschnitt 42** allgemein erläutert. In **Abschnitt 43** werden die Vorschläge des IASB, wie das *right of use model* in der Leasinggeberbilanzierung umgesetzt werden kann, dargestellt und vor dem Hintergrund des Bezugsrahmens, der dieser Arbeit zu Grunde liegt (Anforderungen des *conceptual framework* und konzeptioneller Einklang zum Reformprojekt *revenue recognition*), kritisch gewürdigt. Dabei wird auch gezeigt, welche Modifikationen ggf. notwendig sind, um die genannten Anforderungen möglichst umfänglich zu erfüllen.

In **Abschnitt 5** werden die wesentlichen Ergebnisse der Arbeit zusammengefasst. Die folgende Übersicht 1-1 veranschaulicht das Vorgehenskonzept:

Einleitung (Abschnitt 1)	Die Bedeutung der Leasinggeberbilanzierung nach IFRS (Abschnitt 11)
	Problemstellung (Abschnitt 12) Ziel der Arbeit: Analyse, wie die künftige Leasinggeberbilanzierung nach IFRS ausgestaltet werden sollte.
Grundlagen der Untersuchung (Abschnitt 2)	Der Begriff des Leasings in der Internationalen Rechnungslegung (Abschnitt 21)
	Die Theorie der Verfügungsrechte als Basis für eine Systematisierung von Eigentumsrechten (Abschnitt 22)
	Die Verteilung der Verfügungsrechte bei einem Leasingverhältnis und einem Verkauf (Abschnitt 23)
Entwicklung eines Anforderungsprofils für die Leasinggeberbilanzierung (Abschnitt 3)	Das Anforderungsprofil für die Erfassung von Leasingverhältnissen in der Bilanz (Abschnitt 32)
	Das Anforderungsprofil für die Ertragsrealisierung beim Leasinggeber (Abschnitt 33)
Die Vorschläge des IASB zur künftigen Leasinggeberbilanzierung (Abschnitt 4)	Das *right of use model* als konzeptionelle Grundlage *de lege ferenda* für die Bilanzierung von Leasingverhältnissen (Abschnitt 42)
	Darstellung und Würdigung der Vorschläge des IASB zur künftigen Leasinggeberbilanzierung (Abschnitt 43)
Zusammenfassung (Abschnitt 5)	

Übersicht 1-1: *Gang der Untersuchung*

2 Grundlagen der Untersuchung

21 Der Begriff des Leasings in der Internationalen Rechnungslegung

Ziel dieses Abschnitts ist es, das Untersuchungsobjekt der vorliegenden Arbeit – ein Leasingverhältnis im Sinne der IFRS-Rechnungslegung – abzugrenzen. Die Abgrenzung ist notwendig, weil der Begriff „Leasing" wie kaum ein zweiter betriebswirtschaftlicher Begriff uneinheitlich verwendet wird.[1]

Der angelsächsische Begriff „Leasing" ist das Gerundium des Verbs „to lease", welches vom altfranzösischen „lais" (französich laisser = lassen, **gewähren**) stammt.[2] Kernelement des Leasingbegriffs – und das gilt sowohl national als auch international für das jeweilige betriebswirtschaftliche und das jeweilige (etwaige) zivilrechtliche Verständnis – ist daher die **Gewährung eines Nutzungsrechts an einem Vermögenswert gegen Entgelt.**[3]

Nutzungsverhältnisse konnten schon vor mehr als 5000 Jahren im Wirtschaftsleben beobachtet werden.[4] Im Orient sollen Landbesitzer vom Volk der Sumerer bereits 3000 Jahre v. Chr. Nutzungsrechte übertragen haben, indem sie ihr Land Dritten gegen einen Anteil an der Ernte überließen.[5] Vereinbarungen über Nutzungsrechte an Land oder anderen Immobilien werden in Deutschland bis heute und bspw. in der zivilrechtlichen Form der Miete oder der Pacht eingegangen.[6]

---

1 Vgl. TACKE, H., Leasing, S. 2 f.; PETERS, S., Entscheidungsnützlichkeit, S. 52.

2 Vgl. HARLING, H. V., Leasing in den USA, S. 1.

3 Vgl. BEIGLER, M., Vorteilhaftigkeit, S. 15. An dieser Stelle sei erwähnt, dass die Übertragung eines Nutzungsrechts gegen Entgelt indes der kleinste gemeinsame Nenner des internationalen Verständnisses über den Leasingbegriff ist. Beispielsweise setzt ein Leasingverhältnis in Frankreich voraus, dass der Leasingnehmer eine Option besitzt, das Leasingobjekt zu erwerben. Vgl. FINK, A., Leasing in Frankreich, S. 452. Eine solche Option führt nach häufig vertretener Meinung in England und den USA indes nachgerade dazu, dass kein Leasingverhältnis vorliegt. Vgl. KRONKE, H., Finanzierungsleasing, S. 391; ZWICKER, D., Mobilien-Leasing, S. 525.

4 Vgl. LIVIJN, C.-O., 5000 years, S. 2.

5 Vgl. SPITTLER, H.-J., 20 Jahre, S. 1.

6 Der wesentliche Unterschied zwischen der Miete nach §§ 535-580a BGB und der Pacht nach §§ 581-597 BGB besteht darin, dass dem Mieter lediglich ein Gebrauchsrecht, dem Pächter indes ein Gebrauchs- und Fruchtziehungsrecht eingeräumt wird. Vgl. dazu ausführlich Abschnitt 23.

Der Begriff „Leasing“ wurde erstmals im Jahre 1877 in dem heute gängigen Kontext verwendet.[7] Die *Bell Telephone Company* ging in diesem Jahr unter explizitem Gebrauch des Begriffs Leasing dazu über, ihre Telefonanlagen an Großkunden zur Nutzung zu überlassen, anstatt zu verkaufen.[8] Überdies gilt das Unternehmen insofern als Pionier, als es erstmals Nutzungsverhältnisse über mobile industrielle Investitionsgüter abschloss.[9] Bis zu diesem Zeitpunkt wurden nämlich Nutzungsrechte vor allem an Konsumgütern oder – wie bereits oben erwähnt – an Immobilien überlassen. Andere Hersteller und Händler von Investitionsgütern folgten der Geschäftsidee der *Bell Telephone Company.* Ein wesentliches Merkmal dieser Nutzungsverhältnisse – im Schrifttum als **Leasing der ersten Generation**[10] bezeichnet – besteht darin, dass die nutzungsüberlassenden Firmen das Leasing als **absatzfördernde Maßnahme** nutzen.[11] Die **Finanzierung der Nutzungsüberlassung** für den Leasingnehmer erfolgt durch Hersteller oder Händler selbst.[12] Leasing wird im 21. Jahrhundert nach wie vor als absatzfördernde Maßnahme eingesetzt, vor allem in der Automobilindustrie.[13]

Das **Leasing der zweiten Generation** entwickelte sich in den 1950er und 1960er Jahren in den Vereinigten Staaten und den übrigen industrialisierten Staaten mit marktwirtschaftlicher Ordnung.[14] Das Leasing der zweiten Generation unterscheidet sich vom Leasing der ersten Generation im Wesentlichen dahingehend, dass erstmals „leasingtypische Dreiecksverhältnis[se]“[15] zu beobachten waren. Neben dem Hersteller oder Händler des

---

7 Vgl. GÄFGEN, D., Leasing in den USA, S. 107.

8 Vgl. FALK, B., Leasing in den USA, S. 351.

9 Vgl. MARTINEK, M., in: Leasinghandbuch, § 1. Entwicklung, Tz. 7.

10 Vgl. MAREK, M., Geschichte, S. 7.

11 Vgl. dazu BERGER, N., Herstellerleasing, S. 26, der von einer „Absatzalternative“ spricht. „Beiden Vertriebsformen gemeinsam [Verkauf und Leasing] ist der Verdienst des Herstellers am Warenumsatz.“ BERGER, N., Herstellerleasing, S. 26. Einfügung durch den Verfasser.

12 Vgl. SCHIRDUAN, H., Finanzierungs-Leasing, S. 37.

13 Vgl. MARTINEK, M., in: Leasinghandbuch, § 2. Absatzwirtschaftliche Hintergründe, Tz. 32.

14 Vgl. KAYSER, U., Bestehen, S. 97; MAREK, M., Geschichte, S. 7-11.

15 BECKMANN, H., in: Leasinghandbuch, § 5. Finanzierungsleasinggeschäfte, Tz. 3. Einfügung durch den Verfasser. Mitunter findet sich im Schrifttum auch der Begriff „Dreipunktbeziehung“. Vgl. TACKE, H., Leasing, S. 12.

Leasingobjekts und dem Leasingnehmer tritt der Leasinggeber als gewerbliches Leasingunternehmen als dritte Partei auf.[16] Solche Leasinggeber sind in erster Linie **Finanzdienstleister.**[17] Dies ist indes nur dann der Fall, wenn das Leasingunternehmen nicht nur rechtlich, sondern auch wirtschaftlich unabhängig vom Hersteller oder Händler des Objekts ist. Werden Leasinggesellschaften hingegen als Tochterunternehmen des Herstellers oder des Händlers in den Konsolidierungskreis einbezogen, sie folglich zwar rechtlich, nicht aber wirtschaftlich unabhängig vom Hersteller oder Händler sind, stellt das Leasing aus Konzernsicht – wie beim Leasing der ersten Generation – eine absatzfördernde Maßnahme dar.[18] Der Unterschied zum oben erläuterten Leasing der ersten Generation besteht hier lediglich darin, dass die für den Leasingnehmer wichtige Finanzierungsfunktion des Leasings durch ein Tochterunternehmen des Herstellers oder Händlers und nicht durch den Hersteller oder Händler selbst erfolgt.

Übersicht 2-1 veranschaulicht ein leasingtypisches Dreiecksverhältnis. Zwischen dem Leasingnehmer und dem Leasinggeber wird dabei immer ein Leasingvertrag und zwischen dem Leasinggeber und dem Hersteller oder Händler immer ein Liefervertrag[19] abgeschlossen. Sofern der Leasingnehmer den Leasinggeber direkt kontaktiert, um bspw. das spezifische *Know-how* des Leasinggebers bei der Objektauswahl zu nutzen, kommt es zu keinem direkten geschäftlichen Kontakt zwischen Leasingnehmer und Hersteller oder Händler des Leasinggegenstands.[20] Dies ist indes nicht immer der Fall. Zu dem Zeitpunkt, zu dem der Leasinggeber in einem leasingtypischen Dreiecksverhältnis kontaktiert wird, haben sich der

---

16 FEIST, G., Leasing-Kompendium, S. 13 spricht davon, dass der Leasinggeber „zwischengeschaltet" wird.

17 Vgl. BERGER, N., Herstellerleasing, S. 11-25.

18 Vgl. KOCH, R., Immobilien-Leasing, S. 32 f.

19 Die Rechtsbeziehung zwischen Leasinggeber und Hersteller oder Händler kann durch einen Kaufvertrag, einen Werkvertrag oder einen Werklieferungsvertrag gekennzeichnet sein. Vgl. SCHIRDUAN, H., Finanzierungs-Leasing, S. 36. Aus diesem Grund wird hier der Oberbegriff „Liefervertrag" verwendet. Vgl. dazu BECKMANN, H., in: Leasinghandbuch, § 5. Finanzierungsleasinggeschäfte, Tz. 8.

20 Vgl. MARTINEK, M., in: Leasinghandbuch, § 1. Entwicklung, Tz. 3.

künftige Leasingnehmer und der Hersteller oder Händler häufig bereits über Art, Eigenschaft und Qualitätsanforderung des Leasinggegenstands geeinigt.[21]

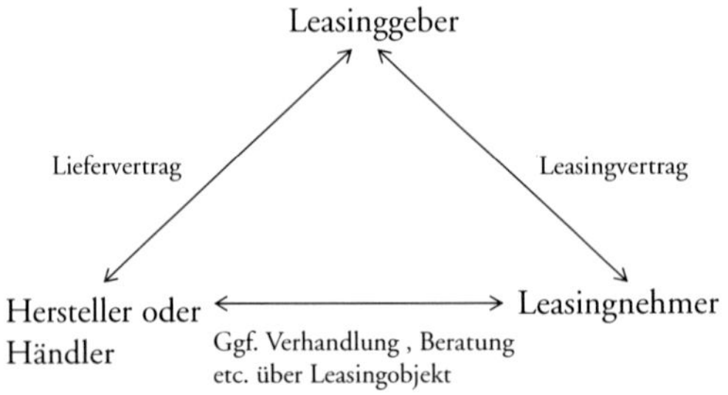

Übersicht 2-1: *Leasingtypisches Dreiecksverhältnis*[22]

Mittlerweile wird im Schrifttum vom **Leasing der dritten Generation** gesprochen.[23] Das Novum dieser Generation besteht vor allem darin, dass der Leasinggeber zusätzlich zur Nutzungsüberlassung und Finanzierungsleistung nun weitere umfassende Dienstleistungen für den Leasingnehmer anbietet, die über die Wartung oder die Versicherung des Leasingobjekts bis zur Übernahme von buchhalterischen Diensten und Rentabilitätsrechnungen reichen können.[24]

Die Ausführungen zum Leasing der ersten, zweiten und dritten Generation zeigen, dass die Leistungen der Unternehmen, welche als Leasinggeber auftreten, sehr heterogen sind. Unternehmen, die Leasingverhältnisse als Leasinggeber anbieten, lassen sich in (1) hersteller-/

21 Vgl. SEIFERT, P., Leasing, S. 34. Häufig bestehen auch in diesen Fällen zwischen Leasingnehmer und Hersteller oder Händler keine unmittelbaren vertraglichen Beziehungen. Wenn sich der Leasingnehmer indes bezüglich des Leasinggegenstands vom Hersteller oder Händler beraten lässt, entsteht ein selbständiger Beratungsvertrag. Vgl. BROX, H./WALKER, W.-D., Schuldrecht, S. 202.

22 Übersicht in Anlehnung an BECKMANN, H., in: Leasinghandbuch, § 5. Finanzierungsleasinggeschäfte, Tz. 5.

23 Vgl. MARTINEK, M., in: Leasinghandbuch, § 1. Entwicklung, Tz. 13.

24 Vgl. MARTINEK, M., in: Leasinghandbuch, § 1. Entwicklung, Tz. 13. Mitunter wird auch die Europäisierung und Globalisierung des Leasinggeschäfts und die damit zusammenhängende Zunahme des *Cross-Border-Leasing* als Merkmal des Leasings der dritten Generation genannt. Vgl. MARTINEK, M., in: Leasinghandbuch, § 1. Entwicklung, Tz. 13. Zum *Cross-Border-Leasing* vgl. LÜDENBACH, N./CHRISTIAN, D., Cross-Border-Leasing, S. 1054 f.

händlerabhängige, (2) hersteller-/händlerunabhängige[25] und (3) sonstige Leasinggeber unterscheiden.

Hersteller-/händlerabhängige Leasinggeber bieten Leasingverhältnisse über Produkte eines bestimmten Herstellers oder Händlers an. Bei diesem Typ sind direkte und indirekte Hersteller- oder Händlerleasinggeber zu unterscheiden.[26] Während beim direkten Hersteller-/Händlerleasing eine „Zwei-Personen-Beziehung"[27] besteht, weil der Leasinggeber sowohl Hersteller oder Händler als auch Leasinggeber ist, ist der Leasinggeber beim indirekten Hersteller-/Händlerleasing ein rechtlich selbständiges, in der Regel vom Hersteller oder Händler des Leasinggegenstands beherrschtes Unternehmen,[28] welches dem Kunden die Option anbietet, das Produkt des Herstellers (oder Händlers) über Leasing zu finanzieren.

Hersteller-/ händlerunabhängige Leasinggeber sind institutionelle Leasinggesellschaften, die häufig ein sehr breites Spektrum an Leasingverhältnissen anbieten, welches von Maschinen und Fahrzeugen über IT, Immobilien bis zu immateriellen Vermögenswerten reicht.[29] Bei den hersteller-/händlerunabhängigen Leasinggebern sind bankenabhängige und bankenunabhängige Leasinggeber zu unterscheiden.[30] Bankenabhängige Leasinggeber haben eine Bank als (oberstes) Mutterunternehmen, während bankenunabhängige Leasinggeber nicht in einen Bankkonzern eingebunden sind.

Als **sonstige Leasinggeber** werden in der vorliegenden Arbeit Unternehmen verstanden, die als Leasinggeber auftreten, ohne dass Leasing in einem mittelbaren oder unmittelbaren Be-

---

[25] Vgl. dazu MARTINEK, M., in: Leasinghandbuch, § 3. Erscheinungsformen, Tz. 10 f.

[26] Vgl. BECKMANN, R., in: Leasinghandbuch, § 21. Einleitung, Tz. 2.

[27] MARTINEK, M., in: Leasinghandbuch, § 3. Erscheinungsformen, Tz. 12.

[28] Beispielsweise ist die VOLKSWAGEN LEASING AG zum 31.12.2011 mittelbares Tochterunternehmen der VOLKSWAGEN AG. Die VOLKSWAGEN AG hält über ihr 100 %-iges Tochterunternehmen VOLKSWAGEN FINANCIAL SERVICE AG 100 % der Anteile an der VOLKSWAGEN LEASING GMBH. Vgl. dazu VOLKSWAGEN FINANCIAL SERVICES AG (HRSG.), Geschäftsbericht 2011, S. 26; VOLKSWAGEN FINANCIAL SERVICES AG (HRSG.), Anteilsbesitzliste 2011, S. 2.

[29] Vgl. dazu bspw. DEUTSCHE LEASING AG (HRSG.), Geschäftsbericht 2010/2011, S. 8. Die Zusammenarbeit zwischen diesen Leasinggebern und den Herstellern oder Händlern der Leasingobjekte kann auf Basis einer sehr lockeren oder sehr engen Bindung (z.B. einer festen Kooperation) basieren. Vgl. TACKE, H., Leasing, S. 35 f.

[30] Vgl. HELWIG, C., Quantifizierung, S. 25; BEIGLER, M., Vorteilhaftigkeit, S. 22.

zug zum Kerngeschäft des Unternehmens steht.[31] Sofern ein Unternehmen bspw. freistehende Räume eines Verwaltungsgebäudes verleast, tritt dieses zwar als Leasinggeber auf. Das Leasing besitzt dann aber weder einen mittelbaren noch einen unmittelbaren Bezug zum Kerngeschäft. Die folgende Übersicht illustriert die vorgenommene Systematisierung:

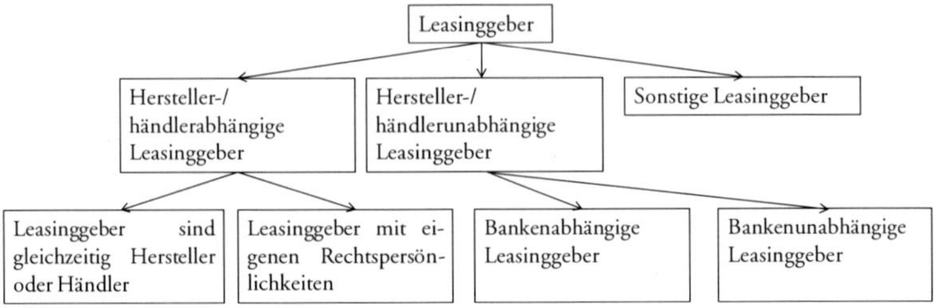

Übersicht 2-2: *Systematisierung von Leasinggebern*[32]

In den IFRS ist ein Leasingverhältnis als eine Vereinbarung definiert, „bei der der Leasinggeber dem Leasingnehmer gegen eine Zahlung oder eine Reihe von Zahlungen das Recht auf Nutzung eines Vermögenswerts für einen vereinbarten Zeitraum überträgt“[33]. Diese Definition ist sehr weit gefasst[34] und umfasst grds. jedwede typischen Leasingverhältnisse

---

[31] Ein unmittelbarer Bezug besteht bei allen Unternehmen, deren Kerngeschäft es ist, Leasingverhältnisse einzugehen. Dies ist sowohl bei indirektem Hersteller-/Händlerleasing als auch bei hersteller-/ händlerunabhängigen institutionellen Leasinggebern der Fall. Ein mittelbarer Bezug zum Kerngeschäft besteht bei direktem Hersteller-/Händlerleasing. Das Kerngeschäft des Unternehmens wird es dann in aller Regel nicht sein, Leasingverhältnisse einzugehen, sondern die hergestellten oder gehandelten Produkte zu verwerten. Leasingverhältnisse erfüllen dann meist – wie oben bereits erwähnt – eine absatzpolitische Funktion.

[32] Die Systematisierung erhebt nicht den Anspruch, vollständig überschneidungsfrei zu sein. So weist bspw. ECKSTEIN, W., Entwicklung, S. 6 darauf hin, dass Banken mitunter auch an hersteller-/ händlerabhängigen Leasinggebern beteiligt sind.

[33] IAS 17.4. Diese Definition wird durch die Interpretationen IFRIC 4 *Determining whether an arrangement contains a lease* und SIC 27 *Evaluating the substance of transactions involving the legal form of a lease* konkretisiert. Vgl. dazu allgemein KÜMPEL, T./BECKER, M., Leasing, S. 4-13. Vgl. dazu weitergehend bspw. DECKER, C./PAESLER, S., Pay-on-Production-Modelle, S. 1831-1837; BÜHNER, A./SHELDON, C., US-Leasingtransaktionen, S. 315-318.

[34] Vgl. KÜMPEL, T./BECKER, M., Leasing, S. 3.

der ersten, zweiten oder dritten Generation bzw. alle Leasingverhältnisse unabhängig davon, welcher der in Übersicht 2-2 genannte Typ Leasinggeber als Vertragspartner auftritt.[35]

Die bewusst allgemein gehaltene Definition in den IFRS hat für eine internationale Rechnungslegung folgenden Vorteil: Nationale Nuancen bzgl. des Begriffsverständnisses oder etwaige zivilrechtliche Regelungen zum Leasing verhindern nicht, dass die unter Berücksichtigung der jeweiligen nationalen Besonderheiten abgeschlossenen Verträge Leasingverhältnisse nach IFRS darstellen. Dies gilt auch für den deutschen Rechtsraum. Die vier im deutschen Zivilrecht geregelten Grundformen der Nutzungsüberlassung, namentlich die Miete nach §§ 535-580a BGB, die Pacht nach §§ 581-597 BGB, der Nießbrauch nach §§ 1030-1089 BGB und das Erbbaurecht nach Erbbaurechtsgesetz werden sämtlich von der Leasingdefinition nach IFRS erfasst.[36] Aufgrund der „Dispositivität des [deutschen] Schuldrechts"[37] kann die jeweilige genannte Grundform indes auch mit Rechten und/oder Pflichten einer anderen Grundform kombiniert werden. Aber auch diese Vereinbarungen stellen Leasingverhältnisse im Sinne der IFRS dar, soweit unter wirtschaftlicher Betrachtungsweise ein Nutzungsrecht an einem spezifizierten Vermögenswert übertragen wird.[38]

In Deutschland hat der Gesetzgeber von einer Legaldefinition des Begriffs Leasing bisher abgesehen. In der Praxis in Deutschland herrscht ein Begriffsverständnis, welches sich von der Definition des Begriffs Leasing in den IFRS deutlich unterscheidet. Nach häufig vertretener Meinung wird das Leasingverhältnis rechtlich als atypischer Mietvertrag eingeordnet.[39] Aufgrund der erwähnten Dispositivität des Schuldrechts unterscheiden sich

---

[35] Bestimmte Nutzungsverhältnisse, die zwar prinzipiell von der Definition erfasst wären, sind gemäß dem Grundsatz *lex specialis derogat legi generali* in speziellen IFRS geregelt und somit gänzlich vom Anwendungsbereich, zumindest aber von den Bewertungsmethoden des IAS 17 ausgeschlossen. Dies gilt für Leasingverhältnisse in Bezug auf nicht generative Ressourcen (IFRS 6), Lizenzen (IAS 38), biologische Vermögenswerte (IAS 41) und als Finanzinvestitionen gehaltene Immobilien (IAS 40). Ähnliche Ausnahmen sind nach derzeitigem Stand des Reformprojektes *leases* auch für den künftigen IFRS zur Bilanzierung von Leasingverhältnissen vorgesehen. Vgl. dazu Abschnitt 43. Die genannten speziellen Leasingverhältnisse sind nicht Gegenstand der vorliegenden Arbeit.

[36] Vgl. PFERDEHIRT, H., Leasingbilanzierung, S. 37 f.

[37] BABEL, M., Ansatz und Bewertung, S. 91. Einfügung durch den Verfasser.

[38] Vgl. KÜMPEL, T./BECKER, M., Leasing. S. 3.

[39] Vgl. stellvertretend GRAF WESTPHALEN, F. V., Qualifizierung, S. 1832. Die Rechtsnatur eines Leasingverhältnisses in Deutschland ist im Schrifttum indes umstritten. Vgl. MARTINEK, M., in:

Leasingverhältnisse mit BAETGE/BALLWIESER „von den in den §§ 535 ff. BGB geregelten Mietverträgen meist dadurch, daß der Leasingnehmer Zahlungen unabhängig von der Funktionsfähigkeit des Leasinggegenstands leisten muß [...], daß der Leasinggeber nicht für verspätete Lieferung oder Herstellung, Gewährleistung, Mängel und Untergang haftet [...], daß das Leasingobjekt vom Leasingnehmer beim Hersteller oder Händler ausgesucht oder in Auftrag gegeben wird und daß die Mietzeit oftmals einen wesentlichen Teil der üblichen wirtschaftlichen Nutzungszeit des Gegenstands ausmacht."[40] Nach der in den IFRS verwendeten Definition würden indes sowohl der klassische Mietvertrag als auch ein Vertrag mit den im Zitat genannten Merkmalen als Leasingverhältnis bezeichnet werden und somit unter die Regelungen des IAS 17 fallen.

Insgesamt zeigt sich, dass die Definition eines Leasingverhältnisses nach IFRS **weiter gefasst ist als das Begriffsverständnis in der deutschen wirtschaftlichen Praxis,**[41] weil die IFRS-Definition alle Grundformen der zivilrechtlichen Nutzungsverhältnisse und alle Spielarten umfasst, die aufgrund der Dispositivität des deutschen Schuldrechts zu beobachten sind. Leasing im Sinne der IFRS kann als **Mantelbegriff** verstanden werden, in dessen Anwendungsbereich die zivilrechtlich kodifizierten Nutzungsverhältnisse sowie Leasing gemäß dem Verständnis der wirtschaftlichen Praxis in Deutschland als **Teilmengen** enthalten sind.

Trotz der sehr weiten Definition eines Leasingverhältnisses nach IFRS haben alle Vereinbarungen, die von der Definition erfasst werden, die Gemeinsamkeit, dass bei einem Leasingverhältnis die **Verfügungsrechte** an dem zugrunde liegenden Leasingobjekt „teilweise beim Leasingnehmer und teilweise beim Leasinggeber [liegen]".[42] Bereits in den 1960er Jahren wurde mit der **Theorie der Verfügungsrechte**[43] eine Analysemethode entwickelt, die Eigentum an einem Gut als ein Bündel von Verfügungsrechten auffasst. Im folgenden Ab-

Leasinghandbuch, § 4. Rechtsnatur, Tz. 12-62 für eine Übersicht der Ansichten im Schrifttum. Die rechtliche Einordnung reicht dabei von einer mietvertraglichen Qualifizierung, einer kaufvertraglichen Einordung, einer Qualifizierung als Mietkauf über einen darlehensvertraglichen Ansatz, einen geschäftsbesorgungsvertraglichen Ansatz bis hin zu einer Einordung als Vertrag *sui generis*.

40 BAETGE, J./BALLWIESER, W., Leasingobjekte, S. 4. Auslassungen durch den Verfasser.

41 Vgl. KÜTING, K./HELLEN, H.-H./BRAKENSIEK, S., Leasing, S. 1465.

42 BAETGE, J./KIRSCH, H.-J./THIELE, S., Bilanzen, S. 659. Einfügung durch den Verfasser.

43 Vgl. ALCHIAN, A., Property Rights, S. 816-829; COASE, R., Social Cost, S. 1-44; DEMSETZ, H., Property Rights, S. 11-26. Zur Theorie der Verfügungsrechte vgl. zudem ERLEI, M./LESCHKE, M./SAUERLAND, D., Institutionenökonomik, S. 272-280.

schnitt wird die Theorie der Verfügungsrechte allgemein dargestellt, um die einzelnen Verfügungsrechte zu systematisieren, die mit dem Eigentum an einem Gut verbunden sind. Auf diese Systematisierung wird später an verschiedenen Stellen zurückgegriffen.

22 Die Theorie der Verfügungsrechte

Die Theorie der Verfügungsrechte wurde maßgeblich von den Ökonomen ALCHIAN, COASE und DEMSETZ entwickelt.[44] Im Mittelpunkt dieser Theorie stehen Verfügungsrechte, sog. *property rights*, an knappen Ressourcen. Ein Verfügungsrecht verkörpert einen Anspruch auf eine bestimmte Handlungsmöglichkeit an einem Gut, welchen der Eigentümer des Verfügungsrechts innehat. Besitzt eine Person sämtliche Verfügungsrechte an einem Gut, hat sie das Recht, das Gut zu nutzen (*usus*), die „Früchte" zu vereinnahmen, die daraus resultieren, dass das Gut genutzt wird (*usus fructus*), das Gut in Form und Substanz zu verändern (*abusus*) sowie das Gut und die damit verbundenen Rechte gegenüber Dritten selbständig zu verwerten (*successionis*).[45]

Das Nutzungsrecht (*usus*) erlaubt dem Eigentümer dieses Verfügungsrechts, das Gut zu **gebrauchen.** Innerhalb der möglichen Verwendungsrichtung ist der Nutzungsberechtigte zunächst nur durch seine eigenen Fähigkeiten beschränkt.[46] Mit MATENA kann ein Nutzungüberlassender das Nutzungsrecht indes auch **zeitlich und/oder quantitativ beschränkt** vergeben, sofern die Dauer des Nutzungsverhältnisses kürzer ist als die wirtschaftliche Nutzungsdauer des zu Grunde liegenden Gutes (zeitliche Beschränkung) bzw. das Nutzungsrecht von mehreren Parteien gemeinsam ausgeübt wird (quantitative Beschränkung).[47]

Das Recht auf Fruchtziehung (*usus fructus*) wird im Schrifttum uneinheitlich definiert. Beispielsweise wird von einem Recht auf „Aneignung von Gewinnen und Verlusten, die durch

---

[44] Vgl. ALCHIAN, A., Property Rights, S. 816-829; COASE, R., Social Cost, S. 1-44; DEMSETZ, H., Property Rights, S. 11-26.

[45] Vgl. PEJOVICH, S., Capitalist Corporation, S. 3.

[46] Vgl. MEYER, W., Property Rights-Ansatz, S. 20. Zudem sind beim Gebrauch die entsprechenden Gesetze zu beachten.

[47] Vgl. MATENA, S., Vermögenszurechnung, S. 21 f.

die Nutzung eines Gutes entstehen“[48], einem Recht, „auf Nutzung der Erträge, die diesem Gut entspringen“[49] oder einem Recht, „den [..] Nutzen aus den durchgeführten Aktivitäten zu erwirtschaften“[50], gesprochen. Eine sehr weite Definition, die bspw. das Recht auf Fruchtziehung als ein Recht auf den wirtschaftlichen Nutzen oder wirtschaftlichen Vorteil beschreibt, ist nach hier vertretener Auffassung indes aus folgendem Grund nicht geeignet, um Eigentumsrechte im Sinne der Theorie der Verfügungsrechte zu systematisieren: Jeder Unternehmer möchte „**Geld verdienen** und seine **Verdienstquelle sichern**“[51]. Um Geld zu verdienen, wird bereits das oben erläuterte Nutzungsrecht (*usus*) immer mit einem wirtschaftlichen Vorteil einhergehen, der vereinnahmt werden darf. Ohne wirtschaftlichen Vorteil würde das Unternehmen, das Geld verdienen will, ein Gut erst gar nicht nutzen.[52] Beispielsweise hat ein Unternehmen, das einen Parkplatz anmietet, um die PKW des Fuhrparks dort abzustellen, bereits einen Vorteil aus dem Gebrauch dieses Parkplatzes. Für einen wirtschaftlichen Vorteil ist es nicht zwangsläufig notwendig, die Früchte aus der Nutzung zu ziehen, bspw. indem die Plätze Dritten gebührenpflichtig angeboten werden. Das Recht auf Fruchtziehung (*usus fructus*) soll daher in der vorliegenden Arbeit als das Recht verstanden werden, den **Output zu vereinnahmen**, der daraus resultiert, dass das Gut genutzt wird. Der Output kann dabei eine materielle oder immaterielle Ressource sein, die dem genutzten Gut seiner Bestimmung gemäß gewonnen wird (bspw. die Kopie aus der Nutzung eines Kopierers oder die Software, die an einem Computer entwickelt wurde), oder auch finanzielle Mittel (das Entgelt, welches ein Pächter eines Parkplatzes vereinnahmt) umfassen.

Das Recht, ein Gut in seiner Form und Substanz zu verändern (*abusus*), ermöglicht bspw. das Aussehen oder den Standort des Guts zu verändern oder das Gut wesentlich zu verbessern bzw. anderweitig umzugestalten, um es über die originäre Gebrauchsmöglichkeit

---

48 PICOT, A., Ökonomische Analyse, S. 157.

49 SCHOPPE, S., Moderne Theorie, S. 139.

50 EWELT-KNAUER, C., Berichtsinstrument, S. 121. Auslassung durch den Verfasser.

51 BAETGE, J., Bilanzen, 1. Auflage, S. 5.

52 Altruistische Motive bleiben an dieser Stelle außer Acht. Vgl. EWELT-KNAUER, C., Berichtsinstrument, S. 130 f.

hinaus nutzen zu können.[53] Ein Veränderungsrecht kann beschränkt oder unbeschränkt sein. Ein unbeschränktes Veränderungsrecht würde auch das Recht einräumen, das Gut im Produktionsprozess untergehen zu lassen oder gar zu zerstören.[54]

Das Verwertungsrecht (*successionis*) ermöglicht es dem Eigentümer, das Gut selbst (nicht die Erzeugnisse, die ggf. aus der Nutzung resultieren) in Zahlungsmittel umzuwandeln. Der Eigentümer eines Verwertungsrechts an einem Gut kann das Gut bzw. die damit verbundenen Rechte bspw. verwerten, indem er das Gut verkauft.[55] Mitunter spaltet der Eigentümer sämtlicher Verfügungsrechte eines Guts – im Folgenden als „Voll-Eigentümer"[56] bezeichnet – ausschließlich das Verwertungsrecht ab und überträgt es an einen Dritten. Typischerweise handelt es sich dann um sog. bedingte Verwertungsrechte.[57] Das bedingte Verwertungsrecht erfüllt häufig die Funktion eines Sicherungsrechts. Sicherungsrechte spielen bspw. bei der Kreditvergabe eine große ökonomische Rolle.[58] Der Eigentümer eines bedingten Verwertungsrechts darf das Gut, an welchem er dieses Recht besitzt, nur dann verwerten, wenn bestimmte Bedingungen eingetreten sind.[59]

Aus den Ausführungen wird ersichtlich, dass die Theorie der Verfügungsrechte nicht das Gut *per se* betrachtet, sondern das mit einem Gut verbundene Bündel von Rechten.[60] In der Theorie der Verfügungsrechte ist es daher auch unerheblich, wer Eigentümer des Gutes *per se* ist; es interessiert vielmehr, wer Eigentümer der einzelnen Verfügungsrechte ist. Die **kon-**

---

53 Vgl. RICHTER, R./FURUBOTN, E., Neue Institutionenökonomik, S. 90.

54 Vgl. EWELT-KNAUER, C., Berichtsinstrument, S. 120.

55 Vgl. FURUBOTN, E./PEJOVICH, S., Property Rights, S. 1140.

56 PFERDEHIRT, H., Leasingbilanzierung, S. 31.

57 Vgl. MATENA, S., Vermögenszurechnung, S. 27-35.

58 Vgl. PERRIDON, L./STEINER, M./RATHGEBER, A., Finanzwirtschaft, S. 386-394.

59 So darf eine Bank, sofern sie als Kreditgeber ein bedingtes Verwertungsrecht als Kreditsicherheit erhalten hat, das entsprechende Gut nur dann verwerten, wenn der Kreditnehmer den Kredit nicht fristgerecht zurückzahlt. Vgl. PERRIDON, L./STEINER, M./RATHGEBER, A., Finanzwirtschaft, S. 389.

60 Vgl. FISCHER, M., Property Rights-Ansatz, S. 316.

zeptionelle Nähe zum *right of use model*, das einen Perspektivenwechsel weg vom Gegenstand hin zu den Rechten und Pflichten fordert, ist **unverkennbar**.[61]

Die Zuordnung der Verfügungsrechte zu deren Eigentümern ist in der Theorie der Verfügungsrechte **kein Datum**, sondern **eine Variable**.[62] Konkret bedeutet dies, dass ein Eigentümer von Verfügungsrechten diese teilweise oder vollständig abspalten und auf Dritte übertragen kann. Ein Leasingverhältnis zeichnet sich – wie im folgenden Abschnitt noch im Detail zu zeigen sein wird – gerade dadurch aus, dass der Leasinggeber bestimmte Verfügungsrechte auf den Leasingnehmer überträgt. Eine Theorie, die es – im Gegensatz zur Theorie der Verfügungsrechte – als gegeben ansehen würde, wie Verfügungsrechte im *Status quo* auf deren Eigentümer verteilt sind, ohne mögliche Veränderungen in der Zuordnung von Verfügungsrechten mit zu betrachten, wäre als Grundlage, um Leasingverhältnisse näher zu analysieren, völlig ungeeignet. Eigentümer werden immer dann einzelne oder mehrere Verfügungsrechte auf einen Dritten übertragen, wenn diese der erwerbenden Partei einen höheren Nutzen stiften als dem bisherigen Eigentümer selbst und es für diesen aufgrund der Zahlungsbereitschaft der dritten Partei aus ökonomischem Kalkül heraus vorteilhaft ist, die Verfügungsrechte zu übertragen.[63]

23 Die Verteilung der Verfügungsrechte bei einem Leasingverhältnis und einem Verkauf

Gemäß der im vorangegangenen Abschnitt dargestellten Theorie der Verfügungsrechte besitzt ein Voll-Eigentümer verschiedene Teilrechte an einem Gut, die als *usus*, *usus fructus*, *abusus* und *successionis* bezeichnet werden. Im Folgenden wird analysiert, wie sich diese Teilrechte bei verschiedenen Leasingverhältnissen jeweils auf den Leasingnehmer und den Leasinggeber verteilen. Dies ist notwendig, um den wirtschaftlichen Gehalt von Leasingverhältnissen zu erläutern. Überdies wird in diesem Abschnitt analysiert, ab wann die

61 Vgl. PFERDEHIRT, H., Leasingbilanzierung, S. 35; LABRENZ, H., Analyse, S. 79. Im Schrifttum wird im Zusammenhang mit dem *right of use model* mitunter explizit von einer *„property rights perspective"* gesprochen. Vgl. BEATTIE, V./GOODACRE, A./THOMSON, S., Lease-accounting, S. 76.

62 Vgl. MATENA, S., Vermögenszurechnung, S. 5.

63 Vgl. KUßMAUL, H., Nutzungsrechte, S. 154.

Verfügungsrechte durch eine Transaktion so umfänglich übertragen werden, dass bei wirtschaftlicher Betrachtungsweise kein Leasingverhältnis, sondern ein Verkauf des zugrunde liegenden Guts vorliegt. Dies soll dem Zweck dienen, das Untersuchungsobjekt der vorliegenden Arbeit zu präzisieren. Die Bilanzierung eines Verkaufs des zugrunde liegenden Gegenstandes ist nämlich nicht Gegenstand der vorliegenden Arbeit.

Wird ein Leasingverhältnis eingegangen, spaltet der Leasinggeber mit Beginn dieses Leasingverhältnisses bestimmte Verfügungsrechte an dem Leasingobjekt ab, die ihm aufgrund seines Voll-Eigentums bisher zustanden.[64] Gemäß dem Wortlaut in den IFRS überträgt der Leasinggeber dem Leasingnehmer bei einem Leasingverhältnis „das Recht auf Nutzung eines Vermögenswerts für einen vereinbarten Zeitraum“[65]. In den IFRS wird indes nicht konkretisiert, **welche Verfügungsrechte** das „Recht auf Nutzung“ umfasst. Der Verkauf des Gegenstandes würde gemäß dem Wortlaut in den IFRS hingegen voraussetzen, dass dem Verkäufer kein „**weiter bestehendes Verfügungsrecht**, wie es gewöhnlich mit dem Eigentum verbunden ist[, verbleibt]“[66]. Dieses Erfordernis wird in den IFRS ebenfalls nicht konkretisiert, vor allem wird nicht erläutert, welche Verfügungsrechte gemeint sind, die nicht beim Verkäufer verbleiben dürfen.

Fraglich ist, ob das „Recht auf Nutzung“ bereits übertragen wird, wenn einer Partei ein Nutzungsrecht im Sinne der Theorie der Verfügungsrechte (*usus*) eingeräumt wird, oder aber, ob auch das Recht auf Fruchtziehung (*usus fructus*) übertragen werden muss, um ein Recht auf Nutzung im Sinne der IFRS und somit ein Leasingverhältnis zu begründen. Ein zentrales Element bei der Konkretisierung des Rechts auf Nutzung ist die Möglichkeit,

---

64 Vgl. BAETGE, J./KIRSCH, H.-J./THIELE, S., Bilanzen, S. 659.

65 IAS 17.4. Das Recht auf Nutzung eines Vermögenswerts für einen vereinbarten Zeitraum wird gemäß dem derzeitigen Stand des Reformprojekts *leases* auch künftig konstituierendes Merkmal eines Leasingverhältnisses sein.

66 IAS 18.14 (b). Hervorhebung und Einfügung durch den Verfasser. Obgleich an dieser Stelle der Wortlaut des derzeitig noch gültigen IAS 18 zugrunde gelegt wird, taugt folgende Abgrenzung, die auf diesem Wortlaut aufbaut, auch, um ein Leasingverhältnis von einem Verkauf gemäß dem künftigen IFRS zur Umsatzrealisierung abzugrenzen. Wesentliches Merkmal eines Verkaufs *de lege ferenda* besteht darin, dass *control* an dem zugrunde liegenden Gut auf den Käufer übergegangen ist. Vgl. IFRS FOUNDATION (HRSG.), ED/2010/6IN20 sowie Abschnitt 333.1. Der Übergang von *control* bzgl. des betreffenden Gutes auf den Käufer setzt ebenfalls voraus, dass der Verkäufer keine Verfügungsrechte (zurück)behalten darf, welche gewöhnlich mit dem Eigentum verbunden ist.

einen *benefit*[67] aus diesem Recht zu ziehen. Der Begriff *benefit* ist in den IFRS sehr weit gefasst und kann „neben dem Zufluss finanzieller Mittel auch [...] eine Reduktion der Kosten bedeuten“[68]. Beispielsweise erhält ein Unternehmen, welches Büroräume anmietet, um einen Teil der Verwaltung dort unterzubringen, lediglich ein Nutzungsrecht (*usus*). Indes geht mit diesem Nutzungsrecht bereits die Möglichkeit einher, einen *benefit* zu ziehen.

In Abschnitt 22 wurde angeführt, dass ein Nutzungsrecht mitunter zeitlich und/oder quantitativ beschränkt sein kann. Gemäß der Definition in den IFRS überträgt ein Leasinggeber „das Recht auf Nutzung eines Vermögenswerts **für einen vereinbarten Zeitraum**“[69]. Dieser „vereinbarte Zeitraum“ richtet sich danach, was Leasingnehmer und Leasinggeber konkret vertraglich ausgehandelt haben. Dieser Zeitraum kann sehr kurz sein – bspw. wenige Monate – oder die gesamte wirtschaftliche Nutzungsdauer des zu Grunde liegenden Vermögenswerts umfassen. Dem Wortlaut der Definition eines Leasingverhältnisses, wonach „das Recht auf Nutzung eines Vermögenswerts für einen vereinbarten Zeitraum“ übertragen werden muss, kann überdies nicht entnommen werden, dass zwangsläufig nur eine Partei ein Recht auf Nutzung an dem Leasingobjekt haben darf, um ein Leasingverhältnis zu begründen. Auch ein Nutzungsrecht, welches von mehreren Parteien gleichzeitig ausgeübt wird und somit quantitativ beschränkt ist, kann ein Leasingverhältnis darstellen.[70] Die Ausführungen zeigen, dass bereits ein übertragenes **Nutzungsrecht** (*usus*) ein Leasingverhältnis nach IFRS begründen kann – selbst dann, wenn dies zeitlich und/oder quantitativ beschränkt ist.

Häufig wird einer Partei zusätzlich zum Nutzungsrecht (*usus*) auch das Recht auf Fruchtziehung (*usus fructus*) übertragen. Auch derartige Transaktionen stellen Leasingverhältnisse nach IFRS dar. Lediglich das konstituierende Merkmal eines Leasingverhältnisses nach IFRS, die Möglichkeit, einen *benefit* aus dem Recht auf Nutzung zu ziehen, konkretisiert

---

67 An dieser Stelle und im Folgenden wird das englische Original der IFRS verwendet. Die offizielle Übersetzung des Begriffs *benefit* in den IFRS ist „Nutzen“. Im Interesse der Verständlichkeit soll vermieden werden, dass die Begriffe „Nutzung“ und „Nutzen“ parallel verwendet werden.

68 BAETGE, J./HAYN, S./STRÖHER, T., in: IFRS-Komm., Kommentierung zu IAS 27, Tz. 46. Auslassung durch den Verfasser.

69 IAS 17.4. Hervorhebung durch den Verfasser.

70 Vgl. ERNST & YOUNG (HRSG.), Applying IFRS 11, S. 16. Denkbar sind bspw. mehrere Mieter in einem mehrstöckigen Bürogebäude.

sich in diesem Fall auf andere Art als bei Leasingverhältnissen, bei denen lediglich ein Nutzungsrecht (*usus*) übertragen wird. Bei einem Leasingverhältnis, bei dem das Nutzungsrecht und das Fruchtziehungsrecht auf den Leasingnehmer übertragen wird, resultiert der *benefit* aus dem Output, der durch die Nutzung des Leasingobjekts gewonnen wird. In Deutschland stellt die Pacht gemäß §§ 581-597 BGB ein typisches Leasingverhältnis dieser Art dar.[71] In hochtechnisierten Branchen werden mitunter Verträge abgeschlossen, die einer Partei **ausschließlich** das Recht auf Fruchtziehung überträgt (nur *usus fructus*, kein *usus*). Derartige Verträge lassen sich bspw. bei bestimmten *outsourcing*-Maßnahmen beobachten.[72] Sofern bspw. ein Automobilhersteller beschließt, die Herstellung eines bisher eigengefertigten Zwischenprodukts in ein rechtlich und wirtschaftlich selbständiges Unternehmen auszulagern, das Zwischenprodukt auf einer speziellen Maschine gefertigt wird und der Vertrag mit dem Zulieferer des Zwischenprodukts vorsieht, dass der Automobilhersteller den gesamten Output, also sämtliche Einheiten des Zwischenprodukts, welche auf der Maschine gefertigt werden, abnehmen muss (unabhängig vom tatsächlichen Bedarf des Automobilherstellers), liegt ein Leasingverhältnis vor.[73] Obgleich der Zulieferer kein Nutzungsrecht (*usus*) an der Maschine auf den Automobilhersteller überträgt, sondern nur das Recht, den Output zu vereinnahmen (*usus fructus*), liegt hier dennoch ein Leasingverhältnis vor, weil der Automobilhersteller im Beispielsachverhalt bei wirtschaftlicher Betrachtungsweise in einer vergleichbaren Position ist, die sich ergeben hätte, wenn der Automobilhersteller die betrachtete Maschine direkt geleast hätte.[74] Wegen der exklusiven und vollständigen Output-Abnahme wurde dem Automobilhersteller ein Recht auf Nutzung über-

71 Nach § 581 BGB ist der Verpächter (Leasinggeber) nämlich verpflichtet, dem Pächter (Leasingnehmer) den Gebrauch des verpachteten Gegenstands (hier: *usus*) und den Genuss der Früchte (hier: *usus frucus*) zu gewähren.

72 Vgl. hierzu und im Folgenden GÖTZ, J./SPANHEIMER, J., Identifizierung, S. 511; KÜMPEL, T./BECKER, M., Leasing, S. 5 f.

73 Der Nachteil, der dem Automobilhersteller dadurch erwächst, dass er dazu verpflichtet ist, die produzierte Menge abzunehmen, wird u.a. dadurch kompensiert, dass ihm ein Exklusivrecht an dem Zwischenprodukt zusteht. Dies kann ein Wettbewerbsvorteil sein. Vgl. KÜMPEL, T./BECKER, M., Leasing, S. 6.

74 Vgl. KÜMPEL, T./BECKER, M., Leasing, S. 6.

tragen.[75] Weil wirtschaftlich vergleichbare Sachverhalte in den IFRS auch vergleichbar zu bilanzieren sind, muss die Vereinbarung bilanziell als Leasingverhältnis behandelt werden.[76]

Das Recht, ein Gut in seiner Form und Substanz zu verändern (*abusus*), kann zusammen mit dem Nutzungsrecht (*usus*) oder dem Rechtebündel, bestehend aus Nutzungsrecht (*usus*) und Recht auf Fruchtziehung (*usus fructus*), übertragen werden. Wird einer Partei zusätzlich zum Nutzungsrecht und/oder zum Recht auf Fruchtziehung ein **beschränktes** Veränderungsrecht eingeräumt, welches ermöglicht, Standort und/oder Aussehen zu ändern bzw. das Gut wesentlich zu verbessern, spricht diese Verteilung der Verfügungsrechte weiterhin für ein Leasingverhältnis.[77] Ein **unbeschränktes** Veränderungsrecht, welches auch das Recht umfasst, das Gut zu zerstören, wird einem Leasingnehmer indes in aller Regel nicht eingeräumt. Unabhängig von den jeweiligen zivilrechtlichen oder richterrechtlichen Nuancen der Länder, in denen die IFRS angewendet werden, wird eine vom Leasingnehmer zu verantwortende (mutwillige oder grob fahrlässige) Zerstörung des Leasingobjekts regelmäßig mit Schadensersatzansprüchen des Leasinggebers einher gehen.[78] Wenn ein bisheriger Voll-Eigentümer seine Verfügungsrechte so umfänglich an eine andere Partei abgegeben hat, mithin die Partei derart frei über das Gut verfügen kann, dass neben dem Recht auf Nutzung auch möglich ist, das Gut im Produktionsprozess untergehen zu lassen oder eben zu zerstören, liegt ein Verkauf vor.

---

75 KIRSCH, H.-J./EWELT-KNAUER, C., in: IFRS-Komm., Ergänzungskommentierung zu IAS 17, Tz. 7 führen an, dass bei einer Vereinbarung wie jener im Beispielsachverhalt das Recht auf Nutzung „implizit" übertragen wird.

76 Vgl. dazu auch die Ausführungen in IFRIC 4.9(c). Derartige Vereinbarungen werden im Schrifttum als verdeckte Leasingverhältnisse oder indirekte Leasingverhältnisse bezeichnet. KIRSCH, H.-J./EWELT-KNAUER, C., in: IFRS-Komm., Ergänzungskommentierung zu IAS 17, Tz. 4-12; KÜMPEL, T./BECKER, M., Leasing, S. 6.

77 Beispielsweise stellt ein Mietvertrag über Büroflächen, der dem mietenden Unternehmen die Möglichkeit einräumt, die Räumlichkeiten durch Mietereinbauten oder Wanddurchbrüche zu verändern, ohne Zweifel ein Leasingverhältnis nach IFRS dar.

78 Vgl. ACKERMANN, T., in: Leasinghandbuch, § 32. Zerstörung, Tz. 8 f. In Deutschland erlaubt bspw. auch das Erbbaurecht nicht, das Gut zu zerstören, obgleich das Erbbaurecht die Form eines zivilrechtlich geregelten Nutzungsverhältnisses darstellt, welches die umfänglichsten Verfügungsrechte auf den Nutzungsberechtigten überträgt. Vgl. PRÜTTING, H., Sachenrecht, S. 366. SCHOLZ, C., Verlustzuweisung, S. 269 bezeichnet das Erbbaurecht als „ein dem Eigentum nahestehendes", aber eben nicht identisches Sachenrecht.

Fraglich ist abschließend, auf welche Partei sich das Verwertungsrecht (*successionis*) zum einen bei einem Leasingverhältnis und zum anderen bei einem Verkauf verteilt. Hierbei sind **bedingte** und **unbedingte Verwertungsrechte** zu unterscheiden. Ein unbedingtes Verwertungsrecht an einem Gut berechtigt den Eigentümer dieses Teilrechts u.a., das Gut jederzeit zu verkaufen, unabhängig davon, ob ein bestimmtes Ereignis eingetreten oder ausgeblieben ist.[79] Ein Leasingnehmer kann unter Umständen ein Unterleasingverhältnis eingehen, indem er einem Dritten ein Recht auf Nutzung einräumt. Ein Leasingnehmer ist aber nicht berechtigt, das geleaste Gut zu verkaufen.[80] Das unbeschränkte Verwertungsrecht verbleibt in einem Leasingverhältnis folglich beim Leasinggeber.[81] Beispielsweise ist ein Leasinggeber als juristischer Eigentümer eines Gebäudes berechtigt, dieses zu verkaufen, auch wenn die Räumlichkeiten an einen Leasingnehmer über einen festen Zeitraum verleast sind. Ein Käufer würde das Gebäude mit der Beschränkung in der Nutzung erwerben, die für ihn aus dem weiterhin bestehenden Leasingverhältnis resultiert.[82] Im Gegensatz dazu wird bei einem Verkauf das unbedingte Verwertungsrecht auf den Käufer übertragen. Ein unbedingtes Verwertungsrecht ist somit – wie das oben diskutierte unbeschränkte Veränderungsrecht – geeignet, ein Leasingverhältnis von einem Verkauf abzugrenzen. Sofern bei der veräußernden Partei indes lediglich ein **bedingtes** Verwertungsrecht verbleibt, wie es bei einem Verkauf unter Eigentumsvorbehalt der Fall wäre,[83] liegt ein Verkauf und kein Leasingverhältnis vor.[84] Im deutschen Rechtsraum gilt dies indes nur bei einem sog. verlängerten Eigentumsvorbehalt mit Verarbeitungsklauseln, denn nur dann ist der Vorbehaltskäufer berechtigt, das Gut unbeschränkt zu verändern bzw. weiter zu veräußern.[85] Eine Vereinbarung mit einfachem Eigentumsvorbehalt, bei dem der Vorbehaltskäufer weder das Recht hat, das Gut unbeschränkt zu verändern noch weiter zu veräußern, stellt indes ein

---

79 Vgl. MATENA, S., Vermögenszurechnung, S. 26.

80 Vgl. bereits RAU, G., Mietverlängerungsoption, S. 1027. Um das Gut verkaufen zu dürfen, hätte die Partei das Gut kaufen müssen und eben nicht leasen dürfen.

81 Gl.A. BAETGE, J./BALLWIESER, W., Leasingobjekte, S. 9.

82 Vgl. PFERDEHIRT, H., Leasingbilanzierung, S. 25.

83 Vgl. dazu MATENA, S., Vermögenszurechnung, S. 31.

84 So auch explizit IAS 18.17. Vgl. auch LÜDENBACH, N., in: Haufe IFRS-Kommentar, § 25 Erlöse, Tz. 18.

85 Vgl. SIEBERT, H.-P., Verfügungsgewalt, S. 52 f.

Leasingverhältnis dar, da sich ein Verkauf gemäß den bisherigen Ausführungen gerade dadurch auszeichnet, dass diese Verfügungsrechte (unbeschränktes Veränderungsrecht, unbedingtes Verwertungsrecht) übertragen werden.

Als **Zwischenfazit** ist festzuhalten, dass ein Leasingverhältnis vor dem Hintergrund der Theorie der Verfügungsrechte dann begründet wird, wenn ein beschränktes oder unbeschränktes Nutzungsrecht, ein Recht auf Fruchtziehung oder eine Kombination aus diesen Teilrechten eingeräumt wird. Wird zusammen mit einem dieser Verfügungsrechte oder einer dieser Kombinationen von Verfügungsrechten ein beschränktes Veränderungsrecht übertragen, handelt es sich ebenfalls um ein Leasingverhältnis. Überträgt ein bisheriger Voll-Eigentümer indes zudem ein unbeschränktes Veränderungsrecht oder ein unbedingtes Verwertungsrecht, handelt es sich um einen Verkauf. Auch in Fällen, in denen lediglich ein bedingtes Verwertungsrecht beim bisherigen Voll-Eigentümer verbleibt, welches als Sicherungsrecht fungiert, handelt es sich um einen Verkauf und nicht um ein Leasingverhältnis. Die nachfolgende Graphik fasst die Systematisierungen dieses Abschnitts zusammen. Sie zeigt dabei für verschiedene Vereinbarungen, ob das jeweilige Verfügungsrecht beim bisherigen Eigentümer des Verfügungsrechts verbleibt oder ob das jeweilige Verfügungsrecht auf die andere Partei, den neuen Eigentümer, übertragen wird. Auf Basis der Systematisierungen in diesem Abschnitt gibt die Tabelle an, ob es sich um ein Leasingverhältnis, einen Verkauf oder keines von beiden handelt:[86]

[86] Theoretisch existieren 2^7=128 Kombinationen. Die meisten theoretisch denkbaren Kombinationen sind indes widersprüchlich und/oder nicht praxisrelevant. Beispielsweise kann nicht gleichzeitig ein beschränktes und unbeschränktes Nutzungs- oder Veränderungsrecht übertragen werden. Im Folgenden werden nur widerspruchsfreie und praxisrelevante Kombinationen aufgeführt. Überdies werden solche Kombinationen außen vor gelassen, die keine zusätzlichen Erkenntnisse bringen oder zu Redundanzen führen würden.

Beschränktes Nutzungsrecht	Unbeschränktes Nutzungsrecht	Recht auf Fruchtziehung	Beschränktes Veränderungsrecht	Unbeschränktes Veränderungsrecht	Bedingtes Verwertungsrecht	Unbedingtes Verwertungsrecht	Leasing (Ja/Nein)	Verkauf (Ja/Nein)	Beispiel
					X		N	N	Kreditsicherung
X							J	N	Kurzfristige Miete
	X						J	N	Miete über gesamte Nutzungsdauer des Mietobjekts
		X					J	N	Outsourcing-Maßnahme mit vollständiger Output-Abnahme
X		X					J	N	Kurzfristige Pacht
X			X				J	N	Miete mit Möglichkeit zu Mietereinbauten
	X	X	X				J	N	Verkauf mit einfachem Eigentumsvorbehalt
		X		X		X	N	J	Verkauf eines Mehrparteienhauses mit langfristigen Mietern
	X	X		X		X	N	J	Verkauf mit verlängertem Eigentumsvorbehalt mit Verarbeitungsklausel

Legende: X: Das entsprechende Verfügungsrecht wurde übertragen
J: Ja
N: Nein

Übersicht 2-3: *Die Verteilung von Verfügungsrechten beim Leasing und Verkauf*

3 Die Entwicklung eines Anforderungsprofils für die Leasinggeberbilanzierung

31 Vorbemerkung

Ziel des Abschnitts 3 ist es, Anforderungen herauszuarbeiten, welche von der Leasinggeberbilanzierung nach IFRS zwingend erfüllt werden müssen, um dem **Zweck** der IFRS-Rechnungslegung, die **Vermittlung entscheidungsnützlicher Informationen**,[1] gerecht zu werden. Zur Entwicklung dieses Anforderungsprofils wird im Folgenden das *conceptual framework* als „**Leitmaxime**"[2] verwendet. Im *conceptual framework* werden sowohl der **Zweck der IFRS-Rechnungslegung** als auch die **zu erfassenden Abschlussposten** (*elements of financial statements*) definiert, die zur Erfüllung des Zwecks **notwendig** sind. Weil die IFRS am Zweck der Rechnungslegung und den dafür notwendigen Abschlussposten **auszurichten** sind,[3] muss für eine Leasinggeberbilanzierung gewährleistet werden, dass **sämtliche** aus einem Leasingverhältnis resultierenden Vermögenswerte und Schulden, welche die **Definitions- und Ansatzkriterien** des *conceptual framework* erfüllen, in der Bilanz des Leasinggebers erfasst werden.

Ausgehend vom Zweck eines IFRS-Abschlusses sowie von den Definitions- und Ansatzkriterien für Vermögenswerte und Schulden im *conceptual framework* (Abschnitt 321) wird daher im Folgenden konkretisiert, welche Vermögenswerte und/oder Schulden beim Leasinggeber aus einem Leasingverhältnis resultieren.

---

1 Vgl. dazu ausführlich Abschnitt 32.

2 BALLWIESER, W., Rahmenkonzepte, S. 338. Vgl dazu auch den Abschnitt "*purpose and status*" im *conceptual framework* sowie ausführlich HAYN, S., Die IAS (Teil I), S. 718; WIEDMANN, H./SCHWEDLER, K., Rahmenkonzepte, S. 683 f.; KIRSCH, H.-J./OLBRICH, A./DETTENRIEDER, D., Wertminderungsvorschriften, S. 563 f.

3 Vgl. WIEDMANN, H./SCHWEDLER, K., Rahmenkonzepte, S. 684.

32 Das Anforderungsprofil für die Erfassung von Leasingverhältnissen in der Bilanz

321. Die allgemeinen Anforderungen des *conceptual framework*

321.1 Der Zweck eines IFRS-Abschlusses

Der Zweck[4] eines IFRS-Abschlusses ist stark geprägt durch die in den 1960er und 1970er Jahren entwickelte entscheidungsorientierte Bilanztheorie (*decision usefulness theory*).[5] Im *conceptual framework* heißt es (CF.OB2, Hervorhebungen durch den Verfasser):[6]

> *"The objective of general purpose financial reporting is to* ***provide financial information*** *about the reporting entity that is* ***useful*** *to existing and potential investors, lenders and other creditors in* ***making decisions*** *about providing resources to the entity."*

Durch einen IFRS-Abschluss sollen den genannten Abschlussadressaten[7] also **entscheidungsnützliche Informationen** gegeben werden, „auf deren Grundlage sie ihre Entscheidungen in Bezug auf ihr Kapitalmanagement in Unternehmen treffen können"[8]. Der Zweck eines IFRS-Abschlusses wird im *conceptual framework* durch zwei Teilzwecke präzisiert:[9] Damit die Adressaten eine fundierte ökonomische Entscheidung treffen können, benötigen sie zum einen Informationen, die dabei helfen, die **künftigen Netto-Cashflows** des Unternehmens zu schätzen (sog. Bewertungsnützlichkeit).[10] Zum anderen benötigen

---

4 In der deutschen Version des *conceptual framework* und im Schrifttum zur Rechnungslegung nach IFRS wird häufig nicht vom „Zweck", sondern vom „Ziel" eines Abschlusses gesprochen. Die Begriffe sind aber im hier relevanten Kontext synonym. Vgl. GEBHARDT, R., Leasingverhältnisse, S. 68.

5 Vgl. JACOBI, A., Analyse, S. 43.

6 Das *conceptual framework* wird derzeit grundlegend überarbeitet. Der Teil des Projekts *"objectives and qualitative characteristics"* wurde bereits am 28. September 2010 abgeschlossen. Aus der Arbeit des IASB in dieser Projektphase entstammt auch der nun zitierte Zweck eines IFRS-Abschlusses.

7 Mit SPRENGER und MOXTER sind Abschlussadressaten als berechtigte Informationsempfänger von den Informationsinteressierten zu unterscheiden, vgl. SPRENGER, R., Grundsätze, S. 41 f.; MOXTER, A., Fundamentalgrundsätze, S. 95.

8 OBERDÖRSTER, T., Finanzberichterstattung, S. 1. Vgl. dazu bereits STÜTZEL, W., Bilanztheorie, S. 332.

9 Vgl. CF.BC1.17; KÖHLING, K., Renditeimmobilien, S. 11.

10 Vgl. CF.OB3. Dort heißt es: *"[E]xisting and potential investors, lenders and other creditors need information to help them assess the prospects for future net cash inflows to an entity"*. Zum Begriff der

die Adressaten Informationen darüber, wie **effizient und effektiv** die Unternehmensleitung das anvertraute Kapital verwendet hat.[11]

Für aktuelle und potenzielle **Eigenkapitalgeber** sind vor allem Informationen über die **zu erwartenden Ausschüttungen** und die **Wertentwicklung des Unternehmens bzw. der Anteile am Unternehmen** entscheidungsnützlich.[12] Aktuelle und potenzielle **Fremdkapitalgeber** sind vor allem daran interessiert, die gegenwärtige und künftige Zahlungsfähigkeit des Unternehmens festzustellen, um letztlich beurteilen zu können, ob es dem Unternehmen möglich sein wird, Zins- und Tilgungsbeträge fristgerecht und in vereinbarter Höhe zu zahlen.[13] Bewertungsnützliche Informationen müssten es den Abschlussadressaten daher im Idealfall ermöglichen, die **Höhe**, den **zeitlichen Anfall** sowie die **Unsicherheiten** der künftigen Zahlungsströme zu prognostizieren.[14]

Zu berücksichtigen ist indes, dass im Schrifttum zu Recht **erhebliche Zweifel** daran geäußert werden, dass ein IFRS-Abschluss eben diese Prognosen ermöglicht.[15] Überdies ist im Schrifttum seit langem der Beweis erbracht, dass eine externe Rechnungslegung **nicht ermöglicht**, über den für derzeitige und potenzielle Eigenkapitalgeber so entscheidungsnützlichen Unternehmenswert bzw. die Veränderungen des Unternehmenswerts zu informieren.[16] Der Unternehmenswert entspricht nicht dem bilanziellen

„Bewertungsnützlichkeit" vgl. GASSEN, J./FISCHKIN, M./HILL, V., Rahmenkonzept-Projekt, S. 877.

11 Vgl. CF.OB4. Dort heißt es *"information about [...] how efficiently and effectively the entity's management [...] have discharged their responsibilities to use the entity's resources"*. Dieser Teilzweck wird im Schrifttum als *stewardship* bezeichnet. Anders als in früheren Version des *conceptual framework* verwendet der IASB den Begriff *stewardship* nicht mehr, um Probleme zu vermeiden, die auftreten würden, wenn der Begriff in die jeweiligen Landessprachen übersetzt werden würde. Vgl. dazu CF.BC1.28.

12 Vgl. LEFFSON, U., Bilanzanalyse, S. 25; BAETGE, J./THIELE, S., Gesellschafterschutz, S. 15; WÜNSCHE, B., Verbindlichkeitsrückstellungen, S. 20.

13 Vgl. BAETGE, J./KIRSCH, H.-J./THIELE, S., Bilanzanalyse, S. 16.

14 Vgl. CF.OB3 und zudem bereits MOXTER, A., Grundsätze, S. 38.

15 BALLWIESER, W., Konzeptionslosigkeit, S. 733 führt dazu zutreffend aus: „Der Leser möge seine diesbezügliche Prognosefähigkeit an einer aktivierten Maschine, an Grundstücken und Gebäuden, aber auch an Steuer- oder Pensionsrückstellungen testen. [...] Sieht man von der Kasse und ihr ähnlichen Konten ab, wird die Prognoseeignung sehr beschränkt sein." Auslassung durch den Verfasser. Vgl. dazu auch BALLWIESER, W., Limitations, S. 68.

16 Vgl. dazu stellvertretend SCHMALENBACH, E., Dynamische Bilanz, S. 30-32.

Reinvermögen, denn er umfasst auch den **originären Geschäfts- oder Firmenwert**, welcher unter keinem wichtigen Rechnungslegungsregime – auch nicht den IFRS – aktivierbar ist.[17] Außerdem ist es mithilfe eines IFRS-Abschlusses auch nicht möglich, über ein **DCF-Verfahren** den Unternehmenswert bzw. die Veränderung des Unternehmenswerts zu bestimmen.[18]

Der Board ist sich der angeführten Problematiken, die mit der Vermittlung entscheidungsnützlicher Informationen einhergehen, durchaus bewusst. Im *conceptual framework* wird bspw. explizit darauf hingewiesen, dass die Informationen in einem IFRS-Abschluss **nicht hinreichend sind**, um den Unternehmenswert zu ermitteln.[19] Ein IFRS-Abschluss soll lediglich dabei **helfen** (*help to estimate*), die künftigen Netto-Cashflows zu schätzen, d.h. dem IFRS-Abschluss kommt eine **Unterstützungsfunktion** zu. Nach Ansicht des IASB setzt dies u.a. voraus, dass die Abschlussadressaten durch einen IFRS-Abschluss über die **wirtschaftlichen Ressourcen** des Unternehmens (*economic ressources*) und die **Ansprüche gegen das Unternehmen** (*claims against the reporting entity)* informiert werden.[20] Die wirtschaftlichen Ressourcen sowie die Ansprüche gegen das Unternehmen werden in einem IFRS-Abschluss in der Bilanz als Vermögenswerte (*assets*) bzw. Schulden (*liabilities*) abgebildet.[21] Auch der in der **Gesamtergebnisrechnung** ausgewiesene Gewinn kann nur als **Ausgangspunkt** dienen, mit Hilfe einer Erfolgsspaltung und einer Erfolgsquellenanalyse einen nachhaltigen

17 Vgl. MOXTER, A., Rechnungslegungsmythen, S. 2143 sowie SCHMALENBACH, E., Dynamische Bilanz, S. 32, der anführt: „daß man durch Addition von Aktiven, die in einem Unternehmen gebunden sind, den Wert des Unternehmens nicht finden kann [...]. Dieses geht offenbar den Menschen schwer ein; denn trotz ewiger Wiederholung stößt man immer wieder auf das gleiche Unverständnis." Auslassung durch den Verfasser.

18 Dies gelingt weder durch Informationen der Bilanz noch durch Informationen der Gesamtergebnisrechnung. Auf die Schwierigkeiten, die künftigen Netto-Cashflows anhand der Bilanz zu ermitteln, wurde von BALLWIESER, W., Konzeptionslosigkeit, S. 733 hingewiesen. Der in der Gesamtergebnisrechnung ausgewiesene Gewinn kann ebenfalls nicht ohne umfangreiche Adjustierungen verwendet werden, um die künftigen Netto-Cashflows zu bestimmen. Zum einen enthält der Gewinn nicht nachhaltige Bestandteile, zum anderen sind die künftigen Umweltzustände unsicher, sodass es nicht möglich ist, den ausgewiesenen Gewinn ohne Weiteres in die Zukunft zu extrapolieren. Vgl. dazu SCHILDBACH, T., Rechnungslegungsgremium, S. 651; STREIM, H. Informationen,, S. 126.

19 Vgl. CF.OB7.

20 Vgl. CF.OB4.

21 Vgl. GASSEN, J./FISCHKIN, M./HILL, V., Rahmenkonzept-Projekt, S. 877. STREIM, H./BIEKER, M./LEIPPE, B., Fundierung, S. 191 sprechen in diesem Zusammenhang von einem Ausweis des Cashflow-Potenzials in der Bilanz.

Gewinn zu ermitteln und letztlich die künftigen Netto-Cashflows in einem „individuelle[n] Prognosemodell“[22] zu schätzen, und zwar mit verschiedenen anderen Informationen, die sich der Adressat beschafft.[23]

321.2 Die Vermögenswertdefinition in den IFRS (abstrakte Aktivierungsfähigkeit)

Ein **Vermögenswert** ist im *conceptual framework* definiert als

(1) eine Ressource, über die das Unternehmen die **Verfügungsmacht** besitzt und aus der erwartungsgemäß **künftiger wirtschaftlicher Nutzen** *(benefit)* zufließt und

(2) die Verfügungsmacht aufgrund eines **Ereignisses in der Vergangenheit** gegeben ist.[24]

Ad (1) Verfügungsmacht über eine Ressource mit wirtschaftlichem Nutzen

Eine Ressource, die künftigen wirtschaftlichen Nutzen verspricht, umfasst zunächst sämtliche Quellen mit einem **Potenzial**, direkt oder indirekt zum **Zufluss von Zahlungsmitteln und Zahlungsmitteläquivalenten** beizutragen.[25] Zwischen dem künftigen Einzahlungspotenzial eines Unternehmens und den Vermögenswerten eines Unternehmens besteht somit *per definitionem* ein unmittelbarer Zusammenhang.[26]

Das Definitionskriterium eines Vermögenswerts setzt gemäß dem *conceptual framework* voraus, dass die Ressource in der **Verfügungsmacht** des betrachteten Unternehmens liegt. Die Ausführungen im *conceptual framework* bzgl. der Verfügungsmacht über eine Ressource mit künftigem wirtschaftlichen Nutzen sind indes sehr vage.[27] CF.4.12 lässt sich lediglich entnehmen, dass ein gesetzliches Recht wie das zivilrechtliche Eigentum weder eine not-

---

22 GEBHARDT, R., Leasingverhältnisse, S. 145. Auslassung durch den Verfasser.

23 Vgl. CF.OB6.

24 Vgl. CF.4.4(a) sowie ausführlich BAETGE, J., ET AL., in: IFRS-Komm., Grundlagen der IFRS-Rechnungslegung, Tz. 70-74.

25 Vgl. CF.4.8. Der Begriff „Ressource“ ist somit in der IFRS-Rechnungslegung anders besetzt als bspw. in der traditionellen Volkwirtschaftslehre (Arbeit, Boden, Kapital) oder in anderen Teildisziplinen der Betriebswirtschaftslehre wie der Produktionswirtschaft. Vgl. dazu ausführlich GEBHARDT, R., Leasingverhältnisse, S. 179-191.

26 Vgl. STREIM, H./BIEKER, M./LEIPPE, B., Fundierung. S. 192.

27 Vgl. GEBHARDT, R., Leasingverhältnisse, S. 191.

wendige noch eine hinreichende Bedingung für die Verfügungsmacht darstellt. Im Schrifttum wird die Verfügungsmacht mit Verweis auf die US-GAAP, welche ebenfalls die Verfügungsmacht als Definitionsmerkmal von Vermögenswerten anführen, mitunter als die Möglichkeit konkretisiert, den künftigen wirtschaftlichen Nutzen aus dem Vermögenswert zu vereinnahmen, aber vor allem **Dritte** vom wirtschaftlichen Nutzen **auszuschließen.**[28]

Ad (2) Ereignis in der Vergangenheit

Schließlich muss die Verfügungsmacht aufgrund eines **Ereignisses in der Vergangenheit** gegeben sein. Dieses Kriterium muss vor allem bei **schwebenden Geschäften** berücksichtigt werden. In den IFRS wird unter einem schwebenden Geschäft ein zweiseitiger Vertrag verstanden, nach dem beide Vertragspartner ihrer Hauptleistungspflicht **noch nicht**, oder wie bei einem Dauerschuldverhältnis **lediglich zum Teil** und **im gleichen Umfang** nachgekommen sind.[29] Erwartete Nutzenzuflüsse aus schwebenden Geschäften begründen immer dann keinen Vermögenswert im Sinne des *conceptual framework,* sofern es bis zur Beendigung des Schwebezustands an dem entscheidenden Ereignis in der Vergangenheit mangelt, welches die Verfügungsmacht über den erwarteten Nutzenzufluss begründet. In einem Verkaufsgeschäft besitzt der zur Sach- oder Dienstleistung Verpflichtete in aller Regel keine Verfügungsmacht aufgrund eines Ereignisses in der Vergangenheit, bis er seiner Leistungspflicht nachgekommen ist und der Schwebezustand beendet wurde. Der **Vertragsabschluss** stellt dabei häufig nicht das (entscheidende) Ereignis in der Vergangenheit für die Definition eines Vermögenswerts dar, weil der zur Sach- oder Dienstleistung Verpflichtete seiner Hauptleistungspflicht noch nicht nachgekommen ist, wenn lediglich der Vertrag abgeschlossen wurde.

---

[28] Vgl. stellvertretend ANDERSONS, A., Entwicklungen, S. 196; GEBHARDT, R., Leasingverhältnisse, S. 192 f.

[29] Vgl. IAS 37.3; MELLWIG, W./SABEL, E., Nichtbilanzierung, S. 358. Anders als in den IFRS existiert im deutschen Recht weder eine schuldrechtliche noch eine bilanzrechtliche Definition eines schwebenden Geschäfts. Vgl. FRIEDERICH, H., Schwebende Geschäfte, S. 13; FABRI, S., Nutzungsverhältnisse, S. 111. Der Begriff des schwebenden Geschäfts wurde im Kontext der externen Rechnungslegung erstmals von CANNING, J., Accountancy, S. 11-58 benutzt. Vgl. HENDERSON, S./PEIRSON, G., Executory Contracts, S. 96; GEBHARDT, R., Leasingverhältnisse, S. 266.

321.3 Die Schulddefinition in den IFRS (abstrakte Passivierungsfähigkeit)

Die auf der Passivseite ausgewiesenen **Schulden** (*liabilities*) stellen die Ansprüche gegen das Unternehmen dar (*claims against the reporting entity*). Eine Schuld liegt gemäß der Definition im *conceptual framework* dann vor, wenn das Unternehmen

(1) eine **gegenwärtige Verpflichtung** gegenüber einem **Dritten** hat,

(2) diese Verpflichtung erwartungsgemäß dazu führt, dass dem Unternehmen Ressourcen mit **wirtschaftlichem Nutzen abfließen** und

(3) die Verpflichtung aus einem **Ereignis in der Vergangenheit** resultiert.[30]

Ad (1) Gegenwärtige Verpflichtung

Eine gegenwärtige Verpflichtung setzt zwingend eine Außenverpflichtung voraus, d.h. eine Verpflichtung des Kaufmanns gegenüber sich selbst stellt keine Schuld im Sinne der IFRS dar.[31] Die Verpflichtung kann aus rechtlichen, aber auch aus wirtschaftlichen Zwängen resultieren. Entscheidend ist allein, dass sich das bilanzierende Unternehmen der Verpflichtung **nicht entziehen** kann.[32]

Ad (2) Erwarteter Nutzenabfluss

Eine Schuld im Sinne des *conceptual framework* setzt voraus, dass die gegenwärtige Verpflichtung erwartungsgemäß dazu führt, dass vom Unternehmen Ressourcen mit wirtschaftlichem Nutzen abfließen. Das *conceptual framework* nennt als Beispiele, flüssige Mittel zu zahlen, andere Aktiva zu übertragen, eine Dienstleistung zu erbringen, die gegenwärtige Verpflichtung durch eine andere zu ersetzen oder die Verpflichtung in Eigenkapital umzuwandeln.[33]

Fraglich ist, ob bzw. wann **Verpflichtungen aus schwebenden Geschäften** die Definitionskriterien einer Schuld im Sinne des *conceptual framework* erfüllen. Zwar resultiert aus einem schwebenden Geschäft für das leistende Unternehmen eine Verpflichtung, die zu einem erwarteten Abfluss von Ressourcen mit wirtschaftlichem Nutzen führt (bspw. resultiert aus

---

[30] Vgl. CF.4.4(b).

[31] Vgl. BALLWIESER, W., IFRS-Rechnungslegung, S. 69.

[32] Vgl. HEBESTREIT, G./SCHRIMPF-DÖRGES, C., in: Beck'sches IFRS-Handbuch, § 13. Rückstellungen, Tz. 36.

[33] Vgl. CF.4.17.

einem schwebenden Absatzgeschäft für das leistende Unternehmen die Verpflichtung, ein Gut zu übertragen). Zu berücksichtigen ist indes, dass der Verpflichtung aus einem schwebenden Geschäft häufig auch ein **Anspruch in mindestens gleicher Höhe** gegenübersteht.[34] HACHMEISTER[35] und BALLWIESER[36] vertreten in diesem Zusammenhang die Ansicht, dass das Definitionskriterium einer Schuld nur dann erfüllt ist, wenn aufgrund der gegenwärtigen Verpflichtung „eine unkompensierte Last, eine **Nettobelastung**"[37] vorliegt.[38] Sofern eine Transaktion zu einer Verpflichtung führt, die erwartungsgemäß zu einem Abfluss von Ressourcen mit wirtschaftlichem Nutzen und gleichzeitig zu einem Zufluss von Ressourcen mit wirtschaftlichem Nutzen in zumindest gleicher Höhe einher geht, liegt mit HACHMEISTER und BALLWIESER somit keine Schuld vor. Nach dieser Auffassung wären viele **Verpflichtungen aus schwebenden Geschäften** keine Schulden im Sinne des *conceptual framework*.[39] Der Ansicht von HACHMEISTER und BALLWIESER ist zuzustimmen.[40]

---

34 Vgl. BAETGE, J./KIRSCH, H.-J./THIELE, S., Konzernbilanzen, S. 438; KEITZ, I. V., ET AL., in: IFRS-Komm., Kommentierung zu IAS 37, Tz. 75.

35 Vgl. HACHMEISTER, D., Verbindlichkeiten, S. 3.

36 Vgl. BALLWIESER, W., IFRS-Rechnungslegung, S. 69.

37 BALLWIESER, W., IFRS-Rechnungslegung, S. 69. Hervorhebung durch den Verfasser.

38 Vgl. dazu im handelsrechtlichen Kontext auch KAUFMANN, K., Erbbaurechte, S. 320.

39 Dieser Befund gilt indes nicht für schwebende Geschäfte, aus denen ein Verlust droht, weil der Wert der eigenen Leistung den Wert der künftigen Gegenleistung übersteigt. Dieser künftige negative Erfolgsbeitrag führt zu einer Nettovermögensbelastung und somit zwingend zur Passivierung einer Schuld. Derartige schwebende Geschäfte fallen in der IFRS-Rechnungslegung unter den Oberbegriff sog. belastender Verträge (*onerous contracts*). Vgl. IAS 37.10; KEITZ, I. V., ET AL., in: IFRS-Komm., Kommentierung zu IAS 37, Tz. 25.

40 Im Schrifttum wird richtigerweise darauf hingewiesen, dass Ansprüche und Verpflichtungen aus schwebenden Geschäften in bestimmten Fällen bilanziert werden – bspw. bei der Bilanzierung derivativer Finanzinstrumente. Vgl. MELLWIG, W./SABEL, E., Nichtbilanzierung, S. 360. Dem *conceptual framework* ist nämlich ein ausnahmsloses Verbot der Bilanzierung schwebender Geschäfte – im Sinne eines Grundsatzes der Nichtbilanzierung schwebender Geschäfte – fremd. In CF.4.46 heißt es: *"In practise, obligations under contracts that are equally proportionately unperformed (for example, liabilities for inventory ordered but not yet received) are generally not recognised as liabilities in the financial statements. However, such obligations may meet the definition of liabilities and, provided the recognition criteria are met in the particular circumstances, may qualify for recognition."* Vgl. dazu auch MELLWIG, W./SABEL, E., Nichtbilanzierung, S. 359. Gemäß dem Wortlaut des *conceptual framework* dürfen Verpflichtungen (dasselbe gilt für Ansprüche) aus schwebenden Geschäften nur dann bilanziert werden, wenn sie – unter Berücksichtigung der überzeugenden Auslegung der Schulddefinition von HACHMEISTER und BALLWIESER – die Definitionskriterien erfüllen. „[Ein] Grundsatz der Nichtbilanzierung schwebender Geschäfte [ist] im Grunde überflüssig [..], weil er hinter die vorrangige Prüfung der [..] [Vermögenswert- und Schuldeigenschaft] von Ansprüchen

Ad (3) Ereignis in der Vergangenheit

Schließlich erfordert die Definition einer Schuld, dass die gegenwärtige Verpflichtung aus einem Ereignis in der Vergangenheit resultieren muss. Dieses Definitionskriterium ist häufig redundant. Eine Verpflichtung, der sich das bilanzierende Unternehmen nicht entziehen kann, muss auf einem Ereignis in der Vergangenheit beruhen.[41]

321.4 Die Ansatzkriterien von Vermögenswerten und Schulden (konkrete Aktivierungs- und Passivierungsfähigkeit)

Das *conceptual framework* folgt einer „zweistufigen Ansatzkonzeption"[42]. Sofern ein Sachverhalt die erläuterte Definition eines Vermögenswerts oder einer Schuld erfüllt, darf dieser nur dann in die Bilanz des bilanzierenden Unternehmens aufgenommen werden,

- wenn es **wahrscheinlich** (*probable*) ist, dass dem Unternehmen mit diesem Sachverhalt wirtschaftlicher Nutzen zufließen (Vermögenswert) oder abfließen (Schuld) wird (CF.4.38(a)) und
- der Sachverhalt **verlässlich bewertet** werden kann (CF.4.38(b)).[43]

Ad (1) Wahrscheinlicher Nutzenzufluss oder Nutzenabfluss

Im Schrifttum wird mitunter angeführt, dass dieses Ansatzkriterium vor allem deshalb notwendig ist, um zu **konkretisieren**, was auf der Aktivseite angesetzt werden darf. „Eine allein auf dem Kriterium des wirtschaftlichen Nutzens basierende Aktivendefinition bliebe ohne weitere Konkretisierung eine Leerformel; [...] Letztlich stellt [nämlich] (fast) jede Ausgabe eines ‚vernünftigen' Kaufmanns zumindest eine Voraussetzung für spätere Einnahmenüberschüsse dar"[44]. Zu berücksichtigen ist indes, dass im *conceptual framework* nicht präzisiert wird, in welchem Fall das Ansatzkriterium erfüllt ist, d.h. ein Nutzenzufluss bzw. Nutzen-

---

[und Verpflichtungen] aus schwebenden Geschäften zurückzutreten hat". BABEL, M., Ansatz und Bewertung, S. 89. Einfügungen und Auslassungen durch den Verfasser.

41 Vgl. GEBHARDT, R., Leasingverhältnisse, S. 223.

42 THEILE, C., in: IFRS-Handbuch, Kapitel III. Bilanzansatz (Conceptual Framework), Tz. 320.

43 Vgl. dazu PELLENS, B., ET AL., Internationale Rechnungslegung, S. 132 f.

44 MELLWIG, W./WEINSTOCK, M., Zurechnung, S. 2349. Auslassung und Hinzufügung durch den Verfasser.

abfluss wahrscheinlich *(probable)* ist. "*'Probable' means different things to different people*"[45], weshalb in der Literatur Wahrscheinlichkeitserfordernisse von mehr als 50 %[46] bis hin zu mehr als 70-80 %[47] diskutiert werden, die je nach Auffassung erfüllt sein müssen, um von einem wahrscheinlichen Nutzenzufluss bzw. Nutzenabfluss ausgehen zu können.

In IAS 37 *Provisions, Contingent Liabilities and Contingent Assets* wird ein Nutzenabfluss als wahrscheinlich (*probable*) angesehen, wenn mehr Gründe dafür als dagegen sprechen (*more likely than not*). Im Schrifttum zu IAS 37 wird diese Vorgabe übereinstimmend als Wahrscheinlichkeitserfordernis von größer 50 % interpretiert.[48] In der Literatur wird vorgeschlagen, diese Konkretisierung des Begriffs „wahrscheinlich" *(probable)* auch zu verwenden, um das allgemeine Ansatzkriterium des *conceptual framework* auszulegen und zu konkretisieren, in welchen Fällen ein Nutzenzufluss oder ein Nutzenabfluss wahrscheinlich ist.[49] In IAS 37.23 wird indes ausgeführt, dass die Auslegung des Begriffs „wahrscheinlich" *(probable)* in IAS 37 nicht immer auf andere IFRS angewendet werden dürfe. IAS 37.23 widerspricht damit aber einer konsistenten Auslegung des Wortlauts der IFRS und zwingt den Anwender zu einer Einzelfallbetrachtung.

Ad (2) Verlässliche Bewertbarkeit

Ein Sachverhalt darf nur dann in die Bilanz aufgenommen werden, wenn der Sachverhalt **verlässlich bewertet** werden kann (*reliability of measurement*, CF.4.38(b)). Dieses Ansatzkriterium bezieht sich vor allem auf **unsichere Ereignisse**.[50] In einen IFRS-Abschluss gehen eine Reihe von Größen ein, die zunächst unsicher oder gar ungewiss sind und geschätzt

---

45 JOHNSON, L., Future Events, S. 9.

46 Vgl. PELLENS, B., ET AL., Internationale Rechnungslegung, S. 132.

47 Vgl. WAGENHOFER, A., Internationale Rechnungslegungsstandards, S. 147.

48 Vgl. stellvertretend ERNSTING, I./KEITZ, I. V., Rückstellungen, S. 2479; BALLWIESER, W., IFRS-Rechnungslegung, S. 49; WÜNSCHE, B., Verbindlichkeitsrückstellungen, S. 104.

49 Vgl. GEBHARDT, R., Leasingverhältnisse, S. 227.

50 Vgl. WAGENHOFER, A., Internationale Rechnungslegungsstandards, S. 147. Unter Unsicherheit wird im Allgemeinen ein Informationsstand verstanden, der sich dadurch auszeichnet, dass die künftigen Entwicklungen mehrwertig sind. Vgl. stellvertretend ADAM, D., Planung und Entscheidung, S. 215.

werden müssen und deren exakte Höhe erst *ex post* bekannt ist.[51] In CF.4.41 heißt es (Hervorhebungen durch den Verfasser):

> *"The second criterion for the recognition of an item is that it possesses cost or value that can be* ***measured with reliability****. In many cases, cost or value must be* ***estimated****; the use of* ***reasonable estimates*** *is an essential part of the preparation of financial statements and does not undermine their reliability. When, however, a reasonable estimate* ***cannot*** *be made the item is not recognised in the balance sheet or income statement."*

Das *conceptual framework* setzt somit für die Ansatzfähigkeit von Vermögenswerten und Schulden (sowie für Erträge und Aufwendungen) voraus, dass Größen, welche aufgrund von unsicheren Ereignissen geschätzt werden müssen, **hinreichend sicher** geschätzt werden können (*reasonable estimate*). Das Ansatzkriterium der verlässlichen Bewertbarkeit konkretisiert den sog. **Fundamentalgrundsatz der glaubwürdigen Darstellung** des *conceptual framework*. Damit Informationen entscheidungsnützlich sein können, müssen diese nämlich **zwei** fundamentale Eigenschaften besitzen: Sie müssen **relevant**[52] und **glaubwürdig dargestellt** sein.[53] Eine glaubwürdige Darstellung verlangt, dass Sachverhalte **den tatsächlichen Verhältnissen entsprechend** dargestellt werden.[54] Ein Abschlussadressat muss bei einer Rechnungslegungsinformation darauf vertrauen können, dass das vermittelt wird, was

---

51 Vgl. BAETGE, J., Objektivierung, S. 18.

52 Rechnungslegungsinformationen sind immer dann relevant, wenn sie in einer logischen Beziehung zu der Entscheidungssituation des Adressaten stehen, mithin dazu beitragen können, dass der Abschlussadressat seine Entscheidung treffen kann. Vgl. JACOBI, A., Analyse, S. 44. Wie oben aufgeführt, benötigt der Abschlussadressat für diese Entscheidung vor allem Informationen, um die Fähigkeit des Unternehmens einschätzen zu können, ob und wie es künftig Netto-Cashflows erwirtschaften kann. Da Vermögenswerte und Schulden Einzahlungs- und Auszahlungspotenzial verkörpern, ist es evident, dass zunächst sämtliche Informationen über Vermögenswerte und Schulden des Unternehmens für den Abschlussadressaten relevant sind.

53 Vgl. CF.QC4. Dort heißt es: "*If financial information is to be useful, it must be relevant and faithfully represents what it purports to represent.*" Die Entscheidungsnützlichkeit von relevanten und glaubwürdig dargestellten Informationen kann zudem erhöht werden, wenn die sog. Erweiterungsgrundsätze *(enhancing qualitative characteristics)* berücksichtigt werden. Gemäß den Erweiterungsgrundsätzen sollten Informationen vergleichbar, nachprüfbar, zeitnah und verständlich sein. Auf die Erweiterungsgrundsätze wird im Folgenden nicht näher eingegangen, vgl. dazu BAETGE, J., ET AL, in: IFRS-Komm., Grundlagen der IFRS-Rechnungslegung, Tz. 58-64.

54 Vgl. BAETGE, J., ET AL., in: IFRS-Komm., Grundlagen der IFRS-Rechnungslegung, Tz. 48.

vernünftigerweise inhaltlich erwartet werden kann.[55] Dies setzt die o.g. Notwendigkeit voraus, dass Vermögenswerte und Schulden verlässlich bewertet sind.

Im *conceptual framework* wird indes nicht konkretisiert, welche **Anforderungen** an Schätzungen zu stellen sind, damit diese eine verlässliche Bewertung im Sinne dieses Ansatzkriteriums gewährleisten. Fraglich ist daher, wie verhindert werden kann, dass geschätzte Größen in einem IFRS-Abschluss – obgleich vom Abschlussersteller als „verlässlich bewertet" bezeichnet – bewusst zugunsten der jeweiligen Interessenlage des Abschlusserstellers verzerrt werden oder zumindest verhindert wird, dass dies vom Abschlussadressaten nicht erkannt wird. Nach hier vertretener Auffassung setzt eine verlässliche Bewertbarkeit als Konkretisierung des Fundamentalgrundsatzes der glaubwürdigen Darstellung voraus, dass die Abschlussposten **objektiv**[56] bewertet werden.[57] Abschlussposten sind dann objektiv bewertet, wenn ein sachverständiger Dritter, z.B. ein Wirtschaftsprüfer, bei gleichem Informationsstand den Abschlussposten mit demselben Wert ansetzen würde.[58] Dies impliziert auch, dass der Bilanzierende offenlegt, welches Schätzverfahren angewendet wurde und vor allem, welche Annahmen dem Schätzverfahren zugrunde liegen.[59] Sofern indes eine solche verlässliche, d.h. objektive Bewertbarkeit nicht möglich ist, darf der betreffende Abschlussposten nicht in den IFRS-Abschluss aufgenommen werden. Im weiteren Verlauf der Arbeit wird die Vorgabe des *conceptual framework* im konkreten Einzelfall ausgelegt und untersucht, ob die jeweilige Größe hinreichend sicher geschätzt werden kann.

321.5 Zwischenfazit

Die bisherigen Ausführungen lassen sich wie folgt zu einer **zentralen Anforderung** des *conceptual framework* an eine IFRS-Bilanz zusammenfassen: Eine IFRS-Bilanz soll den Abschlussadressaten umfänglich über die wirtschaftlichen Ressourcen des Unternehmens

---

55 Vgl. BAETGE, J./GRAUPE, F./BRÜGGEMANN, P., Minderheitsgesellschafter, S. 473.

56 Objektiv ist hier im Sinne von intersubjektiv nachvollziehbar zu verstehen. Vgl. hierzu POPPER, K., Logik, S. 21; BAETGE, J., Objektivierung, S. 16 f.

57 Vgl. PLOCK, M., Ertragsrealisation, S. 24 f.

58 Vgl. LEFFSON, U., GoB, S. 206; PLOCK, M., Ertragsrealisation, S. 25.

59 Vgl. BAETGE, J., Objektivierung, S. 124.

und die Ansprüche gegen das Unternehmen informieren. Um dieses Ziel zu erreichen, müssen sämtliche Vermögenswerte und Schulden in der Bilanz des Unternehmens angesetzt werden, welche die zweistufige Ansatzkonzeption erfüllen und dem Unternehmen als wirtschaftlichem Eigentümer bilanziell zuzurechnen sind.

Diese **Anforderung** des *conceptual framework* an eine IFRS-Bilanz muss auch bei der **Leasinggeberbilanzierung** erfüllt werden, denn nur dann werden vom Leasinggeber mit dem IFRS-Abschluss entscheidungsnützliche Informationen vermittelt. Die Regeln zur Leasinggeberbilanzierung müssen dabei helfen, dass der Abschlussadressat die Netto-Cashflows des Unternehmens schätzen kann. Ein Leasinggeber hat **sämtliche** wirtschaftlichen Ressourcen und alle Ansprüche gegen ihn **aus einem Leasingverhältnis** in seiner Bilanz auszuweisen. Hierzu müssen **sämtliche Vermögenswerte und Schulden aus einem Leasingverhältnis**, welche die Definitions- und Ansatzkriterien erfüllen und dem Leasinggeber bilanziell zuzurechnen sind, in der Bilanz des Leasinggebers angesetzt werden bzw. es dürfen keine Posten aufgenommen werden, welche die zweistufige Ansatzkonzeption nicht erfüllen.

322. Die bilanzierungspflichtigen Vermögenswerte und Schulden des Leasinggebers

322.1 Die bilanzierungspflichtigen Vermögenswerte und Schulden des Leasinggebers in einem einfachen Leasingverhältnis

322.11 Eigenschaften eines einfachen Leasingverhältnisses

Im vorangegangenen Abschnitt wurden die Anforderungen des *conceptual framework* an eine IFRS-Bilanz eines Leasinggebers herausgearbeitet. Der Leasinggeber muss demnach sämtliche Vermögenswerte und Schulden aus einem Leasingverhältnis in seiner Bilanz ansetzen. Im Folgenden ist daher zu analysieren, welche Vermögenswerte und Schulden im Sinne des *conceptual framework* aus einem Leasingverhältnis für den Leasinggeber resultieren. Dies wird zunächst für ein einfaches Leasingverhältnis analysiert und die Analyse wird in späteren Abschnitten um komplexere Vertragsstrukturen erweitert.[60] Ein einfaches Leasingverhältnis[61] zeichnet sich durch folgende Eigenschaften aus:[62]

- Das Leasingverhältnis hat eine feste Laufzeit. Es existiert eine unkündbare Mindestleasingdauer bzw. keine Option, die Laufzeit des Leasingverhältnisses zu verlängern.[63]
- Das Leasingverhältnis sieht keine Kaufoption vor.[64] Der Leasingnehmer ist verpflichtet, den Leasinggegenstand[65] am Ende der Laufzeit an den Leasinggeber zurückzugeben.
- Dem Leasinggeber wurde keine Restwertgarantie gewährt.[66]
- Der Leasinggeber erbringt keine Serviceleistungen wie Instandhaltung, Instandsetzung,[67] Garantien oder Versicherungen.[68]

---

60 Vgl. zu dieser Vorgehensweise IASC FOUNDATION (HRSG.), Simple lease, Tz. 9-12 sowie kritisch OVERSBERG, T., Paradigmenwechsel, S. 380.

61 Der IASB spricht von einem "*simple non-cancellable lease contract*", IASC FOUNDATION (HRSG.), IASB Update, March 2007, S. 4.

62 Vgl. IASC FOUNDATION (HRSG.), Simple lease, Tz. 9-11.

63 Eine unkündbare Mindestleasingdauer bedeutet indes nicht, dass der Leasingnehmer oder der Leasinggeber nicht außerordentlich kündigen kann. Zu möglichen außerordentlichen Kündigungsgründen im deutschen Rechtsraum vgl. BERNINGHAUS, J., in: Leasinghandbuch, § 43. Kündigung durch den Leasingnehmer, Tz. 1-13; BERNINGHAUS, J., in: Leasinghandbuch, § 38. Kündigung durch den Leasinggeber, Tz. 1-21. Zu den bilanziellen Implikationen ordentlicher Kündigungsmöglichkeiten und Laufzeitverlängerungsoptionen vgl. Abschnitt 322.21.

64 Vgl. dazu Abschnitt 322.22.

65 Sofern in der vorliegenden Arbeit der Begriff „Leasinggegenstand" oder „Gegenstand" verwendet wird, sind damit in Anlehnung an den bürgerlich-rechtlichen Begriff „Gegenstand" in Deutschland sowohl Sachen (materielle Gegenstände) als auch immaterielle Gegenstände gemeint, weil nach derzeitiger Rechtslage (noch) sowohl materielle als auch einige immaterielle Vermögenswerte ein Leasingverhältnis nach IFRS begründen können. Zum bürgerlich-rechtlichen Begriff des Gegenstandes vgl. MUSIELAK, H.-J., Grundkurs BGB, S. 420. Der Gegenstand, der einem Leasingverhältnis zugrunde liegt, ist in Deutschland in aller Regel ein Sachgut. Immaterielle Vermögenswerte stellten im Jahr 2011 nur ca. 1 % des Anteils am Neugeschäft von Mobilien-Leasing dar und sind deshalb von untergeordneter Bedeutung. Vgl. dazu BUNDESVERBAND DEUTSCHER LEASING-UNTERNEHMEN (HRSG.), Jahresbericht 2011/2012, S. 21.

66 Durch eine Restwertgarantie wird dem Leasinggeber durch den Leasingnehmer oder einen Dritten ein bestimmter Wert des Leasinggegenstandes am Ende der Laufzeit des Leasingverhältnisses garantiert. Der Restwert wird zu dem Zeitpunkt kalkuliert, zu dem der Vertrag abgeschlossen wird. Vgl. BERNINGHAUS, J., in: Leasinghandbuch, § 37. Abschlusszahlung, Tz. 55. Zur bilanziellen Berücksichtigung von Restwertgarantien vgl. Abschnitt 322.23.

67 Im deutschen Rechtsraum ist die Hauptleistungspflicht eines Vermieters gemäß § 535 Abs. 1 Satz 2 a.E. BGB die sog. Erhaltungspflicht, d.h. er ist durch aktives Tun, bspw. durch Reparaturen, verpflichtet, den vertragsgemäßen Zustand an der Sache zu erhalten. Sofern angenommen werden soll, dass es sich bei dem nun zu betrachtenden einfachen Leasingverhältnis um ein Mietverhältnis handelt (in Abschnitt 21 wurde erläutert, dass Mietverhältnisse eine Teilmenge

- Die Leasingraten sind mit Beginn der Laufzeit ratierlich zu entrichten. Sie sind fix und enthalten keine bedingten Komponenten.[69] Vorauszahlungen erfolgen nicht.

322.12 Die bilanzierungspflichtigen Schulden des Leasinggebers in einem einfachen Leasingverhältnis[70]

322.121. Die Ansprüche gegen den Leasinggeber in einem einfachen Leasingverhältnis

Die zu bilanzierenden Schulden (Auszahlungspotenzial) resultieren aus den Ansprüchen (*claims*) gegen den Leasinggeber, die aus einem Leasingverhältnis entstehen.[71] Fraglich ist, welche Ansprüche gegen den Leasinggeber aus einem einfachen Leasingverhältnis resultieren.

Ein einfaches Leasingverhältnis beginnt, sobald der Leasingvertrag durch die Vertragspartner abgeschlossen wird.[72] Der Leasingnehmer hat im nächsten Schritt den vertraglichen Anspruch, dass der Leasinggeber das **Leasingobjekt zur Verfügung stellt.**[73] Diese Pflicht des

aller möglichen Leasingverhältnisse nach IFRS darstellen), muss unterstellt werden, dass die Erhaltungspflicht auf den Mieter abgewälzt wird, weil bei einem einfachen Leasingverhältnis zunächst von Reparaturen etc. abstrahiert wird. Zur Erhaltungspflicht eines Vermieters vgl. HÄUBLEIN, M., in: MünchKomm BGB, § 535 BGB, Tz. 101 und 108.

68 Zur bilanziellen Berücksichtigung von Serviceleistungen des Leasinggebers vgl. Abschnitt 322.24.

69 In der Praxis werden häufig Leasingverhältnisse eingegangen, welche die tatsächlich zu zahlenden Raten von Faktoren abhängig machen, die der Leasingnehmer beeinflussen kann (bspw. Leasingraten abhängig von der tatsächlichen Intensität der Nutzung des Objekts) oder nicht beeinflussen kann (bspw. Leasingraten, die an einen Preisindex gekoppelt sind). Zur Berücksichtigung bedingter Leasingraten vgl. Abschnitt 322.25.

70 Im Gegensatz zu Abschnitt 321 werden in diesem Abschnitt 322 zunächst die Schulden und dann die Vermögenswerte behandelt. Wie im Laufe dieses Abschnitts deutlich wird, erleichtert es die Analyse, welche Vermögenswerte für einen Leasinggeber aus einem Leasingverhältnis resultieren, wenn zuvor erläutert wurde, welche Ansprüche ein Leasingnehmer gegen den Leasinggeber besitzt.

71 Vgl. Abschnitt 321.3.

72 Vgl. BECKMANN, H., in: Leasinghandbuch, § 5. Finanzierungsleasinggeschäfte, Tz. 12. Bei einem einfachen Leasingverhältnis sei zum einen unterstellt, dass der Vertrag wirksam zustande gekommen ist, zum anderen, dass der Leasinggeber zum Zeitpunkt des Vertragsabschlusses in der Lage ist, die versprochene Leistung zu erbringen. Zu möglichen Rechtsfolgen einer sog. anfänglichen Unmöglichkeit bei Leasingverhältnissen im deutschen Rechtsraum vgl. BECKMANN, R., in: Leasinghandbuch, § 22. Unmöglichkeit, Tz. 6-22.

73 Vgl. NAILOR, H./LENNARD, A., New Approach, S. 10.

Leasinggebers umfasst zum einen in aller Regel die Pflicht zur **Besitzverschaffung**[74] und zum anderen die Pflicht, das **Recht auf Nutzung** an einem gebrauchstauglichen Leasinggegenstand zu übertragen.[75] Sofern der Leasinggeber dieser Pflicht nicht nachkommt, weil es ihm bspw. unmöglich geworden ist, da bei Auslieferung des Leasinggegenstandes ein Totalschaden entstanden ist,[76] hat der Leasingnehmer ggf. einen Anspruch auf Schadensersatz.[77]

Nachdem das Leasingobjekt zur Verfügung gestellt wurde, beginnt die **Laufzeit des Leasingverhältnisses.** Der Leasingnehmer besitzt ab sofort den Anspruch, das Leasingobjekt wie vereinbart nutzen zu können bzw. der Leasinggeber ist ab dem Beginn der Laufzeit verpflichtet, das Recht auf Nutzung des Leasingnehmers für die Dauer des Leasingverhältnisses zu **dulden.**[78]

Da der Leasingnehmer die Leasingraten **ratierlich** über die Laufzeit des Leasingverhältnisses zahlt und nicht etwa das Recht auf Nutzung durch eine Einmalzahlung zu Beginn der Laufzeit des Leasingverhältnisses vergütet, erhält der Leasingnehmer durch das Leasingverhältnis überdies einen Anspruch auf eine **Finanzierungsleistung.** Bei einem einfachen Leasingverhältnis existiert somit ein **eingebettetes Darlehensgeschäft.**[79]

Der **Leistungskatalog** eines Leasinggebers in einem einfachen Leasingverhältnis umfasst somit **zwei wesentliche Komponenten**: Zum einen die **Nutzungsüberlassungskomponente** (der Leasinggeber stellt das Leasingobjekt zur Verfügung bzw. überträgt das Recht auf Nut-

---

74 Vgl. BECKMANN, R., in: Leasinghandbuch, § 21. Einleitung, Tz. 7. Der Zusatz „in aller Regel" verdeutlicht, dass die Besitzverschaffung kein konstitutives Element eines (einfachen) Leasingverhältnisses ist. Beispielsweise kann es bei Mietverträgen über Werbefläche der Fall sein, dass kein Besitz verschafft wird. Vgl. HÄUBLEIN, M., in: MünchKomm BGB, § 535 BGB, Tz. 67.

75 Vgl. GRAF WESTPHALEN, F. V., Hauptpflichten, Tz. 1; MARTINEK, M., in: Leasinghandbuch, § 4. Rechtsnatur, Tz. 8; BECKMANN, R., in: Leasinghandbuch, § 21. Einleitung, Tz. 7.

76 Vgl. APEL, J., Leistungsstörungen, Tz. 28.

77 Vgl. für den deutschen Rechtsraum BECKMANN, R., in: Leasinghandbuch, § 22. Unmöglichkeit, Tz. 45.

78 Vgl. IASC FOUNDATION (HRSG.), Simple lease, Tz. 12; OVERSBERG, T., Paradigmenwechsel, S. 380.

79 Gl.A. MARTINEK, M., in: Leasinghandbuch, § 4. Rechtsnatur, Tz. 8. A.A. offenbar HASTEDT, U.-P., Gewinnrealisation, S. 128. Auch in der deutschen Rechtsprechung wird darauf verwiesen, dass Leasingraten zum einen für das Recht auf Nutzung, zum anderen für die Finanzierungsleistung erbracht werden. Vgl. BGH, Urteil vom 28. März 1990 - VIII ZR17/89, S. 1228. Vgl. dazu auch STOFFELS, M., in: Leasinghandbuch, § 16. Leasingraten, Tz. 1.

zung), zum anderen die **Finanzierungskomponente** (der Leasinggeber gewährt eine Ratenzahlung).[80]

Die folgende Übersicht veranschaulicht die Ansprüche gegen den Leasinggeber bzw. die daraus resultierenden Verpflichtungen im Zeitablauf bis zum Ende der Laufzeit des Leasingverhältnisses:

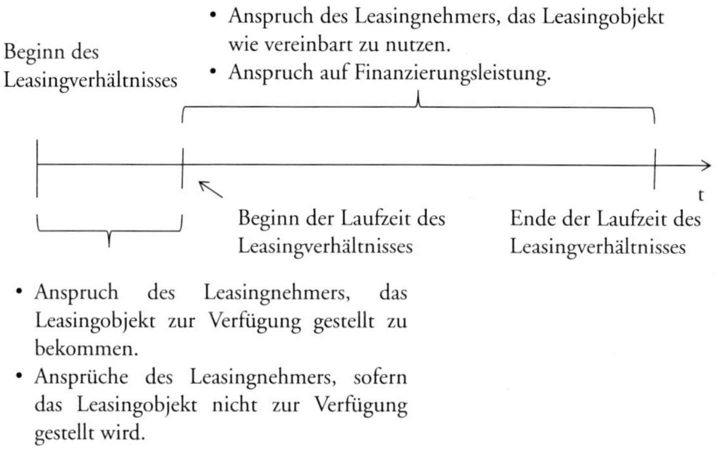

Übersicht 3-1: *Die Ansprüche gegen den Leasinggeber in einem einfachen Leasingverhältnis*

Fraglich ist nun, welcher dieser Ansprüche gegen den Leasinggeber die **Definitions- und Ansatzkriterien einer Schuld** im Sinne des *conceptual framework* erfüllt. Dies wird im Folgenden für jeden der in Übersicht 3-1 genannten Ansprüche untersucht.

322.122. Der Anspruch, das Leasingobjekt zur Verfügung gestellt zu bekommen

Zwischen Vertragsabschluss und dem Zeitpunkt, zu dem das Leasingobjekt zur Verfügung gestellt wird (Beginn der Laufzeit des Leasingverhältnisses), liegt nach häufig vertretener

80 Vgl. dazu auch PETERS, S., Entscheidungsnützlichkeit, S. 51, der darauf hinweist, dass jedes Leasingverhältnis eine „Nutzungsüberlassungsfunktion“ und eine „Finanzierungsfunktion“ umfasst, deren „anteilige Bedeutung […] allerdings variieren [kann]“. Bei sehr kurzlaufenden Leasingverhältnissen kann die Finanzierungsfunktion von untergeordneter Bedeutung sein.

Meinung im Schrifttum ein **schwebendes Geschäft** (*executory contract*) vor.[81] Dem ist aus folgenden Gründen zuzustimmen: In den IFRS wird unter einem schwebenden Geschäft – wie in Abschnitt 321.2 ausgeführt – ein zweiseitiger Vertrag verstanden, bei welchem beide Vertragspartner ihrer Leistungspflicht noch nicht, oder wie bei einem Dauerschuldverhältnis lediglich zum Teil und im gleichen Umfang nachgekommen sind.[82] Da vor dem Beginn der Laufzeit des Leasingverhältnisses weder der Leasinggeber noch der Leasingnehmer ihrer Leistungspflicht nachgekommen sind, stellt das Leasingverhältnis zumindest bis zum Beginn der Laufzeit des Leasingverhältnisses ein schwebendes Geschäft dar. Da Verpflichtungen aus schwebenden Geschäften keine Schulden im Sinne des *conceptual framework* darstellen, sofern es an einer Nettobelastung mangelt, resultiert aus dem Anspruch des Leasingnehmers, das Leasingobjekt zur Verfügung gestellt zu bekommen, für den Leasinggeber grundsätzlich **keine Schuld**.

Dieser Befund gilt indes nicht für solche schwebenden Leasinggeschäfte, aus denen für den Leasinggeber ein **Verlust** droht (sog. belastende Verträge).[83] Sofern bereits vor Beginn der Laufzeit des Leasingverhältnisses angezeigt ist, dass die „unvermeidbaren Kosten zur Erfüllung der vertraglichen Verpflichtungen höher [sind] als der erwartete wirtschaftliche Nutzen“[84], ist dieser „Verpflichtungsüberschuss“[85] zu passivieren.[86] Diese resultierende Schuldposition fällt indes nicht in den Anwendungsbereich eines IFRS zur Bilanzierung von Leasingverhältnissen. Die Schuld stellt eine Rückstellung für einen belastenden Vertrag dar, welche in IAS 37 geregelt ist.[87]

81 Vgl. stellvertretend NAILOR, H./LENNARD, A., New Approach, S. 9.

82 Vgl. IAS 37.3; MELLWIG, W./SABEL, E., Nichtbilanzierung, S. 358.

83 Vgl. dazu Abschnitt 321.3.

84 IAS 37.68. Einfügung durch den Verfasser.

85 KEITZ, I. V., ET AL., in: IFRS-Komm., Kommentierung zu IAS 37, Tz. 75.

86 Vgl. ERNST & YOUNG (HRSG.), Leasingverhältnisse, S. 23.

87 Aus diesem Grund wird auf diese Schuld nicht näher eingegangen. Vgl. dazu bspw. HOFFMANN, W.-D., in: Haufe IFRS-Kommentar, § 21 Rückstellungen, Verbindlichkeiten, Tz. 55-71.

322.123. Die Ansprüche, sofern das Leasingobjekt nicht zur Verfügung gestellt wird

Sofern ein Leasinggeber seiner Leistungspflicht, das Leasingobjekt zur Verfügung zu stellen und das Recht auf Nutzung auf den Leasingnehmer zu übertragen, **nicht** nachkommt, könnte der Leasingnehmer Ansprüche besitzen, die beim Leasinggeber zu einer passivierungspflichtigen Schuld führen können. Zu berücksichtigen ist, dass diese Ansprüche in aller Regel aus den **nationalen schuldrechtlichen Regelungen** des jeweiligen Rechtsraums resultieren, welche für das jeweilige nach IFRS bilanzierende Unternehmen einschlägig sind. Sofern es bspw. in Deutschland für den Leasinggeber **unmöglich** wird, das Leasingobjekt dem Leasingnehmer zur Verfügung zu stellen, kann es dazu kommen, dass der Leasingnehmer einen Anspruch auf **Schadensersatz statt der Leistung** nach §§ 280 Abs. 1, Abs. 3, 283 BGB besitzt,[88] sofern der Leasinggeber die Unmöglichkeit **zu vertreten** hat.[89] Eine etwaige, daraus resultierende Schuld wäre indes dem Fälligkeitszeitpunkt und der tatsächlichen Höhe nach unsicher. Die Schuld erfüllt damit die Definition einer Rückstellung nach IAS 37.10 und fällt daher in den Anwendungsbereich des IAS 37 und nicht in den Anwendungsbereich eines IFRS zur Bilanzierung von Leasingverhältnissen.

322.124. Der Duldungsanspruch während der Laufzeit des Leasingverhältnisses

Leistungsstörungen[90] – wie die oben angesprochene nachträgliche Unmöglichkeit – können zu bilanzierungspflichtigen Schulden beim Leasinggeber führen. Leistungsstörungen sind indes die Ausnahme. In aller Regel stellt der Leasinggeber dem Leasingnehmer wie vereinbart einen gebrauchstauglichen Leasinggegenstand zur Verfügung, räumt das Recht auf

---

88 Vgl. BECKMANN, R., in: Leasinghandbuch, § 22. Unmöglichkeit, Tz. 45.

89 Vgl. § 280 Abs. 1 BGB; BECKMANN, R., in: Leasinghandbuch, § 22. Unmöglichkeit, Tz. 23. Ein anschauliches Beispiel, in dem ein Leasinggeber die Unmöglichkeit der Leistungserfüllung zu vertreten hat, wurde bereits oben angeführt. Sofern der Leasinggeber oder ein Lieferant, der als Erfüllungsgehilfe im Sinne des § 278 BGB des Leasinggebers handelt, bei Auslieferung durch einen Unfall das Leasingobjekt zerstört, stehen dem Leasingnehmer verschiedene Rechtsbehelfe, u.a. der erwähnte Anspruch aus Schadensersatz zur Verfügung. Zu den übrigen Rechtsbehelfen vgl. BECKMANN, R., in: Leasinghandbuch, § 22. Unmöglichkeit, Tz. 44-48.

90 Zum Begriff der Leistungsstörung vgl. bereits STOLL, H., Leistungsstörungen, S. 13-19.

Nutzung ein und es beginnt die Laufzeit des Leasingverhältnisses. Der Leasinggeber hat während der Laufzeit zu **dulden**, dass der Leasingnehmer ein Recht auf Nutzung am Leasingobjekt besitzt. Im frühen Schrifttum zur handelsrechtlichen Leasinggeberbilanzierung wurde mitunter die Ansicht vertreten, diese **Duldungspflicht** könnte eine **passivierungspflichtige Schuld** darstellen.[91] Fraglich ist, ob die Duldungspflicht auch eine Schuld im Sinne des *conceptual framework* darstellt. Um diese Frage zu beantworten, muss untersucht werden, ob der Leasinggeber – nachdem er das Leasingobjekt zur Verfügung gestellt hat – überhaupt noch zu einer **aktiven Leistung** oder lediglich zu einer **passiven** Duldung verpflichtet ist, „welche ohne weitere wirtschaftliche Belastung für den Nutzungsüberlassenden automatisch im Zeitablauf erfolgt“[92]. Ohne eine solche wirtschaftliche Belastung würde während der Laufzeit des Leasingverhältnisses keine Ressource abfließen, die wirtschaftlichen Nutzen verkörpert und folglich keine Schuld im Sinne des *conceptual framework* vorliegen.

Im Schrifttum ist umstritten, ob eine zur Nutzungsüberlassung verpflichtete Partei weiterhin zu aktiven Leistungen verpflichtet ist, die zu einer wirtschaftlichen Belastung führen.[93] Dieser Meinungsstreit im Schrifttum ist geprägt von der **Duldungstheorie** auf der einen Seite und der **Abspaltungstheorie** auf der anderen Seite.[94]

Gemäß der **Duldungstheorie** ist das Rechtebündel,[95] welches einem juristischen Eigentümer eines Gegenstandes zusteht, **unteilbar**.[96] Der Leasinggeber, der als juristischer

---

91 Vgl. NIEHUS, R., Leasing, S. 1647; PLATHE, P., Beurteilung, S. 605; MARTIN, W., Erbbaurecht, S. 1081.

92 PFERDEHIRT, H., Leasingbilanzierung, S. 67.

93 Vgl. HOMMEL, M., Dauerschuldverhältnisse, S. 50-53.

94 Vgl. HELMSCHROTT, H., Umbruch, S. 39. Zu berücksichtigen ist, dass es sich bei der Duldungs- und der Abspaltungstheorie um zivilrechtliche Theorien handelt. Nach FABRI, S., Nutzungsverhältnisse, S. 135 ist es „bereits vom Ansatz her nicht vertretbar, sich bei der Lösung eines Bilanzierungsproblems auf [diese beiden] [..] zivilrechtliche[n] Theorie[n] zu berufen“. Auslassung und Einfügungen durch den Verfasser. Im Folgenden soll auch weder die Duldungs- noch die Abspaltungstheorie verwendet werden, um ein Bilanzierungsproblem zu lösen. Vielmehr sollen lediglich die Argumente der Duldungs- und Abspaltungstheoretiker vorgestellt werden, damit untersucht werden kann, ob diese Argumente auch zur Beantwortung der Frage dieses Abschnitts taugen, nämlich, ob die Duldungspflicht des Leasinggebers eine passivierungspflichtige Schuld darstellt.

95 Für eine Möglichkeit, das Bündel zustehender Rechte eines Eigentümers einer Sache zu systematisieren, vgl. Abschnitt 22.

Eigentümer bzw. als Eigentümer sämtlicher Verfügungsrechte an einem Gegenstand dem Leasingnehmer zu Beginn der Laufzeit des Leasingverhältnisses ein Recht auf Nutzung einräumt, überträgt nach Ansicht der Duldungstheoretiker dieses Recht nicht, sondern es wird beim Leasingnehmer **neu geschaffen**. Das beim Leasingnehmer neu geschaffene Recht auf Nutzung „kollidiert“[97] mit dem Recht auf Nutzung des Leasinggebers, welches diesem als Teil seines unteilbaren Rechtebündels nach wie vor und unverändert zustehe. Durch das Leasingverhältnis erhält der Leasingnehmer indes einen Duldungsanspruch, was letztlich dazu führt, dass das Recht auf Nutzung des Leasinggebers während der Laufzeit des Leasingverhältnisses „suspendiert“[98] ist.[99]

Die Duldungspflicht während der Laufzeit stellt in der Duldungstheorie die **Hauptleistungspflicht** des Leasinggebers dar.[100] Der Leasinggeber ist während der Laufzeit des Leasingverhältnisses andauernd verpflichtet, eine Leistung zu erbringen (sog. „ständige[..] Pflichtanspannung“[101]). Der Besitzverschaffung vor Beginn der Laufzeit „fällt nur die Aufgabe zu, die ordnungsmäßige Erfüllung der Duldungsleistung vorzubereiten. Sie ist die Voraussetzung der Leistung, nicht aber selbst wirtschaftlich bedeutsame Leistung.“[102]

Duldungstheoretiker verweisen bei der von ihnen vertretenen Ansicht auf den Wortlaut des § 903 BGB,[103] wonach der „Eigentümer einer Sache [der Leasinggeber] [..], soweit nicht das Gesetz oder Rechte Dritter [des Leasingnehmers] **entgegenstehen**, mit der Sache nach Belieben verfahren und andere von jeder Einwirkung ausschließen [kann]“. Mit dem Recht auf Nutzung besäße der Leasingnehmer ein dem Eigentumsrecht des Leasinggebers **entge-**

96 Vgl. SONTIS, J., Eigentumsbegriff, S. 987; HOMMEL, M., Dauerschuldverhältnisse, S. 52; PFERDEHIRT, H., Leasingbilanzierung, S. 31.

97 SONTIS, J., Eigentumsbegriff, S. 993.

98 JANSEN, R./JANSEN, M., Nießbrauch, S. 35.

99 Vgl. MATHIAK, W., Dingliche Rechtsverhältnisse, S. 404; HOMMEL, M., Dauerschuldverhältnisse, S. 53.

100 Vgl. HOMMEL, M., Dauerschuldverhältnisse, S. 53; PFERDEHIRT, H., Leasingbilanzierung, S. 53; KOCH, S., Nutzungsrechte, S. 184.

101 CLAUSEN, U., Nutzungsverhältnisse, S. 130.

102 HOMMEL, M., Dauerschuldverhältnisse, S. 53 im Zusammenhang mit dinglichen Rechtsverhältnissen wie dem Nießbrauch, welcher aber auch ein Leasingverhältnis im Sinne der IFRS darstellt. Vgl. dazu Abschnitt 21.

103 Vgl. SONTIS, J., Eigentumsbegriff, S. 987 f.

genstehendes, indes kein **abgespaltenes Recht**.[104] Der Begriff „entgegenstehen“ in § 903 BGB begründet nach Ansicht der Duldungstheoretiker die oben beschriebene Vorstellung, dass das Recht auf Nutzung des Leasingnehmers mit jenem des Leasinggebers kollidiert bzw. dass der Leasinggeber verpflichtet ist, während der Laufzeit des Leasingverhältnisses eine „wiederkehrende[..], sich über einen längeren Zeitraum erstreckende[..]“[105] Duldungsleistung zu erbringen. Der Verweis auf § 903 BGB mag aus juristischer Perspektive überzeugen. Der Wortlaut des § 903 BGB hat indes für eine rechtsnormübergreifende internationale Rechnungslegung, die zudem einer wirtschaftlichen Betrachtungsweise verpflichtet ist,[106] keine Relevanz.

Im Gegensatz zur Duldungstheorie basiert die **Abspaltungstheorie**[107] auf der Annahme, das Rechtebündel, welches einem juristischen Eigentümer eines Gegenstandes zusteht, sei **teilbar** und einzelne Teilrechte separat veräußerbar.[108] Der Leasinggeber spaltet somit nach Ansicht der Abspaltungstheoretiker bei einem Leasingverhältnis ein Recht auf Nutzung bzw. die damit verbundenen Verfügungsrechte aus seinem Voll-Eigentum[109] ab und übergibt dem Leasingnehmer einen sog. „Eigentumssplitter“[110].

Der Leasinggeber nimmt in der Abspaltungstheorie eine Stellung ein, welche der eines Verkäufers in einem **Rechtskauf** sehr ähnlich ist.[111] Die **Hauptleistungspflicht** des Leasinggebers liegt daher bei einem einfachen Leasingverhältnis auch nicht in der Duldungsleistung während der Laufzeit des Leasingverhältnisses, sondern darin, dem Leasingnehmer das Recht auf Nutzung zu Beginn des Leasingverhältnisses einzuräumen. Nachdem dies erfolgt ist, hat der Leasinggeber ähnlich einem Verkäufer seine Leistungs-

[104] Vgl. HOMMEL, M., Dauerschuldverhältnisse, S. 53.

[105] CLAUSEN, U., Nutzungsverhältnisse, S. 130. Auslassungen durch den Verfasser.

[106] Vgl. dazu CF.BC3.26.

[107] Der heute als Abspaltungs- oder Splittertheorie bekannte Ansatz wurde bereits Ende des 19. Jahrhunderts diskutiert. Vgl. LANDSBERG, E., Glosse des Accursius, S. 92-101.

[108] Vgl. PFERDEHIRT, H., Leasingbilanzierung, S. 32.

[109] Zum Begriff des Voll-Eigentümers vgl. Abschnitt 23.

[110] FELIX, G., Nießbrauch, S. 375.

[111] Vgl. PLATHE, P., Beurteilung, S. 605. Ein Rechtskauf ist im Allgemeinen ein Kaufvertrag über ein Recht, der in Deutschland in § 453 BGB geregelt ist. Vgl. dazu ausführlich WESTERMANN, H., in: MünchKomm BGB, § 453 BGB, Tz. 3-16.

pflicht insofern erbracht.[112] Gemäß der Abspaltungstheorie ist die anschließende Duldungspflicht während der Laufzeit des Leasingverhältnisses nicht mit einer aktiven Leistungspflicht des Leasinggebers verbunden, geschweige denn, dass die Duldungspflicht die Hauptleistungspflicht des Leasinggebers darstellt.

Die Argumente, die von den Abspaltungstheoretikern zur Konkretisierung der (zivilrechtlichen) vertraglichen Leistungshandlungen angeführt werden, vermögen auch aus bilanzieller Sicht zu überzeugen.[113] Bei wirtschaftlicher Betrachtungsweise ist nämlich die ökonomisch bedeutsame Leistung des Leasinggebers in einem einfachen Leasingverhältnis darin zu sehen, zu Beginn der Laufzeit dem Leasingnehmer das Leasingobjekt zur Verfügung zu stellen bzw. das Recht auf Nutzung **einzuräumen** und nicht, während der Laufzeit das Recht auf Nutzung **zu dulden**. Der Leasinggeber ist während der Laufzeit des einfachen Leasingverhältnisses zu keinen aktiven Handlungen verpflichtet.[114] Die Verpflichtung des Leasinggebers, während der Laufzeit eines einfachen Leasingverhältnisses das Recht auf Nutzung zu dulden, ist daher – anders als nach Ansicht der Duldungstheoretiker – keine „ ‚Pflicht' im Sinne einer Leistungspflicht"[115]. Ein Verkäufer einer Ware würde ebenfalls nicht ernsthaft darauf verweisen, seine Hauptleistung läge nicht darin, die Ware zu übergeben und Eigentum daran zu verschaffen, sondern darin, nach der Eigentumsübergabe zu dulden, dass der Käufer über die Ware ungehindert verfügt.[116] Überdies weist die Abspaltungstheorie deutliche Parallelen zur Theorie der Verfügungsrechte auf, welche rechtsformunabhängig entwickelt wurde und als geeignete Möglichkeit identifiziert wurde, einzelne, mit dem Eigentum an einem Gut verbundene Rechte zu systematisieren.[117] Nach

---

112 Vgl. HOMMEL, M., Dauerschuldverhältnisse, S. 52.

113 Ähnlich PFERDEHIRT, H., Leasingbilanzierung, S. 33.

114 Vgl. SCHMIDT, P./HARTMANN-WENDELS, T./ADOLPH, P., Leasing-Geber-Bilanzierung, S. 116. Im Schrifttum wird darauf hingewiesen, dass im deutschen Rechtsraum obligatorische Nutzungsverhältnisse, wie die Miete, grds. zu aktiven Maßnahmen während der Laufzeit verpflichten. Vgl. stellvertretend WEHLMANN, F., Erbbaurecht, S. 34. Bei diesen aktiven Maßnahmen handelt es sich indes bspw. bei der Miete um Erhaltungsmaßnahmen, d.h. um Servicekomponenten, bei denen in einem einfachen Leasingverhältnis unterstellt wird, dass diese auf den Leasingnehmer abgewälzt wurden. Zur Bilanzierung von Servicekomponenten vgl. Abschnitt 322.24.

115 LEENEN, D., Pflichten, S. 286. Vgl. dazu auch HASTEDT, U.-P., Gewinnrealisation, S. 117-120.

116 Vgl. in ähnlichem Zusammenhang HOMMEL, M., Dauerschuldverhältnisse, S. 52.

117 Zur Theorie der Verfügungsrechte vgl. Abschnitt 22.

beiden Theorien ist nämlich das Rechtebündel, welches ein Voll-Eigentümer besitzt, teilbar bzw. einzelne Teilrechte sind übertragbar.

Letztlich kann konstatiert werden, dass mit der Verpflichtung des Leasinggebers, das Recht auf Nutzung zu dulden, **keine Schuld** im Sinne des *conceptual framework* vorliegt.[118] Nachdem die Hauptleistungspflicht erfüllt ist und das Recht auf Nutzung eingeräumt wurde, liegen beim Leasinggeber keine Verpflichtungen mehr vor, die zu Auszahlungen führen[119] oder zum Abfluss anderer Ressourcen, die wirtschaftlichen Nutzen im Sinne des *conceptual framework* verkörpern.

322.125. Der Anspruch des Leasingnehmers auf Finanzierungsleistung

Ein einfaches Leasingverhältnis enthält eine **Darlehenskomponente**, wobei der Leasingeber als Darlehensgeber auftritt. Nach ganz überwiegender Meinung im Schrifttum zählt das Darlehen zu den **typischen Dauerschuldverhältnissen.**[120] Der Darlehensgeber erbringt seine Leistung **im Zeitablauf**, denn „Gegenstand des Leistungsaustauschs ist nicht die Hingabe und spätere Rückzahlung eines Geldbetrages, sondern die Überlassung der Kreditvaluta zur Nutzung und die Zahlung des Preises für die Nutzungsüberlassung in Gestalt des Zinses“[121]. Weil der Leasinggeber seine Finanzierungsleistung im Zeitablauf erbringt, befindet sich der Teil des Leasingverhältnisses, welcher auf die Finanzierungskomponente entfällt, über die Dauer des Leasingverhältnisses als Dauerschuldverhältnis im **Schwebezustand.**[122] Die gegenwärtige Verpflichtung des Leasinggebers, dem Leasingnehmer das Recht auf Nutzung zu finanzieren, stellt folglich eine **Verpflichtung aus einem schwebenden Geschäft** dar. Dieser Verpflichtung steht indes der Anspruch gegenüber, als Gegenleistung die Zinsen zu erhalten. Weil es somit in aller Regel an einer Nettobelastung mangelt, stellt die

[118] Vgl. DRSC (HRSG.), CL ED Leases, S. 6.

[119] Vgl. LEIPPE, B., Leasinggeschäfte, S. 217.

[120] Vgl. stellvertretend DÖLLERER, G., Bilanzierung, S. 1546; BIEG, H., Schwebende Geschäfte, S. 15; BÖCKING, H.-J., Nettobilanzierung, S. 935; EULER, R., Gewinnrealisierung, S. 83; HOMMEL, M., Dauerschuldverhältnisse, S. 54.

[121] BIRCK, H./MEYER, H., Bankbilanz, S. 349.

[122] Zu berücksichtigen ist indes, dass der Teil des Vertrags, der sich als noch nicht erfüllt im Schwebezustand befindet, über die Laufzeit sukzessive abnimmt.

Verpflichtung des Leasinggebers, eine Finanzierungsdienstleistung zu erbringen, keine Schuld im Sinne des *conceptual framework* dar.

322.126. Zwischenfazit

Die nachfolgende Übersicht fasst die bisherigen Ausführungen zusammen:

Anspruch Leasingnehmer ggü. Leasinggeber	**Gegenwärtige Verpflichtung des Leasinggebers?**	**Vergangenes Ereignis?**	**Erwarteter Abfluss von wirtschaftlichem Nutzen beim Leasinggeber?**	**Bilanzierungspflichtige Schuld des Leasinggebers?**
Anspruch, das Leasingobjekt zur Verfügung gestellt zu bekommen.	Ja, rechtliche Verpflichtung durch Leasingvertrag.	Ja, durch Vertragsabschluss.	Schwebendes Geschäft – Nettobelastung nur bei belastendem Vertrag.	Nein. Bei belastendem Vertrag indes Rückstellung nach IAS 37.
Ansprüche, sofern das Leasingobjekt nicht zur Verfügung gestellt wird.	Ja, rechtliche Verpflichtung durch schuldrechtliche Regelungen.	Ja, durch Grund für Leistungsstörung.	Ja, bspw. durch Schadensersatzzahlungen.	Ja, indes Rückstellung nach IAS 37.
Duldungsanspruch während der Laufzeit.	Ja, rechtliche Verpflichtung durch Leasingvertrag.	Ja, durch Vertragsabschluss.	Nein.	Nein.
Anspruch auf Finanzierungsleistung.	Ja, rechtliche Verpflichtung durch Leasingvertrag.	Ja, durch Vertragsabschluss.	Schwebendes Geschäft – Keine Nettobelastung.	Nein.

Übersicht 3-2: *Bilanzierungspflichtige Schulden des Leasingebers in einem einfachen Leasingverhältnis*[123]

Als Zwischenfazit kann festgehalten werden: Bei einem aus Sicht des Leasinggebers „normalen Vertragsablauf"[124] stellt **keiner der Ansprüche** des Leasingnehmers gegenüber dem

[123] Übersicht in Anlehnung an IASC FOUNDATION (HRSG.), Simple lease, Tz. 50.

Leasinggeber **zu keinem Zeitpunkt** des Leasingverhältnisses eine bilanzierungspflichtige Schuld im Sinne des *conceptual framework* dar. Eine Leasinggeberbilanzierung nach IFRS, die den Anspruch erhebt, kompatibel mit den Anforderungen des *conceptual framework* zu sein, darf sich auf die Passivseite der Bilanz des Leasinggebers bei normalem Vertragsablauf nicht niederschlagen.

322.13 Die bilanzierungspflichtigen Vermögenswerte des Leasinggebers in einem einfachen Leasingverhältnis

322.131. Die wirtschaftlichen Ressourcen des Leasinggebers in einem einfachen Leasingverhältnis

Die zu bilanzierenden Vermögenswerte (Einzahlungspotenzial) des Leasinggebers resultieren aus den **wirtschaftlichen Ressourcen** (*economic ressources*) des Leasinggebers, die aus einem Leasingverhältnis entstehen.[125] Sofern der Leasinggeber dem Leasingnehmer das Leasingobjekt zur Verfügung gestellt hat, hat der Leasinggeber einen **Anspruch** erworben, vom Leasingnehmer **wirtschaftliche Ressourcen in Form der Leasingraten** zu erhalten.[126] Zu berücksichtigen ist indes, dass die vertraglich vereinbarten Leasingraten das Entgelt für die Übertragung des Rechts auf Nutzung (Nutzungsüberlassungskomponente) und die Finanzierungsleistung (Finanzierungskomponente) des Leasinggebers darstellt.[127] Dies ist insofern bedeutsam, als der Leasinggeber – wie im vorherigen Abschnitt erläutert – mit Beginn der Laufzeit des Leasingverhältnisses nur seiner Nutzungsüberlassungspflicht vollständig nach-

[124] Mit einem normalen Vertragsablauf ist hier gemeint, dass zum einen mit dem Geschäft ein positiver Erfolgsbeitrag erzielt wird und somit kein rückstellungspflichtiger belastender Vertrag vorliegt. Zum anderen kommt der Leasinggeber seiner Hauptleistungspflicht – das Recht auf Nutzung einzuräumen – tatsächlich nach und es drohen somit keine Schadensersatz- oder ähnliche Ansprüche.

[125] Vgl. Abschnitt 321.2.

[126] Häufig ist der Leasingnehmer verpflichtet, eine Übernahmebestätigung abzugeben. Damit bestätigt dieser, das Leasingobjekt entgegengenommen zu haben. Vgl. WIMMER-LEONHARDT, S., in: Leasinghandbuch, § 13. Übernahmebestätigung, Tz. 1. Im deutschen Rechtsraum wird häufig davon gesprochen, dass der Leasingvertrag mit der Übernahmebestätigung in Vollzug gesetzt wird, d.h. der Anspruch auf die Leasingraten ist entstanden. Vgl. WIMMER-LEONHARDT, S., in: Leasinghandbuch, § 13. Übernahmebestätigung, Tz. 8. Dies bedeutet indes nicht, dass sämtliche Zahlungen bereits erfolgen müssen. Die Leasingraten werden in einem einfachen Leasingverhältnis ratierlich über die Laufzeit des Leasingverhältnisses entrichtet.

[127] Vgl. STOFFELS, M., in: Leasinghandbuch, § 16. Leasingraten, Tz. 1.

gekommen ist. Die Finanzierungsleistung erbringt der Leasinggeber erst über die Laufzeit des Leasingverhältnisses. **Zu Beginn** der Laufzeit des Leasingverhältnisses hat der Leasinggeber somit lediglich einen Anspruch auf den Teil der Leasingraten, der auf die bereits erfüllte Nutzungsüberlassungspflicht entfällt.

Während der Laufzeit des Leasingverhältnisses erwirbt der Leasinggeber einen **Anspruch** darauf, dass der Leasingnehmer **Zinsen** als Gegenleistung für die **Finanzierungsleistung** zahlt.

Am Ende der Laufzeit des Leasingverhältnisses ist der Leasingnehmer in einem einfachen Leasingverhältnis verpflichtet, den Leasinggegenstand zurückzugeben.[128] Der Leasinggeber besitzt somit einen Anspruch auf die wirtschaftlichen Ressourcen, die das Leasingobjekt verkörpert, nachdem es am Ende der Laufzeit zurückgegeben wurde, d.h. einen **Anspruch auf den sog. Restvermögenswert.**[129]

Die folgende Übersicht 3-3 veranschaulicht die Ansprüche des Leasinggebers in einem einfachen Leasingverhältnis bzw. die daraus resultierenden wirtschaftlichen Ressourcen im Zeitablauf bis zum Ende der Laufzeit des Leasingverhältnisses. Analog zur Vorgehensweise in Abschnitt 322.12 wird im Folgenden untersucht, welche der genannten wirtschaftlichen Ressourcen die **Definitions- und Ansatzkriterien für Vermögenswerte** im Sinne des *conceptual framework* erfüllen.

[128] Ob der Erfüllungsort der Rückgabepflicht der Sitz des Leasingnehmers, des Leasinggebers oder eines etwaigen Lieferanten ist, hängt von den konkreten vertraglichen Gegebenheiten ab. Vgl. dazu BERNINGHAUS, J., in: Leasinghandbuch, § 35. Rückgabe, Tz. 4-13.

[129] Sofern auf die Logik der Theorie der Verfügungsrechte rekurriert wird, umfasst der Restvermögenswert das verbleibende Nutzungs-, Fruchtziehungs-, Veränderungs- und Veräußerungsrecht des Leasinggebers nach Rückgabe des Leasingobjekts. Zur Theorie der Verfügungsrechte vgl. Abschnitt 22.

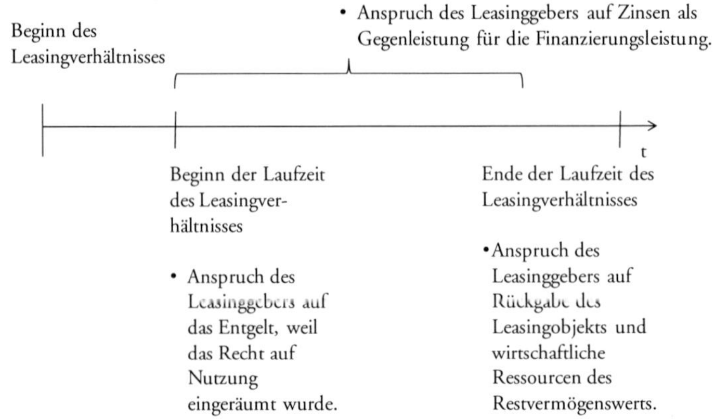

Übersicht 3-3: *Die Ansprüche und wirtschaftlichen Ressourcen eines Leasinggebers in einem einfachen Leasingverhältnis*

322.132. Der Anspruch des Leasinggebers auf Entgelt für die Nutzungsüberlassung

Unstrittig ist, dass der Anspruch des Leasinggebers auf die künftig zu zahlenden Leasingraten eine **Ressource** darstellt, die **wirtschaftlichen Nutzen** verkörpert.[130] Der wirtschaftliche Nutzen ergibt sich unmittelbar aus den liquiden Mitteln, die dem Leasinggeber in Form von Leasingraten zufließen. Fraglich ist indes, **zu welchem Zeitpunkt** sich dieser Anspruch soweit konkretisiert hat, dass von einem **Anspruch** auszugehen ist, über den der Leasinggeber die **Verfügungsmacht** besitzt.

In Abschnitt 322.124 wurde erläutert, dass der Leasinggeber in einem einfachen Leasingverhältnis zu keinen aktiven Leistungshandlungen mehr verpflichtet ist, nachdem das Leasingobjekt dem Leasingnehmer zur Verfügung gestellt wurde. Die Fälligkeit der Leasingraten ist lediglich vom Zeitablauf abhängig. Nachdem das Leasingobjekt zur Verfügung gestellt wurde, besitzt der Leasinggeber einen **unbedingten Anspruch** auf den Anteil der Leasingraten, welcher auf die Übertragung des Rechts auf Nutzung (Nutzungsüberlas-

[130] Vgl. NAILOR, H./LENNARD, A., New Approach, S. 94.

sungskomponente) entfällt.[131] Dieser Anspruch des Leasinggebers ist mit Beginn der Laufzeit des Leasingverhältnisses überdies als vertraglich gesicherter Anspruch gerichtlich einklagbar[132] sowie ohne Einschränkungen verwertbar.[133] Der Leasinggeber besitzt daher **mit Beginn der Laufzeit des Leasingverhältnisses** aufgrund eines **Ereignisses in der Vergangenheit** (der Leasinggeber hat das Recht auf Nutzung eingeräumt) die **Verfügungsmacht** über den Anspruch auf das zu zahlende Entgelt für die Nutzungsüberlassung. Somit sind die Definitionskriterien eines Vermögenswertes im Sinne des *conceptual framework* erfüllt.[134]

Gemäß der zweistufigen Ansatzkonzeption in der IFRS-Rechnungslegung darf ein Vermögenswert nur dann in die Bilanz aufgenommen werden, wenn er neben den Definitionskriterien auch die **Ansatzkriterien** erfüllt.[135] In einem einfachen Leasingverhältnis, welches sich u.a. dadurch auszeichnet, dass eine feste Laufzeit und fixe Leasingraten vereinbart sind, kann der Anspruch des Leasinggebers auf Entgeltzahlung ohne Zweifel **verlässlich bewertet** werden. Überdies dürfte es in aller Regel **wahrscheinlich** sein, dass die Leasingraten tatsächlich gezahlt werden und es tatsächlich zu einem Nutzenzufluss beim

131 Vgl. NAILOR, H./LENNARD, A., New Approach, S. 10. Vgl. dazu auch die Ausführungen des IASB in einem anderen Zusammenhang: „*Unconditional [means] nothing other than the passage of time is required to make its performance due*". IASC FOUNDATION (HRSG.), IASB Update June 2003, S. 7. Einfügung durch den Verfasser.

132 Vgl. SABEL, E., Leasingverträge, S. 159. Im deutschen Rechtsraum besitzt der Leasinggeber sowohl bei den obligatorischen Nutzungsüberlassungen Miete und Pacht als auch bei den dinglichen Nutzungsüberlassungen Nießbrauch und Erbbaurecht einen schuldrechtlichen Anspruch darauf, dass das Entgelt gezahlt wird. Vgl. PFERDEHIRT, H., Leasingbilanzierung, S. 17 und S. 23.

133 Der Anspruch kann bspw. abgetreten werden. Vgl. dazu LÜDERS, J., Gewinnrealisierung, S. 83.

134 Mitunter werden Leasingverhältnisse im Sinne der IFRS eingegangen, bei denen die Preisgefahr beim Leasinggeber verbleibt. Konkret bedeutet das, dass der Leasingnehmer von seiner Pflicht, Leasingraten zu zahlen, entbunden wird, wenn das Leasingobjekt zufällig, d.h. ohne Verschulden des Leasingnehmers oder eines Dritten, während der Laufzeit untergeht. Ein typisches Beispiel eines solchen Leasingverhältnisses wäre im deutschen Rechtsraum der klassische Mietvertrag. Der Anspruch des Leasinggebers, das Entgelt für die Nutzungsüberlassung zu erhalten, erfüllt in einem einfachen Leasingverhältnis indes auch dann die Definitionskriterien, wenn die Preisgefahr beim Leasinggeber verbleibt. So würde auch niemand ernsthaft die Aktivierungsfähigkeit einer angeschafften Maschine verneinen, weil die Gefahr eines zufälligen Untergangs besteht. Vgl. SABEL, E., Leasingverträge, S. 155. Im Ergebnis zustimmend auch GEBHARDT, R., Leasingverhältnisse, S. 248.

135 Vgl. Abschnitt 321.4.

Leasinggeber kommt.[136] Somit sind neben den Definitionskriterien auch die Ansatzkriterien erfüllt und der Anspruch des Leasinggebers auf Entgelt für die Nutzungsüberlassung ist zu Beginn der Laufzeit des Leasingverhältnisses als Vermögenswert in der Bilanz anzusetzen. Der Wert des Anspruchs entspricht dem **Barwert der künftigen Leasingzahlungen.** Die Differenz aus Nominalwert der Leasingraten und deren Barwert stellt den Finanzertrag aus dem Leasingverhältnis und somit die Gegenleistung für die Finanzierungsleistung dar, auf die in Abschnitt 322.133 noch einzugehen ist. Als **Diskontierungszins** sollte daher der Zinssatz verwendet werden, den der Leasinggeber dem Leasingnehmer für die Finanzierungsleistung berechnet.[137]

Gemäß der Definition eines **finanziellen Vermögenswerts** in IAS 32 *Financial Instruments: Presentation* stellt u.a. ein vertragliches Recht, „flüssige Mittel oder andere finanzielle Vermögenswerte von einem anderen Unternehmen zu erhalten“[138], einen finanziellen Vermögenswert dar. Mit Beginn der Laufzeit des Leasingverhältnisses besitzt der Leasinggeber ein solches vertragliches Recht. Der Anspruch auf Entgelt für die Nutzungsüberlassung stellt somit einen **finanziellen Vermögenswert** dar.

322.133. Der Anspruch des Leasinggebers auf Finanzerträge

Die Differenz zwischen dem Nominalwert der Leasingraten, die der Leasinggeber vom Leasingnehmer insgesamt erhält, und deren Barwert, stellt die Gegenleistung des Leasingnehmers für die Finanzierungsleistung des Leasinggebers dar. Obgleich es sich bei

---

136 In einem einfachen Leasingverhältnis würde es in aller Regel nur dann nicht zu einem Nutzenzufluss kommen, wenn der Leasingnehmer zahlungsunfähig wird oder – sofern die Preisgefahr nicht gesetzlich oder vertraglich auf den Leasingnehmer übergegangen ist – das Leasingobjekt zufällig untergeht. Beides dürfte dem Ansatzkriterium „wahrscheinlicher Nutzenzufluss“ zu Beginn der Laufzeit des Leasingverhältnisses in aller Regel nicht entgegenstehen. Ein Leasinggeber stellt häufig eine hohe Anforderung an die Bonität des Leasingnehmers bzw. verfolgt eine restriktive Vertragsannahmepolitik. Mit Hilfe verschiedener Informationsquellen – bspw. durch Anfragen bei Auskunfteien – stellt der Leasinggeber sicher, dass es zu Vertragsbeginn wahrscheinlich im Sinne des Ansatzkriteriums nach IFRS ist, dass die Leasingraten gezahlt werden. Zu den Anforderungen des Leasinggebers an die Bonität des Leasingnehmers vgl. KRATZER, J./KREUZMAIR, B., Theorie und Praxis, S. 143 f.

137 Dieser Zinssatz sollte daher im Wesentlichen den Zeitwert des Geldes und das Bonitätsrisiko des Leasingnehmers berücksichtigen. Vgl. NAILOR, H./LENNARD, A., New Approach, S. 111.

138 IAS 32.11.

dieser Gegenleistung ebenfalls um eine Ressource handelt, die wirtschaftlichen Nutzen verkörpert, erfüllt der Anspruch des Leasinggebers auf Finanzerträge zu Beginn der Laufzeit des Leasingverhältnisses nicht die Definitionskriterien eines Vermögenswerts im Sinne des *conceptual framework*. Wie in Abschnitt 322.124 und Abschnitt 322.125 gezeigt wurde, hat der Leasinggeber zu Beginn der Laufzeit des Leasingverhältnisses seine Leistung nur soweit erbracht, als das Recht auf Nutzung eingeräumt wurde, während die Finanzierungsleistung noch aussteht. Der Leasinggeber hat zu Beginn der Laufzeit des Leasingverhältnisses noch **keinen Anspruch** und letztlich auch **keine Verfügungsmacht** auf bzw. über die Gegenleistung für die Finanzierungsleistung.[139] Für den deutschen Rechtsraum lässt sich dieser Befund anschaulich mit einer Entscheidung des Bundesgerichtshofs begründen, wonach ein Leasingnehmer in einem Leasingverhältnis, das vorzeitig beendet wird, bspw. weil der Leasingnehmer den Leasinggegenstand vertragswidrig nutzt,[140] zwar die noch ausstehenden Leasingraten zahlen muss, indes in diskontierter Form.[141] Die noch ausstehenden Zinszahlungen kann der Leasinggeber nicht beanspruchen.

Die Differenz zwischen dem Nominalwert und dem Barwert der Leasingraten stellt den Ausführungen zufolge zu Beginn der Laufzeit des Leasingverhältnisses einen noch nicht realisierten Finanzertrag dar, der grds. nicht aktiviert werden darf, sondern über die Laufzeit des Leasingverhältnisses *pro rata temporis* in der Gesamtergebnisrechnung des Leasinggebers erfasst wird.[142]

322.134. Der Anspruch des Leasinggebers auf Rückgabe des Leasingobjekts und auf die wirtschaftlichen Ressourcen des Restvermögenswerts

In einem einfachen Leasingverhältnis besitzt der Leasinggeber mit Beginn der Laufzeit des Leasingverhältnisses nicht nur einen vertraglichen Anspruch auf das Entgelt für das Recht

---

139 Ähnlich im handelsrechtlichen Kontext MOXTER, A., Abzinsungsgebote, S. 199.

140 Vgl. BERNINGHAUS, J., in: Leasinghandbuch, § 38. Kündigung durch den Leasinggeber, Tz. 3-6.

141 Vgl. LARENZ, K./CANARIS, C.-W., Lehrbuch des Schuldrechts, S. 109 f.; BERNINGHAUS, J., in: Leasinghandbuch, § 39. Rechtsfolgen, Tz. 33-38; Bundesgerichtshof, Urteil vom 12. Juni 1985 - VIII ZR 148/84, S. 55 f.

142 Vgl. dazu im handelsrechtlichen Kontext KAUFMANN, K., Erbbaurechte, S. 291. Vgl. auch Abschnitt 333.62.

auf Nutzung, sondern auch auf die wirtschaftlichen Ressourcen, die der Restwert des Leasinggegenstands verkörpert. Dieser Restvermögenswert stellt für den Leasinggeber eine **Ressource mit wirtschaftlichem Nutzen** dar, denn der Leasinggeber kann das Leasingobjekt in aller Regel bereits während der Laufzeit des Leasingverhältnisses verkaufen[143] oder nach der Laufzeit des Leasingverhältnisses selbständig verwerten, indem er den Restvermögenswert selbst operativ nutzt, abermals verleast oder verkauft.[144]

Fraglich ist, ob der Leasinggeber auch bereits zu Beginn der Laufzeit des Leasingverhältnisses aufgrund eines **Ereignisses in der Vergangenheit** die **Verfügungsmacht** über den Restvermögenswert besitzt. Gemäß dem Grundgedanken des *conceptual framework* kann der Leasinggegenstand als ein Einzahlungspotenzial verkörperndes Bündel an wirtschaftlichen Ressourcen aufgefasst werden.[145] Der Restvermögenswert stellt den Teil des Einzahlungspotenzials des Leasinggegenstands dar, den der Leasinggeber nicht über das betrachtete Leasingverhältnis realisiert, sondern dadurch, dass der Leasinggegenstand während, häufiger indes am Ende des Leasingverhältnisses verwertet wird. Dabei ist zu berücksichtigen, dass der Leasinggeber bereits mit der Anschaffung oder Herstellung des Leasinggegenstands die Verfügungsmacht über das gesamte Bündel an wirtschaftlichen Ressourcen erhält, die der Gegenstand verkörpert und somit auch über den Restvermögenswert. Deutlich wird, dass das Ereignis in der Vergangenheit, welches die Verfügungsmacht begründet, daher auch nicht erst die Rückgabe des Leasinggegenstands am Ende der Laufzeit des Leasingverhältnisses darstellt.[146] Der Restvermögenswert erfüllt somit mit Beginn der Laufzeit des Leasingverhältnisses die Definitionskriterien eines Vermögenswerts im Sinne des *conceptual framework*.[147]

Abschließend ist aber noch zu klären, ob der Nutzenzufluss **wahrscheinlich** ist und der Restvermögenswert **verlässlich bewertet** werden kann. Sofern es unmittelbar oder mittelbar

[143] Der Käufer wird dann juristischer Eigentümer des Vermögenswerts, erhält aber nicht alle Verfügungsrechte, da das Recht auf Nutzung beim Leasingnehmer liegt. Vgl. dazu Abschnitt 23.

[144] Vgl. NAILOR, H./LENNARD, A., New Approach, S. 102.

[145] Vgl. Abschnitt 321.2.

[146] Vgl. IASC FOUNDATION (HRSG.), Simple lease, Tz. 41. *"The lessor controls the rights it retains in the underlying asset. A lessor can often, for example, sell the underlying asset (with the lease attached)"*. IFRS FOUNDATION (HRSG.), ED/2013/6.BC27.

[147] Vgl. NAILOR, H./LENNARD, A., New Approach, S. 95.

zum Kerngeschäft des Leasinggebers gehört, (einfache) Leasingverhältnisse einzugehen,[148] wird es Teil der „geschäftstypische[n] Aufgabe[n]"[149] des Leasinggebers sein, den wirtschaftlichen Nutzen des Restvermögenswerts zu realisieren. In aller Regel besitzt der Leasinggeber die notwendige Objektkompetenz und die notwendige Kenntnis der relevanten Märkte, um den Restvermögenswert zum Ende des Leasingverhältnisses zu verkaufen oder anderweitig selbständig zu verwerten und letztlich einen wahrscheinlichen Nutzenzufluss aus dem Restvermögenswert zu generieren.[150]

Letztlich dürfte es dem Leasinggeber auch in aller Regel möglich sein, den Restwert verlässlich zu bewerten. Für den Leasinggeber ist es ein elementarer Bestandteil der Kalkulation des Leasingverhältnisses, den voraussichtlichen, beizulegenden Zeitwert des Leasinggegenstandes zum Ende der Laufzeit des Leasingverhältnisses zu ermitteln.[151] Häufig stehen dazu umfangreiche Preislisten bzw. eigene oder fremde statistische Auswertungen zur Verfügung. Nach häufig vertretener Auffassung ist der Leasingnehmer zudem verpflichtet, den Leasinggegenstand in ordnungsgemäßem Zustand an den Leasinggeber zurückzugeben.[152] Dies bedeutet, dass der Leasinggeber in einem einfachen Leasingverhältnis *ex ante* – obgleich keine Restwertgarantie existiert – nicht völlig im Unklaren darüber ist, in welchem Zustand der Leasinggegenstand zurückgegeben wird, was die Bewertung des Restvermögenswerts erleichtert.

Sofern es dem Leasinggeber nicht möglich ist, anhand von Preislisten o.ä. den Marktwert des Restvermögenswerts zu ermitteln, sollten **objektive Verfahren** vorgegeben werden, um

---

[148] Vgl. dazu Abschnitt 21.

[149] BERGER, N., Herstellerleasing, S. 55. Einfügungen durch den Verfasser.

[150] Vgl. ITEN, A., Leasingvertrag, S. 111. Zu berücksichtigen ist dabei auch, dass Leasingverhältnisse mit Restvermögenswerten, die nicht nur den Schrottwert ausmachen und deren Nutzenzufluss nicht durch eine Restwertgarantie sichergestellt ist (sog. offene Restwerte), in aller Regel nur über sehr fungible Gegenstände eingegangen werden. Vgl. SABEL, E., Leasingverträge, S. 209. Anders ausgedrückt: Ein Leasinggeber geht in aller Regel nur dann ein solches Leasingverhältnis ein, wenn er es für wahrscheinlich hält, dass er einen Nutzenzufluss aus dem Restvermögenswert generieren kann.

[151] Vgl. KROLL, M./SCHAUB, H., in: Leasinghandbuch, § 66. Kalkulation, Tz. 13, die davon sprechen, dass es „unabdingbar" ist, „einen marktkonformen Wiederverkaufswert zum Ende der Grundmietzeit zu kennen".

[152] Vgl. BERNINGHAUS, J., in: Leasinghandbuch, § 35 Rückgabe, Tz. 15-19. Abnutzungen durch den normalen Gebrauch sind für den ordnungsgemäßen Zustand unschädlich.

den Restwert zu **schätzen**. Das *conceptual framework* stellt explizit klar, dass ein Schätzverfahren dem Ansatzkriterium „Verlässlichkeit der Bewertung“ nicht entgegensteht, sofern das Schätzverfahren ermöglicht, dass der Restvermögenswert hinreichend sicher geschätzt wird,[153] was nach hier vertretener Auffassung voraussetzt, dass intersubjektiv nachvollziehbar ist, wie der entsprechende Wert ermittelt wird.[154] Eine Möglichkeit wäre, bereits zu Beginn der Laufzeit des Leasingverhältnisses die kumulierten planmäßigen Abschreibungen auf den Leasinggegenstand bis zum Ende der Laufzeit des Leasingverhältnisses zu ermitteln und diesen Wert von den ursprünglichen Anschaffungs- oder Herstellungskosten des Leasinggegenstandes zu subtrahieren.[155] Eine andere Möglichkeit, den Wert des Restvermögenswerts zu Beginn der Laufzeit des Leasingverhältnisses objektiv zu ermitteln, wäre, den Barwert der künftigen Leasingraten[156] von den ursprünglichen Anschaffungs- oder Herstellungskosten des Leasinggegenstandes abzusetzen.[157]

Der Restvermögenswert erfüllt somit neben den Definitionskriterien auch die Ansatzkriterien für Vermögenswerte im Sinne des *conceptual framework* und ist zu Beginn der Laufzeit des Leasingverhältnisses zu aktivieren. Der Restwertanspruch des Leasinggebers stellt ein vertragliches Recht dar, den Leasinggegenstand, d.h. den verleasten materiellen oder immateriellen Vermögenswert zu erhalten, nachdem die Laufzeit des Leasingverhältnisses beendet ist. Im Gegensatz zum Anspruch des Leasinggebers, die Leasingraten zu erhalten, handelt es sich beim Restvermögenswert somit um einen **nicht-finanziellen** Vermögenswert, der als solcher in der Bilanz auszuweisen ist.[158]

---

153 Vgl. CF.4.41.

154 Vgl. Abschnitt 321.4.

155 Gl.A. LEIPPE, B., Leasinggeschäfte, S. 308. Diese Vorgehensweise schreibt auch die Finanzverwaltung in Deutschland vor, um den Wert des Leasinggegenstandes am Ende der Laufzeit des Leasingverhältnisses zu approximieren. Vgl. BMF, Schreiben vom 19. April 1971; BARTH, C., Zurechnung, S. 39.

156 Vgl. Abschnitt 322.132.

157 Auf die Bewertung des Restvermögenswerts wird im Detail in Abschnitt 43 eingegangen.

158 Vgl. SABEL, E., Leasingverträge, S. 185 f.

322.135. Zwischenfazit

Die nachfolgende Übersicht fasst die Ausführungen dieses Abschnitts zusammen:

Anspruch des Leasinggebers	**Ressource mit wirtschaftlichem Nutzen für den Leasinggeber?**	**Verfügungsmacht des Leasinggebers?**	**Vergangenes Ereignis?**	**Bilanzierungspflichtiger Vermögenswert des Leasinggebers?**
Anspruch auf Entgelt für Recht auf Nutzung.	Ja, weil Anspruch auf Erhalt liquider Mittel.	Ja, weil Anspruch vertraglich gesichert.	Ja, Leasingobjekt wurde zur Verfügung gestellt.	Ja, finanzieller Vermögenswert.
Anspruch auf Finanzerträge.	Ja, weil Anspruch auf Erhalt liquider Mittel.	Nein.	Nein.	Nein.
Anspruch auf Restvermögenswert.	Ja, weil Restvermögenswert selbständig verwertbar ist.	Ja, weil der Leasinggeber wirtschaftlicher Eigentümer ist.	Ja, Anschaffung oder Herstellung des Leasinggegenstands.	Ja, nicht-finanzieller Vermögenswert.

Übersicht 3-4: *Bilanzierungspflichtige Vermögenswerte des Leasinggebers in einem einfachen Leasingverhältnis*[159]

Zu berücksichtigen ist, dass die bisherigen Abschnitte darauf beschränkt waren, zu untersuchen, welche Vermögenswerte und Schulden im Sinne des *conceptual framework* aus einem **einfachen** Leasingverhältnis resultieren. In der Praxis besitzen Leasingverhältnisse indes häufig nicht die Eigenschaften eines einfachen Leasingverhältnisses,[160] sondern weisen deutlich komplexere vertragliche Strukturen auf.[161]

Im Folgenden werden typische Vertragsklauseln in komplexen Leasingverhältnissen erläutert und analysiert, welche bilanziellen Implikationen vor dem Hintergrund des *conceptual*

---

159 Übersicht in Anlehnung an IASC FOUNDATION (HRSG.), Simple lease, Tz. 50; GRADOW, A., Leasinggeschäfte, S. 129.

160 Zu den Eigenschaften eines einfachen Leasingverhältnisses vgl. Abschnitt 322.11.

161 Vgl. SCHMIDT, P./HARTMANN-WENDELS, T./ADOLPH, P., Leasing-Geber-Bilanzierung, S. 118.

framework zu berücksichtigen sind. Dabei wird vor allem untersucht, ob aus den Vertragsklauseln Vermögenswerte und/oder Schulden resultieren, die zusätzlich zu den Vermögenswerten eines einfachen Leasingverhältnisses zu bilanzieren sind.[162]

322.2 Die bilanzierungspflichtigen Vermögenswerte und Schulden des Leasinggebers in einem komplexen Leasingverhältnis

322.21 Die Bilanzierung von Kündigungs- und Laufzeitverlängerungsoptionen beim Leasinggeber

322.211. Vorbemerkung

Ein einfaches Leasingverhältnis zeichnet sich durch eine feste Laufzeit aus. In der Praxis werden indes häufig Leasingverhältnisse vereinbart, die dem Leasingnehmer ermöglichen, das Leasingverhältnis **vorzeitig zu beenden** oder eine vereinbarte Mindestleasingdauer um eine oder mehrere optionale Leasingperioden **zu verlängern.**[163]

Bei wirtschaftlicher Betrachtungsweise unterscheidet sich eine Kündigungsoption nicht von einer Laufzeitverlängerungsoption.[164] „Die Ausübung einer Mietverlängerungsoption entspricht [nämlich] der Nichtausübung einer Kündigungsoption“[165], weshalb die bilanzielle Behandlung von Kündigungs- und Laufzeitverlängerungsoptionen identisch sein muss und im Folgenden gemeinsam diskutiert wird.

---

162 Zu dieser Vorgehensweise vgl. bspw. IASC FOUNDATION (HRSG.), Option to renew, S. 6 f.

163 Natürlich können die Vertragsparteien auch dem Leasinggeber Kündigungsmöglichkeiten oder Laufzeitverlängerungsoptionen einräumen. Dies dürfte indes vergleichsweise selten vorkommen. Vgl. IFRS FOUNDATION (HRSG.), Options, Tz. 58(b). Aus diesem Grund werden im Folgenden lediglich die Klauseln zugunsten des Leasingnehmers betrachtet.

164 Vgl. NAILOR, H./LENNARD, A., New Approach, S. 34 f. Dies setzt indes voraus, dass von Kündigungsgebühren abstrahiert wird. Vgl. GRADOW, A., Leasinggeschäfte, S. 130.

165 SABEL, E., Leasingverträge, S. 117. Einfügung durch den Verfasser. So macht es unter wirtschaftlichen Gesichtspunkten keinen Unterschied, ob der Leasingnehmer in einem Leasingverhältnis über sechs Jahre die Option hat, nach drei Jahren zu kündigen oder, ob der Leasingnehmer in einem Leasingverhältnis über drei Jahre nach Ablauf der Mindestleasingdauer die Option hat, das Leasingverhältnis um drei Jahre zu verlängern.

322.212. Die separate Bilanzierung einer Realoption

Sofern es dem Leasingnehmer vertraglich ermöglicht wurde, das Leasingobjekt über die fixierte Mindestleasingdauer hinaus zu nutzen, sei es durch die Ausübung einer Laufzeitverlängerungsoption oder durch die Nichtausübung einer Kündigungsoption,[166] hat der Leasinggeber dem Leasingnehmer eine **Realoption**[167] eingeräumt.[168] Dem Leasinggeber kommt dabei eine **Stillhalterposition** zu. Die **Stillhalterverpflichtung** „gibt dem Optionsgeber [dem Leasinggeber] auf, sich bis zur [etwaigen] Optionsausübung leistungsbereit zu halten“[169].

Der Leasinggeber räumt dem Leasingnehmer mit einer Laufzeitoption Flexibilität ein. Umgekehrt resultiert aus einer Laufzeitoption für den Leasinggeber **erhöhte Planungsunsicherheit.**[170] Diese dem Leasingnehmer eingeräumte erhöhte Flexibilität bzw. die erhöhte Planungsunsicherheit beim Leasinggeber lässt sich der Leasinggeber vergüten, indem er eine **Optionsprämie** verlangt.[171] Häufig wird dem Leasingnehmer mit einer Laufzeitoption überdies die Möglichkeit gegeben, den Leasinggegenstand in der optionalen Leasingperiode zu deutlich geringeren als marktüblichen Leasingraten zu nutzen.[172] Dieser finanzielle Vorteil für den Leasingnehmer dürfte in der Regel in der Optionsprämie eingepreist sein. Bei wirtschaftlicher Betrachtungsweise enthält die Optionsprämie in diesen Fällen eine **Anzahlung** für das zusätzliche Recht auf Nutzung in der optionalen Leasingperiode, die der Leasingnehmer bereits zu Beginn oder während der Laufzeit des

---

166 Im Folgenden wird allgemein von Laufzeitoptionen gesprochen.

167 Bei einer Option handelt es sich im Allgemeinen um einen zweiseitigen Vertrag, welcher der einen Partei das Recht einräumt, ein Basisobjekt zu einem bestimmten Preis zu kaufen oder zu verkaufen. Vgl. HULL, J., Optionen, S. 31; BAETGE, J./KIRSCH, H.-J./THIELE, S., Bilanzen, S. 329. Mit einer Realoption im Speziellen werden einer Partei Handlungsspielräume bei der Verwendung und der Nutzung realer Vermögenswerte eingeräumt. Vgl. EUBE, S., Realoptionen, S. 377.

168 Vgl. NAILOR, H./LENNARD, A., New Approach, S. 118; SABEL, E., Leasingverträge, S. 192.

169 CASPER, M., Optionsvertrag, S. 112. Einfügungen durch den Verfasser.

170 Vgl. FÜLBIER, R. U./PFERDEHIRT, H., Überlegungen, S. 282.

171 Zur Optionsprämie allgemein vgl. CASPER, M., Optionsvertrag, S. 118-122.

172 Vgl. KIRSCH, H.-J./EWELT-KNAUER, C., in: IFRS-Komm., Ergänzungskommentierung zu IAS 17, Tz. 49 f. Der umgekehrte Fall, dass der Leasingnehmer in der optionalen Periode höhere als marktübliche Leasingraten bezahlt, lässt sich in der internationalen Leasingpraxis kaum beobachten. Vgl. LEASEUROPE (HRSG.), CL ED Leases, S. 43.

Leasingverhältnisses an den Leasinggeber entrichtet.[173] Fraglich ist, ob aus dieser Optionsprämie Vermögenswerte und Schulden resultieren, die zusätzlich zu jenen Vermögenswerten und Schulden bilanziert werden müssen, die in Abschnitt 322.1 identifiziert wurden.

Wenn der Optionsnehmer die Optionsprämie zahlt, muss der resultierende Zugang liquider Mittel beim Optionsgeber aktiviert werden.[174] Sofern die Optionsprämie bereits gezahlt wird bevor der Optionsnehmer die Option ausüben kann oder sie verfällt,[175] käme als Gegenbuchung zu den zugehenden liquiden Mitteln grundsätzlich in Betracht, einen Ertrag oder eine Schuld zu erfassen.[176] Zu berücksichtigen ist dabei, dass der Optionsgeber seine Leistung aus dem Optionsgeschäft erst dann vollständig erbracht hat, wenn die Option ausgeübt wird oder verfällt.[177] Aus diesem Grund dürfte die Optionsprämie nicht sofort ertragswirksam vereinnahmt werden. Vielmehr wäre eine **Schuld in Höhe der erhaltenen Optionsprämie** zu passivieren, welche die Stillhalterverpflichtung des Optionsgebers repräsentiert.[178]

Die gezahlte Optionsprämie entspricht dem **Wert der Realoption** zu Beginn der Laufzeit des Leasingverhältnisses. Der Wert einer Option im Allgemeinen und einer Laufzeitoption im Speziellen setzt sich aus einem **inneren Wert** und dem sog. **Zeitwert** zusammen.[179] Der innere Wert ist dabei entweder eine positive Differenz zwischen dem Basiswert (hier der Wert des Rechts auf Nutzung in der optionalen Laufzeit) und dem Basispreis (hier die während der optionalen Laufzeit zu entrichtenden Leasingraten) oder Null. Der Zeitwert spiegelt die Möglichkeit wider, dass sich der innere Wert bis zum Ausübungszeitpunkt bzw.

---

173 Vgl. bereits RAU, G., Mietverlängerungsoption, S. 1027.

174 Vgl. POPP, M., Optionsgeschäfte, S. 91.

175 Das ist der Regelfall. Die Vertragsparteien können aber auch vereinbaren, dass die Optionsprämie erst zu einem späteren Zeitpunkt fällig ist. Vgl. CASPER, M., Optionsvertrag, S. 119.

176 Die dritte theoretisch denkbare Möglichkeit, ein Aktivtausch, scheidet aus, weil der Zugang liquider Mittel durch die Optionsprämie beim Leasinggeber nicht zu einem gleichzeitigen Abgang von Vermögenswerten führt.

177 Vgl. BIRCK, H./MEYER, H., Bankbilanz, S. 488 f.

178 Vgl. SABEL, E., Leasingverträge, S. 199.

179 Vgl. PERRIDON, L./STEINER, M./RATHGEBER, A., Finanzwirtschaft, S. 329; BAETGE, J./KIRSCH, H.-J./THIELE, S., Bilanzen, S. 336. Die Idee, die Optionspreistheorie, die für die Bewertung von Finanzoptionen entwickelt wurde, zu verwenden, um Realoptionen zu bewerten, wurde bereits in den 1970 entwickelt. Vgl. MYERS, S., Determinants, S. 147-175.

bis zum Ende des Ausübungszeitraums positiv entwickelt, weshalb im Schrifttum auch vom „Wert der Chance“[180] gesprochen wird, dass sich der innere Wert der Laufzeitoption zugunsten des Leasingnehmers entwickelt.

In den Folgeperioden verändert sich der Wert der Option, sofern der innere Wert und/oder der Zeitwert der Option schwanken. Die Auswirkungen eines sich verändernden **inneren Werts** verdeutlicht das folgende Beispiel:

> Ein Leasinggeber gewährt einem Leasingnehmer das Recht auf Nutzung an einer Maschine über ein Jahr und erhält dafür eine fixe Leasingrate. Der Leasinggeber räumt überdies eine Laufzeitoption über das Recht auf Nutzung zu einer fixen Leasingrate für ein weiteres Jahr ein. Die Leasingrate für die optionale Leasingperiode entspricht einer marktüblichen Rate. Der Leasingnehmer muss für die Realoption eine Optionsprämie zahlen. Mitte des ersten Jahres der Laufzeit des Leasingverhältnisses ist die marktübliche Leasingrate für die verleaste Maschine stark gestiegen. Der innere Wert der Realoption und somit der Wert der Stillhalterverpflichtung des Leasinggebers steigt somit ebenfalls stark an.[181]

Bei Stillhalterverpflichtungen eines Leasinggebers ist aber eine **wichtige Besonderheit** zu beachten: Sofern der innere Wert der Realoption wie im Beispielsachverhalt steigt, würde dies **nicht** zu einer höheren Schuld im Sinne des *conceptual framework* führen.[182] Ein höherer innerer Wert einer Realoption repräsentiert nämlich im Falle einer Laufzeitoption lediglich „das Risiko des Verlusts von Opportunitäten“[183]. Im Beispielsachverhalt erleidet der Leasinggeber finanzielle Einbußen, weil der Leasingnehmer seine Realoption ausüben wird, welche – nachdem die marktübliche Leasingrate gestiegen ist – deutlich im Geld (*in the money*) ist.[184] Ohne die Laufzeitoption bestünde für den Leasinggeber die Möglichkeit,

---

180 SABEL, E., Leasingverträge, S. 196.

181 Somit wächst der Wert der Stillhalterverpflichtung des Leasinggebers, wenn spiegelbildlich die Option für den Leasingnehmer an Wert gewinnt. Vgl. LÖHR, D., Stillhalterrisiko, S. 602.

182 Gl.A. LEIPPE, B., Leasinggeschäfte, S. 313; SABEL, E., Leasingverträge, S. 200 f. Vgl. dazu LÖHR, D., Stillhalterrisiko, S. 601 im handelsrechtlichen Kontext.

183 LÖHR, D., Stillhalterrisiko, S. 601.

184 Eine Kaufoption (Verkaufsoption) ist im Geld, wenn der Basiswert höher (niedriger) ist als der Basispreis. In einer umgekehrten Situation ist eine Option aus dem Geld (*out of the money*). Eine

die Maschine nach Ablauf der Mindestleasingdauer zur marktüblichen Leasingrate zu verleasen, welche höher wäre als jene, die der Leasingnehmer für die optionale Laufzeit zahlt. Dieser entgangene Gewinn des Leasinggebers stellt indes keine passivierungspflichtige Schuld im Sinne des *conceptual framework* dar, weil es zu keinem zusätzlichen Ressourcenabfluss kommt.[185] Sofern die Realoption separat bilanziert würde, müsste zwar bei Erhalt der Optionsprämie als Gegenbuchung die Stillhalterverpflichtung passiviert werden, bei der Folgebewertung wäre aber zu berücksichtigen, dass ein gestiegener innerer Wert **nicht bilanziert** werden darf.

Wie oben erwähnt, ist der **Zeitwert** die zweite wertdeterminierende Größe der Realoption. Der Zeitwert einer Realoption nimmt im Zeitablauf grds. kontinuierlich ab, d.h., der Zeitwert wird umso kleiner, je näher der Ausübungszeitpunkt rückt bzw. je kürzer der verbleibende Ausübungszeitraum wird.[186] Dieser Wertverlauf kann mit der Eigenschaft des Zeitwerts als Chance des Leasingnehmers auf eine positive Wertentwicklung des inneren Werts der Realoption begründet werden. Je näher der Ausübungszeitpunkt respektive das Ende des Ausübungszeitraums rücken, desto geringer ist die Chance, dass sich der innere Wert der Realoption (weiterhin) positiv entwickelt.

Die bisherigen Ausführungen verdeutlichen: Eine separate Bilanzierung der Laufzeitoption als Realoption setzt voraus, dass **sowohl der innere Wert** der Realoption **als auch der Zeitwert** der Realoption **verlässlich bewertet** werden können.[187] Nur wenn beide Größen unabhängig voneinander verlässlich ermittelt werden können, kann eine **Folgebewertung** der Stillhalterverpflichtung gewährleisten, dass eine Wertänderung der Stillhalter-

Option ist am Geld (*at the money*), sofern der Basiswert gleich dem Basispreis ist. Vgl. BIRCK, H./MEYER, H., Bankbilanz, S. 486.

[185] Auch die Passivierung einer Drohverlustrückstellung scheidet aus, weil die Maschine, die in der optionalen Leasingperiode verleast wird, bereits vom Leasinggeber erworben wurde und nicht noch (zu einem nun höheren Preis) erworben werden muss. Vgl. BIRCK, H./MEYER, H., Bankbilanz, S. 491, die in einem ähnlichen Zusammenhang von einer Lieferung aus dem „Optionsbestand“ sprechen.

[186] Vgl. HULL, J., Optionen, S. 490; STEINER, M./BRUNS, C., Wertpapiermanagement, S. 424. Überdies ist die Höhe des Zeitwerts davon abhängig, ob die Option im Geld, aus dem Geld oder am Geld ist. Auf Details zur Bestimmung des Zeitwerts wird in der vorliegenden Arbeit nicht eingegangen. Vgl. dazu ausführlich HULL, J., Optionen, S. 489-491; STEINER, M./BRUNS, C., Wertpapiermanagement, S. 424 f.

[187] Zum Ansatzkriterium der verlässlichen Bewertbarkeit vgl. Abschnitt 321.4.

verpflichtung, welche auf einen gestiegenen inneren Wert zurückzuführen ist, aus den oben genannten Gründen nicht erfasst wird, wohl aber Wertänderungen, die auf einen geänderten Zeitwert zurückzuführen sind.

Indes ist bereits bei der **Erstbewertung** der Laufzeitoption, d.h. bei Ermittlung der Optionsprämie, eine Besonderheit zu beachten: Bei einem Leasingverhältnis mit Laufzeitoption wird nämlich in aller Regel keine separate Optionsprämie gezahlt. Der Leasinggeber lässt sich die eingeräumte Laufzeitoption vergüten, indem er während der unkündbaren Mindestleasingdauer Leasingraten verlangt, welche höher sind als die Leasingraten, die der Leasingnehmer in einem sonst gleichen Leasingverhältnis ohne eine Laufzeitoption zu entrichten hätte.[188] Eine separate Bilanzierung der Laufzeitoption beim Leasinggeber würde es somit zunächst notwendig machen, die Optionsprämie aus den Leasingraten zu extrahieren. In den Folgeperioden wäre die Stillhalterverpflichtung unter Berücksichtigung der oben erläuterten Besonderheiten folgezubewerten.

Grundsätzlich stehen **drei Möglichkeiten** zur Verfügung, um den Wert der Option zu ermitteln.[189] Diese Möglichkeiten sind daraufhin zu analysieren, ob sie eine verlässliche Bewertung der Option ermöglichen und folglich das Ansatzkriterium der verlässlichen Bewertbarkeit erfüllt ist:

(1) Bewertung auf Grundlage eines Marktwertes.
(2) Bewertung anhand von anerkannten Optionspreismodellen.
(3) Bewertung durch einen Vergleich mit einem Leasingverhältnis ohne Laufzeitoption.

Ad (1)

Ein Marktwert einer Realoption existiert nahezu nie, weil entsprechende Optionen nicht gehandelt werden.[190] Eine Bewertung auf Grundlage eines Marktwertes scheidet aus.

Ad (2)

---

188 Vgl. dazu WAßMER, S./HELMSCHROTT, H., Positionspapier, S. 2025, die von „in den Leasingraten verrechnete[n] Prämien bzw. Werte[n] für die Einräumung von Optionsrechten" sprechen. Einfügungen durch den Verfasser.

189 Vgl. dazu SABEL, E., Leasingverträge, S. 192-207.

190 Vgl. dazu MONSON, D., Commentary, S. 283, der in diesem Zusammenhang ausführt: *"In many, if not most, situations there is no observable market"*.

Weil die Bewertung der Option anhand von Marktpreisen ausscheidet, könnte eine Bewertung mit Hilfe eines anerkannten Optionspreismodells erfolgen.[191] Im Schrifttum werden vor allem das **Entscheidungsbaumverfahren**, das **Modell von BLACK/SCHOLES** und das **Binomialmodell** diskutiert, um Realoptionen für bilanzielle Zwecke zu bewerten.[192]

Das **Entscheidungsbaumverfahren** wird im Schrifttum sehr kritisch gesehen, weil es als „sehr grobe Bewertungsmethode“[193] lediglich bei „einfach gelagerten Fällen mit einer geringen Optionslaufzeit Anwendung finden [kann]“[194]. Da Leasingverhältnisse mit Laufzeitoptionen mitunter sehr komplexe Strukturen mit langen Optionslaufzeiten aufweisen, scheidet das Entscheidungsbaumverfahren als universell einsetzbares Modell, um Laufzeitoptionen zu bewerten, aus.

Im Falle des **Modells von BLACK/SCHOLES** ist zu berücksichtigen, dass dieses Optionspreismodell entwickelt wurde, um Finanzoptionen zu bewerten.[195] Die restriktiven Modellprämissen – das Modell von BLACK/SCHOLES setzt u.a. voraus, dass der Basiswert kontinuierlich gehandelt wird – werden im Kontext von Realoptionen „nicht annähernd erfüllt“[196]. Um eine Laufzeitoption zu bewerten, ist das Modell von BLACK/SCHOLES daher ebenfalls abzulehnen.[197]

Die Probleme des Modells von BLACK/SCHOLES könnten vermieden werden, indem das **Binomialmodell** verwendet wird, denn das Binomialmodell basiert auf wesentlich robusteren Annahmen.[198] Das Modell zeichnet sich dadurch aus, dass die Veränderungen des

---

191 Vgl. GEBHARDT, R., Leasingverhältnisse, S. 256.

192 Vgl. LÖHR, D., Stillhalterrisiko, S. 598. Zum Entscheidungsbaumverfahren vgl. PERRIDON, L./STEINER, M./RATHGEBER, A., Finanzwirtschaft, S. 130-135, zum Binomialmodell vgl. COX, J./ROSS, S./RUBINSTEIN, M., Option Pricing, S. 229-263 und zum Modell von BLACK/SCHOLES vgl. BLACK, F./SCHOLES, M., Option Contracts, S. 399-417.

193 LÖHR, D., Stillhalterrisiko, S. 598.

194 LÖHR, D., Stillhalterrisiko, S. 598. Einfügung durch den Verfasser.

195 Vgl. EUBE, S., Realoptionen, S. 378.

196 LÖHR, D., Stillhalterrisiko, S. 598.

197 Gl.A. SABEL, E., Leasingverträge, S. 195; FINDEISEN, K.-D./SABEL, E., Diskussionspapier, S. 1891; HARTMANN-WENDELS, T./SCHMIDT, P., Reform, S. 283.

198 Vgl. LÖHR, D., Stillhalterrisiko, S. 598.

Basiswerts durch einen zeitdiskreten Prozess mit nur zwei Folgezuständen (daher **Bi**nomialmodell) angenähert werden.[199] Die Bewertung einer Realoption mit Hilfe des Binomialmodells lässt sich grob in drei Schritten vollziehen.[200] Zunächst sind die zwei möglichen Umweltzustände mit einem **Entscheidungsbaum** nachzubilden. Im nächsten Schritt muss ermittelt werden, mit welcher **Wahrscheinlichkeit** der jeweilige Umweltzustand eintritt.[201] Schließlich ist die Option über ein ***roll-back*-Verfahren** zu bewerten, d.h. der Entscheidungsbaum wird rückwärts „aufgerollt".[202] Für den konkreten Fall einer Laufzeitoption greifen wir das **Beispiel** von S. 73 wieder auf:

> Die Leasingrate in der unkündbaren Mindestleasingdauer von einem Jahr beläuft sich auf 150 GE. Der Leasinggeber hält es zu Beginn der Laufzeit des Leasingverhältnisses annahmegemäß für plausibel, dass diese marktübliche Leasingrate (LR) für das Recht auf Nutzung der besagten Maschine zu Beginn des optionalen Zeitraums in einem Jahr um 20 % auf 180 GE gestiegen ist (sog. *up*-Zustand) oder um 20 % auf 120 GE gefallen ist (sog. *down*-Zustand). Dies verdeutlicht der Entscheidungsbaum:

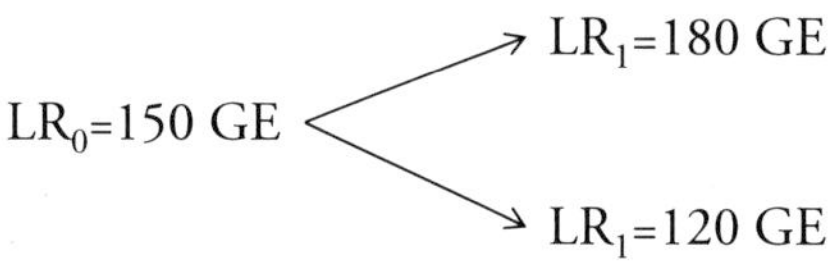

Übersicht 3-5: *Entscheidungsbaum im Binomialmodell*

In einem Binomialmodell ist es zwar nicht notwendig, die (in aller Regel subjektiven) Wahrscheinlichkeiten zu bestimmen, mit denen der *up*-Zustand bzw. der *down*-Zustand

[199] Vgl. Cox, J./Ross, S./Rubinstein, M., Option Pricing, S. 232; Kilka, M., Realoptionen, S. 71.

[200] Vgl. Löhr, D., Stillhalterrisiko, S. 598.

[201] Vgl. dazu Cox, J./Ross, S./Rubinstein, M., Option Pricing S. 235 f. Dieses Wahrscheinlichkeitsmaß lässt sich im Binomialmodell errechnen. Der Anwender des Modells ist nicht verpflichtet, die Wahrscheinlichkeiten zu schätzen, mit denen die Umweltzustände eintreten. Auf die Gründe, weshalb diese – in der Regel subjektiven – Wahrscheinlichkeiten nicht notwendig sind, wird in der vorliegenden Arbeit nicht eingegangen, weil dies eine umfangreiche mathematische Herleitung erfordert, welche nicht notwendig ist, um die eigentliche Frage dieses Abschnitts zu beantworten, nämlich wie Laufzeitoptionen in einem IFRS-Abschluss abzubilden sind. Zur Herleitung vgl. Cox, J./Ross, S./Rubinstein, M., Option Pricing, S. 232.

[202] Vgl. dazu ausführlich Cox, J./Ross, S., Valuation, S. 145-166.

erwartungsgemäß eintritt. Indes besteht die Notwendigkeit, zu schätzen, wie sich der Wert des Rechts auf Nutzung im *up*-Zustand (hier 180 GE) und im *down*-Zustand (hier 120 GE) prozentual verändert. Letztlich muss der **Schwankungsbereich der Leasingraten** für einen bestimmten Zeitraum, d.h. die **Volatilität des Basiswerts** (hier das Recht auf Nutzung) bestimmt werden, denn der Wert einer jeden Realoption – unabhängig davon, welches Modell verwendet wird, um die Option zu bewerten – wird durch diese Volatilität mit determiniert.[203] Häufig wird es für einen Leasinggeber sehr viel schwieriger sein, die Volatilität verlässlich zu ermitteln, als es dies bspw. für den Stillhalter einer Aktienoption ist. Letzterer wird in der Regel die Volatilität des Aktienkurses aus historischen Daten empirisch schätzen können, indem er den Aktienkurs über bestimmte Zeitintervalle in der Vergangenheit beobachtet und die Kursentwicklung analysiert.[204] Diese Möglichkeit wird der Leasinggeber häufig zu Beginn der Laufzeit des Leasingverhältnisses nicht besitzen, weil Leasingraten aus der Vergangenheit über gleiche oder zumindest vergleichbare Leasingverhältnisse im Gegensatz zu Aktienkursen häufig nicht beobachtbar sind. Ob die Volatilität des Basiswerts und letztlich somit der Wert der Realoption verlässlich bestimmt werden kann, muss daher ernsthaft bezweifelt werden.[205]

Wenn dieser Ansicht nicht gefolgt, sondern die Meinung vertreten wird, dass das Binomialmodell eine verlässliche Bewertung von Laufzeitoptionen ermöglicht, muss indes ein weiterer Aspekt berücksichtigt werden, der gegen eine separate Bilanzierung einer Laufzeitoption spricht: Sofern der Wert der Realoption mit Hilfe des Binomialmodells ermittelt würde, stellt dieser Wert den Gesamtwert der Realoption dar, welcher sich – wie oben erläutert – aus dem inneren Wert und dem Zeitwert zusammensetzt. Aufgrund der Notwendigkeit, beide Komponenten separat bestimmen zu müssen, müsste der ermittelte Wert daraufhin analysiert werden, wie er auf den inneren Wert und den Zeitwert aufzuteilen ist. Der Leasinggeber müsste daher zu jedem Bewertungsstichtag den beizulegenden Zeitwert des Basisobjekts bestimmen und diesen mit dem Ausübungspreis der Option ver-

[203] Vgl. LIEBLER, H., Strategische Optionen, S. 75 f.

[204] Vgl. HULL, J., Optionen, S. 388-392.

[205] Im Schrifttum wird überdies zu Recht grundsätzlich in Frage gestellt, ob Bewertungsmodelle vor dem Hintergrund der erheblichen Ermessensspielräume, die mit der Anwendung einhergehen, eine verlässliche Bewertung von Vermögenswerten und Schulden ermöglichen. Vgl. BALLWIESER, W./KÜTING, K./SCHILDBACH, T., Fair Value, S. 537 f. Zur Kritik an DCF-Kalkülen in der IFRS-Rechnungslegung vgl. BAETGE, J., DCF-Kalküle, S. 18-22.

gleichen, um den inneren Wert der Realoption zum Stichtag zu bestimmen. Der ermittelte innere Wert wäre dann von dem Gesamtwert der Option zu subtrahieren, um den Zeitwert zu erhalten. Für einen Leasinggeber, der mehrere Leasingverhältnisse mit Laufzeitoptionen eingegangen ist und freiwillig oder verpflichtend quartalsweise Bericht erstattet,[206] hätte die Vorgabe, Laufzeitoptionen mit Hilfe des Binomialmodells zu bewerten, letztlich zur Konsequenz, dass der Leasinggeber viermal pro Jahr für jedes Leasingverhältnis den beizulegenden Zeitwert des jeweiligen Rechts auf Nutzung in optionalen Leasingperioden bestimmen müsste. Dieser erhebliche Bilanzierungsaufwand beim Leasinggeber würde nach hier vertretener Auffassung den zusätzlichen Informationsertrag beim Abschlussadressaten, welcher aus einer separaten Bilanzierung einer Realoption mit Hilfe des Binomialmodells resultieren würde, deutlich übersteigen. Das Binomialmodell ist daher auch vor dem Hintergrund des **Grundsatzes der Wirtschaftlichkeit** kritisch zu sehen.[207]

Insgesamt wird deutlich, dass Optionspreismodelle für die Bewertung von Laufzeitoptionen **abzulehnen** sind.

Ad (3)

Vor dem Hintergrund fehlender Marktwerte für Realoptionen und der gezeigten Probleme bei der Anwendung von Optionspreismodellen wird im Schrifttum vorgeschlagen, den Wert der Option zu Beginn der Laufzeit des Leasingverhältnisses zu ermitteln, indem der Barwert der während der Mindestleasingdauer zu entrichtenden Leasingraten mit dem Barwert der Leasingraten eines Leasingverhältnisses verglichen wird, welches sich ausschließlich dadurch unterscheidet, dass keine Laufzeitoption vereinbart wurde (hier als **Vergleichsverfahren** bezeichnet).[208] Die positive Differenz zwischen den beiden Barwerten entspricht der Optionsprämie. Dem Leasinggeber wird es auf Basis seiner Kalkulation möglich sein, den Wert der Option zu Beginn der Laufzeit des Leasingverhältnisses mit Hilfe des Vergleichsverfahrens verlässlich zu ermitteln.[209] Hierzu müsste lediglich ermittelt wer-

206 Vgl. dazu BAETGE, J., ET AL., in: IFRS-Komm., Kommentierung zu IAS 34, Tz. 5-7.

207 Vgl. dazu CF.QC35 sowie BAETGE, J., ET AL., in: IFRS-Komm., Grundlagen der IFRS-Rechnungslegung, Tz. 65 f. Zum Grundsatz der Wirtschaftlichkeit im handelsrechtlichen Kontext vgl. BAETGE, J./KIRSCH, H.-J./THIELE, S., Bilanzen, S. 123 f.

208 Vgl. dazu NAILOR, H./LENNARD, A., New Approach, S. 31.

209 Vgl. SABEL, E., Leasingverträge, S. 200.

den, wie hoch die Leasingraten bemessen wären, sofern der Leasingnehmer auf die Laufzeitoption verzichtet hätte.

Das Vergleichsverfahren ermöglicht es indes nicht, den Wert der Option in den Folgeperioden zu ermitteln, weil Wertänderungen der Realoption nicht bestimmt werden können, indem ein Vergleich mit dem Leasingverhältnis ohne Laufzeitoptionen erfolgt.[210] Das Vergleichsverfahren scheidet daher als Verfahren zur separaten Bewertung der Realoption auch insgesamt aus.[211]

Als Zwischenfazit kann somit festgehalten werden, dass die separate Bilanzierung einer Laufzeitoption beim Leasinggeber im Widerspruch zur Ansatzkonzeption des *conceptual framework* stünde, weil eine **verlässliche Bewertung der Laufzeitoption nicht gewährleistet werden kann.**[212]

322.213. Der *more likely than not approach*

Neben der abzulehnenden Möglichkeit, Laufzeitoptionen separat zu bilanzieren, wird im Schrifttum der Vorschlag diskutiert, die Leasingraten der optionalen Leasingperiode(n) zu Beginn der Laufzeit des Leasingverhältnisses **bei der Erstbewertung des finanziellen Vermögenswerts** des Leasinggebers zu berücksichtigen, sofern **mehr Gründe dafür als dagegen sprechen**, dass die (jeweilige) Laufzeitoption ausgeübt wird (hier als *more likely than not approach* bezeichnet).[213]

Diese dargestellte bilanzielle Berücksichtigung von Laufzeitoptionen bei der Erstbewertung des finanziellen Vermögenswerts ist ebenfalls, und zwar aus den folgenden zwei Gründen **abzulehnen**: Zum einen muss mit LEFFSON auf die Schwierigkeit hingewiesen werden, zu Beginn der Laufzeit des Leasingverhältnisses zu beurteilen, ob der Leasingnehmer in (ferner) Zukunft eine ihm zur Verfügung stehende Option ausüben wird: „[Selbst wenn]

---

210 Vgl. HARTMANN-WENDELS, T., Leasing-Bilanzierung, S. 1069.

211 Vgl. SABEL, E., Leasingverträge, S. 201 f.

212 Ähnlich LEIPPE, B., Leasinggeschäfte, S. 313.

213 Vgl. stellvertretend OVERSBERG, T., Paradigmenwechsel, S. 384 f.; SABEL, E./VOGEL, M., Leasing-Vertragsoptionen, S. 203 f.

Optionsentgelte bei Vertragsabschluß niedrig erscheinen [mögen], ob sie nach Ablauf der Grundmietzeit noch genauso zu beurteilen sind, muß dahingestellt bleiben. Die Entscheidung, ob die Option ausgeübt wird, ist determiniert vom technischen Fortschritt und vom Absatzmarkt des Mieters zu diesem Zeitpunkt"[214]. Der resultierende Ermessensspielraum, der sich aus dem *more likely than not approach* für den Leasinggeber ergäbe, steht im Widerspruch zum Fundamentalgrundsatz der glaubwürdigen Darstellung.[215]

Zum anderen würde ein finanzieller Vermögenswert, der die Leasingraten optionaler Leasingperioden enthielte, gegen die Definitionskriterien des *conceptual framework* verstoßen.[216] Ob der Leasinggeber die Leasingraten in der optionalen Leasingperiode tatsächlich vereinnahmt, ist von künftigen Handlungen des Leasingnehmers abhängig, konkret, ob der Leasingnehmer seine Option ausübt. Zu Beginn der Laufzeit des Leasingverhältnisses besitzt der Leasinggeber daher lediglich die Verfügungsmacht über den Anspruch auf die Leasingraten, die in der unkündbaren Mindestleasingdauer zu entrichten sind, nicht aber über den Anspruch auf die Leasingraten der optionalen Leasingperiode. Das Definitionskriterium „Ereignis in der Vergangenheit"[217], welches die Verfügungsmacht über die Leasingraten der optionalen Leasingperiode begründet, ist erst dann erfüllt, wenn der Leasingnehmer die Option ausübt. Bei der Bewertung des finanziellen Vermögenswerts, den der Leasinggeber zu Beginn der Laufzeit des Leasingverhältnisses zu erfassen hat,[218] dürfen daher ausschließlich die Leasingraten einbezogen werden, die der Leasingnehmer während der unkündbaren Mindestleasingdauer zu entrichten hat.

---

214 LEFFSON, U., Leasingverträge, S. 639. Einfügungen durch den Verfasser.

215 Zu diesem Grundsatz vgl. 321.4. Die Schätzproblematik wird auch und ganz besonders deutlich, wenn die bilanziellen Konsequenzen in einem klassischen Mietverhältnis im deutschen Rechtsraum betrachtet werden: Häufig sind Mietverträge unbefristet, indes unter Berücksichtigung einer Kündigungsfrist kündbar. Somit wäre die Anzahl optionaler Leasingperioden in einem solchen Mietverhältnis nur durch die Nutzungsdauer des zugrunde liegenden Gegenstands begrenzt. Die Notwendigkeit, bei jeder dieser ggf. sehr vielen Laufzeitoptionen zu beurteilen, ob mehr Gründe dafür als dagegen sprechen, dass die Option ausgeübt wird, kann nach hier vertretener Auffassung nur in Willkür enden. Vgl. dazu KÜTING, K./KOCH, C./TESCHE, T., Umbruch, S. 427.

216 Gl.A. DRSC (HRSG.), CL ED Leases, S. 14; EFRAG (HRSG.), CL ED Leases, S. 17.

217 Vgl. dazu Abschnitt 321.2.

218 Vgl. Abschnitt 322.132.

322.214. Die Berichterstattung im Anhang

Gemäß den Ausführungen der beiden vorangegangenen Abschnitte dürfen Laufzeitoptionen bzw. Zahlungen in optionalen Perioden vor dem Hintergrund der Anforderungen des *conceptual framework* bilanziell nicht berücksichtigt werden – weder als separate Option noch bei der Erstbewertung des finanziellen Vermögenswerts, der die künftigen Leasingraten repräsentiert, die der Leasinggeber erhalten wird.[219] Erst wenn die Option tatsächlich ausgeübt wird, kommt es zu einer bilanziellen Erfassung.[220] Zu berücksichtigen ist indes, dass ein Abschlussadressat eines IFRS-Abschlusses dennoch über Laufzeitoptionen informiert werden sollte, denn die möglichen bilanziellen Konsequenzen, die aus Laufzeitoptionen resultieren können, stellen für den Abschlussadressaten relevante Informationen dar. Aus diesem Grund sollte im **Anhang** ausführlich über Laufzeitoptionen berichtet werden.

Die Anhangangaben sollten zunächst qualitative Informationen über die **Art** der Laufzeitoptionen[221] enthalten. Damit die Abschlussadressaten möglichst umfänglich über die möglichen bilanziellen Konsequenzen der Laufzeitoptionen informiert werden, könnte überdies die **Summe** der Leasingraten in optionalen Leasingperioden angegeben werden. So würde über die maximal möglichen Einzahlungen des Leasinggebers aus optionalen Leasingperioden berichtet werden.[222] Die Angabe sollte aus Wirtschaftlichkeitsgründen Nominalwerte umfassen. Damit der Abschlussadressat den Zeitwert des Geldes indes bei Bedarf approximieren kann, sollten die Leasingzahlungen nach Fristigkeit gestaffelt. Die Informationen zu Laufzeitoptionen könnten im **Anhang eines fiktiven Unternehmens** folgendermaßen dargestellt werden:

---

[219] Gl.A. FINDEISEN, K.-D./SABEL, E., Diskussionspapier, S. 1891.

[220] Der Barwert der Leasingraten, die in dem Zeitraum zu zahlen sind, auf den sich die ausgeübte Laufzeitoption bezieht, ist als finanzieller Vermögenswert zu aktivieren. Der bilanzierte Restvermögenswert, der bisher den Wert des Leasinggegenstands am Ende der unkündbaren Mindestleasingdauer repräsentierte, ist entsprechend zu reduzieren, um nun den Restvermögenswert am Ende der verlängerten Laufzeit widerzuspiegeln.

[221] Der Abschlussadressat sollte darüber informiert werden, ob es sich um Kündigungs- oder Laufzeitverlängerungsoptionen handelt.

[222] Nach hier vertretener Auffassung sollte auf die Angabe von Wahrscheinlichkeiten, mit denen die einzelnen optionalen Leasingperioden eintreten, verzichtet werden, da dies lediglich zu einer „Vorgaukelung scheinbar genauer Werte [führen würde]". KÜTING, K./KOCH, C./TESCHE, T., Umbruch, S. 427. Einfügung durch den Verfasser.

Die XY AG geht als Leasinggeber Leasingverhältnisse im Wesentlichen über gewerblich genutzte Immobilien ein. Dabei werden den Leasingnehmern mitunter Laufzeitoptionen eingeräumt. Das Unternehmen gewährt dabei sowohl Laufzeitverlängerungsoptionen als auch ordentliche Kündigungsoptionen.

Die Nominalwerte der maximal möglichen künftigen Leasingraten aus ausgeübten Laufzeitoptionen betragen zum Stichtag (TGE):

	31.12.20X2	31.12.20X1
Im Geschäftsjahr 20X3	6.500,00	6.890,00
In den Geschäftsjahren 20X4-20X7	7.300,00	8.564,00
Nach Geschäftsjahr 20X7	15.200,00	14.500,00
Summe	29.000,00	29.954,00

Übersicht 3-6: *Anhangangaben zu Laufzeitoptionen*

322.22 Die Bilanzierung von Kaufoptionen

In einem einfachen Leasingverhältnis ist der Leasingnehmer verpflichtet, das Leasingobjekt am Ende der Laufzeit des Leasingverhältnisses an den Leasinggeber zurückzugeben.[223] Mitunter wird dem Leasingnehmer indes die **Option** gewährt, das Leasingobjekt am Ende der Laufzeit des Leasingverhältnisses zu **erwerben.**[224]

Bei wirtschaftlicher Betrachtung weisen Laufzeitverlängerungsoptionen[225] und Kaufoptionen deutliche Parallelen auf. Ein Leasingnehmer, der eine Laufzeitverlängerungsoption ausübt, die ihn berechtigt, das Leasingobjekt über dessen gesamte Restnutzungsdauer zu nutzen, ist in einer ökonomisch vergleichbaren Position, als hätte er eine Kaufoption ausgeübt.[226] Weil wirtschaftlich vergleichbare Sachverhalte in den IFRS vergleichbar bilanziert

[223] Vgl. Abschnitt 322.11.

[224] Der Kaufpreis kann bereits zu Beginn des Leasingverhältnisses festgelegt werden oder aber variabel sein und sich bspw. am beizulegenden Zeitwert des Leasingobjekts am Ende der Laufzeit des Leasingverhältnisses bemessen.

[225] Vgl. dazu Abschnitt 322.21.

[226] Vgl. dazu ERNST & YOUNG (HRSG.), CL ED Leases, S. 20 f. Dort heißt es zutreffend: „*We believe that purchase options should be accounted for in the way as options to extend or terminate the lease. Pur-*

werden müssen, kann auf die Ergebnisse der Analyse des Abschnitts 322.21 rekurriert werden.

Eine Kaufoption stellt – wie die im vorangegangenen Abschnitt diskutierten Laufzeitoptionen – eine **Realoption** dar, die dem Leasingnehmer gewährt wird.[227] Dem Leasinggeber kommt dabei eine Stillhalterposition zu. Eine separate Bilanzierung der Realoption – hier in Form einer geschriebenen Kaufoption, die den Kauf des Leasingobjekts und nicht den Kauf eines weiteren Rechts auf Nutzung ermöglicht – scheidet aus den Gründen, die in Abschnitt 322.21 erläutert wurden, aus.[228]

Analog zur Bilanzierung von Laufzeitoptionen ist es vor dem Hintergrund der Definitionskriterien des *conceptual framework* überdies nicht sachgerecht, den Ausübungspreis der Kaufoption in die Erstbewertung des finanziellen Vermögenswertes zu Beginn der Laufzeit des Leasingverhältnisses einzubeziehen.[229] Vielmehr sollte der Leasinggeber auch im Falle von Kaufoptionen eine ausführliche Berichterstattung im **Anhang** vornehmen. Die Berichterstattung im Anhang könnte dabei Informationen über **Art**[230] der gewährten Kaufoption sowie eine Schätzung der **Summe der Ausübungspreise** umfassen. Die Angaben sollten abermals nach Fristigkeit gestaffelt sein und aus Wirtschaftlichkeitsgründen Nominalwerte umfassen.

---

chase options provide the lessee with the contractual ability to acquire additional rights associated with the leased asset, and should therefore be considered an extension of the lease term on a basis similar to renewal options." Zu berücksichtigen ist indes, dass der bisherige Leasingnehmer bei Ausübung einer Kaufoption mehr Verfügungsrechte besitzen würde als bei Ausübung einer Laufzeitverlängerungsoption. Die jeweiligen Positionen sind somit zwar ökonomisch vergleichbar, aber nicht identisch. Zur Verteilung der Verfügungsrechte bei einem Leasingverhältnis und einem Verkauf vgl. Abschnitt 23.

227 Vgl. SABEL, E., Leasingverträge, S. 192.

228 Die verlässliche Bewertbarkeit der Kaufoption ist ebenso wenig möglich wie die verlässliche Bewertung einer Laufzeitoption, weil dazu abermals notwendig wäre, den inneren Wert und den Zeitwert einer Realoption separat zu bestimmen.

229 Zu Beginn der Laufzeit des Leasingverhältnisses besitzt der Leasinggeber keine Verfügungsmacht über die Zahlung, die er erhalten würde, wenn der Leasingnehmer die Kaufoption ausüben würde.

230 Beispielsweise könnte darüber berichtet werden, ob der Ausübungspreis variabel oder fix ist.

322.23 Die Bilanzierung von Restwertgarantien

In einem einfachen Leasingverhältnis ist der Leasingnehmer am Ende der Laufzeit des Leasingverhältnisses verpflichtet, das Leasingobjekt in einem ordnungsgemäßen Zustand an den Leasinggeber zurückzugeben.[231] Häufig sichert sich ein Leasinggeber gegen das Risiko ab, dass der Restwert, d.h. der Wert des Gegenstands am Ende der Laufzeit des Leasingverhältnisses, unter dem zu Beginn des Leasingverhältnisses kalkulierten Restwert liegt (Restwertrisiko).[232] Eine solche **Restwertgarantie** wird mitunter direkt vom Leasingnehmer gewährt. Der Leasinggeber kann eine Restwertgarantie indes auch mit einem vom Leasingnehmer unabhängigen Dritten vereinbaren. Derartige Vereinbarungen mit externen Restwertgaranten sind in der internationalen Leasingpraxis nicht nur weit verbreitet, sondern lassen sich auch häufiger beobachten als Restwertgarantien, welche mit dem Leasingnehmer vereinbart werden.[233]

Sofern dem Leasinggeber eine Restwertgarantie gewährt wird, kann dies bspw. in Form eines **Andienungsrechts** oder eines **Restwertausgleichs** erfolgen.[234] Bei einem **Andienungsrecht** ist der Leasinggeber berechtigt, das Leasingobjekt am Ende der Laufzeit des Leasingverhältnisses zu einem Preis zu verkaufen, welcher zu Beginn des Leasingverhältnisses festgelegt wurde. Der Restwertgarant ist verpflichtet, das Leasingobjekt nach der Laufzeit zu erwerben, sofern der Leasinggeber von seinem Andienungsrecht Gebrauch macht.[235] Der Leasinggeber besitzt bei einem Andienungsrecht somit eine **Verkaufsopti-**

---

[231] Vgl. Abschnitt 322.134.

[232] In einer im Jahre 2010 durchgeführten repräsentativen Studie gaben deutsche Leasinggeber bspw. an, für 27 % der verleasten Immobilien und für 36 % der verleasten Kraftfahrzeuge Restwertgarantien vereinbart zu haben. Vgl. LOITZ, R./LEUCHTENSTERN, S./KRONER, M., Unternehmenspraxis, S. 10 f.

[233] Vgl. IFRS FOUNDATION (HRSG.), Residual Value Guarantees, S. 2. In leasingtypischen Dreiecksverhältnissen ist der Restwertgarant häufig der Hersteller oder Händler des Leasingobjekts. Seltener, aber dennoch beobachtbar, sind Restwertgarantien mit Versicherungsgesellschaften. Vgl. HENNEBERGER, M./KIENE, S., Internationalisierung, S. 177 f.

[234] Vgl. ULLRICH, E., Zurechnung, Tz. 26; BERNINGHAUS, J., in: Leasinghandbuch, § 37. Abschlusszahlung, Tz. 51.

[235] Vgl. GRAF WESTPHALEN, F. V., Rückkaufverpflichtungen, S. 2378, der zudem anführt, dass die Verpflichtung aus einem Andienungsrecht im deutschen Rechtsraum auch ausgelöst werden kann, wenn der Leasingvertrag aus Gründen, die der Leasingnehmer zu vertreten hat, fristlos gekündigt wird oder der Leasingnehmer insolvent wird.

on.[236] Anders als in den Fällen einer Laufzeitoption oder einer Kaufoption[237] kommt bei einem Andienungsrecht nicht dem Leasinggeber, sondern dem **Restwertgaranten** die **Stillhalterposition** zu. Bei einem **Restwertausgleich** ist der Restwertgarant immer dann verpflichtet, einen bestimmten Betrag an den Leasinggeber zu entrichten, wenn dieser am Ende der Laufzeit des Leasingverhältnisses das Leasingobjekt verwertet und der erzielte Verwertungserlös unter dem kalkulierten Restwerterlös bleibt.[238]

Eine **separate Bilanzierung** der Restwertgarantie als Vermögenswert[239] muss **verneint** werden, da eine **verlässliche Bewertung** der Restwertgarantie in aller Regel **nicht möglich** ist.[240] Dies veranschaulicht das nachfolgende Beispiel. Deutlich wird, dass die Möglichkeit einer verlässlichen Bewertung einer Restwertgarantie aus ähnlichen Gründen verneint werden muss, aus denen auch die verlässliche Bewertung einer Laufzeit- und Kaufoption verneint werden musste:[241]

> Die Leasinggesellschaft LG-GmbH und der Leasingnehmer LN-AG gehen ein Leasingverhältnis über drei Jahre ein. Der Leasinggeber beabsichtigt, das Leasingobjekt am Ende der Laufzeit des Leasingverhältnisses zu veräußern. Der zu Beginn kalkulierte Veräußerungserlös des Leasingobjekts beträgt 100 GE. Die LG-GmbH lässt sich von der LN-AG eine Restwertgarantie in Form eines Andienungsrechts gewähren. Die LG-GmbH besitzt danach das Recht, am Ende der Laufzeit des Leasingverhältnisses das Leasingobjekt zu 100 GE an die LN-AG zu verkaufen. Der Leasinggeber besitzt somit eine Verkaufsoption. Die LG-GmbH hat für diese Option keine separate Optionsprämie gezahlt. Wegen der **Übernahme des Restwertrisikos** muss der Leasingnehmer indes während der Laufzeit des Leasingverhältnisses **geringere Leasingraten** zahlen als in ei-

236 Vgl. SABEL, E., Leasingverträge, S. 216.

237 Vgl. dazu Abschnitt 322.21 und Abschnitt 322.22.

238 Vgl. BERNINGHAUS, J., in: Leasinghandbuch, § 37. Abschlusszahlung, Tz. 51.

239 Die Bilanzierung einer Restwertgarantie als Schuld kann *a priori* ausgeschlossen werden, weil beim Leasinggeber aus einer Restwertgarantie kein Ressourcenabfluss resultieren kann. GRADOW, A., Leasinggeschäfte, S. 137 schließt sogar *a priori* aus, dass die Restwertgarantie ein Vermögenswert darstellt, was kritisch zu sehen ist, weil der Leasinggeber eine Realoption besitzt. Gl.A. LEIPPE, B., Leasinggeschäfte, S. 312.

240 Vgl. SABEL, E., Leasingverträge, S. 220 f. Im Ergebnis ebenfalls zustimmend LEIPPE, B., Leasinggeschäfte, S. 312.

241 Vgl. dazu Abschnitt 322.21 und Abschnitt 322.22.

nem sonst gleichen Leasingverhältnis ohne Restwertgarantie. Die LG-GmbH könnte zwar die gezahlte Optionsprämie anhand des Vergleichsverfahrens approximieren.[242] Dem Leasinggeber ist es indes nicht möglich, für die Folgebilanzierung verlässlich zu bestimmen, wie sich der innere Wert und der Zeitwert seiner Verkaufsoption entwickeln.[243]

Obgleich eine separate Bilanzierung einer Restwertgarantie nach hier vertretener Auffassung abzulehnen ist, könnte sich eine Restwertgarantie auf die **Bilanzierung des Restvermögenswerts** auswirken.[244] Wir greifen das **Beispiel** auf:

> Zu Beginn des Leasingverhältnisses aktiviert die LG-GmbH einen finanziellen Vermögenswert in Höhe des Barwerts der künftigen Leasingzahlungen sowie den (garantierten) Restvermögenswert. Im zweiten Jahr der Laufzeit revidiert die LG-GmbH ihre Schätzung und geht nunmehr davon aus, dass der Verkaufserlös am Ende der Laufzeit lediglich 60 GE betragen wird, weil das Leasingobjekt technisch veraltet und dauerhaft im Wert gemindert ist. Die LG-GmbH erwartet nun, dass sie von ihrem Andienungsrecht Gebrauch machen wird, d.h. die Verkaufsoption ausüben wird. Obgleich der erwartete Verwertungserlös am Markt um 40 GE gesunken ist, werden der LG-GmbH aufgrund des Andienungsrechts am Ende der Laufzeit des Leasingverhältnisses 100 GE zugehen.

Der Beispielsachverhalt zeigt, dass erwogen werden sollte, ob eine Restwertgarantie einen Leasinggeber **von der Notwendigkeit befreit**, den aktivierten Restvermögenswert **außerplanmäßig abzuschreiben**, sofern dieser – wie im Beispiel – dauerhaft im Wert gemindert ist, indes die Restwertgarantie mindestens den ursprünglich kalkulierten Restwert garantiert.[245]

---

242 Zum Vergleichsverfahren vgl. Abschnitt 322.212.

243 Zur Begründung vgl. Abschnitt 322.212.

244 Vgl. bereits den Vorschlag im Tweedie-Diskussionspapier NAILOR, H./LENNARD, A., New Approach, S. 105.

245 Sofern Restwertgarantien in der internationalen Leasingpraxis gewährt werden, sichern sie in der Regel den ursprünglich kalkulierten Restwert und seltener einen höheren oder niedrigeren Wert ab. Vgl. IFRS FOUNDATION (HRSG.), Residual Value Guarantees, S. 2. Mitunter wird ein höherer als der kalkulierte Restwert abgesichert, sofern in einer (optionalen) Leasingperiode geringere als

Die bilanzielle Behandlung von Wertminderungen von Vermögenswerten ist in IAS 36 *Impairment of assets* geregelt. Nach IAS 36.59 wäre eine Wertminderung des Restvermögenswerts dann und nur dann erforderlich, wenn der Buchwert des Restvermögenswerts höher ist als der **erzielbare Betrag** *(recoverable amount)*. Gemäß IAS 36.6 entspricht der erzielbare Betrag eines Vermögenswerts dem **höheren** der beiden Beträgen aus **beizulegendem Zeitwert abzüglich Kosten des Abgangs** *(fair value less cost of disposal)* und **Nutzungswert** *(value in use)*. Der **beizulegende Zeitwert** ist definiert als „der Preis, den man in einer gewöhnlichen Transaktion unter Markteilnehmern am Bewertungsstichtag beim Verkauf eines Vermögenwerts erhalten würde"[246]. Um den beizulegenden Zeitwert des Restvermögenswerts zu ermitteln, müsste somit der **Preis** ermittelt werden, den der Leasinggeber **am Bewertungsstichtag** von einem unabhängigen Dritten erhalten würde, sofern der Leasinggeber den Restvermögenswert verkaufen würde. Dieser Preis kann approximiert werden, indem der Erlös ermittelt wird, den der Leasinggeber aus einer **Restwertforfaitierung** erzielen könnte. Eine Restwertforfaitierung ist ein **regressloser Verkauf eines Restwertes** an eine Bank.[247] Forfaitiert ein Leasinggeber einen **garantierten** Restwert an eine Bank, erhält der Leasinggeber als Forfaitierungserlös den Barwert des garantierten Restwerts.[248] Dies wird deutlich, wenn wir das **Beispiel** auf S. 87 wieder aufgreifen:

> Um sich zu refinanzieren, forfaitiert die LG-GmbH regelmäßig garantierte und nicht garantierte Restwerte an eine Bank. Sofern die LG-GmbH den garantierten Restwert aus dem Leasingverhältnis mit der LN-AG forfaitieren würde, erhielte sie den **vollen garantierten Restwert.** Dies gilt auch dann, wenn die LG-GmbH den Restwert erst im zweiten Jahr der Laufzeit forfaitiert, d.h. nachdem der erwartete Verwertungserlös gesunken ist, weil das Objekt technisch veraltet ist.

marktübliche Leasingraten gezahlt werden. Vgl. LEASEUROPE (HRSG.), CL ED Leases, S. 43. Bei wirtschaftlicher Betrachtungsweise entspricht ein Teil der Restwertgarantie dann einer verdeckten Leasingrate, welche auch als Leasingrate bilanziell zu behandeln ist.

246 IAS 36.6; IFRS 13.9; Vgl. dazu ausführlich BAETGE, J., ET AL., in: IFRS-Komm., Kommentierung zu IAS 36, Tz. 43-48; KIRSCH, H.-J./KÖHLING, K./DETTENRIEDER, D., in: IFRS-Komm., Kommentierung zu IFRS 13, Tz. 65-99.

247 Die Restwertforfaitierung stellt eine gängige Refinanzierungsform von Leasinggebern dar. Vgl. BIRCK, H./MEYER, H., Bankbilanz, S. 139-141; HEUER, D./PAESLER, S., Restwertrisiken, S. 18-24; NEMET, M./KHREBTISHCHEV, A., Forfaitierung, S. 91-94.

248 Vgl. IDW (HRSG.), HFA 1/1989, S. 626; BEIGLER, M., Vorteilhaftigkeit, S. 354.

Die Ausführungen zeigen: Für den Wertminderungstest nach IAS 36 kann der erzielbare Betrag eines garantierten Restvermögenswerts approximiert werden, indem der Preis ermittelt wird, den der Leasinggeber bei einer Restwertforfaitierung erzielen würde. Eine „nachteilige Veränderung im technischen Umfeld“[249] oder vergleichbare Entwicklungen, die auf die Notwendigkeit hindeuten, dass der Restvermögenswert außerplanmäßig abgeschrieben werden muss, führen indes nicht zu einem geringeren Forfaitierungserlös, folglich auch nicht zu einem verringerten erzielbaren Betrag und letztlich auch nicht zu einem Wertminderungsbedarf beim Restvermögenswert.[250] Somit kann festgehalten werden, dass eine separate Bilanzierung einer Restwertgarantie zwar ausscheidet, eine Restwertgarantie aber insofern bilanziell berücksichtigt wird, als Restvermögenswerte nicht unter den garantierten Wert außerplanmäßig abgeschrieben werden.[251] Ein Leasinggeber ist somit im Falle einer Restwertgarantie, die den ursprünglich kalkulierten Restwert garantiert, auch nicht verpflichtet, zum Abschlussstichtag einzuschätzen, ob ein Anhaltspunkt dafür vorliegt, dass der Restvermögenswert wertgemindert sein könnte.[252]

322.24 Die Bilanzierung von Servicebestandteilen

Anders als in einem einfachen Leasingverhältnis umfasst der Leistungskatalog eines Leasinggebers in der internationalen Leasing-Praxis häufig auch verschiedenste **Servicekomponenten.**[253] Mitunter überträgt und finanziert ein Leasinggeber bspw. im Immobilienleasing

---

249 BAETGE, J., ET AL., in: IFRS-Komm., Kommentierung zu IAS 36, Tz. 25.

250 Auf Ausführungen zur Bestimmung des Nutzungswerts des Restvermögenswerts wird verzichtet, weil gezeigt wurde, dass bereits dann kein Wertminderungsbedarf vorliegt, wenn der erzielbare Betrag auf Basis des beizulegenden Zeitwerts abzüglich Kosten des Abgangs ermittelt wird. Diese Vorgehensweise steht im Einklang mit IAS 36.19. Vgl. dazu auch BAETGE, J., ET AL., in: IFRS-Komm., Kommentierung zu IAS 36, Tz. 39.

251 Einschränkend muss hinzugefügt werden, dass die Ausführungen voraussetzen, dass der Restwertgarant solvent ist. Vgl. dazu IFRS FOUNDATION (HRSG.), Subsequent Measurement, S. 12.

252 Dies sähe IAS 36.9 eigentlich verpflichtend vor, weil IAS 36 grds. auf alle Vermögenswerte anzuwenden ist. Vgl. dazu auch BAETGE, J., ET AL., in: IFRS-Komm., Kommentierung zu IAS 36, Tz. 20.

253 Vgl. dazu auch Abschnitt 21 und die Ausführungen zum sog. Leasing der dritten Generation. Zu Servicekomponenten in Leasingverhältnissen vgl. ausführlich SCHMIDT, P./HARTMANN-WENDELS, T./ADOLPH, P., Leasing-Geber-Bilanzierung, S. 118-120. Im Schrifttum werden Leasingverhältnisse mit Servicekomponenten in Teil-Service-Leasing (bestimmte Dienstleistungen),

nicht nur das Recht auf Nutzung, sondern erbringt auch umfassende Wartungsleistungen, Hausmeisterleistungen, Gebäudereinigungsleistungen etc. Im Kfz-Leasing erbringt der Leasinggeber häufig Versicherungsleistungen, Pannendienste oder Fahrergestellungen. Vereinbarungen, die eine Leasingkomponente und eine oder mehrere Servicekomponenten umfassen, stellen sog. **Mehrkomponentenverträge** dar.[254]

Um eine Leasinggeberbilanzierung zu gewährleisten, die mit den Vorgaben des *conceptual framework* im Einklang steht, muss bei jedem Leasingverhältnis mit zusätzlichen Servicekomponenten gewährleistet sein, dass der Leasinggeber den Teil der insgesamt zu zahlenden Raten identifiziert, der auf die Servicekomponenten entfällt. Nachdem der Leasinggeber das Leasingobjekt zur Verfügung gestellt und das Recht auf Nutzung übertragen hat, besitzt er einen Anspruch auf das Entgelt für das Recht auf Nutzung, weil er das Leasingobjekt für die vereinbarte Laufzeit überlassen hat und insofern zu keiner weiteren Leistung verpflichtet ist.[255] Sofern der Leasinggeber aber mit dem Leasingnehmer im Leasingvertrag vereinbart hat, dass er zusätzliche Serviceleistungen über die Vertragsdauer erbringt (bspw. Wartungsdienstleistungen), erfüllt er die aus den Serviceleistungen resultierenden Leistungsverpflichtungen **während** der Laufzeit des Leasingverhältnisses *pro rata.*[256] Erst wenn die (Teil)Serviceleistung erbracht wurde, hat sich der Anspruch des Leasinggebers soweit konkretisiert, dass er die Verfügungsmacht über das Entgelt besitzt und die Definitionskriterien eines Vermögenswerts erfüllt sind.[257] Bis dahin stellt der Teil des Mehrkomponentenvertrages, welcher auf die in der Zukunft zu erfüllenden Serviceleistungen entfällt, – im Gegensatz zur Nutzungsüberlassungskomponente – ein **schwebendes Geschäft** dar.[258] Diese erwartenden Nutzenzuflüsse aus dem schwebenden Geschäft erfüllen

---

Full-Service-Leasing (umfassende Dienstleistungen) und *Maintenance*-Leasing (nur Instandhaltung) unterschieden. Vgl. TACKE, H., Leasing, S. 3.

254 Zum Begriff der Mehrkomponentenverträge vgl. stellvertretend KÜTING, K./TUROWSKI, P./PILHOFER, J., Mehrkomponentenverträge, S. 306; PILHOFER, J./BÖSSER, J./DÜNGEN, J., Mehrkomponentenverträge, S. 80.

255 Vgl. Abschnitt 322.132.

256 Vgl. PFERDEHIRT, H., Leasingbilanzierung, S. 122.

257 Vgl. Abschnitt 321.2. Vgl. dazu auch SCHMIDT, P./HARTMANN-WENDELS, T./ADOLPH, P., Reform, S. 25, die ausführen: „Eine noch nicht erbrachte Leistung kann nicht in einen Vermögenswert münden."

258 Vgl. NAILOR, H./LENNARD, A., New Approach, S. 16.

nicht die Definitionskriterien eines Vermögenswerts im Sinne des *conceptual framework*. Zu Beginn der Laufzeit des Leasingverhältnisses darf somit lediglich der Barwert des Entgelts für das Recht auf Nutzung des Leasingobjekts aktiviert werden. Das Entgelt für die Serviceleistung darf der Leasinggeber erst dann ertragswirksam erfassen, wenn diese erbracht wurde.

Die Serviceleistungen können in Mehrkomponentenverträgen so umfangreich sein, dass die Nutzungsüberlassungskomponente in den Hintergrund rückt oder sogar in der Gesamtschau unwesentlich wird.[259] Im Schrifttum findet sich der Hinweis, dass bei derartigen Vereinbarungen die Trennung von Leasing- und Servicekomponenten weder „sinnvoll noch [..] praktikabel [sei]"[260]. So wird bspw. darauf hingewiesen, auch „die Lieferung von Gas in einer handelsüblichen Gasflasche gegen Entgelt beinhalte einen Teilbetrag für die Nutzungsüberlassung der Flasche, und diese Nutzungsüberlassung müsse [konsequenterweise] bilanziell erfasst werden. Ökonomisch gesehen dient die Flasche aber lediglich als Medium, um eine Lieferung des Gases gewährleisten zu können."[261] Diesen berechtigten Bedenken sollte insofern Rechnung getragen werden, als solche Verträge aus dem Anwendungsbereich eines IFRS zur Bilanzierung von Leasingverhältnissen ausgeschlossen werden, die zwar eine Nutzungsüberlassungskomponente umfassen, diese aber lediglich dem Zweck dient, dass das leistende Unternehmen eine bestimmte übergeordnete Dienstleistung erbringt.[262] In jenen Fällen, in denen die Nutzungsüberlassungskomponente dem Kunden **keinen separaten Nutzen** stiftet, weil sie lediglich **Mittel zum Zweck** ist, eine Dienstleistung zu erbringen, sollte der Vertrag insgesamt als Dienstleistungsvertrag aufgefasst und als solcher bilanziert werden.[263]

---

259 Vgl. SCHMIDT, P./HARTMANN-WENDELS, T./ADOLPH, P., Leasing-Geber-Bilanzierung, S. 119.

260 SCHMIDT, P./HARTMANN-WENDELS, T./ADOLPH, P., Leasing-Geber-Bilanzierung, S. 120. Auslassung und Einfügung durch den Verfasser.

261 SCHMIDT, P./HARTMANN-WENDELS, T./ADOLPH, P., Leasing-Geber-Bilanzierung, S. 119. Einfügung durch den Verfasser.

262 Dieser Vorschlag wird auch im Reformprojekt *leases* diskutiert. Vgl. IFRS FOUNDATION (HRSG.), Definition, S. 17-20.

263 Vgl. dazu Abschnitt 33. Dort wird die Ertragsrealisierung nach IFRS im Allgemeinen und beim Leasinggeber im Speziellen ausführlich diskutiert.

Sofern ein Leasinggeber ein Leasingverhältnis mit zusätzlichen Servicekomponenten eingeht, wird in der Rechnung an den Leasingnehmer häufig erläutert, wie sich die insgesamt zu zahlende Rate auf die Leasingkomponente und die Servicekomponente(n) verteilt. Mitunter lassen sich in der Praxis indes auch Vereinbarungen beobachten, in denen eine solche Aufteilung unterbleibt und der Leasingnehmer nicht ersehen kann, welche Beträge er jeweils für das Recht auf Nutzung, die Finanzierungsleistung und die einzelnen Servicekomponenten entrichtet.[264] Zu klären ist daher, auf welcher Basis ein vertraglich vereinbarter Gesamtbetrag auf die Leasingkomponente und die Servicekomponenten zu allokieren ist. Im Reformprojekt *revenue recognition*, welches seit dem Jahre 2002 auf der Agenda des IASB steht, wurden umfangreiche Regelungen konzipiert, wie ein vereinbarter Gesamtbetrag im Falle eines Mehrkomponentenvertrages auf die einzelnen Leistungsverpflichtungen aufzuteilen ist.[265] Um eine konsistente bilanzielle Behandlung von Mehrkomponentenverträgen innerhalb der IFRS zu gewährleisten, sollte das Gesamtentgelt in einem Leasingvertrag mit Servicebestandteilen nach den Leitlinien allokiert werden, die im Reformprojekt *revenue recognition* entwickelt wurden.[266] Die Kernforderung dieser Leitlinien ist, die Gesamtvergütung in einem Mehrkomponentenvertrag auf Basis **relativer Einzelveräußerungspreise** zu verteilen.[267] Ein Einzelveräußerungspreis ist dabei jener Betrag, den das Unternehmen für eine Leistung vereinnahmen würde, sofern diese Leistung separat veräußert würde. Diese Vorgabe lässt sich mit dem folgenden Beispiel verdeutlichen:

> Die LG-GmbH geht als Leasinggeber mit der LN-AG ein unkündbares Leasingverhältnis über drei Jahre über Räumlichkeiten in zwei Stockwerken einer Gewerbeimmobilie ein. Zu Beginn der Laufzeit des Leasingverhältnisses zahlt der Leasingnehmer einen

[264] Vgl. IFRS FOUNDATION (HRSG.), Allocate between components, S. 5. Dort wird ein Beispiel aus der Schifffahrtsbranche genannt. Leasinggeber verleasen häufig Schiffe mit Besatzung und integriertem Wartungsservice. Der Leasingnehmer erhält in solchen Vereinbarungen in aller Regel keine Informationen, wie sich die ratierlich zu zahlende Rate auf die einzelnen Komponenten verteilt.

[265] Vgl. IFRS FOUNDATION (HRSG.), ED/2011/6.70-80; WOLLMERT, P., Gewinnrealisierung, S. 84. Vgl. dazu auch ausführlich Abschnitt 333.51. Dort werden die Regelungen des Reformprojektes *revenue recognition* zur Aufteilung einer Gesamtvergütung auf einzelne Leistungsverpflichtungen detailliert erläutert, weil diese Regelungen auch wichtig sind, um zu bestimmen, zu welchem Zeitpunkt und in welcher Höhe der Leasinggeber Erträge realisiert.

[266] Vgl. stellvertretend IDW (HRSG.), CL ED Leases, S. 12.

[267] Vgl. IFRS FOUNDATION (HRSG.), ED/2011/6.71.

einmaligen Betrag von 7.500 GE,[268] wobei mit dieser Summe auch ein Hausmeisterservice und ein Reinigungsservice für die drei Jahre abgegolten sind. Die LG-GmbH hat zwei identische Stockwerke über drei Jahre im gleichen Gebäude ohne Hausmeister- und Reinigungsservice an ein anderes Unternehmen zu 7.000 GE verleast. Überdies bietet die LG-GmbH separate Dreijahresverträge über den Hausmeisterservice für 400 GE und den Reinigungsservice für 300 GE am Markt an. Die LG-GmbH hat den Gesamtbetrag von 7.500 GE aus dem Vertrag mit der LN-AG auf Basis relativer Einzelveräußerungspreise wie folgt zu verteilen:

	Spalte A Einzelveräußerungspreis	**Spalte B** Anteil an Summe der Einzelveräußerungspreise in % (Spalte A / 7.700)	**Spalte C** Zu zahlendes Entgelt insgesamt	**Spalte D** Allokierter Betrag (Spalte B * Spalte C)
Recht auf Nutzung	7.000,00	91%	7.500,00	6.818,18
Hausmeisterservice	400,00	5%	7.500,00	389,61
Reinigungsservice	300,00	4%	7.500,00	292,21
	7.700,00	100%		7.500,00

Übersicht 3-7: *Allokation auf Basis relativer Einzelveräußerungspreise*

Leasingverhältnisse mit Servicekomponenten bei der LG-GmbH sind vor dem Hintergrund der Ausführungen im *conceptual framework* so zu bilanzieren, dass die LG-GmbH einen finanziellen Vermögenswert für das Recht auf Nutzung von 6.818,18 GE aktiviert. Die übrigen Beträge, welche auf den schwebenden Teil des Mehrkomponentenvertrages entfallen, dürfen nicht aktiviert werden. Sie sind vielmehr erst dann ertragswirksam zu erfassen, wenn die Dienstleistungen gemäß den einschlägigen Regelungen zur Ertragsrealisierung nach IFRS als erfüllt anzusehen sind.[269]

---

[268] Die Annahme, die Vertragsparteien haben sich auf eine Einmalzahlung geeinigt, soll an dieser Stelle unnötige Komplexität im Beispiel vermeiden. Eine Einmalzahlung des Leasingnehmers zu Beginn der Laufzeit des Leasingverhältnisses bedeutet, dass das Leasingverhältnis keine Finanzierungskomponente umfasst.

[269] Vgl. dazu Abschnitt 333.61. Zur Umsatzrealisierung bei der Erbringung von Dienstleistungen *de lege lata* vgl. WÜSTEMANN, J./WÜSTEMANN, S./NEUMANN, S., in: IFRS-Komm., Kommentierung zu IAS 18, Tz. 55-82; SCHLÜTER, J., in: Beck'sches IFRS-Handbuch, § 15. Gesamtergebnisrechnung/Gewinn- und Verlustrechnung, Tz. 18-27. Der neue IFRS zur Umsatzrealisierung, welcher im Reformprojekt *revenue recognition* entwickelt wird, wird voraussichtlich im dritten Quartal 2013 veröffentlicht. Vgl. dazu den *work plan* des IASB (Stand: 2. Juni 2013), abrufbar unter www.ifrs.org.

Anders als im Beispielsachverhalt werden Leasinggeber häufig Leasingverhältnisse mit Servicekomponenten eingehen, die Servicekomponenten indes **nicht separat am Markt anbieten**. Die Allokation eines Gesamtbetrages, den der Leasingnehmer für das Recht auf Nutzung und die Finanzierungsleistung auf der einen Seite und die Servicekomponenten auf der anderen Seite entrichtet, ist in diesen Fällen problemlos möglich, sofern dem Leasinggeber das Entgelt für das Recht auf Nutzung bekannt ist[270] und die Marktwerte der Servicekomponenten beobachtbar sind, weil andere Unternehmen die Serviceleistungen am Markt anbieten.

In bestimmten Fällen wird es indes notwendig sein, dass der Leasinggeber die Höhe des Entgelts für das Recht auf Nutzung, die Finanzierungsleistung und die Servicekomponenten schätzt. Dies kann bspw. dann der Fall sein, wenn ein Leasinggeber ein Leasingverhältnis ausschließlich in Kombination mit bestimmten Servicekomponenten anbietet und diese Servicekomponenten zudem weder vom Leasinggeber selbst noch von anderen Unternehmen separat am Markt angeboten werden. Eine Schätzung der Einzelveräußerungspreise der einzelnen Komponenten ist indes für den Leasinggeber auch in diesen Fällen möglich, da er als rationaler Kaufmann die Kosten der einzelnen Komponenten kalkuliert. So kann er auf dieser Grundlage die Einzelveräußerungspreise mit Hilfe eines **kostenorientierten Verfahrens** (*cost approach*) schätzen.[271] Kostenorientierte Verfahren

[270] Der Leasinggeber könnte dem Leasingnehmer bspw. ein konkretes Angebot unterbreitet haben, das Leasingverhältnis ohne die Servicekomponenten abzuschließen. Denkbar ist auch, dass der Leasinggeber bereits – wie im Beispielsachverhalt – identische oder zumindest ähnliche Leasingverhältnisse ohne Servicekomponenten abgeschlossen hat.

[271] Weder im Schrifttum noch in der Praxis wird bezweifelt, dass Leasinggeber in aller Regel die notwendigen Informationen haben, um mit Hilfe kostenorientierter Verfahren die Einzelveräußerungspreise der Leasing- und Servicekomponenten zu bestimmen. So führt die EFRAG aus: "*Lessors are generally able to determine this information even when there is no market for these services because they need the information on the cost of all service components to price their contracts.*" EFRAG (HRSG.), CL ED Leases, S. 15. Diese Einschätzung wird durch die Ausführungen der Volkswagen AG bestätigt, die Leasingverhältnisse als Leasinggeber eingeht und erläutert: "*For the lessor we do not see any problems as the lessor is always able to determine the service component. Otherwise he could not calculate the contract in the right way.*“ VOLKSWAGEN AG (HRSG.), CL ED Leases, S. 8. Die gleiche Ansicht vertritt auch das IDW. Vgl. IDW (HRSG.), CL ED Leases, S. 12. Die Einschätzungen decken sich auch mit den Befragungen von Leasinggebern durch den IASB in Workshops, die während des Reformprojekts *leases* durchgeführt wurden. Leasinggeber gaben in aller Regel an, dass sie die erforderlichen Informationen besitzen. Vgl. IFRS FOUNDATION (HRSG.), Allocate between components, S. 5 f.

werden im Reformprojekt *revenue recognition* **explizit** als eine Möglichkeit genannt, Einzelveräußerungspreise zu schätzen.[272]

322.25 Die Bilanzierung von bedingen Leasingraten

In einem einfachen Leasingverhältnis sind die Leasingraten, die der Leasingnehmer zu entrichten hat, vertraglich fixiert. In der Praxis enthalten die Leasingraten indes häufig **bedingte Komponenten**, d.h. die tatsächlich zu zahlenden Leasingraten hängen von **Faktoren** oder **Ereignissen in der Zukunft ab.**[273] Bedingte Leasingraten lassen sich in drei Kategorien unterscheiden:[274] Direkt nutzungsabhängige Leasingraten, indirekt nutzungsabhängige Leasingraten und nutzungsunabhängige bedingte Leasingraten.

Sofern die Vertragsparteien in einem Leasingverhältnis **direkt nutzungsabhängige** Leasingraten vereinbart haben, ist das vom Leasingnehmer insgesamt zu zahlende Entgelt teilweise von der **Intensität der Nutzung** des Objekts durch den Leasingnehmer abhängig.[275] Direkt nutzungsabhängige Leasingraten sind bspw. fester Bestandteil sog. Kilometer-Abrechnungsverträge beim Kfz-Leasing.[276] Sofern bei dieser Vertragsform eine bestimmte Laufleistung überschritten wird, muss der Leasingnehmer die gefahrenen Mehrkilometer durch eine zusätzliche Zahlung vergüten und bei einem Unterschreiten der bestimmten Laufleistung erhält der Leasingnehmer vom Leasinggeber ggf. eine entsprechende Rückzahlung.[277]

---

272 Zur Kostenaufschlagsmethode (*expected cost plus a margin approach*) im revidierten Standardentwurf *revenue recognition* vgl. IFRS FOUNDATION (HRSG.), ED/2011/6.73 sowie Abschnitt 333.51.

273 Vgl. NAILOR, H./LENNARD, A., New Approach, S. 29.

274 Vgl. NAILOR, H./LENNARD, A., New Approach, S. 30; PFERDEHIRT, H., Leasingbilanzierung, S. 125; GRADOW, A., Leasinggeschäfte, S. 143.

275 Theoretisch denkbar sind auch Vereinbarungen, in denen das Entgelt vollständig nutzungsabhängig ist. Derartige Vereinbarungen lassen sich indes sowohl in Deutschland als auch in der internationalen Leasingpraxis kaum beobachten. Vgl. LEUCHTENSTERN, S./RANKER, D./HENNEBERGER, M., Reformierung (Teil 3), S. 30; IFRS FOUNDATION (HRSG.), Comment Letter Summary, S. 48.

276 Vgl. MARTINEK, M./WIMMER-LEONHARDT, S., in: Leasinghandbuch, § 55. Kfz-Leasing, Tz. 5 f.

277 Vgl. ENGEL, J., KFZ-Leasing, § 3, Tz. 25.

Ob bzw. in welcher Höhe der Leasinggeber direkt nutzungsabhängige Leasingraten vereinnahmt, ist somit von den Handlungen des Leasingnehmers abhängig. Zu Beginn der Laufzeit des Leasingverhältnisses besitzt der Leasinggeber daher lediglich die Verfügungsmacht über den Anspruch auf die fixen Zahlungen, nicht aber über den Anspruch auf die bedingten Leasingraten. So ist das Definitionskriterium „Ereignis in der Vergangenheit"[278], welches die Verfügungsmacht über die direkt nutzungsabhängigen Leasingraten bei einem Kilometer-Abrechnungsvertrag begründet, erst dann erfüllt, wenn der vereinbarte Kilometer-Grenzwert überschritten wurde. Bei der Bewertung des finanziellen Vermögenswerts, den der Leasinggeber zu Beginn der Laufzeit des Leasingverhältnisses zu erfassen hat,[279] dürfen daher ausschließlich die Leasingraten einbezogen werden, denen sich der Leasingnehmer nicht entziehen kann.[280] Als weiteres Argument gegen eine Aktivierung von direkt nutzungsabhängigen Leasingraten kann angeführt werden, dass eine verlässliche Bewertung in aller Regel nicht möglich sein dürfte.[281] Um den Barwert künftiger, direkt nutzungsabhängiger Leasingraten zu bemessen, müsste dem Leasinggeber nämlich *ex ante* bekannt sein, wie intensiv der Leasingnehmer das Leasingobjekt nutzt.

Indirekt nutzungsabhängige Leasingraten unterscheiden sich von direkt nutzungsabhängigen Leasingraten in der Bezugsgröße, die herangezogen wird, um das vom Leasingnehmer zu zahlende Entgelt zu bemessen. Indirekt nutzungsabhängige Leasingraten sind von bestimmten Erfolgsgrößen wie Umsatz oder Gewinn abhängig, welcher mit dem Leasingobjekt erzielt wird.[282] Die aus bilanzieller Sicht entscheidende Gemeinsamkeit zwischen direkt und indirekt nutzungsabhängigen Leasingraten besteht darin, dass auch die indirekt nutzungsabhängigen Leasingraten letztlich von den Handlungen des Leasingnehmers abhängig sind. Der Leasinggeber besitzt somit zu Beginn der Laufzeit des Leasingverhältnisses ebenfalls keine Verfügungsmacht über den Anspruch, indirekt nutzungsabhängige Leasingraten zu erhalten und überdies in aller Regel auch keine

278 Vgl. dazu Abschnitt 321.2.

279 Vgl. Abschnitt 322.132.

280 Vgl. PFERDEHIRT, H., Leasingbilanzierung, S. 127.

281 Vgl. BUNDESVERBAND DEUTSCHER LEASING-UNTERNEHMEN (HRSG.), CL ED Leases, S. 17.

282 Vgl. NAILOR, H./LENNARD, A., New Approach, S. 43 f.; PFERDEHIRT, H., Leasingbilanzierung, S. 128.

hinreichende Kenntnis über die Handlungen des Leasingnehmers für eine verlässliche Bewertung.[283] Die Bilanzierung indirekt nutzungsabhängiger Leasingraten hat daher analog zur oben erläuterten Bilanzierung direkt nutzungsabhängiger Leasingraten zu erfolgen, d.h. die Erstbewertung des finanziellen Vermögenswerts darf ausschließlich die vertraglich fixierten Leasingraten umfassen.[284]

Nutzungsunabhängige bedingte Leasingraten zeichnen sich dadurch aus, dass die Höhe der zu zahlenden Leasingraten an externe Faktoren gekoppelt ist.[285] Typischerweise handelt es sich bei diesen externen Faktoren um Wechselkurse oder Verbraucherpreisindices (VPI), seltener um Leit- bzw. Referenzzinssätze.[286] Der aus bilanzieller Sicht wesentliche Unterschied zu direkt oder indirekt nutzungsabhängigen Leasingraten besteht darin, dass der Leasingnehmer (ebenso wenig der Leasinggeber) die Höhe der nutzungsunabhängigen Leasingraten **nicht beeinflussen** kann.[287] Zu Beginn der Laufzeit des Leasingverhältnisses hat der Leasingnehmer eine Zahlungspflicht, welcher er sich nicht entziehen kann. Lediglich die konkrete Höhe ist ungewiss. Spiegelbildlich besitzt der Leasinggeber einen Anspruch auf lediglich der Höhe nach ungewisse Leasingraten.[288] Bei nutzungsunabhängigen bedingten Leasingraten ist das Ereignis in der Vergangenheit, welches die Verfügungsmacht über den Anspruch begründet, die Leasingraten zu erhalten, nicht die tatsächliche Nutzung durch den Leasingnehmer. Stattdessen ist das entsprechende Ereignis in der Vergangenheit – analog zu einem einfachen Leasingverhältnis –, dass das Leasingobjekt durch den Leasinggeber bereitgestellt wurde. Der Leasinggeber muss daher bereits zu Beginn der Laufzeit des Leasingverhältnisses einen finanziellen Vermögenswert erfassen. Fraglich ist indes, ob

283 Vgl. PFERDEHIRT, H., Leasingbilanzierung, S. 128, der darauf hinweist, dass Leasingraten auch an Erfolgskennzahlen wie dem EVA oder dem ROCE des Leasingnehmers gekoppelt sein können. In diesen Fällen müsste der Leasinggeber daher für eine Bewertung in der Lage sein, diese Kennzahlen des Leasingnehmerns ggf. über Jahre in die Zukunft verlässlich zu schätzen, was abwegig erscheint.

284 Gl.A. ist das AAA FINANCIAL ACCOUNTING STANDARDS COMMITEE, das auf die Ähnlichkeit von direkt und indirekt nutzungsabhängigen Leasingraten hinweist. Vgl. AAA FINANCIAL ACCOUNTING STANDARDS COMMITEE (HRSG.), Evaluation, S. 295.

285 Vgl. SABEL, E., Leasingverträge, S. 213.

286 Vgl. KRONER, M./LEUCHTENSTERN, S./RANKER, D., Reformierung (Teil 2), S. 610.

287 Vgl. PFERDEHIRT, H., Leasingbilanzierung, S. 130.

288 Gl.A. NAILOR, H./LENNARD, A., New Approach, S. 46. A.A. GRADOW, A., Leasinggeschäfte, S. 145.

nutzungsunabhängige bedingte Leasingraten, deren Höhe von externen Faktoren abhängig ist, verlässlich geschätzt werden können. Die Thematik ist komplex und wird im Folgenden differenziert betrachtet.

Sofern ein Leasinggeber ein Leasingverhältnis eingeht und die vereinbarten Leasingraten dem Leasinggeber in einer **anderen** als seiner **funktionalen Währung** zugehen, stellt das Leasingverhältnis ein **Fremdwährungsgeschäft** dar. Die Höhe der Gesamtsumme der Leasingraten – gemessen in der funktionalen Währung des Leasinggebers – ist in diesen Fällen davon abhängig, wie sich der relevante Wechselkurs während der Laufzeit des Leasingverhältnisses entwickelt. Vor allem bei langfristigen Leasingverhältnissen wird es dem Leasinggeber nicht möglich sein, die Höhe der zu vereinnahmenden Leasingraten verlässlich zu schätzen, weil die Wechselkursentwicklung von einer Vielzahl makroökonomischer Faktoren beeinflusst wird. Aus diesem Grund – so könnte argumentiert werden – erscheint eine verlässliche Schätzung der Leasingraten schwierig.

Zu berücksichtigen ist indes, dass die Regelungen zur Bilanzierung von Fremdwährungsgeschäften in einem eigenen IFRS, namentlich IAS 21 *The effects of changes in foreign exchange rates,* enthalten sind.[289] Trotz der Bewertungsunsicherheit aufgrund wahrscheinlicher künftiger Wechselkursschwankungen muss ein monetärer Posten in Fremdwährung, wie ihn auch der Anspruch des Leasinggebers auf Erhalt der künftigen Leasingraten darstellt, nach IAS 21 umgerechnet und in der Bilanz des Leasinggebers erfasst werden. Gemäß IAS 21.20-22 ist ein Leasinggeber dabei verpflichtet, den in der fremden Währung ermittelten Barwert der künftigen Leasingraten zu Beginn der Laufzeit des Leasingverhältnisses mit dem **zu diesem Stichtag gültigen Kassakurs** (*spot exchange rate*) umzurechnen. In den Folgeperioden ist der finanzielle Vermögenswert gemäß IAS 21.23 (a) mit dem jeweils am Abschlussstichtag gültigen Stichtagskurs umzurechnen, wobei vom Leasinggeber allfällige **Umrechnungsdifferenzen** gemäß IAS 21.28 **erfolgswirksam** zu erfassen sind.[290]

Die Vorgabe des IAS 21, wonach der Barwert sämtlicher künftiger Leasingraten mit dem zu Beginn der Laufzeit des Leasingverhältnisses gültigen Kassakurs umzurechnen ist, führt dazu, dass der finanzielle Vermögenswert des Leasinggebers mit einem Wert angesetzt wird,

---

[289] Vgl. dazu KÜMPEL, T./BECKER, M., Leasing, S. 150 f. im Kontext von IAS 17.

[290] Vgl. KÜMPEL, T./BECKER, M., Leasing, S. 163.

der sich *ex post* nur dann als korrekt erweisen würde, wenn während der Laufzeit des Leasingverhältnisses keine Wechselkursschwankungen beobachtbar wären. Monetäre Fremdwährungsposten sind nach IAS 21 sinnvollerweise **weder** unter Berücksichtigung künftiger Wechselkursschwankungen auf Basis erwarteter künftiger Wechselkurse zu bewerten. **Noch** erlaubt IAS 21, den finanziellen Vermögenswert des Leasinggebers aus der Bilanz wegzulassen, mit dem Argument, eine verlässliche Bewertung sei nicht möglich. Der Standard verlangt, quasi als Mittelweg, den zum Abschlussstichtag beobachtbaren Wechselkurs zu benutzen und diesen auch für die künftigen Leasingraten zu verwenden.

Sofern Leasingraten an einen **VPI** gekoppelt sind, bspw. indem die Leasingraten einmal jährlich an die Entwicklung eines VPI angepasst werden, ist die konkrete Höhe der insgesamt vom Leasingnehmer zu entrichtenden Leasingraten von der künftigen Preisentwicklung, d.h. von inflationären oder ggf. deflationären Tendenzen, abhängig. In einigen Rechtsräumen, bspw. in Großbritannien, ist es im Immobilienleasing üblich, Leasingraten an Preisindices zu koppeln, wobei die Leasingraten indes nur dann angepasst werden, wenn der entsprechende Index steigt (sog. *upward-only rent review*).[291] Fällt der Index oder bleibt dieser unverändert, bleiben auch die Leasingraten unverändert. Beispielsweise kann in einem Leasingverhältnis vereinbart werden, dass die anfängliche jährliche Leasingrate 15.000 GE beträgt und dass, sofern der Preisindex am Ende des ersten Jahres der Laufzeit um X % steigen sollte, die Leasingrate im zweiten Jahr um ebendiese X % steigt. Ist im Beispielfall der Preisindex indes unverändert geblieben oder gefallen, beträgt die Leasingrate weiterhin 15.000 GE. Solche **Wertsicherungsklauseln**[292] finden sich (auch) in deutschen Leasingverträgen, in denen die Leasingraten an den VPI gekoppelt werden, welcher vom Statistischen Bundesamt veröffentlicht wird.[293] Der entscheidende Unterschied zu den dargestellten *upward-only rent reviews* besteht darin, dass in Deutschland vertraglich nicht ausgeschlossen werden darf, dass die Leasingraten auch nach unten angepasst werden, so-

[291] Vgl. BEATTIE, V./GOODACRE, A./THOMSON, S., Lease-accounting, S. 91.

[292] Zum Begriff der Wertsicherungsklausel vgl. bspw. BERGER, C., in: BGB-Kommentar, § 245 BGB, Tz. 18.

[293] Im deutschen Rechtsraum existieren bspw. Mietverträge mit Indexmiete nach § 557b BGB.

fern der VPI sinkt, weil sich sonst ein zivilrechtlich unzulässiger einseitiger Nachteil für den Leasingnehmer ergeben würde.[294]

Sofern ein Leasinggeber verpflichtet wäre, die künftige Preisentwicklung zur „exakten" Ermittlung der künftigen Leasingraten zu schätzen, würden erhebliche – für Bilanzpolitik nutzbare – Ermessenspielräume entstehen.[295] Dies gilt bereits für Leasingverhältnisse, deren Laufzeit über den Prognosehorizont solcher Institutionen wie der Europäischen Zentralbank hinausgeht, die eine fundierte Prognose über die Preisentwicklung abgeben. Besonders deutlich werden die Ermessensspielräume, die sich durch eine Forderung nach der Berücksichtigung künftiger Preisentwicklungen ergäbe, beim Immobilien- oder Großanlagenleasing, denn dort werden häufig sehr lange Laufzeiten von bspw. 30 oder 40 Jahren vereinbart.

Die angeführten Schätzprobleme lassen sich wie folgt vermeiden: Preisindexbasierte Leasingraten sollten in ähnlicher Art bilanziert werden, wie wechselkursabhängige Leasingraten. Die Lösung wäre, auf eine Prognose künftiger Preisentwicklungen zu verzichten und auf die Gegebenheiten zu Beginn der Laufzeit des Leasingverhältnisses abzustellen.[296] Damit würde auch sichergestellt werden, dass Leasingverhältnisse, deren Leasingraten an verschiedene externe Faktoren gekoppelt sind (hier Wechselkurse einerseits und VPI andererseits), konsistent bilanziert werden. Sofern der VPI letztmalig bspw. um 3 % p.a. gestiegen wäre, wäre dieser Prozentsatz auch auf die künftigen Perioden anzuwenden. Dieser Vorschlag wird durch das folgende Beispiel verdeutlicht:

> In einem Leasingvertrag über drei Jahre habe der Leasingnehmer am Ende des ersten Jahres eine Rate von 20.000 GE zu zahlen, die in den folgenden zwei Jahren um die prozentuale Veränderung des VPI anzupassen sei. Zu Beginn der Laufzeit des Leasingverhältnisses kann beobachtet werden, dass der VPI im vergangenen Jahr um 3 % gestiegen ist. Der Nominalwert der Leasingraten, den der Leasinggeber berechnet, beträgt daher 20.000 GE + 20.000 GE * 1,03 + 20.000 GE * $1{,}03^2$ = 61.818 GE.

294 Vgl. NEUHAUS, K.-J., Geschäftsraummiete, S. 307.

295 Gl.A. NAILOR, H./LENNARD, A., New Approach, S. 47.

296 Dies ist auch der derzeit präferierte Vorschlag des IASB im Reformprojekt *leases*. Vgl. dazu Abschnitt 434.25.

Seltener, aber dennoch beobachtbar sind Leasingverhältnisse, in denen die Leasingraten an die Entwicklung eines **Leit- oder Referenzzinsatzes** gekoppelt sind. So könnte die jährliche Leasingrate in einem Leasingvertrag bspw. wie folgt bemessen werden: 10.000 GE * (1 + Aktueller 12-Monats-LIBOR).[297] Fraglich ist, ob es dem Leasinggeber – anders als im Falle von Leasingraten, deren Höhe an einen Wechselkurs oder einen VPI gekoppelt ist – möglich ist, einen Zins zum jeweiligen künftigen Fälligkeitszeitpunkt zu schätzen, z.B. anhand von **Terminzinssätzen.**[298] Terminzinssätze ließen sich anhand der derzeitigen Kassazinssätze errechnen oder von Informationsdienstleistern beziehen. Eine Möglichkeit, Terminzinsen anhand einer algebraischen Berechnung zu ermitteln, bietet die **reine Erwartungshypothese**, die auf FISHER zurückgeht.[299] Die Terminzinsen werden anhand der beobachtbaren Kassazinssätze unterschiedlicher Laufzeiten ermittelt.[300] Die mithilfe der reinen Erwartungshypothese ermittelten Terminzinsen könnten daher eine Möglichkeit darstellen, die bedingten Leasingraten verlässlich zu schätzen.

Diese Vorgehensweise wäre unter Kosten-Nutzen-Abwägungen nur dann zielführend, wenn die Terminzinsen gute Schätzer für die tatsächlichen künftigen Kassazinssätze darstellen würden. Empirische Studien zeigen indes, dass Terminzinssätze, die anhand der reinen Erwartungstheorie ermittelt wurden, deutlich von den sich später einstellenden tatsächlichen Kassazinssätzen abwichen.[301] Dies dürfte nicht zuletzt darauf zurückzuführen sein, dass **unvorhersehbare zukünftige Ereignisse** naturgemäß nicht in die Erwartungen einfließen können. Aufgrund „zukunftsbezogene[r] zwangsläufig beschränkt verfügbare[r] Informationen und eines sich im Zeitablauf ständig ändernden Informationsstandes werden sich auch die deterministischen Zinssätze für einen bestimmten zukünftigen Zeitpunkt i.d.R. ständig verändern. Vor diesem Hintergrund können deterministische Zukunftswerte

[297] Vgl. ERNST & YOUNG (HRSG.), Re-exposure, S. 15.

[298] Ein Terminzins ist allgemein ein Zins, der zu einem späteren Zeitpunkt gilt. Beispielsweise können sich Vertragsparteien bereits heute auf eine Kapitalanlage über drei Jahre zu einem bestimmten Zins verständigen, die erst in einem Jahr beginnt. Vgl. dazu stellvertretend COPELAND, T./WESTON, J./SHASTRI, K., Finanzierungstheorie, S. 337-339.

[299] Vgl. FISHER, I., Interest, S. 70, 209 f., 313 f.

[300] Vgl. dazu HULL, J., Optionen, S. 121 f.

[301] Vgl. stellvertretend ROLFES, B., Gewinntransfer, S. 383 f. Vgl. dazu auch MARUSEV, A./PFINGSTEN, A., Herleitung, S. 169.

die Funktion einer verläßlichen Zinsprognose nicht erfüllen"[302]. Nach hier vertretener Auffassung sollte der Leasinggeber auch im Falle von Leasingraten, deren Höhe an eine Zinsentwicklung gekoppelt ist, auf die **aktuellen Gegebenheiten** zu Beginn des Leasingverhältnisses abstellen und diese vereinfachend und als Typisierung auch für die Folgeperioden verwenden. Sofern der 12-Monats-LIBOR zu Beginn der Laufzeit des Leasingverhältnisses bspw. bei 2 % notiert, würde dies für das oben genannte Beispiel bedeuten, dass auch sämtliche künftigen Leasingraten mit dem 12-Monats-LIBOR von 2 % kalkuliert werden. Die jährlichen Leasingraten beliefen sich daher auf 10.000 * 1,02 = 10.200 GE. Eine solche Typisierung würde überdies gewährleisten, dass Leasingverhältnisse mit Leasingraten, deren Höhe an eine Zinsentwicklung gekoppelt ist, konsistent zu den bestehenden Regelungen des IAS 21 bilanziert würden und somit sicherstellen, dass an externe Faktoren gekoppelte Leasingraten für bilanzielle Zwecke zu Beginn der Laufzeit des Leasingverhältnisses nach einem einheitlichen Konzept kalkuliert werden.

322.3 Zwischenfazit

In den vorangegangenen Abschnitten wurde ein Anforderungsprofil für die Erfassung eines Leasingverhältnisses in der Bilanz des Leasinggebers entwickelt. Ausgehend von den Anforderungen des *conceptual framework* wurde untersucht, welche Vermögenswerte und Schulden beim Leasinggeber aus einem einfachen und einem komplexen Leasingverhältnis resultieren. Die folgende Übersicht 3-8 fasst die Ergebnisse zusammen. In Abschnitt 43 wird dieses Anforderungsprofil verwendet, um die vom IASB vorgeschlagenen Modelle zur künftigen Leasinggeberbilanzierung zu würdigen. Zuvor wird der folgende Abschnitt der *de lege lata* Leasinggeberbilanzierung gewidmet. Dabei wird das **Konzept**, welches IAS 17 zugrunde liegt, erläutert und gezeigt, dass IAS 17 **nicht geeignet** ist, eine Bilanzierung zu gewährleisten, die mit dem *conceptual framework* kompatibel ist. Eine Forderung nach einem neuen Modell zur Leasinggeberbilanzierung ist nämlich nur dann gerechtfertigt, wenn der *Status quo* **keine akzeptable Option** darstellt.

[302] ROLFES, B., Gewinntransfer, S. 384. Einfügungen durch den Verfasser.

Aktiva	**Passiva**
Nicht-finanzieller Restvermögenswert (sofern vorhanden) • Wert des Leasingobjekts am Ende der Laufzeit • Unterliegt bei Restwertgarantie keiner Wertminderungspflicht Finanzieller Vermögenswert • Barwert der Leasingraten während der unkündbaren Mindestleasingdauer • Keine nutzungsabhängigen Leasingraten • Nutzungsunabhängige bedingte Leasingraten nur auf Basis jener Gegebenheiten zu Beginn der Laufzeit des Leasingverhältnisses • Keine Berücksichtigung eines Ausübungspreises einer Kaufoption • Umfasst nur Raten für Recht auf Nutzung (keine Servicebestandteile)	Gegebenenfalls Rückstellung nach IAS 37 • Bei belastenden Leasingverträgen • Bei Leistungsstörungen

Übersicht 3-8: *Ein Leasingverhältnis in der Bilanz des Leasinggebers*

323. Die Inadäquanz der Erfassung von Leasingverhältnissen in der Bilanz *de lege lata*

323.1 Das Konzept des wirtschaftlichen Eigentums in IAS 17

323.11 Der *risk and reward approach* als Konkretisierung des Konzepts des wirtschaftlichen Eigentums in IAS 17

Die Bilanzierung von Leasingverhältnissen *de lege lata* ist in IAS 17 *Leases* geregelt. Der Leasingbilanzierung nach IAS 17 liegt das **Konzept des wirtschaftlichen Eigentums** zugrunde.[303] Geht ein Unternehmen mit einer Partei ein Leasingverhältnis ein, verlangt IAS 17 zunächst, dass der **wirtschaftliche Eigentümer** des verleasten Vermögenswerts (*leased asset*) identifiziert wird, damit diesem im nächsten Schritt der Vermögenswert **bilanziell zugerechnet** wird.[304] Mit diesem Konzept sollen die allgemeinen Anforderungen des *concep-*

[303] Vgl. ANDERSONS, A., Entwicklungen, S. 128-131.

[304] Vgl. KÜMPEL, T./BECKER, M., Leasing, S. 15 f. In verschiedenen nationalen Rechnungslegungssystemen ist das Konzept des wirtschaftlichen Eigentums unbekannt. Dort werden Vermögenswerte

tual framework erfüllt werden, wonach ein bilanzierendes Unternehmen sämtliche Vermögenswerte und Schulden, die diesem bilanziell zuzurechnen sind, zu erfassen hat, d.h. sämtliche wirtschaftlichen Ressourcen des Unternehmens bzw. Ansprüche gegen das Unternehmen in der Bilanz auszuweisen hat.[305]

In IAS 17 wird versucht, die abstrakte Vorgabe, den wirtschaftlichen Eigentümer zu identifizieren, mit Hilfe des ***risk and reward approach*** zu konkretisieren.[306] Der wirtschaftliche Eigentümer und somit das Unternehmen, welchem das Leasingobjekt bilanziell zuzurechnen ist, trägt im Wesentlichen alle Risiken und besitzt im Wesentlichen alle Chancen, die mit dem Leasingobjekt verbunden sind.[307] IAS 17.7 nennt die Verlustrisiken aufgrund von ungenutzten Kapazitäten oder technischer Überholung wie auch Renditeabweichungen aufgrund geänderter wirtschaftlicher Rahmenbedingungen als mögliche Risiken. Als Chancen werden der erwartungsgemäß gewinnbringende Einsatz des Leasingobjekts im Geschäftsbetrieb und die Möglichkeit genannt, an einem steigenden Wert des Leasingobjekts oder einem realisierten Restwert zu partizipieren. Ein Leasingverhältnis, bei dem das wirtschaftliche Eigentum beim Leasinggeber verbleibt, wird in IAS 17 als **operatives Leasing** bezeichnet.[308] Sofern bei einem Leasingverhältnis die Risiken und Chancen im Wesentlichen auf den Leasingnehmer übergehen und dieser mithin wirtschaftlicher Eigentümer des Leasingobjekts wird, liegt ein **Finanzierungsleasing-Verhältnis** vor. Jedes Leasingverhältnis ist zu Beginn des Leasingverhältnisses einer der beiden Kategorien zuzuordnen.[309]

IAS 17 enthält **Beispiele und Indikatoren** *(examples and indicators)*, die angeben, wann danach ein Finanzierungsleasing-Verhältnis vorliegt. Die Beispiele in IAS 17.10 und die

und Schulden in jedem Fall dem juristischen Eigentümer bilanziell zugerechnet. Im Schrifttum werden Griechenland, Italien, Frankreich und die Schweiz als Beispiele genannt, in denen eine formalrechtliche Sichtweise, der sog. *legal approach* angezeigt ist. Vgl. ANDERSONS, A., Entwicklungen, S. 125; WEINSTOCK, M., Leasingverträge, S. 187. Zur formalrechtlichen Sichtweise vgl. kritisch KAUFMANN, K., Erbbaurechte, S. 319.

305 Vgl. Abschnitt 321.1.

306 Vgl. KIRSCH, H.-J./EWELT-KNAUER, C., in: IFRS-Komm., Ergänzungskommentierung zu IAS 17, Tz. 20.

307 Vgl. hierzu und im Folgenden IAS 17.7.

308 Vgl. IAS 17.8.

309 Vgl. IAS 17.13.

Indikatoren in IAS 17.11 sollen es dem bilanzierenden Unternehmen erleichtern, den wirtschaftlichen Eigentümer gemäß dem *risk and reward approach* zu identifizieren.[310] Die Beispiele und Indikatoren zielen vor allem auf das Amortisationsrisiko und auf den erwarteten Zeitraum ab, für welchen das Recht auf Nutzung übertragen wird.[311] Je stärker das Amortisationsrisiko auf den Leasingnehmer übertragen wird, desto wahrscheinlicher ist, dass das wirtschaftliche Eigentum auf den Leasingnehmer übertragen wurde. Gleiches gilt für die erwartete Dauer des Rechts auf Nutzung. Je größer dieser Zeitraum im Verhältnis zur wirtschaftlichen Nutzungsdauer des Leasinggegenstands ausfällt, desto größer ist das Nutzenpotenzial, das der Leasingnehmer vereinnahmen kann und desto wahrscheinlicher ist es folglich, dass der Leasingnehmer der wirtschaftliche Eigentümer ist. Gemäß dem Wortlaut des IAS 17 führen folgende Beispiele in IAS 17.10 „normalerweise" dazu, dass ein Leasingverhältnis als **Finanzierungsleasing** eingestuft wird (*normally lead to a [...] finance lease*):[312]

Geht am Ende der Laufzeit des Leasingverhältnisses das **rechtliche Eigentum** automatisch auf den Leasingnehmer über, so liegt gemäß IAS 17.10 (a) in aller Regel ein Finanzierungsleasing-Verhältnis vor. Sofern der Vertrag ordnungsgemäß durchgeführt wird, besitzt der Leasingnehmer ab dem Beginn der Laufzeit des Leasingverhältnisses dauerhaft das Recht auf Nutzung.[313]

Eine **Kaufoption,** bei der zu Beginn des Leasingverhältnisses hinreichend sicher ist, dass sie ausgeübt wird, deutet gemäß IAS 17.10 (b) auf ein Finanzierungsleasing-Verhältnis hin. Sofern der Ausübungspreis **deutlich niedriger** ist als der beizulegende Zeitwert des Leasingobjekts zum Ausübungszeitpunkt bzw. im Ausübungszeitraum und/oder das Leasing-

310 Im Schrifttum wird im Zusammenhang mit den Beispielen auch von „Tests" gesprochen, weil die Klassifizierung anhand einer Prüfung erfolgt. Vgl. MILDEBRATH, C., IAS-Einzelabschluss, S. 85 f.

311 Vgl. FREIBERG, J./LÜDENBACH, N., in: Haufe IFRS-Kommentar, § 15 Leasing, Tz. 15.

312 Zu berücksichtigen ist, dass nach MELLWIG, W./SABEL, E., in: MünchKommBiR, Kommentierung zu IAS 17, Tz. 51 keines der folgenden Beispiele in IAS 17.10 einen „Automatismus der Vertragsklassifikation" auslöst. Jeder Leasingvertrag muss gesamtheitlich gewürdigt werden. Dies gilt vor allem dann, wenn einzelne Beispiele widersprüchliche Teilurteile liefern, d.h. teilweise ein operatives und teilweise ein Finanzierungsleasing-Verhältnis anzeigen.

313 Vgl. ESSER, M., Leasingverhältnisse, S. 432; FINDEISEN, K.-D., Leasingverträge, S. 843. Ab dem Zeitpunkt, an dem das Leasingverhältnis endet und das rechtliche Eigentum auf den bisherigen Leasingnehmer übergeht, besitzt dieser nicht nur das Recht auf Nutzung, sondern alle Verfügungsrechte, die einem Käufer eines Gegenstandes typischerweise zustehen. Vgl. dazu Abschnitt 23.

objekt für das Unternehmen unverzichtbar ist, liegt „ein ‚wirtschaftlicher Zwang' zum Kauf"[314] vor.[315] Unter wirtschaftlichen Gesichtspunkten unterscheidet sich diese Situation nicht von einem automatischen Eigentumsübergang.[316] Zu berücksichtigen ist indes, dass bereits an anderer Stelle[317] mit LEFFSON auf den erheblichen Ermessensspielraum hingewiesen wurde, der sich für den Leasinggeber ergibt, wenn er beurteilen muss, ob ein Leasingnehmer in (ferner) Zukunft eine Option ausüben wird.[318] IAS 17.10 (b) erfordert nämlich eine „ex ante-Betrachtung"[319], d.h. das bilanzierende Unternehmen muss bereits **zu Beginn** des Leasingverhältnisses beurteilen, ob es hinreichend sicher ist, dass der Leasingnehmer seine Kaufoption ausüben wird. Überdies resultiert ein nicht unerheblicher Ermessensspielraum aus dem unbestimmten Rechtsbegriff „deutlich niedriger". IAS 17 enthält keinen **quantitativen Grenzwert**, ab wann der Ausübungspreis als deutlich niedriger einzustufen ist als der beizulegende Zeitwert. Obgleich im Schrifttum konkrete Grenzwerte zwischen 10 % und 20 % diskutiert werden,[320] bleibt es weitgehend im Ermessen des Bilanzierenden, zu beurteilen, ob die Kaufoption als günstig einzustufen ist.[321] Der IASB hat sich nämlich seinerzeit bewusst gegen einen konkreten quantitativen Grenzwert entschieden,[322] sodass es der Regelung in IAS 17 widerspräche, wenn Grenzwerte als verbindlich erachtet werden sollen, welche im Schrifttum vorgeschlagen werden. Aufgrund der dargestellten Probleme „liegt die Beantwortung der Frage nach dem Vorliegen einer günstigen Kaufoption mit wahrscheinlicher Ausübung [letztlich] im Ermessen des Bilanzierenden"[323]. Dies birgt die Gefahr, dass unter wirtschaftlichen Gesichtspunkten ähn-

314 MELLWIG, W., Darstellung, S. 4.

315 Vgl. DOLL, R.-P., in: Beck'sches IFRS-Handbuch, § 22. Leasing, Tz. 53.

316 Vgl. ESSER, M., Leasingverhältnisse, S. 432.

317 Vgl. Abschnitt 322.213.

318 Vgl. LEFFSON, U., Leasingverträge, S. 639.

319 VATER, H., Eldorado, S. 2095.

320 Vgl. VOGEL, M., Immobilienleasingverhältnisse, S. 184; KÜMPEL, T./BECKER, M., Leasing, S. 31; FREIBERG, J./LÜDENBACH, N., in: Haufe IFRS-Kommentar, § 15 Leasing, Tz. 29; KIRSCH, H.-J./EWELT-KNAUER, C., in: IFRS-Komm., Ergänzungskommentierung zu IAS 17, Tz. 30.

321 Vgl. PALMON, D./KWATINETZ, M., Interpretation, S. 209.

322 Vgl. KÜTING, K./HELLEN, H.-H./BRAKENSIEK, S., Leasing, S. 1468.

323 VATER, H., Eldorado, S. 2095. Einfügung durch den Verfasser.

liche und gar gleiche Leasingverhältnisse je nach Interessenlage als operative oder als Finanzierungsleasing-Verhältnisse eingestuft werden. Das Beispiel nach IAS 17.10 (b) ist daher mit dem Fundamentalgrundsatz der glaubwürdigen Darstellung nicht vereinbar.

Als dritte Orientierungshilfe, die es erlauben soll, den wirtschaftlichen Eigentümer des Leasinggegenstandes zu identifizieren, sieht IAS 17 einen sog. **Laufzeittest** vor. Umfasst die Laufzeit des Leasingverhältnisses den **überwiegenden Teil** der wirtschaftlichen Nutzungsdauer des zugrunde liegenden Vermögenswerts, liegt nach IAS 17.10 (c) in der Regel ein Finanzierungsleasing vor. Als Laufzeit des Leasingverhältnisses ist die „wirtschaftliche Vertragsdauer“[324] zugrunde zu legen, welche neben der unkündbaren Mindestleasingdauer auch etwaige optionale Leasingperioden umfasst, sofern es hinreichend sicher ist, dass die entsprechenden Optionen ausgeübt werden.[325] Die Laufzeit des Leasingverhältnisses ist zur wirtschaftlichen Nutzungsdauer ins Verhältnis zu setzen. Die wirtschaftliche Nutzungsdauer ist nutzerunabhängig, d.h. entscheidend ist die „durchschnittliche[..] Leistungsfähigkeit des Vermögenswertes“[326]. Unternehmensindividuelle Verwendungsabsichten bleiben unberücksichtigt.[327]

Fraglich ist, ob dieser Laufzeittest nach IAS 17.10 (c) besser geeignet ist, ein Leasingverhältnis als operatives oder als Finanzierungsleasing-Verhältnis einzustufen, als die oben diskutierte günstige Kaufoption. Zumindest konzeptionell scheint der Laufzeittest stimmig.[328] Sofern der Leasingnehmer das Leasingobjekt tatsächlich über den überwiegenden Teil oder gar über die gesamte wirtschaftliche Nutzungsdauer nutzt, werden auch die Risiken und Chancen im Zusammenhang mit dem Leasingobjekt im Wesentlichen übertragen. Zu berücksichtigen ist indes, dass die Laufzeit, die zur wirtschaftlichen Nutzungsdauer ins Verhältnis gesetzt wird, als wirtschaftliche Vertragsdauer auch den Zeitraum einbezieht, in dem das Objekt genutzt wird, nachdem eine etwaige günstige Kaufoption ausgeübt wur-

---

324 FREIBERG, J./LÜDENBACH, N., in: Haufe IFRS-Kommentar, § 15 Leasing, Tz. 21.

325 Vgl. NELLES, M./STROMBERG, F., Immobilien-Leasing-Konzeptionen, S. 29; KÜMPEL, T./BECKER, M., Leasing, S. 35-38.

326 KIRSCH, H.-J./EWELT-KNAUER, C., in: IFRS-Komm., Ergänzungskommentierung zu IAS 17, Tz. 34. Auslassung durch den Verfasser.

327 Vgl. WEINSTOCK, M., Leasingverträge, S. 108.

328 Vgl. WEINSTOCK, M., Leasingverträge, S. 200.

de.[329] Alle oben aufgeführten Probleme im Zusammenhang mit einer günstigen Kaufoption fließen somit auch in den Laufzeittest ein. Überdies ergeben sich Ermessensspielräume, was konkret unter dem „überwiegenden Teil" der wirtschaftlichen Nutzungsdauer zu verstehen ist. Von einem quantitativen Grenzwert wurde vom Standardsetzer auch beim Laufzeittest bewusst abgesehen, weshalb weder ein Rekurs auf das US-amerikanische Pendant[330] noch ein Rekurs auf andere im Schrifttum vorgeschlagene prozentuale Grenzwerte dem Wortsinn des Standards entspricht.[331]

In IAS 17 wird als vierte Orientierungshilfe der sog. **Barwerttest** angeführt. Ein Leasingverhältnis ist gemäß dem Wortlaut des IAS 17.10 (d) normalerweise als Finanzierungsleasing einzustufen, wenn zu Beginn des Leasingverhältnisses der **Barwert der Mindestleasingzahlungen** „im Wesentlichen mindestens dem **beizulegenden Zeitwert** des Leasinggegenstandes" entspricht. Es könne dann davon ausgegangen werden, dass das Amortisationsrisiko vollständig auf den Leasingnehmer transferiert wurde.[332] Der Leasinggeber bestimmt in einem einfachen Leasingverhältnis die Mindestleasingzahlungen, indem er die Summe der **unbedingten Zahlungen** ermittelt, die der Leasingnehmer zu leisten hat. Bei komplexeren Vertragsgestaltungen umfassen die Mindestleasingzahlungen auch den Ausübungspreis einer etwaigen günstigen Kaufoption, Zahlungen in etwaigen optionalen Leasingperioden, sofern die Laufzeitoptionen als günstig einzustufen sind, sowie etwaige Restwerte, die der Leasingnehmer, eine dem Leasingnehmer nahestehende Partei[333] oder ein Dritter garantiert.[334] Die ermittelten Mindestleasingzahlungen sind mit dem internen Zins des Leasinggebers zu diskontieren. Der interne Zins des Leasingebers ist häufig jener Zins,

---

329 Vgl. VATER, H., Eldorado, S. 2095.

330 ASC 840.10.25-1 nimmt ab einem starren Grenzwert von 75 % der Laufzeit des Leasingverhältnisses im Verhältnis zur wirtschaftlichen Nutzungsdauer des Leasinggegenstands an, dass das wirtschaftliche Eigentum auf den Leasingnehmer übergegangen ist.

331 Vgl. SABEL, E., Leasingverträge, S. 98. Die Vorschläge in der Literatur reichen von einer 50 %+1-Grenze bis zu einer 90 %-Grenze. Vgl. dazu HELMSCHROTT, H., Einfluss, S. 426-429; SCHIMMELSCHMIDT, U./HAPPE, P., Off-Balance-Sheet-Finanzierungen, S. 5; FINDEISEN, K.-D., Leasingverträge, S. 841.

332 Vgl. FIGGE, H., Leasinggeschäfte, S. 165.

333 Dies kann ein nahestehendes Unternehmen oder eine nahestehende natürliche Person sein. Vgl. dazu FINK, C./ZEYER, F., in: IFRS-Komm., Kommentierung zu IAS 24, Tz. 9-47.

334 Vgl. IAS 17.4 sowie ausführlich MELLWIG, W./SABEL, E., in: MünchKommBiR, Kommentierung zu IAS 17, Tz. 72-74.

welchen der Leasinggeber verwendet hat, um das Leasingverhältnis zu kalkulieren.[335] Der ermittelte Barwert der Mindestleasingzahlungen ist mit dem beizulegenden Zeitwert des Leasingobjekts zu vergleichen, um zu beurteilen, ob der Barwert „im Wesentlichen mindestens dem beizulegenden Zeitwert“[336] entspricht. MELLWIG/WEINSTOCK weisen darauf hin, dass „die Höhe der Leasingraten wesentlich von der Marktmacht des Leasinggebers beeinflußt werden [kann]“[337] und der Barwerttest somit „auch von Faktoren beeinflußt [wird], die für die Zurechnung eines Gegenstands irrelevant sind“[338]. Dieser Ansicht ist zuzustimmen. Der Barwerttest ist daher abzulehnen, weil er aufgrund dieses konzeptionellen Mangels häufig nicht geeignet ist, um den wirtschaftlichen Eigentümer des Leasinggegenstandes zu identifizieren. Außerdem ist der Barwerttest aufgrund des erheblichen Ermessensspielraums abzulehnen, weil eine Ermittlung der Mindestleasingzahlungen erfordern würde, dass diese mit dem beizulegenden Zeitwert zu vergleichen wären, was in komplexen Leasingverhältnissen abermals eine Beurteilung verlangen würde, ob die Laufzeitoption und die Kaufoption günstig ist.

Schließlich liegt gemäß IAS 17.10 (e) regelmäßig ein Finanzierungsleasing vor, sofern ein sog. **Spezialleasing-Verhältnis** eingegangen wurde. Ein Spezialleasing-Verhältnis zeichnet sich nach IAS 17.10 (e) durch ein Leasingobjekt aus, welches so beschaffen ist, dass es ohne wesentliche Veränderungen ausschließlich von dem Leasingnehmer genutzt werden kann, mit dem das Leasingverhältnis eingegangen wurde. Da bei Spezialleasing-Verhältnissen eine „wirtschaftlich sinnvolle Drittverwendungsmöglichkeit“[339] regelmäßig ausscheidet, wird der Leasinggeber die Leasingzahlungen so bemessen, dass dieser die „Investitionskosten [...] nebst angemessener Verzinsung“[340] erhält und somit das Amortisationsrisiko vollständig auf den Leasingnehmer übergeht. So überzeugend das Beispiel aus konzeptioneller Sicht auch erscheinen mag, offenbaren sich auch hier zu große Ermessensspielräume, denn es ist in

335 Vgl. KIRSCH, H.-J./EWELT-KNAUER, C., in: IFRS-Komm., Ergänzungskommentierung zu IAS 17, Tz. 40.

336 IAS 17.10.

337 MELLWIG, W./WEINSTOCK, M., Zurechnung, S. 2352. Einfügung durch den Verfasser.

338 MELLWIG, W./WEINSTOCK, M., Zurechnung, S. 2352. Einfügung durch den Verfasser.

339 LÜDENBACH, N./FREIBERG, J., Spezialleasing, S. 259.

340 KIRSCH, H.-J./EWELT-KNAUER, C., in: IFRS-Komm., Ergänzungskommentierung zu IAS 17, Tz. 42. Auslassung durch den Verfasser.

vielen Fällen nahezu unmöglich, objektiv – im Sinne von intersubjektiv nachvollziehbar – darzulegen, dass tatsächlich kein anderes Unternehmen das Leasingobjekt wirtschaftlich nutzen könnte.[341]

Zusätzlich zu den in IAS 17.10 angeführten Beispielen werden in IAS 17.11 **Indikatoren** genannt, die darauf hindeuten können, dass ein Finanzierungsleasing-Verhältnis vorliegt. Dem Wortlaut in IAS 17.10 (*examples [...] would normally lead to a [...] finance lease*) und IAS 17.11 (*indicators [...] could also lead to a [...] finance lease)* kann entnommen werden, dass die Indikatoren des IAS 17.11 eine **geringere Bindungskraft** haben als die Beispiele in IAS 17.10.[342] IAS 17.11 nennt die Verlustübernahme des Leasingnehmers im Kündigungsfall, die Übernahme der Gewinne oder Verluste aus Restwertschwankungen und eine günstige Mietverlängerungsoption, die der Leasingnehmer besitzt, als Indikatoren dafür, dass ein Finanzierungsleasing-Verhältnis vorliegt. Die Indikatoren haben häufig nur „klarstellenden [...] Charakter“[343]. Damit ist gemeint, dass die Indikatoren in IAS 17.11 häufig lediglich die Zurechnung eines Leasinggegenstandes bestätigen würden, welche auf Basis der Beispiele nach IAS 17.10 geschah.[344]

Zusammenfassend kann festgehalten werden, dass sämtliche Beispiele des IAS 17.10 – mit Ausnahme des automatischen Eigentumsübergangs – erhebliche Mängel aufweisen.[345] Die Mängel resultieren vor allem aus den erheblichen Ermessensspielräumen, die auftreten, wenn die Beispiele konkret angewendet werden. Die Ermessensspielräume wiederum resultieren im Allgemeinen aus dem geringen „Detailliertheits- und Präzisionsgrad“[346] des IAS 17 bzw. im Speziellen daraus, dass quantitative Schwellenwerte fehlen, weshalb diese im

---

341 Vgl. MELLWIG, W., Darstellung, S. 7, der davon ausgeht, dass „die faktische Unmöglichkeit der Nutzung durch einen anderen Folgemieter nur sehr schwer aufgezeigt werden [kann]“. Einfügung durch den Verfasser. Denkbar wäre dies indes bspw. bei spezieller Enterprise-Resource-Planning-Software. Vgl. FREIBERG, J./LÜDENBACH, N., in: Haufe IFRS-Kommentar, § 15 Leasing, Tz. 70.

342 Vgl. DOLL, R.-P., in: Beck'sches IFRS-Handbuch, § 22. Leasing, Tz. 46.

343 KOCH, S., Nutzungsrechte, S. 153. Auslassung durch den Verfasser.

344 Aus diesem Grund wird in der vorliegenden Arbeit auf die Indikatoren nach IAS 17.11 nicht weiter eingegangen.

345 Vgl. WEINSTOCK, M., Leasingverträge, S. 204 f.

346 HAYN, S., Internationale Rechnungslegung, S. 452.

Schrifttum mitunter konkret gefordert werden.[347] Zu berücksichtigen ist indes, dass es willkürlich bleibt, wo genau die Grenzwerte festgelegt werden.[348] Dies wird aber von den Befürwortern quantitativer Schwellenwerte mit Verweis auf das hohe „Maß an Rechtssicherheit"[349], welches quantitative Schwellenwerte ermöglichen, in Kauf genommen. Wenn die Schwellenwerte im Standard (willkürlich) festgelegt wären – so wird von den Befürwortern argumentiert –, wäre zumindest eine intersubjektive Nachprüfbarkeit der Zuordnung gegeben. Zu berücksichtigen ist indes, dass durch konkrete Schwellenwerte zwar die Ermessensspielräume reduziert werden, dies aber um den Preis erkauft wird, dass **Sachverhaltsgestaltungen** und **Strukturierungsmöglichkeiten** begünstigt werden.[350] Dies zeigen die Erfahrungen mit der US-amerikanischen Leasingbilanzierung, die sich von IAS 17 im Wesentlichen dadurch unterscheidet, dass in den US-GAAP quantitative Grenzwerte existieren.[351] Als Reaktion auf diese Grenzwerte in den US-GAAP können bspw. häufig vertragliche Vereinbarungen beobachtet werden, die so strukturiert sind, dass das Verhältnis von Barwert der Mindestleasingzahlungen und dem beizulegenden Zeitwert des Leasinggegenstandes gerade ein Prozent unter dem Grenzwert liegt.[352] Die trotz der existierenden Schwellenwerte mitunter massive Kritik[353] an der US-amerikanischen Leasingbilanzierung hat letztlich dazu geführt, dass auch die US-amerikanische Leasingbilanzierung umfassend reformiert wird.[354]

---

347 Vgl. stellvertretend MELLWIG, W., Darstellung, S. 12; WEINSTOCK, M., Leasingverträge, S. 226.

348 Vgl. SCHIRDUAN, H., Finanzierungs-Leasing, S. 112.

349 WEINSTOCK, M., Leasingverträge, S. 226.

350 Vgl. BRAKENSIEK, S., Finanzierungsinstrumente, S. 206 f.; BEATTIE, V./GOODACRE, A./THOMSON, S., Lease-accounting, S. 78; PETERS, S., Entscheidungsnützlichkeit, S. 148.

351 Quantitative Grenzwert sind für den Laufzeittest und den Barwerttest vorgesehen. Vgl. dazu NIEHUS, R., Neuregelungen, S. 1862; PETERS, S., Entscheidungsnützlichkeit, S. 129.

352 Vgl. JUNG, W., Rechnungslegung, S. 407; HARTMANN-WENDELS, T., Leasing-Bilanzierung, S. 1068; LEIBFRIED, P./KLEIBOLD, T., Neuregelungen, S. 409; HARTMANN-WENDELS, T./SCHMIDT, P., Reform, S. 279.

353 Teilnehmer der *Financial Reporting Issues Conference* der *American Accouting Association* (AAA) und des FASB haben im Jahre 1996 den US-amerikanischen Standard zur Leasingbilanzierung zum schlechtesten Rechnungslegungsstandard (*worst accounting standard*) in den US-GAAP gewählt. Vgl. REITHER, C., Accounting, S. 288.

354 Das Reformprojekt *Leases* ist ein gemeinsames Reformprojekt von IASB und FASB, vgl. Abschnitt 12.

In der Gesamtschau würde ein um quantitative Grenzwerte ergänzter *risk and reward approach* nach hier vertretener Ansicht die Qualität des IAS 17 **nicht verbessern.**[355] Vielmehr sollte auf einen Beispielkatalog **verzichtet** werden. Der Beispielkatalog ist nur deshalb notwendig, weil in IAS 17 eine dichotome Unterscheidung in operatives und Finanzierungsleasing vorgesehen ist. Wäre ein **einheitliches Modell** – wie dies für die Bilanz in Abschnitt 322.1 und Abschnitt 322.2 vorgestellt wurde – für alle Leasingverhältnisse vorgesehen, wäre diese Unterscheidung obsolet.

IAS 17 weist nicht nur Schwächen durch den *risk and reward approach* und durch die notwendige Unterscheidung in operatives und Finanzierungsleasing auf. Im folgenden Abschnitt wird gezeigt, dass auch die konkrete bilanzielle Behandlung eines operativen und eines Finanzierungsleasing-Verhältnisses nach IAS 17 problematisch ist.

323.12 Die Gegenstandsbilanzierung und das Alles-oder-nichts-Prinzip in IAS 17

Nachdem im vorherigen Abschnitt erläutert wurde, nach welchem Konzept der wirtschaftliche Eigentümer gemäß IAS 17 identifiziert werden soll, wird im Folgenden die theoretische Grundlage für die **konkrete bilanzielle Abbildung** eines operativen Leasingverhältnisses und eines Finanzierungsleasing-Verhältnisses nach IAS 17 in der **Bilanz des Leasinggebers** dargestellt und gewürdigt.

Sofern der Leasinggeber mit Hilfe der in Abschnitt 323.11 erläuterten Beispiele und Indikatoren als wirtschaftlicher Eigentümer identifiziert wurde, mithin ein **operatives Leasingverhältnis** vorliegt, sind IAS 17.49-57 *de lege lata* zu beachten. IAS 17.49 verlangt, dass das vor bzw. mit Vertragsbeginn angeschaffte oder hergestellte Leasingobjekt zu Beginn der Laufzeit des Leasingverhältnisses **vollständig** in der Bilanz des Leasinggebers **verbleibt** und dort nach den für den Vermögenswert einschlägigen Regelungen – in aller

[355] Fraglich wäre überdies, ob man sich auf internationaler Ebene überhaupt auf die Art und die Höhe der Grenzwerte einigen könnte. Die geltende US-GAAP-Regelung war bereits in Kraft als IAS 17 im Jahre 1982 verabschiedet wurde. Damals wurde in IAS 17 auch deshalb auf quantitative Schwellenwerte verzichtet, weil eine solche Einigung eben nicht möglich war. PETERS, S., Entscheidungsnützlichkeit, S. 140.

Regel also zu (fortgeführten) Anschaffungs- oder Herstellungskosten[356] – bewertet wird. Zu Beginn der Laufzeit des Leasingverhältnisses hat ein operatives Leasingverhältnis somit **keine bilanziellen Auswirkungen.**[357] Der Leasinggegenstand wird im Anlagevermögen ausgewiesen.[358] IAS 17 verlangt nicht, dass die verleasten Gegenstände in einem separaten Posten erfasst werden.[359] In aller Regel werden die operativ verleasten Gegenstände zusammen mit den übrigen Sachanlagevermögenswerten (IAS 16), immateriellen Vermögenswerten (IAS 38) oder als Finanzinvestition gehaltenen Immobilien (IAS 40) ausgewiesen. Der Leasinggeber „weist [demnach] das Leasingobjekt in seiner Bilanz aus, als ob er es selbst nutzen würde“[360]. Im Falle eines **Finanzierungsleasings** wird das Leasingverhältnis ähnlich wie ein Verkauf des Leasingobjekts abgebildet. Der Leasinggeber bucht das Leasingobjekt **vollständig** aus seiner Bilanz aus und aktiviert stattdessen eine Forderung zum Nettoinvestitionswert des Leasingverhältnisses.[361]

Gemäß den Regelungen des IAS 17 wird das Leasingobjekt somit entweder ganz oder gar nicht in der Bilanz des Leasinggebers erfasst, weshalb das Prinzip, welches IAS 17 zugrunde

---

356 Die Bewertung zu **Anschaffungskosten** erfolgt in der Bilanz eines Händlers (operatives Händlerleasing) und im operativen Leasing bei leasingtypischen Dreiecksverhältnissen. Die Bewertung zu **Herstellungskosten** erfolgt bei einem operativen Herstellerleasing. Zu den verschiedenen Leasingformen vgl. Abschnitt 21. Zu fortgeführten Anschaffungs- oder Herstellungskosten ist zu Beginn eines Leasingverhältnisses zu bilanzieren, sofern der zugrunde liegende Gegenstand zum wiederholten Male verleast wird und/oder zwischen Anschaffungs- oder Herstellungsvorgang und Beginn der Laufzeit des Leasingverhältnisses ein längerer Zeitraum liegt und bei abnutzbaren Vermögenswerten bereits planmäßig bzw. außerplanmäßig abgeschrieben worden ist. Zu berücksichtigen ist, dass bei Sachanlagen oder immateriellen Vermögenswerten statt der Bilanzierung zu (fortgeführten) Anschaffungs- und Herstellungskosten auch eine Bilanzierung zum Neubewertungsbetrag möglich ist. Vgl. dazu BALLWIESER, W., in: IFRS-Komm., Kommentierung zu IAS 16, Tz. 30-39; BAETGE, J./KEITZ, I. V., in: IFRS-Komm., Kommentierung zu IAS 38, Tz, 109-123. Bei als Finanzinvestition gehaltene Immobilien nach IAS 40 kann der Leasinggegenstand auch zum beizulegenden Zeitwert bewertet sein. Vgl. dazu ZÜLCH, H., Investment Properties, S. 201-337; BALLWIESER, W., in: IFRS-Komm., Kommentierung zu IAS 40, Tz. 39-58.

357 Vgl. MCGREGOR, W., A new Approach, S. 23, der anführt: *"[L]essors do not explicitly recognise operating leases in the balance sheet".* Einfügung durch den Verfasser.

358 Vgl. KIRSCH, H.-J., in: IFRS-Komm., Kommentierung zu IAS 17, Tz. 110.

359 Vgl. ADS International, Abschnitt 12: Leasingverhältnisse, Tz. 292.

360 SABEL, E., Leasingverträge, S. 105. Einfügung durch den Verfasser.

361 Vgl. IAS 17.36. Häufig entspricht der Nettoinvestitionswert des Leasinggebers dem im vorherigen Abschnitt erläuterten Barwert der Mindestleasingzahlungen. Die beiden Größen können indes voneinander abweichen, denn der Nettoinvestitionswert kann neben dem Barwert der Mindestleasingzahlungen auch den Barwert eines nicht garantierten Restwerts umfassen. Vgl. dazu IAS 17.4.

liegt, auch als **Alles-oder-Nichts-Prinzip** bezeichnet wird.[362] Zu berücksichtigen ist indes, dass bei einem operativen Leasingverhältnis nicht sämtliche Verfügungsrechte am Leasinggegenstand bzw. sämtliche Nutzenpotenziale beim Leasinggeber verbleiben, obgleich dies durch das Alles-oder-Nichts-Prinzip suggeriert wird. Genauso wenig darf angenommen werden, dass bei einem Finanzierungsleasing-Verhältnis stets sämtliche Verfügungsrechte bzw. sämtliche Nutzenpotenziale am Leasinggegenstand auf den Leasingnehmer übertragen werden. Aufgrund der dichotomen Unterscheidung des IAS 17 in operative und Finanzierungsleasing-Verhältnisse müssen nämlich auch alle Leasingverhältnisse, die sich im Kontinuum zwischen diesen beiden Extrempunkten bewegen – bspw. kann durch ein Leasingverhältnis dem Leasingnehmer die Hälfte des Nutzenpotenzials des zugrunde liegenden Leasinggegenstandes übertragen werden – entweder als operatives oder als Finanzierungsleasing-Verhältnis klassifiziert werden.

Dennoch ist in IAS 17 nicht vorgesehen, dass das Leasingobjekt ggf. teilweise in der Bilanz des Leasinggebers verbleibt bzw. bilanziell lediglich teilweise auf den Leasingnehmer übertragen wird. Der Grund dafür ist das konkrete „Verständnis[..] über den Bilanzinhalt"[363], welches IAS 17 zugrunde liegt. In IAS 17 wird das Leasingobjekt nämlich als **Gegenstand *per se***, d.h. als der materielle oder immaterielle Vermögenswert aufgefasst, der dem Leasingverhältnis zugrunde liegt. Nachdem mithilfe des *risk and reward approach* der wirtschaftliche Eigentümer identifiziert wurde, „aktiviert [dieser] nicht etwa sein Eigentumsrecht [...]. Er aktiviert vielmehr die Sache selbst"[364]. Das wirtschaftliche Eigentum und die damit verbundenen Verfügungsrechte bilden „lediglich den zureichenden Grund für die Aufnahme der Sache in die Bilanz"[365]. Dieser Ansatz wird in der vorliegenden Arbeit mit PFERDEHIRT als „**Gegenstandsbilanzierung**"[366] bezeichnet. Mit der Gegenstandsbilanzierung ist eine bilanzielle „Unteilbarkeit des [...] Leasinggegenstands"[367] verbunden,

[362] Vgl. FÜLBIER, R. U./PFERDEHIRT, H., Überlegungen, S. 275.

[363] MELLWIG, W., Darstellung, S. 14. Auslassung durch den Verfasser.

[364] MATHIAK, W., Dingliche Rechtsverhältnisse, S. 399. Einfügung und Auslassung durch den Verfasser.

[365] MATHIAK, W., Dingliche Rechtsverhältnisse, S. 399.

[366] PFERDEHIRT, H., Leasingbilanzierung, S. 4.

[367] KÜTING, K./KOCH, C./TESCHE, T., Umbruch, S. 426.

denn der konkrete Gegenstand – bspw. eine Maschine oder ein Gebäude – kann nach diesem Verständnis einer Partei nur ganz oder gar nicht zugewiesen werden, was schließlich das oben erläuterte Alles-oder-Nichts-Prinzip begründet, welches der Bilanzierung nach IAS 17 zugrunde liegt.

Die alternative Konzeption, die auch implizit dem Anforderungsprofil zugrunde liegt, welches in Abschnitt 322 entwickelt wurde, stellt der **Komponentenansatz** dar.[368] Der Komponentenansatz verlangt, dass der dem Leasingverhältnis zugrunde liegende Gegenstand in einzelne Komponenten zerlegt wird, welche für sich genommen Vermögenswerte im Sinne des *conceptual framework* darstellen. Diese einzelnen Komponenten könnten dann dem jeweiligen wirtschaftlichen Eigentümer bilanziell zugerechnet werden.

Aus den im Folgenden angeführten Gründen muss die Bilanzierung von Leasingverhältnissen nach IAS 17, die auf dem Grundsatz der Gegenstandsbilanzierung und dem Alles-oder-nichts-Prinzip basiert, vor dem Hintergrund der Anforderungen des *conceptual framework* **deutlich kritisiert** werden. Als zentrale Anforderung wurde postuliert, dass ein Leasinggeber sämtliche Vermögenswerte und Schulden, die für ihn aus einem Leasingverhältnis resultieren, in die Bilanz aufzunehmen hat.[369] Die bisherige Analyse[370] hat gezeigt, dass der Leasinggeber einen finanziellen Vermögenswert und einen nicht-finanziellen Restvermögenswert zu aktivieren hat, um die Vorgaben des *conceptual framework* zu erfüllen.[371] Der Anspruch des Leasinggebers, vom Leasingnehmer das Entgelt für das Recht auf Nutzung zu erhalten, erfüllt die zweistufige Ansatzkonzeption des *conceptual framework* – **unabhängig davon**, ob das wirtschaftliche Eigentum am Leasinggegenstand beim Leasinggeber verbleibt oder auf den Leasingnehmer übergeht. Obgleich bei einem **operativen Leasingverhältnis** das wirtschaftliche Eigentum am Leasinggegenstand insgesamt beim Leasinggeber verbleibt, überträgt der Leasinggeber dennoch auch hier für eine bestimmte Zeit den Besitz am Leasinggegenstand bzw. das Recht auf Nutzung auf den Leasingnehmer. Auch mit Abschluss eines operativen Leasingverhältnisses steht fest, dass der Leasinggeber den Nutzen aus dem

---

[368] Vgl. JOINT WORKING GROUP OF STANDARD SETTERS (HRSG.), Recommendations, S. 185 f.; SCHARENBERG, S., Wirtschaftliches Eigentum, S. 96.

[369] Vgl. Abschnitt 321.5.

[370] Vgl. Abschnitt 322.

[371] Vgl. dazu die Übersicht 3-8 in Abschnitt 322.3.

Leasingobjekt zumindest teilweise nicht (mehr) durch die eigene operative Verwendung zieht, sondern dadurch, dass die Leasingzahlungen des Leasingnehmers vereinnahmt werden, welche dieser als Entgelt für das Recht auf Nutzung und die Finanzierungsleistung zahlt.[372]

Nach IAS 17 ist es bei operativen Leasingverhältnissen indes nicht zulässig, beim Leasinggeber einen entsprechenden finanziellen Vermögenswert zu erfassen. Die Nichtaktivierung stellt einen **Verstoß gegen die Anforderungen des *conceptual framework*** dar. Der Grund dafür, dass der finanzielle Vermögenswert nicht aktiviert wird, ist das Konzept der Gegenstandsbilanzierung bzw. das Alles-oder-nichts-Prinzip. Da der Leasinggeber zu Beginn des Leasingverhältnisses das Recht auf Nutzung gegen Entgelt auf den Leasingnehmer überträgt, setzt sich das gesamte Nutzenpotenzial des Leasinggegenstandes aus Leasinggebersicht aus dem vertraglichen Anspruch, die Leasingraten zu erhalten, und dem verbleibenden Nutzenpotenzial[373] am Ende der Leasingdauer zusammen. Anders ausgedrückt: Zu Beginn eines operativen Leasingverhältnisses „wandelt sich das überlassene Leasingobjekt beim Leasinggeber zu einer (Teil-) [...] Forderung“[374]. Da sich aber die Gegenstandsbilanzierung vom Komponentenansatz nachgerade dadurch unterscheidet, dass der zu bilanzierende Leasinggegenstand unteilbar ist und eben nicht in einzelne bilanzierungsfähige Komponenten zerlegt werden darf, stößt die Gegenstandsbilanzierung bei der Bilanzierung von operativen Leasingverhältnissen beim Leasinggeber an ihre Grenzen. Der separate Ausweis des finanziellen Vermögenswertes auf der einen Seite und Restvermögenswert auf der anderen Seite, der das verbleibende Nutzenpotenzial repräsentiert, nachdem der Leasinggegenstand an den Leasinggeber zurückgegeben wurde, ist bei einer Gegenstandsbilanzierung nicht möglich. Letztlich vermag es die Gegenstandsbilanzierung bzw. das Alles-oder-nichts-Prinzip nicht, die wirtschaftliche Besonderheit eines Leasingverhältnisses, nämlich, dass die Verfügungsrechte an dem Leasinggegenstand teilweise beim Leasingnehmer und teilweise beim Leasinggeber liegen, bilanziell abzubilden.

---

372 Vgl. SABEL, E., Leasingverträge, S. 157; GRADOW, A., Leasinggeschäfte, S. 132.

373 Das verbleibende Nutzenpotenzial kann als verbleibendes Nutzungs-, Fruchtziehungs-, Veränderungs- und Veräußerungsrecht interpretiert werden, welches der Leasinggeber nach Rückgabe des Leasingobjekts besitzt. Vgl. dazu Abschnitt 22.

374 SIGLOCH, J., Leasing-Transaktionen, S. 422.

Die Regelungen des IAS 17 zur Bilanzierung operativer Leasingverhältnisse sind aus einem weiteren Grund sehr kritisch zu sehen. Der Leasinggeber ist während der Laufzeit des Leasingverhältnisses vor allem den für **finanzielle Vermögenswerte** typischen finanzwirtschaftlichen Risiken, vor allem dem **Ausfallrisiko**, ausgesetzt. Das Ausfallrisiko bezeichnet das Risiko, dass der Leasingnehmer seinen Zahlungsverpflichtungen nicht bzw. nicht in vereinbarter Höhe oder zum vereinbarten Zeitpunkt nachkommt.[375] Der undifferenzierte Ausweis des gesamten Gegenstands im Anlagevermögen des Leasinggebers bzw. die Nichtbilanzierung des finanziellen Vermögenswerts suggeriert dem Abschlussadressaten indes, dass das bilanzierende Unternehmen weiterhin eine „Produktivnutzung des Leasingobjekts“[376] vornimmt und den typischen Risiken aus **nicht-finanziellen Vermögenswerten**, vor allem dem **Investitionsrisiko**, auch während der Laufzeit des Leasingverhältnisses ausgesetzt sei.[377] Tatsächlich betrifft das Investitionsrisiko indes den Restvermögenswert und nicht alle Rechte am ausgewiesenen Leasinggegenstand.

Überdies ist der vollständige Ausweis des Leasinggegenstands im Anlagevermögen unbefriedigend, weil das *conceptual framework* explizit fordert, dass die Bilanz dem Abschlussadressaten ermöglichen soll, zwischen solchen Vermögenswerten, die einen **direkten Bezug** zum künftigen Netto-Cashflow haben, und solchen mit **lediglich indirektem Bezug** unterscheiden zu können.[378] Nachdem das Leasingobjekt dem Leasingnehmer zur Verfügung gestellt wurde, besitzt der Leasinggeber einen **unmittelbaren** Anspruch, liquide Mittel zu erhalten. Dem Abschlussadressaten wird indes suggeriert, dass der Gegenstand auch während der Laufzeit des Leasingverhältnisses durch die oben erwähnte Produktivnutzung lediglich indirekt zum künftigen Cashflow beitragen kann.[379] Dies erschwert es dem

---

375 Vgl. NAILOR, H./LENNARD, A., New Approach, S. 95. Daneben lassen sich mit dem Zinsänderungsrisiko, dem Inflationsrisiko und dem Währungsrisiko weitere Einzelrisikokomponenten des finanzwirtschaftlichen Risikos identifizieren, welche indes im Vergleich zum Ausfallrisiko i.d.R. von geringerer Bedeutung sind. Vgl. BOSSERT, R., Risikostruktur, S. 2041. Zum Begriff des Ausfallrisikos vgl. HARTMANN-WENDELS, T./PFINGSTEN, A./WEBER, M., Bankbetriebslehre, S. 499.

376 SABEL, E., Leasingverträge, S. 160.

377 Das Investitionsrisiko umfasst vor allem das mit dem Kapitaleinsatz und der Kapitalbindung verbundene Risiko der Fehlinvestition aufgrund technischer und/oder marktlicher Faktoren sowie dem Risiko, dass der Vermögenswert veraltet oder anderweitig wertgemindert ist. Vgl. dazu BOSSERT, R., Risikostruktur, S. 2040.

378 Vgl. CF.OB14.

379 Vgl. SCHARENBERG, S., Wirtschaftliches Eigentum, S. 129.

Abschlussadressaten, die Fähigkeit des Unternehmens zu beurteilen, künftig Zahlungsmittel zu erwirtschaften sowie den Zeitpunkt und die Wahrscheinlichkeit einzuschätzen, wann bzw. ob die Zahlungsmittel künftig erwirtschaftet werden können.[380]

Sofern das Leasingverhältnis anhand der Beispiele und Indikatoren in IAS 17.10 und IAS 17.11 als **Finanzierungsleasing** eingestuft wird, muss der Leasinggeber – der Logik der Gegenstandsbilanzierung folgend – den Leasinggegenstand vollständig ausbuchen und eine Forderung „in Höhe des Nettoinvestitionswerts“[381] erfassen. Der Nettoinvestitionswert beim Leasinggeber umfasst indes nicht nur den Barwert der vom Leasingnehmer zu zahlenden Leasingraten während der Laufzeit des Leasingverhältnisses, sondern auch den Barwert eines etwaigen Restwertes, der das Nutzenpotenzial – sofern vorhanden – des Leasingobjekts repräsentiert, nachdem das Leasingverhältnis beendet wurde. Ein solcher Restwert muss „auch bei *finance leases* nicht immer unwesentlich sein“[382]. Ein solcher ggf. wesentlicher Restvermögenswert wird aber nach IAS 17 **nicht separat erfasst**, sondern undifferenziert als Teil der finanziellen Forderung ausgewiesen – obgleich der Restvermögenswert keinen finanziellen Vermögenswert nach IAS 32.11 darstellt.[383]

Die vorgetragene Kritik an der *de lege lata* Bilanzierung operativer Leasingverhältnisse gilt daher in ähnlicher Form auch für die bilanzielle Behandlung von Finanzierungsleasing-Verhältnissen. Der Restvermögenswert wird nach IAS 17 nämlich **undifferenziert** als Teil der Forderung ausgewiesen, obgleich sich der Restvermögenswert aus den bereits oben genannten Gründen erheblich von der Finanzforderung unterscheidet. Den Adressaten werden dadurch entscheidungsnützliche Informationen vorenthalten, nämlich über die Höhe des Restwertes.[384] Der Restvermögenswert lässt sich als Vermögenswert separat bilanzieren, wenn die Annahme aufgegeben würde, das Leasingobjekt sei bilanziell unteilbar. Die Gegenstandsbilanzierung in Verbindung mit dem Alles-oder-nichts-Prinzip ermöglicht

---

380 Ähnlich LEIPPE, B., Leasinggeschäfte, S. 294 f., die es begrüßen würde, wenn in einer „informationsorientierten Bilanz“ das gesamte Einzahlungspotenzial des Leasingobjekts in einen „sicheren und einen unsicheren Teil aufgespaltet [wäre]“. Einfügung durch den Verfasser.

381 IAS 17.36.

382 SABEL, E., Leasingverträge, S. 100.

383 Vgl. Abschnitt 322.134.

384 Vgl. IFRS FOUNDATION (HRSG.), Comment Letter Summary, S. 9.

somit auch bei einem Finanzierungsleasingverhältnis nicht, dem Abschlussadressaten die Informationen zu vermitteln, welche er benötigt, um seine ökonomischen Entscheidungen fundiert treffen zu können.[385]

323.13 Zwischenfazit

Die Ausführungen in Abschnitt 323.11 und Abschnitt 323.12 haben gezeigt, dass die bilanzielle Behandlung von Leasingverhältnissen nach IAS 17 in der Bilanz des Leasinggebers im Wesentlichen **zwei Schwachpunkte** aufweist:

Zum einen ist die **dichotome Unterscheidung** in operatives und Finanzierungsleasing, welche mit unterschiedlichen bilanziellen Konsequenzen in der Bilanz des Leasinggebers einhergeht, aus den folgenden Gründen **zu kritisieren:** Die Definition eines Leasingverhältnisses nach IFRS umfasst, angefangen von einem sehr kurzfristigen Leasingverhältnis, ein Kontinuum, welches erst mit dem Übergang zu einem tatsächlichen Verkauf endet.[386] Eine Zweiteilung dieses Kontinuums – sei es durch einen „Kriterienkatalog"[387] wie in IAS 17, der sich durch qualitative Beispiele und Indikatoren „am wirtschaftlichen Gehalt der Transaktion orientiert"[388], oder durch Beispiele und Indikatoren, die starre quantitative Grenzwerte enthalten – bleibt willkürbehaftet und widerspricht dem Fundamentalgrundsatz der glaubwürdigen Darstellung.[389] Nach hier vertretener Ansicht bedarf es eines einheitlichen Modells zur Leasingbilanzierung, welches eine „stufenlos[e]"[390] Erfassung aller Leasingverhältnisse in der Bilanz ermöglicht. Zum anderen können das **Konzept der Gegenstandsbilanzierung** und das damit einhergehende **Alles-oder-nichts-Prinzip** für die bilanzielle Abbildung von Leasingverhältnissen in der Bilanz des Leasinggebers **nicht über-**

[385] Ähnlich kritisch ist SABEL, E., Leasingverträge, S. 100.

[386] Für den Unterschied zwischen Verkauf und Leasingverhältnis vgl. Abschnitt 23.

[387] KIRSCH, H.-J., in: IFRS-Komm., Kommentierung zu IAS 17, Tz. 24.

[388] HAYN, S., Internationale Rechnungslegung, S. 453.

[389] „Die geltende Zweiteilung der Leasingbilanzierung suggeriert eine realiter nicht gegebene Möglichkeit der trennscharfen Kategorisierung von realen Sachverhalten." PETERS, S., Entscheidungsnützlichkeit, S. 146.

[390] PFERDEHIRT, H., Leasingbilanzierung, S. 35. Einfügung durch den Verfasser.

zeugen. Nach hier vertretener Auffassung ist die Leasinggeberbilanzierung *de lege lata* **reformbedürftig.**

In Abschnitt 42 wird mit dem *right of use model* jenes Konzept zur künftigen Leasingbilanzierung dargestellt, mit dem der IASB die Schwächen der heutigen bilanziellen Behandlung von Leasingverhältnissen beheben will. Zuvor wird in den folgenden Abschnitten die bisherige Entwicklung des Anforderungsprofils an die Leasinggeberbilanzierung insofern erweitert, als die **Ertragsrealisierung** beim Leasinggeber berücksichtigt wird.

33 Das Anforderungsprofil für die Ertragsrealisierung beim Leasinggeber

331. Vorbemerkung

Ziel des Abschnitts 33 ist es, ein Anforderungsprofil für die Ertragsrealisierung beim Leasinggeber zu entwickeln. Analog zu Abschnitt 32 wird das *conceptual framework* als „Leitmaxime"[391] verwendet. Ausgehend von den allgemeinen Anforderungen des *conceptual framework* an die Ertragsrealisierung (Abschnitt 332) wird erläutert, wie diese Anforderungen des *conceptual framework* durch das Reformprojekt *revenue recognition* des IASB aufgegriffen und konkretisiert werden und welche bilanziellen Implikationen aus dieser geplanten Novellierung für die Ertragsrealisierung beim Leasinggeber resultieren (Abschnitt 333).

Eine Ertragsrealisierung beim Leasinggeber, welche sich an den künftigen Ertragsrealisierungsvorschriften orientiert, die im Reformprojekt *revenue recognition* entwickelt wurden, soll zum einen gewährleisten, dass die Erfassung eines Leasingverhältnisses in der Gesamtergebnisrechnung des Leasinggebers mit den Vorgaben des *conceptual framework* im Einklang steht. Zum anderen soll auf diesem Wege „Kompatibilität [zwischen] einem [..]

---

391 BALLWIESER, W., Rahmenkonzepte, S. 338.

Leasingstandard und den anderen Rechnungslegungsstandards des IASB"[392] erreicht werden.[393]

332. Die allgemeinen Anforderungen des *conceptual framework*

In Abschnitt 321.1 wurde erläutert, dass das *conceptual framework* zwei Teilzwecke eines IFRS-Abschlusses benennt, um den übergeordneten Zweck, die Vermittlung entscheidungsnützlicher Informationen, zu präzisieren:[394] Zum einen sollen dem Abschlussadressaten Informationen vermittelt werden, die ihn dabei unterstützen, die künftigen Netto-Cashflows des bilanzierenden Unternehmens zu schätzen (sog. Bewertungsnützlichkeit).[395] Zum anderen umfassen entscheidungsnützliche Informationen solche Informationen, die dem Adressaten darlegen, wie **effizient und effektiv** die Unternehmensleitung das anvertraute Kapital verwendet hat.[396] Letztgenannter Teilzweck wird im Schrifttum als ***stewardship*** bezeichnet.[397] Damit die Adressaten eines IFRS-Abschlusses beurteilen können, wie effizient und effektiv die Unternehmensleitung das anvertraute Kapital verwendet hat, bedarf es „auch und **vor allem** eine[r] periodengerechte[n] Erfolgsermittlung"[398]. Im *conceptual framework* wird in diesem Zusammenhang ausgeführt (CF.OB16, Hervorhebungen durch den Verfasser):

> "*Information about a reporting entity's* ***financial performance*** *helps users to understand the* ***return*** *that the entity has produced on its economic resources. Information about the return the entity has produced provides an indication of* ***how well*** *management has dis-*

[392] SABEL, E., Leasingverträge, S. 143. Einfügung und Auslassung durch den Verfasser.

[393] Vgl. dazu auch ERNST & YOUNG (HRSG.), CL ED Leases, S. 3, wo angeführt wird: "*In addition we believe that lessor accounting is inseparable from revenue recognition and that the proposed model for lessor accounting should be fully aligned with the revenue recognition principles applied to non-leases.*"

[394] Vgl. CF.BC1.17; KÖHLING, K., Renditeimmobilien, S. 11.

[395] Vgl. GASSEN, J./FISCHKIN, M./HILL, V., Rahmenkonzept-Projekt, S. 877.

[396] Vgl. CF.OB4.

[397] Vgl. GASSEN, J./FISCHKIN, M./HILL, V., Rahmenkonzept-Projekt, S. 877.

[398] BAETGE, J./KIRSCH, H.-J./THIELE, S., Bilanzen, S. 97. Einfügungen und Hervorhebung durch den Verfasser.

> *charged its responsibilities to make* ***efficient and effective use*** *of the reporting entity's resources."*

Gemäß dem Wortlaut des *conceptual framework* (*"financial performance", "return", "efficient and effective"*) soll ein IFRS-Abschluss vor dem Hintergrund des Teilzwecks *stewardship* dem Abschlussadressaten somit ermöglichen, zu beurteilen, ob das Ziel des Unternehmens **„Geld verdienen"**[399] in zufriedenstellendem Umfang erreicht wurde. Der Adressat kann dazu unter anderem den im Abschluss ausgewiesenen **Unternehmenserfolg**[400] (*financial performance*) einer Berichtsperiode verwenden, um bestimmte Rentabilitätskennziffern wie die Eigenkapitalrentabilität zu berechnen.[401]

Der Unternehmenserfolg stellt grundsätzlich den **Saldo der Erträge und Aufwendungen** in der Gesamtergebnisrechnung dar.[402] In CF.4.25 (a) werden Erträge (*income*) wie folgt **definiert** (Hervorhebungen durch den Verfasser):[403]

> *"Income is increases in economic benefits during the accounting period in the form of* ***inflows or enhancements of assets or decreases of liabilities*** *that result in increases in equity, other than those relating to contributions from equity participants."*

Die genannte Definition von Erträgen (*income*)[404] umfasst gemäß CF.4.29 sowohl **Umsatzerlöse** (*revenue*) als auch **andere Erträge** (*gains*). Nach dem Wortlaut des *conceptual framework* resultieren Umsatzerlöse aus der **ordentlichen Geschäftstätigkeit** (*ordinary activities*) des Unternehmens und können Erträge aus Güterverkäufen, aus der Erbringung von

399 BAETGE, J., Bilanzen, 1. Auflage, S. 5.

400 In der deutschen Fassung des *conceptual framework* wird der Begriff *performance* nicht wie hier mit „Erfolg" bzw. „Unternehmenserfolg", sondern mit „Ertragskraft" übersetzt. Dies ist aber unglücklich, weil damit die umgangssprachliche missverständliche Bedeutung des „Ertrags" als Gewinn oder Erfolg verwendet wird. Für eine ähnliche Diskussion um den handelsrechtlichen Begriff der „Ertragslage" vgl. BAETGE, J./COMMANDEUR, D./HIPPEL, B., in: HdR-E, § 264 HGB, Tz. 26.

401 Vgl. BAETGE, J./KIRSCH, H.-J./THIELE, S., Bilanzen, S. 8.

402 Vgl. BAETGE, J./KIRSCH, H.-J./THIELE, S., Bilanzen, S. 7.

403 Vgl. CF.4.25 (b) für die spiegelbildliche Definition von Aufwendungen (*expenses*).

404 Zur Kritik an der Definition von Erträgen vgl. BARKER, R., Definitions, S. 149 f. BARKER führt an, dass der Board in der Definition Soll und Haben vertauscht. Erträge seien eine Erhöhung des Eigenkapitals, die daraus resultiert, dass das Nettovermögen gestiegen ist. Gemäß der Definition des CF.4.25 (a) stellen Erträge indes fälschlicherweise eine Erhöhung des Nettovermögens dar, die dazu führen, dass das Eigenkapital steigt.

Dienstleistungen oder auch erhaltene Zinsen oder Dividenden darstellen.[405] Andere Erträge werden als die übrigen Posten definiert, die Erträge darstellen (*other items that meet the definition of income*), d.h. andere Erträge werden negativ von den Umsatzerlösen abgegrenzt.[406] Diese Abgrenzung von Umsatzerlösen und anderen Erträgen ist aus zwei Gründen **unbefriedigend**:[407] Zum einen wird im *conceptual framework* explizit ausgeführt, dass nicht nur Umsatzerlöse, sondern auch andere Erträge (*gains*) aus der gewöhnlichen Geschäftstätigkeit resultieren können (*may or may not, arise in the course of the ordinary activities*).[408] Damit bleibt unklar, worin sich Umsatzerlöse und andere Erträge letztlich unterscheiden.[409] Zum anderen wird weder im *conceptual framework* noch in den einzelnen IFRS erläutert, was unter der **ordentlichen Geschäftstätigkeit** zu verstehen ist. Vielmehr wird es Unternehmen durch IAS 1 *Presentation of Financial Statements* explizit und ausnahmslos **verboten**, Posten als **außerordentlich** (*extraordinary*) zu bezeichnen.[410] Im Umkehrschluss bedeutet die Vorgabe in IAS 1, dass alle Erträge als „aus der ordentlichen Geschäftstätigkeit" darzustellen sind, die Definition von Umsatzerlösen ins Leere läuft und im *conceptual framework* letztlich unklar bleibt, welches **konstituierende Merkmal** Umsatzerlöse aufweisen.[411]

---

405 Gemäß dem Wortlaut des *conceptual framework* stellen Zinsen somit explizit eine Teilmenge der Umsatzerlöse dar. Dies führt dazu, dass mitunter Unternehmen außerhalb des Finanzsektors – bspw. ein Hersteller, der Güter verkauft und eine Ratenzahlung ermöglicht – Zinsen als Umsatzerlöse ausweisen, wenn sie aus der ordentlichen Geschäftstätigkeit resultieren. Zu dieser kontraintuitiven Konsequenz der Definition von Umsatzerlösen im *conceptual framework* vgl. NOBES, C., Income, S. 89.

406 Vgl. CF.4.30.

407 Vgl. WÜSTEMANN, J./KIERZEK, S., Projekt, S. 249 f.; NOBES, C., Income, S. 88 f.

408 Vgl. CF.4.30; GRAU, A., Gewinnrealisierung, S. 58.

409 Der im Schrifttum bspw. von BENDER, C., Umsatzerfassung, S. 46 f. und NOBES, C., Income, S. 88 diskutierte Unterschied, Umsatzerlöse seien eine Bruttogröße, andere Erträge hingegen eine Nettogröße, ist vor dem Hintergrund des Wortlauts des *conceptual framework* ebenfalls nicht geeignet, um Umsatzerlöse und andere Erträge voneinander abzugrenzen, da in CF.4.31 lediglich angeführt wird, dass andere Erträge häufig, nicht aber ausschließlich netto erfasst werden (*are often reported net*).

410 Vgl. IAS 1.87.

411 Vgl. NOBES, C., Revenue Recognition, S. 87.

Nach hier vertretener Auffassung würde die folgende, auf den Überlegungen von NOBES[412] und BENDER[413] aufsetzende Definition von Umsatzerlösen die oben genannten Probleme vermeiden. Die Definition könnte neben der oben zitierten Definition von Erträgen (*income*) ins *conceptual framework* aufgenommen werden:

> Umsatzerlöse stellen eine **Eigenkapitalerhöhung** dar, die aus einem Bruttozufluss wirtschaftlichen Nutzens resultiert, weil in einer **Transaktion mit einem Kunden** Güter übertragen oder Dienstleistungen erbracht wurden, welche ein Resultat des **betrieblichen Leistungsprozesses** darstellen.

Die Tatbestandsmerkmale „Transaktion mit einem Kunden“ und „betrieblicher Leistungsprozess“ formulieren exklusive Merkmale der Umsatzerlöse und vermeiden das erwähnte Problem, welches das Merkmal „ordentliche Geschäftstätigkeit“ mit sich bringt. Überdies ermöglicht die Definition, Umsatzerlöse von den – in Deutschland häufig als sonstige betriebliche Erträge ausgewiesenen – *gains* abzugrenzen.[414]

In engem Zusammenhang mit der Definition von Erträgen stehen die Ausführungen des *conceptual framework* zur **Realisierung von Erträgen**. In CF.4.47 heißt es (Hervorhebungen durch den Verfasser):[415]

> *"Income is recognised in the income statement when an increase in future economic benefits **related** to an **increase in an asset** or **a decrease of a liability** has **arisen** that can be measured reliably."*

Die „**bilanzorientiert**[e]“[416] Definition von Erträgen und die Regelungen zur Ertragsrealisierung sind deutlich von der sog. ***asset liability theory*** geprägt.[417] Erträge dürfen dann und

412 Vgl. NOBES, C., Income, S. 93.

413 Vgl. BENDER, C., Umsatzerfassung, S. 47 f.

414 Beispielsweise würden Erträge aus einer aufzulösenden Rückstellung oder Erträge aus dem Verkauf von Sachanlagevermögen nicht als Umsatzerlöse gezeigt. Bei Erträgen aus einer aufzulösenden Rückstellung mangelt es an einer Transaktion mit einem Kunden. Der Verkauf von Sachanlagevermögen stellt kein Resultat des betrieblichen Leistungserstellungsprozesses i.e.S. dar.

415 Zu den spiegelbildlichen Ausführungen zur Aufwandsrealisierung vgl. CF.4.49.

416 PLOCK, M., Ertragsrealisation, S. 46. Einfügung durch den Verfasser.

nur dann erfasst werden, wenn sich Vermögenswerte und/oder Schulden im Sinne des *conceptual framework* der Höhe nach verändert haben (*increase in an asset or decrease of a liability **has arisen***). Im Umkehrschluss bedeutet dies auch, dass ein Ertrag dem Wortlaut nach nicht erfasst werden darf, indem ein „reiner Verrechnungsposten"[418] gebildet oder aufgelöst wird, welcher die Definition eines Vermögenswerts oder einer Schuld nicht erfüllt.[419]

Im Reformprojekt *revenue recognition*, welches 2002 auf die Agenda des IASB genommen wurde, wird ein neuer IFRS zur Umsatzrealisierung entwickelt.[420] Mit dem Reformprojekt begegnet der IASB auch der im Vorfeld des Projekts geäußerten Kritik, dass die derzeitigen Regelungen zur Umsatzrealisierung zu Posten in der Bilanz führen können, welche nicht die Definition eines Vermögenswerts oder einer Schuld erfüllen und somit im Widerspruch zu dem von der *asset liability theory* geprägten *conceptual framework* stehen.[421] Im Folgenden wird daher der derzeitige Stand des Reformprojektes vorgestellt und erläutert, wie die Ertragsrealisierung beim Leasinggeber ausgestaltet werden muss, damit sie konzeptionell mit dem Reformprojekt *revenue recognition* im Einklang steht.

417 Vgl. HOMMEL, M./SCHMITZ, S., Umsatzrealisation, S. 17 und S. 22. Die *asset liability theory* wurde maßgeblich durch die Autoren SPROUSE/MOONITZ geprägt. Vgl. SPROUSE, R./MOONITZ, M., SUMMARY, S. 61-63. Die *asset liability theory* stellt das angelsächsische Pendant zur deutschen statischen Bilanztheorie nach SIMON dar. Vgl. dazu SIMON, H., Bilanzen.

418 WÜSTEMANN, J./KIERZEK, S., Ertragsvereinnahmung, S. 429.

419 Vgl. WÜSTEMANN, J./KIERZEK, S., Revenue Recognition, S. 78.

420 Das Reformprojekt *revenue recognition* ist wie das Reformprojekt *leases* ein Gemeinschaftsprojekt von IASB und FASB.

421 Vgl. ERCHINGER, H./MELCHER, W., Umsatzerlöse (Teil 1), S. 435. Zu berücksichtigen ist, dass dieser Befund nicht verwundern darf, denn die derzeitigen Regelungen zu Umsatzrealisierung wurden veröffentlicht, bevor das *conceptual framework* verabschiedet wurde. Vgl. SCHMITZ, S., Bilanztheorie, S. 129. Zum Einfluss der *asset liability theory* auf die Standardsetzung allgemein vgl. ausführlich SCHMITZ, S., Bilanztheorie, S. 127-140.

333. Die künftige Umsatzrealisierung nach IFRS und Implikationen der geplanten Neuregelungen für die Ertragsrealisierung beim Leasinggeber

333.1 Das Modell zur künftigen Umsatzrealisierung im Überblick

Im Mittelpunkt der geplanten Neuregelungen des Reformprojekts *revenue recognition*[422] steht ein Prinzip zur Umsatzrealisierung, welches Umsatz – im Einklang mit der von der *asset liability theory* geprägten Sichtweise des *conceptual framework* – als Resultat einer positiven Veränderung des Nettovermögens eines Unternehmens auffasst.[423] Als maßgeblichen Zeitpunkt für die Umsatzrealisierung (Umsatzrealisierung dem Grunde nach) führt der IASB jenen Zeitpunkt an, zu dem die **Verfügungsmacht** an dem zugesagten Gut oder an der zugesagten Dienstleistung[424] auf den Kunden **übertragen wurde** (*control*-Prinzip).[425] Das *control*-Prinzip soll den derzeitigen *risk and reward approach* in IAS 18[426] und den *continuous approach* in IAS 11 *Construction contracts*[427] als alleiniges Prinzip für die

---

[422] Seit Beginn des Reformprojekts *revenue recognition* im Jahre 2002 hat der IASB seine Vorschläge zur künftigen Umsatzrealisierung nach IFRS in einem Diskussionspapier, einem Standardentwurf und einem revidierten Standardentwurf vorgestellt. Vgl. IASC FOUNDATION (HRSG.), DP Revenue Recognition; IFRS FOUNDATION (HRSG.), ED/2010/6; IFRS FOUNDATION (HRSG.), ED/2011/6. Der finale IFRS ist für das dritte Quartal 2013 angekündigt. Das Reformprojekt *revenue recognition* wird daher deutlich früher abgeschlossen sein als das Reformprojekt *leases*, weshalb die Vorschläge im Reformprojekt *revenue recognition* zum heutigen Zeitpunkt auch bereits wesentlich konkreter sind. Zur derzeitigen Reformagenda des IASB (Stand 2. Juni 2013) vgl. den *work plan*, abrufbar unter www.ifrs.org.

[423] Vgl. HOMMEL, M./SCHMITZ, S., Umsatzrealisation, S. 17. Vgl. dazu auch BÖSSER, J./OPPERMANN, M./PILHOFER, J., Auswirkungen, S. 244, die anführen: „Umsätze sollen [künftig] unter Beachtung des in den einschlägigen Rahmenkonzepten manifestierten bilanzorientierten asset-and-liability approach [...] erfasst werden". Einfügung und Auslassung durch den Verfasser.

[424] In der vorliegenden Arbeit wird von Gütern und Dienstleistungen gesprochen, weil dies der offiziellen Übersetzung der IFRS für „*goods and services*" entspricht. Das Verständnis des Begriffs „Gut" ist in den IFRS somit ein anderes als das sehr weite Verständnis in der Volkswirtschaftslehre. Dort wird der Begriff „Gut" als Oberbegriff für alles verwendet, was der Bedürfnisbefriedigung dient. Vgl. GROSSEKETTLER, H./HADAMITZKY, A./LORENZ, C., Volkswirtschaftslehre, S. 30 f.

[425] Vgl. IFRS FOUNDATION (HRSG.), ED/2011/6.IN9 und das dort aufgeführte *core principle*.

[426] Gemäß IAS 18 setzt die Umsatzrealisierung aus dem Verkauf eines Guts voraus, dass die wesentlichen mit dem Eigentum an dem Gut verbundenen Risiken und Chancen übertragen wurden, weshalb im Schrifttum von einem *risk and reward approach* gesprochen wird. Vgl. IAS 18.14 (a) sowie stellvertretend WÜSTEMANN, J./WÜSTEMANN, S./NEUMANN, S., in: IFRS-Komm., Kommentierung zu IAS 18, Tz. 22-26.

[427] IAS 11 regelt die Umsatzrealisierung beim Auftragnehmer von Fertigungsaufträgen. Ein Fertigungsauftrag zeichnet sich nach IAS 11.3 dadurch aus, dass es sich um einen individuell ausgehandelten Vertrag über einen kundenspezifischen Gegenstand handelt. Unter bestimmten Bedingungen sieht IAS 11 die Umsatz- bzw. Gewinnrealisierung nach dem Leistungsfortschritt

Umsatzrealisierung ablösen.[428] Nach Ansicht des IASB verändert sich nämlich zu dem Zeitpunkt, zu dem die Verfügungsmacht an einem Gut oder an einer Dienstleistung auf den Kunden übertragen wurde, das Reinvermögen des leistenden Unternehmens, was die Ertragsrealisierung gemäß dem Grundkonzept des *conceptual framework* veranlasst.[429] Zwischen dem Zeitpunkt des Vertragsabschlusses und dem Zeitpunkt, zu dem das Gut auf den Kunden übertragen oder die Dienstleistung erbracht wurde, unterstellt der IASB, dass sich Leistungsverpflichtung und Vergütungsanspruch in gleicher Höhe gegenüberstehen.[430]

Zur Umsetzung der Grundprinzipien für die künftige Umsatzrealisierung sind im revidierten Standardentwurf *revenue recognition* fünf Schritte vorgesehen, auf die in den folgenden Abschnitten[431] näher eingegangen wird:[432]

(1) Identifizierung des Vertrags mit einem Kunden.
(2) Identifizierung der separaten Leistungsverpflichtungen des Vertrags.
(3) Bestimmung des Transaktionspreises.
(4) Allokation des Transaktionspreises auf die separaten Leistungsverpflichtungen.
(5) Umsatzrealisierung bei Erfüllung einer Leistungsverpflichtung.

Umsatzerlöse aus Leasingverhältnissen sind **explizit** aus dem Anwendungsbereich des revidierten Standardentwurfs *revenue recognition* **ausgeschlossen.**[433] Zu berücksichtigen ist indes, dass dieser Ausschluss aus dem Anwendungsbereich eigene Regelungen zur Umsatz-

(*percentage of completion method*) vor. Vgl. dazu stellvertretend PATZAK, K./KERSCHER-PREIS, B., in: IFRS-Komm., Kommentierung zu IAS 11, Tz. 34-55.

428 Vgl. HOMMEL, M./SCHMITZ, S., Umsatzrealisation, S. 22; KÜHNE, M./SCHLEIS, I., Umsatzrealisierung, S. 259. „Die unterschiedlichen Vorgehensweisen der beiden Standards [IAS 18 und IAS 11] wurden jahrelang hingenommen, belegen aber den mangelnden bilanztheoretischen Unterbau [der IFRS]". SCHMITZ, S., Bilanztheorie, S. 129. Einfügungen durch den Verfasser.

429 Vgl. OLSEN, L./WEIRICH, T., New Revenue-Recognition, S. 55 f.

430 Vgl. IFRS FOUNDATION (HRSG.), ED/2011/6.BC20 sowie ausführlich HOMMEL, M./SCHMITZ, S., Umsatzrealisation, S. 18.

431 Vgl. Abschnitt 332.2-332.6.

432 Vgl. IFRS FOUNDATION (HRSG.), ED/2011/6.IN10.

433 Überdies werden Umsatzerlöse aus Versicherungsverträgen, vertragliche Rechte und Pflichten aus Finanzinstrumenten nach IAS 39 sowie bestimmte Tauschgeschäfte explizit vom Anwendungsbereich des revidierten Standardentwurfs ausgeschlossen. Vgl. IFRS FOUNDATION (HRSG.), ED/2011/6.9. Ziel der folgenden Abschnitte 332.2-332.6 ist es daher auch nicht, die Regelungen des revidierten Standardentwurfs *revenue recognition* auf ein Leasingverhältnis **anzuwenden.**

realisierung beim Leasinggeber in einem IFRS zur Leasingbilanzierung notwendig macht. Ein Querverweis auf den (künftigen) IFRS zur Umsatzrealisierung wäre aufgrund des Ausschlusses von Umsatzerlösen aus Leasingverhältnissen aus dem Anwendungsbereich keine Lösung. Ziel dieses Abschnitts ist es daher, die Vorschläge des Reformprojektes *revenue recognition* als **Bezugssystem** zu verwenden, um eigene Regelungen für die Ertragsrealisierung beim Leasinggeber zu erarbeiten. Diese sollen **konzeptionell** mit den Vorschlägen im Reformprojekt *revenue recognition* im Einklang stehen, die in Kürze in einem finalen IFRS veröffentlicht werden.[434] Nur so kann eine **konsistente, standardübergreifende** Ertragsrealisierung gewährleistet werden, die überdies die grundlegenden Anforderungen des ***conceptual framework* an die Ertragsrealisierung** nach IFRS berücksichtigt.

333.2 Die Identifizierung des Vertrags mit einem Kunden

Die Umsatzrealisierung gemäß dem revidierten Standardentwurf *revenue recognition* setzt zwingend einen **Vertrag mit einem Kunden** voraus (sog. vertragsbasierte Umsatzrealisierung).[435] Ein Vertrag im Sinne des revidierten Standardentwurfs *revenue recognition* liegt nur vor, wenn aus der Vereinbarung **rechtlich durchsetzbare** Rechte und Pflichten für das bilanzierende Unternehmen und den Kunden resultieren.[436] Verträge müssen grundsätzlich nicht in schriftlicher Form geschlossen werden, sondern können auch mündlich oder konkludent zustande kommen, sofern sich die Vertragsparteien dennoch über die *essentialia negotii* geeinigt haben und rechtlich durchsetzbare Rechte und Pflichten entstanden sind. Diese zwingende Notwendigkeit eines Vertrags schließt u.a. Umsatzerlöse aus dem Anwen-

---

434 Für eine solche Vorgehensweise spricht sich auch der IASB aus: *"In the board's view, the proposed requirements would provide [...] a framework for considering revenue issues in other standard-setting projects".* IFRS FOUNDATION (HRSG.), ED/2011/6.BC42. Auslassung durch den Verfasser.

435 Vgl. IFRS FOUNDATION (HRSG.), ED/2011/6.12-15; ERNST & YOUNG (HRSG.), Umsatzrealisierung, S. 5. Vgl. im handelsrechtlichen Kontext bereits SCHÄFER, W., Forderungen, S. 17, der anführt, dass die Umsatzrealisierung bei einem Güterverkauf voraussetzt, dass „die Güter im Rahmen abgeschlossener Verträge geliefert werden".

436 Vgl. IFRS FOUNDATION (HRSG.), ED/2011/6.13. Dort heißt es: *"A contract [...] creates enforceable rights and obligations. Enforceability is a matter of law."* Auslassung durch den Verfasser.

dungsbereich des revidierten Standardentwurfs *revenue recognition* aus, die daraus resultieren, dass der beizulegende Zeitwert eines Vermögenswerts gestiegen ist.[437]

333.3 Die Identifizierung der separaten Leistungsverpflichtungen des Vertrags

333.31 Die Vorgaben im revidierten Standardentwurf *revenue recognition*

Unternehmen verkaufen mit einem Vertrag mitunter mehrere Güter und/oder erbringen (zusätzlich) eine oder mehrere Dienstleistungen (Mehrkomponentenverträge).[438] Aus diesem Grund verpflichtet der IASB das bilanzierende Unternehmen im revidierten Standardentwurf *revenue recognition*, zu Vertragsbeginn sämtliche in dem Vertrag zugesagten Güter und Dienstleistungen zu identifizieren. Im nächsten Schritt muss das Unternehmen beurteilen, welche der zugesagten Güter und/oder Dienstleistungen sog. **separate Leistungsverpflichtungen** (*separate performance obligations*) darstellen.[439] Die Notwendigkeit, einzelne separate Leistungsverpflichtungen zu identifizieren, ist ein wichtiges Element im revidierten Standardentwurf *revenue recognition*, weil sowohl die Frage nach der Höhe des Umsatzes (Umsatzrealisierung der Höhe nach)[440] als auch die Frage nach dem Zeitpunkt der Umsatzrealisierung (Umsatzrealisierung dem Grunde nach)[441] **auf Ebene der einzelnen separaten Leistungsverpflichtungen** zu beantworten ist.[442] Dies verdeutlicht das folgende Beispiel:

> Ein Unternehmen verpflichtet sich gegenüber einem Kunden in laut **einem** Vertrag **zwei** Güter zu liefern. Die Lieferung erfolgt zu zwei unterschiedlichen Zeitpunkten. Gemäß der Vorgabe des revidierten Standardentwurfs *revenue recognition*, die Umsatzerlöse auf Basis einzelner separater Leistungsverpflichtungen zu erfassen, ist der gesamte Umsatz

[437] Dies könnte bspw. Renditeimmobilien nach IAS 40 betreffen, die zum beizulegenden Zeitwert bewertet werden und von einem Unternehmen zum Zwecke einer Wertsteigerung gehalten werden.

[438] Vgl. auch Abschnitt 322.24 und die dortigen Ausführungen zu Mehrkomponentenverträgen.

[439] Vgl. IFRS FOUNDATION (HRSG.), ED/2011/6.23.

[440] Vgl. dazu Abschnitt 333.5.

[441] Vgl. dazu Abschnitt 333.6.

[442] Vgl. WOLLMERT, P., Gewinnrealisierung, S. 79.

aus dem Vertrag (Abschnitt 333.4) auf die beiden Güter zu allokieren (Abschnitt 333.5) und jeweils dann zu erfassen, wenn die Güter auf den Kunden übertragen werden (Abschnitt 333.6).

Die dargestellte Vorgehensweise ist vor dem Hintergrund des Zwecks eines IFRS-Abschlusses positiv zu würdigen, denn nur diese „Konzeption der Umsatzaufgliederung [führt] zu einer zutreffenden Periodisierung der Umsatzerlöse bzw. der Gewinnmargen und somit zu einer korrekten Abbildung von Mehrkomponentenverträgen im Jahresabschluss“[443].

Nicht jedes vertraglich zugesagte Gut und nicht jede vertraglich zugesagte Dienstleistung stellt eine **separate** Leistungsverpflichtung dar. Gemäß dem revidierten Standardentwurf *revenue recognition* ist das Tatbestandsmerkmal einer separaten Leistungsverpflichtung, dass das Gut oder die Dienstleistung **einzeln abgrenzbar** (*distinct*) ist.[444] Gemäß dem Wortlaut des revidierten Standardentwurfs ist ein Gut oder eine Dienstleistung dann einzeln abgrenzbar, wenn das Unternehmen das entsprechende Gut oder die entsprechende Dienstleistung entweder separat am Markt anbietet[445] oder zumindest anbieten **könnte**, weil das betreffende Gut oder die betreffende Dienstleistung dem Kunden – ggf. in Kombination mit anderen **jederzeit verfügbaren** Ressourcen – Nutzen stiftet bzw. stiften würde.[446]

---

443 PILHOFER, J., Gewinnrealisierung, S. 373. Einfügung durch den Verfasser. Gl.A. KÜTING, K./TUROWSKI, P./PILHOFER, J., Mehrkomponentenverträge, S. 308. Eine im HGB-Abschluss nach WÜSTEMANN, J./KIERZEK, S., Mehrkomponentenverträge, S. 902 “gemäß dem strengen Realisationsprinzip bei Bestehen eines Gesamtrücktrittsrisikos gebotene Hinauszögerung der Gewinnrealisierung auf den Zeitpunkt der vollständigen Vertragserfüllung“ ist in einem IFRS-Abschluss nicht zweckmäßig.

444 Vgl. IFRS FOUNDATION (HRSG.), ED/2011/6.27. Der Begriff *“distinct“* wird im deutschen Schrifttum (bisher) uneinheitlich übersetzt. SCHARR, C./USINGER, R., Umsatzrealisierung, S. 102 verwenden bspw. den Begriff „unterscheidbar“ und nicht den hier verwendeten Ausdruck „einzeln abgrenzbar“. HAAS, S./KREHER, T., Lizenzverträge, S. 117 übersetzen *“distinct“* mit „verschieden“. Vgl. dazu auch die Ausführungen von SCHMITZ, S., Bilanztheorie, S. 133.

445 Vgl. IFRS FOUNDATION (HRSG.), ED/2011/6.28 (a).

446 Vgl. IFRS FOUNDATION (HRSG.), ED/2011/6.28 (b); KÜHNE, M./SCHLEIS, I., Umsatzrealisierung, S. 260. Ein Indikator, wann eine Leistungsverpflichtung *distinct* im Sinne des revidierten Standardentwurfs *revenue recognition* ist, dürfte überdies die technische und rechtliche Teilbarkeit im deutschen schuldrechtlichen Sinne sein. Vgl. dazu WÜSTEMANN, J./KIERZEK, S., Mehrkomponentenverträge, S. 894-896. In Ausnahmefällen ist gemäß ED/2011/6.29 vorgesehen, dass einzelne Leistungsverpflichtungen, die gemäß der genannten Kriterien eigentlich einzeln abgrenzbar wären,

Die Voraussetzung, einzelne separate Leistungsverpflichtungen identifizieren zu können, bevor die Umsatzerlöse auf Ebene einzelner Leistungsverpflichtungen realisiert werden können, ist als eigener Schritt im fünfstufigen Modell des revidierten Standardentwurfs *revenue recognition* ein **elementarer Bestandteil** der geplanten Neuregelungen. Die Ertragsrealisierung muss demnach auch beim Leasinggeber auf Ebene der einzelnen Leistungsverpflichtungen erfolgen, damit die künftigen Regelungen zur Leasingbilanzierung konzeptionell im Einklang mit den künftigen Regelungen zur Umsatzrealisierung stehen.

Zu klären ist im Folgenden, welche von einem Leasinggeber zugesagten Güter und/oder Dienstleistungen separate Leistungsverpflichtungen darstellen. Dies wird im Folgenden zum einen für **direktes** Hersteller-/Händlerleasing und zum anderen für **indirektes** Hersteller-/Händlerleasing bzw. hersteller-/händler**un**abhängiges Leasing analysiert.[447]

333.32 Separate Leistungsverpflichtungen in einem Leasingverhältnis

333.321. Separate Leistungsverpflichtungen bei direktem Hersteller-/Händlerleasing

Bei direktem Hersteller-/Händlerleasing ist das leistende Unternehmen sowohl Hersteller oder Händler des Leasinggegenstands als auch Leasinggeber.[448] Leasing stellt für den Leasinggeber im Wesentlichen eine absatzfördernde Maßnahme dar.[449] Sofern ein Leasinggeber in einem direkten Hersteller- oder Händlerleasing-Verhältnis mit einem Leasingnehmer ein

dennoch zu einem Bündel zusammengefasst werden. Auf diese Fälle wird in der vorliegenden Arbeit nicht näher eingegangen.

447 Zu dieser Systematisierung vgl. Abschnitt 21.

448 Vgl. dazu Abschnitt 21. Die folgenden Ausführungen gelten auch für indirektes Hersteller-/Händlerleasing im **Konzernabschluss**, sofern der Hersteller oder Händler des Leasinggegenstands und der Leasinggeber zum selben Konzernverbund gehören. In diesen Fällen tritt das fiktive Gebilde Konzern als Hersteller oder Händler und Leasinggeber auf. Gemäß dem Einheitsgrundsatz, wonach im Konzernabschluss die wirtschaftliche Lage der einbezogenen Unternehmen so darzustellen ist, als wären die einbezogenen Unternehmen ein einziges Unternehmen, existiert aus Konzernsicht wie beim direkten Hersteller-/Händlerleasing eine Zwei-Personen-Beziehung zwischen dem Konzern als Hersteller oder Händler und Leasinggeber und dem Kunden als Leasingnehmer. Zum Einheitsgrundsatz nach IFRS vgl. BAETGE, J./HAYN, S./STRÖHER, T., in: IFRS-Komm., Kommentierung zu IAS 27, Tz. 5.

449 Vgl. Abschnitt 21.

einfaches Leasingverhältnis eingeht,[450] hat sich der Leasinggeber zum einen vertraglich verpflichtet, dem Leasingnehmer den hergestellten (Herstellerleasing) oder angeschafften (Händlerleasing) Leasinggegenstand zur Verfügung zu stellen bzw. das Recht auf Nutzung am Leasinggegenstand auf den Leasingnehmer zu übertragen.[451] Zum anderen hat der Leasinggeber vertraglich zugesagt, während der Laufzeit des Leasingverhältnisses eine Finanzierungsleistung zu erbringen oder präziser ausgedrückt, das Recht auf Nutzung zu finanzieren.

Ungeachtet der mangelnden praktischen Relevanz wäre es einem Leasinggeber indes auch möglich, auf Wunsch des Kunden eine Einmalzahlung zu Beginn der Laufzeit des Leasingverhältnisses anstelle einer ratierlichen Zahlung der Leasingraten zu vereinbaren. In diesem Fall hätte sich der Leasinggeber vertraglich verpflichtet, lediglich das Recht auf Nutzung zu übertragen, nicht aber eine Finanzierungsleistung zu erbringen. Da eine Leistungsverpflichtung gemäß dem Wortlaut des revidierten Standardentwurfs *revenue recognition* bereits dann einzeln abgrenzbar (*distinct*) ist, wenn das leistende Unternehmen das Gut oder die Dienstleistung separat am Markt anbieten **könnte**, stellt das Recht auf Nutzung eine separate Leistungsverpflichtung dar. Einem Leasinggeber ist es ebenfalls (theoretisch) möglich, lediglich eine Finanzierungsdienstleistung anzubieten; auch diese stellt daher eine separate Leistungsverpflichtung dar. Im revidierten Standardentwurf *revenue recognition* ist indes nicht vorgesehen, eine Finanzierungsleistung als separate Leistungsverpflichtung zu behandeln. Sofern eine Transaktion eine Finanzierungskomponente enthält, ist diese nach dem revidierten Standardentwurf *revenue recognition* stattdessen bei der Bestimmung des Transaktionspreises zu berücksichtigen (**Zeitwert des Geldes**).[452] HOMMEL/SCHMITZ führen in diesem Zusammenhang aus, dass der IASB im (revidierten) Standardentwurf *revenue recognition* „die Finanzierung – systematisch wenig überzeugend – nicht als separate Leistungsverpflichtung [wertet], obwohl sie definitionsgemäß ‚distinct' ist […]. Dadurch werden die von ihm [dem Unternehmen] geschuldeten und separierbaren Leistungseinhei-

[450] Zu den Eigenschaften eines einfachen Leasingverhältnisses vgl. Abschnitt 322.11.

[451] Vgl. Abschnitt 322.122.

[452] Vgl. IFRS FOUNDATION (HRSG.), ED/2011/6.58-62. Zur Bestimmung des Transaktionspreises vgl. Abschnitt 333.41.

ten ohne Objektivierungsnot systematisch unvollständig ausgewiesen“[453]. Dieser Ansicht ist zuzustimmen. Daher wird im Folgenden die Finanzierungsleistung als separate Leistungsverpflichtung erfasst und gleichzeitig dem IASB empfohlen, diese Vorgehensweise auch für den finalen IFRS zur Umsatzrealisierung zu übernehmen. Weil in einem direkten Hersteller-/Händlerleasing-Verhältnis somit beide Leistungsverpflichtungen separate Leistungsverpflichtungen darstellen, muss die Umsatzrealisierung im Folgenden jeweils dem Grunde und der Höhe nach für die jeweilige separate Leistungsverpflichtung gesondert diskutiert werden.

Darüber hinaus ist zu klären, welche weiteren zusätzlichen separaten Leistungsverpflichtungen **komplexe Leasingverhältnisse** enthalten können. So umfasst der Leistungsumfang von komplexen Leasingverhältnissen häufig verschiedene **zusätzliche Servicebestandteile**.[454] Sofern die Serviceleistungen am Markt separat angeboten werden oder angeboten werden könnten, sind sie definitionsgemäß einzeln abgrenzbar und müssen – wie im Folgenden noch zu zeigen sein wird – bei der Umsatzrealisierung dem Grunde und der Höhe nach ebenfalls gesondert berücksichtigt werden.[455]

In komplexen Leasingverhältnissen werden dem Leasingnehmer zudem häufig **Laufzeitoptionen** gewährt.[456] Fraglich ist, ob diese Realoptionen separate Leistungsverpflichtungen darstellen können. Im revidierten Standardentwurf *revenue recognition* heißt es in Tz. B20 f. (Auslassungen und Hervorhebungen durch den Verfasser):

> *"Customer options [...] come in many forms, including [...] renewal options [...]. [T]hat option **gives rise to a separate performance obligation** in the contract **only** if the option provides a **material right** to the customer that it would not receive without entering into that contract (for example, a discount that is incremental to the range of discounts typical-*

[453] HOMMEL, M./SCHMITZ, S., Umsatzrealisation, S. 21. Einfügungen und Auslassungen durch den Verfasser.

[454] Vgl. Abschnitt 322.24.

[455] In Abschnitt 322.24 wurde in einem anderen Zusammenhang ein Beispielsachverhalt diskutiert, in dem sich der Leasinggeber nicht nur verpflichtet hat, zwei Stockwerke einer Gewerbeimmobilie zur Nutzung bereit zu stellen, sondern auch, einen Hausmeisterservice und einen Reinigungsservice zu erbringen. Weil im Beispielsachverhalt beide Serviceleistungen auch separat am Markt angeboten werden, wären zwei weitere separate Leistungsverpflichtungen zu berücksichtigen.

[456] Vgl. dazu Abschnitt 322.21.

ly given for those goods or services to that class of customer in that geographical area or market)".

Gemäß dem Wortlaut können gewährte Realoptionen somit grds. separate Leistungsverpflichtungen sein, indes nur dann, wenn sie für den Leasingnehmer ein **wesentliches Recht** (*material right*) darstellen. Eine Laufzeitoption stellt nur dann ein wesentliches Recht dar, wenn das zusätzliche Recht auf Nutzung zu Konditionen erworben werden kann, die dem Leasingnehmer verwehrt wären, wenn er das Leasingverhältnis nicht eingegangen wäre. Sofern einem Leasingnehmer zu Beginn der Laufzeit des Leasingverhältnisses bspw. die Option gewährt wird, das Leasingobjekt über die Mindestleasinglaufzeit hinaus für ein weiteres Jahr zu **marktüblichen** Leasingraten zu nutzen, stellt diese Option **kein** wesentliches Recht dar. Der Leasingnehmer hätte auch ohne das ursprüngliche Leasingverhältnis die Möglichkeit, den Gegenstand zu marktüblichen Konditionen zu leasen. Sofern ihm indes die Option gewährt wird, das Leasingobjekt über die Mindestleasinglaufzeit hinaus zu nutzen und die Leasingraten während der optionalen Laufzeit **wesentlich geringer** als die sonst (allgemein) marktüblichen Leasingraten sind, so stellt diese Laufzeitoption ein wesentliches Recht und somit eine separate Leistungsverpflichtung dar.

Der erläuterte Vorschlag im revidierten Standardentwurf *revenue recognition* ist insofern kritisch zu beurteilen, als der Leasinggeber letztlich zu Beginn der Laufzeit des Leasingverhältnisses verpflichtet ist, einzuschätzen, ob die Leasingraten in der optionalen Leasingperiode den (künftigen) Marktpreis unterschreiten. Nur wenn dies bejaht wird, stellt die Laufzeitoption ein wesentliches Recht und somit eine separate Leistungsverpflichtung im Sinne des revidierten Standardentwurfs *revenue recognition* dar. Deutlich wird, dass diese Vorschrift mit **vergleichbaren Schätzproblemen** einhergeht, wie sie nach derzeitiger Rechtslage zu beobachten sind, nämlich wenn der Leasinggeber verpflichtet ist, ein Leasingverhältnis als operatives oder Finanzierungsleasing-Verhältnis zu klassifizieren.[457] Aus diesem Grund wird hier vorgeschlagen, dass der Leasinggeber auf anderem Wege verpflichtet sein sollte, zu beurteilen, ob mit der Realoption ein wesentliches Recht im Sinne des revidierten Standardentwurfs *revenue recognition* gewährt wurde: Der Leasinggeber sollte

[457] Vgl. dazu Abschnitt 323.11. Dort wurden die Probleme beschrieben, welche daraus resultieren, dass ein Leasinggeber *de lege lata* verpflichtet ist, einzuschätzen, ob eine Kaufoption oder eine Laufzeitverlängerungsoption günstig ist.

mithilfe des in Abschnitt 322.212 erläuterten Vergleichsverfahrens ermitteln, ob die gewährte Realoption durch den Leasingnehmer vergütet wird.[458] Sofern dies zu bejahen ist – was regelmäßig der Fall sein wird –, sollte die Realoption bilanziell als separate Leistungsverpflichtung behandelt werden, denn der Leasingnehmer wird nur dann etwas vergüten, wenn er auch eine entsprechende Gegenleistung dafür erhält.[459] Im weiteren Verlauf dieses Abschnitts muss analysiert werden, wie Realoptionen als separate Leistungsverpflichtungen bilanziert werden können, obgleich in Abschnitt 322.212 die separate Bilanzierung von Realoptionen abgelehnt wurde.

333.322. Separate Leistungsverpflichtungen bei indirektem Hersteller-/Händlerleasing und hersteller-/händlerunabhängigem Leasing

Das indirekte Hersteller-/Händlerleasing und das hersteller-/händlerunabhängige Leasing zeichnen sich durch **leasingtypische Dreiecksbeziehungen** aus, weil Hersteller oder Händler des Leasinggegenstandes und Leasinggeber zwei unterschiedliche Rechtspersonen sind.[460] Zu klären bleibt aber, ob in diesen Leasingverhältnissen eine höhere oder geringere Anzahl separater Leistungsverpflichtungen vorliegt als in den oben diskutierten direkten Hersteller- oder Händlerleasing-Verhältnissen.

Ein Leasinggeber erwirbt einen Gegenstand mitunter mit der Absicht, diesen über seine Nutzungsdauer mehrmals und an verschiedene Parteien zu verleasen. In solchen Fällen erwirbt der Leasinggeber den Leasinggegenstand häufig „unter allein von ihm bestimmten Bedingungen und in der Hoffnung auf einen zukünftigen, in der Regel erst noch zu fin-

---

458 Der Leasinggeber muss den Barwert der vereinbarten Leasingraten für die unkündbare Mindestleasingdauer ermitteln und mit dem Barwert vergleichen, der sich *ceteris paribus* errechnen würde, wenn der Leasinggeber die entsprechende(n) Realoption(en) nicht gewährt hätte. Weil der Leasinggeber diese Informationen aufgrund seiner Kalkulation verfügbar hat, entfällt die Schätzproblematik der Vorgabe im revidierten Standardentwurf *revenue recognition.*

459 Die Ausführungen gelten analog für Kaufoptionen, weil Laufzeitverlängerungsoptionen und Kaufoptionen wirtschaftlich vergleichbare Sachverhalte darstellen. Vgl. dazu Abschnitt 322.22.

460 Vgl. Abschnitt 21. Wie bereits im vorangegangenen Abschnitt erläutert, gelten die folgenden Ausführungen nicht für indirektes Hersteller-/Händlerleasing im Konzernabschluss, sofern Hersteller oder Händler und Leasinggeber zum selben Konzernverbund gehören, obgleich auch dort zwei rechtlich unabhängige Unternehmen existieren.

denden [Leasingnehmer]“[461]. Sofern in diesem Szenario ein einfaches Leasingverhältnis eingegangen wird, ist der Leasinggeber auch hier verpflichtet, dem Leasingnehmer zum einen den Gegenstand zu Beginn des Leasingverhältnisses zur Verfügung zu stellen bzw. das Recht auf Nutzung zu übertragen und zum anderen eine Finanzierungsleistung zu erbringen. Insofern lassen sich – im Hinblick auf die separaten Leistungsverpflichtungen – zunächst keine Unterschiede zwischen direktem Hersteller-/Händlerleasing auf der einen Seite und indirektem Hersteller-/Händlerleasing bzw. hersteller-/händlerunabhängigem Leasing auf der anderen Seite feststellen.

Häufiger lässt sich beim indirekten Hersteller-/Händlerleasing und beim hersteller-/händlerunabhängigem Leasing indes beobachten, dass der Leasinggeber den Gegenstand erst dann erwirbt, nachdem ihn der künftige Leasingnehmer kontaktiert hat.[462] Zu diesem Zeitpunkt hatte der künftige Leasingnehmer in der Regel bereits geschäftlichen Kontakt zum Hersteller oder Händler des Leasinggegenstandes und das Objekt wurde vom Leasingnehmer bereits ausgewählt.[463] In einem solchen Leasingverhältnis wird der Leasinggegenstand häufig **direkt vom Hersteller oder Händler** zum Leasingnehmer geliefert.[464] Der Leasinggeber tritt dann bei der Lieferung/Übergabe des Leasinggegenstandes nicht in Erscheinung, weil der Hersteller oder Händler bzw. eine Hilfsperson (z.B. ein Spediteur) liefert.[465]

Grundlage eines Leasingvertrages bleibt indes – zumindest im deutschen Rechtsraum –, dass jeder Leasinggeber die **juristische „Kardinalpflicht“**[466] übernimmt, den Leasinggegenstand dem Leasingnehmer zur Verfügung zu stellen – auch wenn der Hersteller oder Händler gemäß Vertrag den Leasinggegenstand direkt zum Leasingnehmer liefert.[467] Der Hersteller oder Händler ist in diesen Fällen **Erfüllungsgehilfe** des Leasinggebers, welcher

461 HASTEDT, U.-P., Gewinnrealisation, S. 57. Einfügung durch den Verfasser.

462 Vgl. HASTEDT, U.-P., Gewinnrealisation, S. 53.

463 Vgl. GUNKEL, J., Mobilien-Leasing, S. 1726. In einigen Fällen bereitet der Hersteller oder Händler auch bereits den Kaufvertrag zwischen ihm und dem künftigen Leasinggeber unterschriftsreif vor.

464 Vgl. HASTEDT, U.-P., Gewinnrealisation, S. 72.

465 Vgl. BECKMANN, R., in: Leasinghandbuch, § 22. Unmöglichkeit, Tz. 25.

466 WIMMER-LEONHARDT, S., in: Leasinghandbuch, § 10. Einzelvereinbarungen, Tz. 30.

467 Vgl. stellvertretend GRAF WESTPHALEN, F. V., Leistungsfähigkeit, S. 1437.

sich des Herstellers oder Händlers lediglich bedient, um seiner Verpflichtung aus dem Leasingverhältnis nachzukommen und den Leasinggegenstand zur Verfügung zu stellen.[468] Zu prüfen ist, ob auch ein solches Leasingverhältnis für den Leasinggeber zwei separate Leistungsverpflichtungen umfasst.[469] Einer solchen Vermutung könnte indes die Tz. B16 des revidierten Standardentwurfs *revenue recognition* **entgegenstehen**. Dort heißt es nämlich (Hervorhebungen und Einfügungen durch den Verfasser):

> *"When **other parties** [hier: Hersteller oder Händler] are **involved** in providing goods or services to an entity's customer [hier: Leasingnehmer], the entity [hier: Leasinggeber] shall determine whether its performance obligation is to provide the specified goods or services itself (ie the entity is a principal) or to arrange for another party to provide those goods or services (ie the entity is an agent)."*

Gemäß dem Wortlaut der Vorschrift wäre es immer dann **keine** separate Leistungsverpflichtung des Leasinggebers, den Leasinggegenstand zur Verfügung zu stellen und das Recht auf Nutzung zu übertragen, wenn der Leasinggeber als **Agent des Herstellers oder Händlers** auftritt. In diesem Fall wäre es die separate Leistungsverpflichtung des Herstellers oder Händlers, den Leasinggegenstand zur Verfügung zu stellen.[470] In Tz. B17 heißt es in diesem Zusammenhang weiter (Hervorhebungen durch den Verfasser):

> *"If an entity **obtains control** of the goods or services of another party **before** it transfers those goods or services to the customer, the entity's performance obligation is to provide the goods or services itself."*

Gemäß dem weiteren Wortlaut dieser Vorschrift ist es somit entscheidend, festzustellen, ob ein Unternehmen die **Verfügungsmacht** über den Vermögenswert besessen hat, bevor dieser übertragen wurde, um zu beurteilen, ob es sich bei dem betrachteten Unternehmen um einen Prinzipal oder einen Agenten handelt. Dieser Grundsatz wird auch in den *basis for*

---

[468] Vgl. BECKMANN, H., Finanzierungsleasing, S. 149.

[469] Bei den beiden separaten Leistungsverpflichtungen würde es sich um die Übertragung des Leasinggegenstandes bzw. des Rechts auf Nutzung und die Finanzierungsleistung handeln.

[470] Die Tatsache, dass der Hersteller oder Händler bei juristischer Betrachtung ein Erfüllungsgehilfe des Leasinggebers ist, spielt letztlich keine Rolle, da die IFRS einer wirtschaftlichen Betrachtungsweise verpflichtet sind.

conclusions zum revidierten Standardentwurf *revenue recognition* betont. In Tz. BC294 heißt es entsprechend (Hervorhebungen durch den Verfasser):

> *"A principal **controls** the goods or services **before** they are transferred to customers. Consequently, the principal's performance obligation would be to transfer those goods or services to the customer. In contrast, an agent **does not control** the goods or services before they are transferred to customers. The agent **facilitates** the sale of goods or services between a principal and a customer."*

In den hier betrachteten Fällen des indirekten Hersteller-/Händlerleasings und des hersteller-/händlerunabhängigen Leasings wird der Leasinggegenstand vom Hersteller gefertigt oder vom Händler erworben und direkt an den Leasingnehmer geliefert, ohne dass der Leasinggeber in Erscheinung tritt. Der Leasinggeber besitzt zu **keinem Zeitpunkt** die **Verfügungsmacht** (*control*) über das zu übertragende Recht auf Nutzung. Vor dem Hintergrund der Ausführungen im revidierten Standardentwurf *revenue recognition* und in den entspechenden *basis for conclusions* tritt der Leasinggeber daher in diesen Fällen des indirekten Hersteller-/Händlerleasings und des hersteller-/händlerunabhängigen Leasings als **Agent des Herstellers oder des Händlers** auf.[471] Somit stellt es in diesen Fällen auch keine separate Leistungsverpflichtung des Leasinggebers dar, den Leasinggegenstand zur Verfügung zu stellen und das Recht auf Nutzung zu übertragen. Das Leasingverhältnis umfasst für den Leasinggeber nur eine separate Leistungsverpflichtung, nämlich die **Finanzierungsleistung.**[472]

Als **Zwischenfazit** ist festzuhalten, dass es für bestimmte Leasinggeber eine separate Leistungsverpflichtung darstellt, den Leasinggegenstand zur Verfügung zu stellen und das Recht auf Nutzung zu übertragen, für andere Leasinggeber indes nicht. Im weiteren Verlauf der vorliegenden Arbeit wird noch zu zeigen sein, dass sich die Umsatzrealisierung beim Leasinggeber zu Beginn der Laufzeit des Leasingverhältnisses wesentlich unterscheidet, je

471 Vgl. dazu auch ERNST & YOUNG (HRSG.), Umsatzrealisierung, S. 19.

472 Im deutschen Rechtsraum werden diese Leasingverhältnisse daher mitunter auch als atypische Darlehensverträge bezeichnet. EULER, R., Gewinnrealisierung, S. 97 führt dazu aus: „An die Stelle des unmittelbaren Kaufs der Sache durch den Leasingnehmer beim Hersteller oder Händler und hiervon unabhängiger Darlehensvereinbarung [...] tritt der Leasingvertrag." Auslassung durch den Verfasser.

nachdem, ob es für den Leasinggeber eine separate Leistungsverpflichtung darstellt, das Leasingobjekt zur Verfügung zu stellen oder nicht.

Sofern ein indirektes Hersteller-/Händlerleasing-Verhältnis oder ein hersteller-/händlerunabhängiges Leasingverhältnis komplexe Strukturen aufweist, bspw. Laufzeitoptionen, Servicekomponenten etc., muss der Leasinggeber prüfen, ob das Leasingverhältnis weitere separate Leistungsverpflichtungen umfasst. Die Ausführungen des vorangegangenen Abschnitts gelten dann analog.

333.4 Bestimmung des Transaktionspreises

333.41 Die Vorgaben im revidierten Standardentwurf *revenue recognition*

Nachdem das Unternehmen die separate(n) Leistungsverpflichtung(en) identifiziert hat, muss der Transaktionspreis bestimmt werden. Im revidierten Standardentwurf *revenue recognition* ist der Transaktionspreis in Tz. 50 wie folgt definiert:

> *"The transaction price is the amount of consideration to which an entity expects to be entitled in exchange for transferring promised goods or services to a customer, excluding amounts collected on behalf of third parties (for example, sales taxes)"*

Die Höhe des Transaktionspreises bestimmt den Umsatz **der Höhe nach.** Ein Transaktionspreis kann in vielen Fällen sehr einfach bestimmt werden.[473] Im einfachsten Fall ist als Transaktionspreis ein „fester, summenmäßig bestimmter Endpreis vereinbart"[474]. Sofern ein Unternehmen ein Gut zu einem fixen Preis an einen solventen Kunden verkauft hat, besitzt das Unternehmen **fast sichere Erwartungen** an die zugehende Gegenleistung.[475]

Die Gesamtvergütung kann indes aus unterschiedlichen Gründen auch eine **variable Größe** darstellen. Der Transaktionspreis ist dann **unsicher.**[476] Die tatsächliche Gesamtvergütung

[473] Vgl. ERCHINGER, H./MELCHER, W., Umsatzerlöse (Teil 1), S. 439.

[474] GELHAUSEN, H., Realisationsprinzip, S. 193.

[475] Vgl. LEFFSON, U., GoB, S. 471.

[476] Zum Begriff der Unsicherheit vgl. stellvertretend ADAM, D., Planung und Entscheidung, S. 215. Vgl. dazu auch MOXTER, A., Unsichere Erwartungen, S. 614, der anführt, dass eine Bilanzposition unsicher ist, wenn „mehrere Werte zur Wahl stehen". Zu betonen ist, dass in diesem Abschnitt le-

ist erst *ex post* bekannt, *ex ante* kann sie lediglich punktuell oder in einem Intervall geschätzt werden.[477] Die Thematik variabler Transaktionspreise sei anhand des folgenden einleitenden **Beispiels** verdeutlicht:

> Ein Unternehmen verkauft einem Kunden eine standardisierte Maschine. Der Kunde zahlt bei Lieferung 2.500 GE und verpflichtet sich zudem, zusätzliche 500 GE zu entrichten, sofern in den ersten zwölf Monaten der Nutzung keine Leistungsstörungen auftreten. Das Unternehmen hat in der Vergangenheit eine hohe Zahl dieses Maschinentyps verkauft und es ist auf Basis von Erfahrungswerten bekannt, dass in 95 % der Fälle keine Leistungsstörungen innerhalb der ersten zwölf Monate aufgetreten sind.

In jeden Abschluss müssen **punktuelle Werte** eingestellt werden,[478] sodass es im Falle unsicherer Transaktionspreise zwingend notwendig ist, eine Bandbreite theoretisch möglicher Transaktionspreise zu einem Wert zu verdichten. Der revidierte Standardentwurf *revenue recognition* sieht zwei **alternative Methoden** vor, um die Gesamtvergütung aus dem Vertrag zu schätzen, wobei jene Methode anzuwenden ist, welche die erwartete Gesamtvergütung am besten anzunähern vermag.[479]

Als erste Möglichkeit nennt der IASB die **Erwartungswertmethode**. Der Transaktionspreis würde dann als Summe der wahrscheinlichkeitsgewichteten Beträge verschiedener Szenarien geschätzt werden. Der IASB empfiehlt diese Methode vor allem dann, wenn eine hinreichend große Grundgesamtheit vergleichbarer Verträge besteht.[480] Als zweite Möglichkeit wird vom IASB die **Methode des wahrscheinlichsten Wertes** angeführt. Der IASB schlägt diese Methode bspw. für solche Fälle vor, in denen die Ausgangsmöglichkeiten **bi-**

diglich die Unsicherheit im Zusammenhang mit der Umsatzrealisierung der Höhe nach thematisiert wird. Unsicherheit bei der Umsatzrealisierung dem Grunde nach, d.h. die Unsicherheit, ob Umsatzerlöse realisiert werden dürfen, ist Gegenstand des Abschnitts 333.6.

477 Vgl. LEFFSON, U., GoB, S. 477. Zu Punkt- und Intervallschätzungen vgl. auch BAETGE, J., Objektivierung, S. 34.

478 Vgl. LEFFSON, U., GoB, S. 477.

479 Vgl. IFRS FOUNDATION (HRSG.), ED/2011/6.55.

480 In IFRS FOUNDATION (HRSG.), ED/2011/6.55 (a) heißt es: *"An expected value may be an appropriate estimate [...] if an entity has a large number of contracts with similar characteristics."* Auslassung durch den Verfasser.

när sind – bspw. wenn eine Prämie entweder in voller Höhe oder gar nicht gezahlt wird.[481] Der Board begründet diesen Vorschlag damit, dass in Situationen mit binären Ausgangsmöglichkeiten eine Schätzung auf Basis des Erwartungswertes immer zu einem Betrag führen würde, der als tatsächliche Gesamtvergütung definitiv ausgeschlossen ist.[482] Greifen wir das obige Beispiel auf und wenden die vom IASB vorgeschlagenen Methoden an, würde der Transaktionspreis wie folgt berechnet werden:

> Im Beispielsachverhalt wird die variable Vergütungskomponente (500 GE) entweder vollständig oder gar nicht bezahlt (binäre Ausgangsmöglichkeiten). Bei Anwendung der **Methode des wahrscheinlichsten Wertes** würde ein Transaktionspreis von 3.000 GE ermittelt werden, denn im Beispielsachverhalt ist mit 95 %iger Wahrscheinlichkeit ein Transaktionspreis von 3.000 GE der wahrscheinlichste Wert.
>
> Sofern der Transaktionspreis anhand der **Erwartungswertmethode** ermittelt würde, ergäbe sich der Transaktionspreis als Summe der wahrscheinlichkeitsgewichteten Beträge: 95 % * (2.500 GE + 500 GE) + 5 % * 2.500 GE = 2.975 GE.

Im Beispielsachverhalt ist es dem bilanzierenden Unternehmen aufgrund der Erfahrungswerte der Vergangenheit möglich, **statistisch fundierte Eintrittswahrscheinlichkeiten** der beiden möglichen Ereignisse zu verwenden, um einen verdichteten Wert zu ermitteln.[483] Das Unternehmen kann die Wahrscheinlichkeiten durch eine hinreichend große Zahl vergleichbarer Transaktionen mit Hilfe des **Gesetzes der großen Zahlen** statistisch ermitteln.[484] Der Transaktionspreis kann daher trotz Unsicherheit verlässlich, d.h. willkürfrei und intersubjektiv nachprüfbar ermittelt werden.[485] In vielen anderen Fällen, in denen der Transaktionspreis variabel ist, dürfte dies indes nicht möglich sein. Im Beispielsachver-

---

481 Vgl. IFRS FOUNDATION (HRSG.), ED/2011/6.55 (b).

482 Vgl. IFRS FOUNDATION (HRSG.), ED/2011/6.BC136; HAAS, S./MÖHRING, S./BORNHOFEN, M., ED Revenue Recognition, S. 241.

483 Zu statistisch fundierten Wahrscheinlichkeiten, im Schrifttum auch als *a posteriori* Wahrscheinlichkeiten bezeichnet, vgl. BAETGE, J., Objektivierung, S. 76 f.; LEFFSON, U., GoB, S. 473-475.

484 Vgl. MOXTER, A., Unsichere Erwartungen, S. 612; WÜSTEMANN, J./BISCHOF, J., Fair-Value-Bewertung, S. 93.

485 Zum Fundamentalgrundsatz der glaubwürdigen Darstellung in den IFRS vgl. Abschnitt 321.4. Zum Begriff der Willkürfreiheit vgl. LEFFSON, U., GoB, S. 202-205; BAETGE, J./KIRSCH, H.-J./THIELE, S., Bilanzen, S. 118.

halt wäre es bereits fraglich, ob das Unternehmen den variablen Transaktionspreis verlässlich schätzen könnte, sofern die Maschine erstmals hergestellt und verkauft wurde und das Unternehmen keine Erfahrungswerte über etwaige Leistungsstörungen besitzt. Letztlich muss im Folgenden die Frage beantwortet werden, in welchen Fällen variable Transaktionspreise das für jeden Abschlussposten nach IFRS geltende **allgemeine Ansatzkriterium der verlässlichen Bewertbarkeit**[486] erfüllen und wann nicht.

Im revidierten Standardentwurf *revenue recognition* wird vorgeschlagen, im Falle eines variablen Transaktionspreises nur jenen Anteil am variablen Transaktionspreis als **Umsatz zu erfassen**, der dem bilanzierenden Unternehmen mit **hinreichender Sicherheit** zusteht (*reasonably assured to be entitled*).[487] Gemäß dem Wortlaut des revidierten Standardentwurfs erfordert „hinreichende Sicherheit" zum einen, dass das Unternehmen **Erfahrungen** mit ähnlichen Leistungsverpflichtungen besitzt (*experience with similar types of performance obligations*) oder über **andere Nachweise** verfügen kann – wie bspw. die Erfahrungen anderer Unternehmen.[488] Zum anderen müssen die Erfahrungen oder die anderen Nachweise des Unternehmens (*the entity's experience or other evidence*) geeignet sein, um auf die Höhe der erwarteten Gegenleistung **schließen zu können** (*predictive of the amount of consideration*).[489]

Im revidierten Standardentwurf *revenue recognition* werden beispielhaft Indikatoren genannt, die nach Ansicht des IASB darauf hindeuten, dass aus den Erfahrungen und anderen Nachweisen des Unternehmens **nicht** hinreichend sicher auf die Höhe der erwarteten Gegenleistung geschlossen werden kann.[490] Der Board führt dabei u.a. eine variable Gegenleistung auf, die wesentlich von **externen Faktoren** wie Marktvolatilität abhängt

---

[486] Vgl. CF.4.38 (b).

[487] Vgl. IFRS FOUNDATION (HRSG.), ED/2011/6.81.

[488] Vgl. IFRS FOUNDATION (HRSG.), ED/2011/6.81 (a).

[489] Vgl. IFRS FOUNDATION (HRSG.), ED/2011/6.81 (b). Mit LEFFSON, U., GoB, S. 470 könnte die Anforderung des IASB, wann von einer hinreichend sicheren Schätzung eines variablen Transaktionspreises ausgegangen werden kann, auch wie folgt formuliert werden: „Das Problem [eines variablen Transaktionspreises] ist nur lösbar unter der Annahme, daß aus der Vergangenheit auf die Zukunft geschlossen werden kann. Das bedeutet nicht, daß die Zukunft der Vergangenheit gleich sein müsse. Es müssen aber Wahrscheinlichkeitsaussagen mit Hilfe der Statistik einerseits und der Erfahrungswerte andererseits – wobei keineswegs nur die persönliche Erfahrung des Bilanzierenden herangezogen wird – möglich sein." Einfügung durch den Verfasser.

[490] Vgl. IFRS FOUNDATION (HRSG.), ED/2011/6.82.

(*highly susceptible to factors outside the entity's influence*). Überdies wird ein **begrenzter Erfahrungsschatz** genannt (*entity's experience is limited*), der nicht ausreicht, um hinreichend sicher von der Vergangenheit auf die Zukunft zu schließen.

Vor dem Hintergrund der Ausführungen im revidierten Standardentwurf *revenue recognition* scheint der IASB für die Erfüllung des Tatbestandsmerkmals „hinreichende Sicherheit" **vorauszusetzen**, dass das bilanzierende Unternehmen Erfahrungen besitzt, die es erlauben, den variablen Transaktionspreis mit Hilfe **statistisch fundierter Wahrscheinlichkeiten** zu schätzen. Überdies dürfen sich die Bedingungen, unter denen die Erfahrungen gemacht wurden, nicht gravierend von den Bedingungen des zu beurteilenden Sachverhalts unterscheiden. „Statistische Ergebnisse können niemals rein mechanisch oder gewohnheitsmäßig [...] übertragen werden. Stets ist zu prüfen, ob die historische Masse und der Sachverhalt, der an ihr gemessen wird, den gleichen Bedingungen unterliegen"[491]. Statistische Ergebnisse stellen somit eine notwendige, nicht aber eine hinreichende Bedingung dafür dar, dass ein Unternehmen einen variablen Transaktionspreis hinreichend sicher zu einem Wert verdichten kann.[492]

Wenn das Unternehmen den Transaktionspreis – wie im oben aufgeführten Beispielsachverhalt – durch unternehmensspezifische Werte, d.h. durch **innerbetrieblich gewonnene statistische Ergebnisse,**[493] oder durch unternehmensexterne Werte, bspw. mit Hilfe **überbetrieblicher Statistiken,**[494] objektiv ermitteln kann und diese Werte auch auf den zu beurteilenden Sachverhalt angewendet werden können, dürfen die zugehörigen Umsätze auch bei variabler Gesamtvergütung in voller Höhe vereinnahmt werden, wenn die Um-

---

491 LEFFSON, U., GoB, S. 473. Auslassung durch den Verfasser.

492 Vgl. IFRS FOUNDATION (HRSG.), ED/2011/6.BC202 (b). Im handelsrechtlichen Jahresabschluss, in dem das Vorsichtsprinzip zu berücksichtigen ist, ist es nach häufig vertretener Auffassung sogar uneingeschränkt verboten, Umsatzerlöse zu realisieren, die der Höhe nach nicht feststehen, sondern geschätzt werden müssen. Dieses Verbot gilt auch für Schätzungen, die auf statistisch fundierten Wahrscheinlichkeiten basieren. Vgl. stellvertretend GELHAUSEN, H., Realisationsprinzip, S. 197. Vgl. dazu auch EULER, R., Gewinnrealisierung, S. 120 f., der im handelsrechtlichen Kontext eine etwas weniger restriktive Ansicht vertritt, die der des IASB sehr nahe kommt. EULER ist der Meinung, dass eine umsatzinduzierte Forderung nicht aktiviert werden darf, sofern sich die künftigen Einnahmen einer Schätzung nach **objektiven Maßstäben** entziehen.

493 Vgl. dazu LEFFSON, U., GoB, S. 473 f.

494 Vgl. dazu BAETGE, J., Objektivierung, S. 122 f.; LEFFSON, U., GoB, S. 474 f.

satzrealisierung dem Grunde nach angezeigt ist.[495] Sofern die Schätzung des variablen Transaktionspreises indes auf subjektiven Erwartungen, d.h. lediglich auf dem **Überzeugungsgrad einer Person**[496] basiert oder so stark von externen Faktoren abhängt, dass in Grenzfällen von **völlig unsicheren Erwartungen**[497] ausgegangen werden muss, darf so lange kein Umsatz realisiert werden, bis hinreichende Sicherheit erreicht ist.

Der IASB stellt im Standardentwurf *revenue recognition* an das Kriterium der verlässlichen Bewertbarkeit **höhere Anforderungen** als in anderen IFRS.[498] In den *basis for conclusions* zum revidierten Standardentwurf *revenue recogniton* werden die hohen Anforderungen an das allgemeine Ansatzkriterium der verlässlichen Bewertbarkeit für Umsatzerlöse nicht zuletzt damit begründet, dass Umsatzerlöse auf der einen Seite eine sehr wichtige Kennzahl für die Adressaten darstellen, die Umsatzrealisierung auf der anderen Seite indes in hohem Maße fehleranfällig ist. In Tz. 198 wird Folgendes ausgeführt:

> *"The boards decided to include a constraint on the recognition of revenue because revenue is an important measure to users of financial statements when valuing an entity and because a significant portion of errors in financial statements have related to the overstatement or premature recognition of revenue."*[499]

Bei einer aus Adressatensicht derart wichtigen absoluten Kennzahl wie den Umsatzerlösen müssen unbedingt willkürliche Verfälschungen durch das bilanzierende Unternehmen vermieden werden, indem diesem die Möglichkeit genommen wird, Werte je nach Interessenlage zu wählen. Daher sind die vergleichsweise strengen Anforderungen an die

---

495 Zur Umsatzrealisierung dem Grunde nach vgl. Abschnitt 333.6.

496 Vgl. dazu LEFFSON, U., GoB, S. 472.

497 Vgl. BAETGE, J., Objektivierung, S. 78.

498 Zum selben Ergebnis kommt PLOCK, M., Ertragsrealisation, S. 111 im Kontext der Regelungen des IAS 18 für den Transaktionstyp des Güterverkaufs.

499 Überdies sind Umsatzerlöse nicht nur fehler-, sondern auch manipulationsanfällig. Vgl. dazu PILHOFER, J., Gewinnrealisierung, S. 84: „Umsatzrealisation (*revenue recognition*) [ist] wie kein anderer Themenbereich der externen Rechnungslegung mit Betrugsfällen (*fraud*) konfrontiert." Einfügung durch den Verfasser. Tatsächlich entfielen in den USA 50 % der in den Jahren 1987-1997 von der SEC aufgedeckten Betrugsfälle auf den Bereich der Umsatzrealisierung. Vgl. BEASLEY, M./CARCELLO, J./HERMANSON, D., Fraud, S. 52-57; HOFFMANN, W.-D./LÜDENBACH, N., Realisationsprinzip, S. 1758.

verlässliche Bewertbarkeit von Umsatzerlösen, die der Höhe nach unsicher sind, deutlich zu begrüßen.

333.42 Der Transaktionspreis in einem Leasingverhältnis

333.421. Der Transaktionspreis in einem einfachen Leasingverhältnis

Die Regelungen zur Bestimmung des Transaktionspreises beim Leasinggeber müssen einem ähnlichen Konzept folgen wie die erläuterten Regelungen im revidierten Standardentwurf *revenue recognition*. Nur so kann eine Umsatzrealisierung beim Leasinggeber gewährleistet werden, die mit den Vorschlägen im Reformprojekt *revenue recognition* bzw. dem *conceptual framework* konzeptionell im Einklang stehen.

Wie im vorangegangenen Abschnitt erläutert, ist der Transaktionspreis als der Betrag definiert, welchen das bilanzierende Unternehmen (voraussichtlich) als Gegenleistung (*amount of consideration*) dafür erhält, dass die zugesagten Güter auf den Kunden übertragen werden oder Dienstleistungen erbracht werden, d.h., dass die **jeweiligen separaten Leistungsverpflichtungen** erfüllt werden.[500] In den Abschnitten 333.321 und 333.322 wurde dargelegt, dass einfache direkte Hersteller-/Händlerleasing-Verhältnisse sowie bestimmte einfache Leasingverhältnisse mit leasingtypischer Dreiecksbeziehung zwei separate Leistungsverpflichtungen umfassen: Zum einen wird der Leasinggegenstand dem Leasingnehmer zur Verfügung gestellt und ihm das Recht auf Nutzung übertragen, zum anderen erbringt der Leasinggeber eine Finanzierungsleistung. Der Transaktionspreis und somit die Gesamtsumme der Umsatzerlöse entspricht der Gegenleistung, die der Leasinggeber dafür erhält, dass er diese beiden Leistungsverpflichtungen erfüllt. In diesen Fällen **entspricht der Transaktionspreis der Summe der zu vereinnahmenden Leasingraten**, wie das folgende Beispiel verdeutlicht:

> Ein Unternehmen stellt einen bestimmten Maschinentyp her. Die Maschinen sind unter den fertigen Erzeugnissen zu Herstellungskosten von jeweils 1.000 GE bilanziert. Ein Kunde kann die Maschine entweder zu 1.200 GE kaufen oder über einen gewünschten Zeitraum leasen. Das Unternehmen verleast eine Maschine über die wirtschaftliche

[500] Vgl. IFRS FOUNDATION (HRSG.), ED/2011/6.50.

Nutzungsdauer, welche sechs Jahre beträgt, mitunter mehrmals. Ein Kunde least die Maschine über drei Jahre zu einer jährlichen Leasingrate von 235 GE. Der Leasinggeber berechnet einen Zins von 8,5 % p.a. Der Barwert der Leasingraten beläuft sich daher auf 600 GE. Die Gesamtsumme der Leasingraten von nominal 705 GE entspricht dem Transaktionspreis, denn der Leasinggeber erhält 705 GE als Gegenleistung dafür, dass er seine separaten Leistungsverpflichtungen erfüllt, indem er erstens die Maschine zur Verfügung stellt und das Recht auf Nutzung überträgt (Veräußerungserlös von 600 GE) und zweitens eine Finanzierungsleistung erbringt (Zinserträge von 105 GE).

In Abschnitt 333.322 wurde indes auch angeführt, dass Leasinggeber in leasingtypischen Dreiecksverhältnissen häufig lediglich **eine** separate Leistungsverpflichtung, nämlich die **Finanzierungsleistung** erbringen. Der Transaktionspreis entspricht in einem solchen Fall lediglich dem Betrag, den der Leasinggeber für die Finanzierungsleistung erhält. Die Summe der Leasingraten entspricht dann **nicht** dem Transaktionspreis bzw. nicht den insgesamt vom Leasinggeber zu vereinnahmenden Erträgen. Im Gegensatz zum obigen Beispiel setzt sich die Summe der Leasingraten nicht aus dem Veräußerungserlös und den Zinserträgen zusammen, sondern – ähnlich wie in einem Darlehensgeschäft – aus den Zinserträgen und den erfolgsneutralen Tilgungsbeträgen.

333.422. Der Transaktionspreis in einem komplexen Leasingverhältnis

Komplexe Leasingverhältnisse umfassen in aller Regel neben der Basisleistung zusätzliche separate Leistungsverpflichtungen.[501] Bei komplexen Leasingverhältnissen muss der Transaktionspreis daher auch die Beträge einbeziehen, die der Leasinggeber erwartungsgemäß dafür erhält, dass er diese weiteren separaten Leistungsverpflichtungen erfüllt. Erbringt der Leasinggeber **Serviceleistungen**, die separate Leistungsverpflichtungen darstellen, sind im Transaktionspreis auch die Beträge zu erfassen, die der Leasinggeber als Gegenleistung für eben diese Serviceleistungen erhält. Sofern der Leasinggeber eine **Laufzeitoption** und/oder eine **Kaufoption** gewährt hat und diese eine separate Leistungsverpflichtung darstellt,[502]

[501] Vgl. Abschnitt 333.321.

[502] Vgl. Abschnitt 333.321.

muss der Transaktionspreis auch die Optionsprämie einbeziehen, die der Leasingnehmer an den Leasinggeber – in aller Regel in Form höherer Leasingraten – zahlt.[503]

Komplexe Leasingverhältnisse können überdies die Besonderheit aufweisen, dass die Vertragspartner **bedingte Leasingraten** vereinbart haben.[504] Die bedingten Leasingraten lassen sich in (1) direkt nutzungsabhängige, (2) indirekt nutzungsabhängige und (3) nutzungsunabhängige bedingte Leasingraten unterscheiden.[505] Alle drei Kategorien haben die Gemeinsamkeit, dass die tatsächlich zu zahlenden Leasingraten von Faktoren oder Ereignissen in der Zukunft abhängig sind und dass die Höhe der insgesamt zu zahlenden Leasingraten unsicher ist. Bedingte Leasingraten führen somit zu **Leasingverhältnissen mit variablen Transaktionspreisen.** Im vorangegangenen Abschnitt wurde erläutert, dass variable Umsatzerlöse nur erfasst werden dürfen, wenn sie dem bilanzierenden Unternehmen mit **hinreichender Sicherheit** zustehen.[506] Für die weitere Entwicklung des Anforderungsprofils für die Umsatzrealisierung beim Leasinggeber ist daher für die drei genannten Fälle jeweils zu untersuchen, ob dem Leasinggeber ein Transaktionspreis, der aufgrund bedingter Leasingraten variabel ist, bereits zu Beginn der Laufzeit des Leasingverhältnisses mit hinreichender Sicherheit zusteht.

Direkt und **indirekt nutzungsabhängige Leasingraten** zeichnen sich dadurch aus, dass die Höhe der zu entrichtenden Leasingraten letztlich von den Handlungen des Leasingnehmers abhängig ist.[507] Die Leasingraten können bspw. nach den Maschinenstunden innerhalb einer Abrechnungsperiode (direkt nutzungsabhängige Leasingraten) oder nach dem mit dem Leasinggegenstand erzielten Umsatz (indirekt nutzungsabhängige Leasingraten) bemessen werden. Bei wirtschaftlicher Betrachtungsweise sind **deutliche Parallelen** zwischen Leasingverhältnissen mit nutzungsabhängigen Leasingraten und **Lizenzen mit umsatzbasierter Lizenzgebühr** (*sales-based royalties*) erkennbar. Ähnlich wie der Leasingnehmer in bestimmten Leasingverhältnissen mit indirekt nutzungsabhängigen Leasingraten entrichtet

503 Vgl. Abschnitt 322.212.

504 Vgl. Abschnitt 322.25.

505 Vgl. Abschnitt 322.25.

506 Vgl. IFRS FOUNDATION (HRSG.), ED/2011/6.81.

507 Vgl. Abschnitt 322.25.

der Lizenznehmer eine Lizenzgebühr, die abhängig ist von den Umsatzerlösen, welche mit der Lizenz erzielt werden.[508] Im revidierten Standardentwurf *revenue recognition* wird der Verkauf einer Lizenz für geistiges Eigentum mit umsatzbasierter Lizenzgebühr **explizit** als ein Sachverhalt charakterisiert, in dem es einem Unternehmen *ex ante* nicht möglich ist, die Höhe der Vergütung zu bestimmen, welche das Unternehmen mit hinreichender Sicherheit erhalten wird.[509] Zum Zeitpunkt der Lizenzvergabe müsste der Lizenzgeber nämlich dafür hinreichend sicher schätzen können, wie intensiv der Lizenznehmer die Lizenz nutzt und wie hoch die Umsatzerlöse des Lizenznehmers ausfallen, die er mit der Lizenz generieren wird. Eine genaue Prognose ist für den Lizenzgeber aber in aller Regel unmöglich. Gemäß den Vorgaben im revidierten Standardentwurf *revenue recognition* darf der Lizenz**geber** in diesen Fällen daher erst dann Umsatz realisieren, wenn die Umsätze beim Lizenz**nehmer** tatsächlich erzielt wurden, die maßgeblich sind für die Höhe der zu entrichtenden Lizenzgebühr. Weil wirtschaftlich vergleichbare Sachverhalte (Leasingverhältnisse mit nutzungsabhängigen Leasingraten und Lizenzen mit umsatzbasierter Lizenzgebühr) auch vergleichbar bilanziert werden müssen, muss für die Bilanzierung von Leasingverhältnissen beim Leasinggeber gelten: Sofern der Transaktionspreis eines Leasingverhältnisses aufgrund nutzungsabhängiger Leasingraten variabel ist, steht dem Leasinggeber zu Beginn der Laufzeit des Leasingverhältnisses der variable Teil des Transaktionspreises **nicht mit hinreichender Sicherheit** zu. Erst wenn der Leasingnehmer das Leasingobjekt tatsächlich nutzt und der Leasinggeber die konkrete Höhe der Leasingrate einer Abrechnungsperiode kennt, gelten nutzungsabhängige Leasingraten als hinreichend sicher.

Nutzungsunabhängige bedingte Leasingraten zeichnen sich dadurch aus, dass die Höhe der zu zahlenden Leasingraten ganz oder teilweise an externe Faktoren gekoppelt ist, welche weder vom Leasingnehmer noch vom Leasinggeber beeinflusst werden können.[510] Häufig handelt es sich bei diesen externen Faktoren um Wechselkurse oder VPI, seltener um Leit-

[508] Wirtschaftliche Ähnlichkeiten zwischen Leasingverhältnissen und Lizensierungen lassen sich nicht nur im speziellen Fall der *sales-based royalties* erkennen. Leasingverhältnisse und Lizensierungen weisen auch im Allgemeinen Ähnlichkeiten auf, denn auch bei einer Lizensierung wird ein Recht auf Nutzung, konkret ein Recht auf Nutzung von geistigem Eigentum, übertragen. Vgl. LÜPOLD, P., Umsatzrealisierung, S. 20.

[509] Vgl. IFRS FOUNDATION (HRSG.), ED/2011/6.85 sowie ausführlich ERNST & YOUNG (HRSG.), Überarbeiteter Standardentwurf, S. 63-65; HAAS, S./KREHER, T., Lizenzverträge, S. 118.

[510] Vgl. Abschnitt 322.25.

oder Referenzzinssätze.[511] Zu klären ist, ob ein Transaktionspreis in einem Leasingverhältnis, welcher aufgrund von nutzungsunabhängigen bedingten Leasingraten vollständig oder teilweise variabel ist, dem Leasinggeber zu Beginn der Laufzeit der Leasingverhältnisses mit hinreichender Sicherheit zusteht.

An anderer Stelle[512] wurde bereits erläutert, dass der Leasinggeber nicht in der Lage ist, die **künftige Entwicklung** eines Wechselkurses, VPI, oder Leit- bzw. Referenzzinssatzes – bspw. anhand von Preisen auf Terminmärkten – verlässlich einzuschätzen. Wie in Abschnitt 333.41 gezeigt, ist das vom IASB festgelegte Tatbestandsmerkmal „hinreichende Sicherheit“ des revidierten Standardentwurfs *revenue recognition* restriktiv auszulegen. Daher gilt auch jener Anteil der Leasingraten, den der Leasinggeber auf Basis künftiger Wechselkurs-, Preis- oder Zinsentwicklungen schätzen müsste, zu Beginn der Laufzeit des Leasingverhältnisses als **nicht hinreichend sicher**. Stattdessen ist bei der Ermittlung der zu realisierenden Umsätze auf die Gegebenheiten (Wechselkurs, Inflationsrate, Zinsniveau etc.) abzustellen, die **zu Beginn** der Laufzeit des Leasingverhältnisses **beobachtbar** sind.[513] Eine solche Vorgehensweise gewährleistet, dass der variable Transaktionspreis intersubjektiv nachvollziehbar ermittelt wird.

333.5 Die Allokation des Transaktionspreises auf die separaten Leistungsverpflichtungen

333.51 Die Vorgaben im revidierten Standardentwurf *revenue recognition*

In einem Vertrag mit einem Kunden mit mehr als einer separaten Leistungsverpflichtung muss der ermittelte Transaktionspreis auf die einzelnen Leistungsverpflichtungen allokiert werden. Dies ist ein wichtiges Element im Reformprojekt *revenue recognition*, da der jeweilige Anteil des gesamten Transaktionspreises, der auf eine separate Leistungsverpflichtung allokiert wird, den **Umsatz der Höhe nach bestimmt**, welcher realisiert wird, wenn die jeweilige separate Leistungsverpflichtung erfüllt wird.

---

511 Vgl. KRONER, M./LEUCHTENSTERN, S./RANKER, D., Reformierung (Teil 2), S. 610.

512 Vgl. Abschnitt 322.25.

513 Vgl. dazu ausführlich Abschnitt 322.25 und die dortigen Fallunterscheidungen.

Im revidierten Standardentwurf *revenue recognition* wird in diesem Zusammenhang gefordert, den Transaktionspreis nach Maßgabe der **relativen Einzelveräußerungspreise** (*stand-alone selling prices*) der einzelnen separaten Leistungsverpflichtungen zu verteilen.[514] Ein Einzelveräußerungspreis ist dabei *per definitionem* jener Betrag, den das Unternehmen für eine Leistung am Markt erhalten würde, wenn diese Leistung **separat veräußert** werden würde. Auch wenn in einem Mehrkomponentenvertrag einzelne Preise für die einzelnen separaten Leistungsverpflichtungen **explizit** aufgeführt werden, muss es sich dabei **nicht zwangsläufig** um die jeweiligen Einzelveräußerungspreise handeln.[515] In der Telekommunikationsbranche werden bspw. häufig Mehrkomponentenverträge über Mobilfunkgeräte und Telefonie abgeschlossen. Das Mobilfunkgerät wird dabei häufig als Marketinginstrument eingesetzt.[516] Obgleich der Preis für das Mobilfunkgerät separat im Vertrag aufgeführt wird, liegt dieser Preis häufig deutlich unter jenem Preis, den ein Kunde zu zahlen hätte, wenn er nur das Gerät erwerben würde – teilweise liegt der im Vertrag genannte Preis sogar unter den Herstellungskosten des Geräts.[517]

Die Allokation auf Basis relativer Einzelveräußerungspreise ist problemlos möglich, wenn die Güter oder Dienstleistungen separat am Markt angeboten werden (*directly observable prices*).[518] In allen anderen Fällen müssen die Einzelveräußerungspreise geschätzt werden. Der revidierte Standardentwurf *revenue recognition* nennt dabei drei mögliche Methoden, einen Einzelveräußerungspreis zu schätzen:[519]

[514] Vgl. IFRS FOUNDATION (HRSG.), ED/2011/6.71 sowie die Ausführungen in Abschnitt 322.24 mit dem dort angeführten Beispiel. Vgl. IFRS FOUNDATION (HRSG.), ED/2011/6.75 f. für Situationen, in denen von diesem Grundsatz abzuweichen ist.

[515] Vgl. IFRS FOUNDATION (HRSG.), ED/2011/6.72. Dort heißt es: *„A contractually stated price or price list for a good or service may be (but shall not be presumed to be) the stand-alone selling price of that good or service."*

[516] Vgl. KÜTING, K./LAM, S., Umsatzrealisierung, S. 2353.

[517] Vgl. LÜPOLD, P., Umsatzrealisierung, S. 17 f.

[518] Vgl. IFRS FOUNDATION (HRSG.), ED/2011/6.72. Vgl. dazu auch das in Abschnitt 322.24 aufgeführte Beispiel.

[519] Vgl. IFRS FOUNDATION (HRSG.), ED/2011/6.73 sowie ausführlich ERNST & YOUNG (HRSG.), Überarbeiteter Standardentwurf, S. 40-43. Die folgende Aufzählung entspricht keiner Hierarchisierung, da sich der IASB im Reformprojekt *revenue recognition* bewusst dagegen entschieden hat, die Schätzverfahren zu hierarchisieren. Vgl. IFRS FOUNDATION (HRSG.), ED/2011/6.BC183. Eine solche Hierarchisierung existiert indes in den US-GAAP, namentlich in ASC Subtopic 605-25.

- Das Unternehmen kann Einzelveräußerungspreise ggf. schätzen, indem auf **Vergleichswerte** abgestellt wird. Beispielsweise könnten Preise für ähnliche Güter oder Dienstleistungen, die von anderen Unternehmen am Markt angeboten werden, beobachtet und adjustiert werden (*adjusted market assessment approach*).

- Als zweites Schätzverfahren führt der IASB ein **Kostenaufschlagsverfahren** an (*expected cost plus a margin approach*). Das veräußernde Unternehmen würde in diesem Falle die jeweiligen Kosten schätzen, die voraussichtlich anfallen werden, um die Leistungsverpflichtungen zu erfüllen. Zusätzlich würde eine Gewinnmarge berücksichtigt, die das Unternehmen im Zusammenhang bei ähnlichen Leistungsverpflichtungen verlangen würde.

- Als drittes Schätzverfahren wird im revidierten Standardentwurf *revenue recognition* die **Residualmethode** angeführt (*residual approach*). Gemäß der Residualmethode wird ein Einzelveräußerungspreis einer separaten Leistungsverpflichtung geschätzt, indem die Einzelveräußerungspreise aller übrigen separaten Leistungsverpflichtungen von dem Transaktionspreis abgezogen werden.

Nachträgliche Änderungen in der Höhe des Transaktionspreises, welche bspw. daraus resultieren können, dass ein Transaktionspreis geschätzt wurde und sich diese Schätzung später als falsch erwiesen hat, müssen ebenfalls auf die einzelnen separaten Leistungsverpflichtungen allokiert werden. Der IASB schreibt für solche Fälle vor, dass nachträglich auf gleicher Basis allokiert wird, wie auch ursprünglich zum Zeitpunkt des Vertragsbeginns allokiert wurde.[520] Überdies darf keine Reallokation des ursprünglichen Transaktionspreises erfolgen, sofern sich die Einzelveräußerungspreise und somit die Basis, auf der allokiert wurde, im Zeitablauf verändert haben.[521]

520 Vgl. IFRS FOUNDATION (HRSG.), ED/2011/6.78.

521 Vgl. IFRS FOUNDATION (HRSG.), ED/2011/6.80.

333.52 Die Allokation des Transaktionspreises auf die separaten Leistungsverpflichtungen in einem Leasingverhältnis

333.521. Die Allokation des Transaktionspreises in einem einfachen Leasingverhältnis

Zu klären ist, ob bzw. wie ein Transaktionspreis in einem einfachen Leasingverhältnis auf die separaten Leistungsverpflichtungen des Leasinggebers aufzuteilen ist. Der Leasinggeber ist nur dann verpflichtet, Regelungen zur Allokation des Transaktionspreises zu berücksichtigen, wenn das Leasingverhältnis zwei oder mehr separate Leistungsverpflichtungen umfasst. Bei Leasingverhältnissen mit nur einer Leistungsverpflichtung ist es demnach nicht notwendig, den Transaktionspreis zu allokieren, weil dieser unmittelbar der einen separaten Leistungsverpflichtung zugewiesen werden kann. Aus diesem Grund müssen Leasinggeber, die in **einfachen Leasingverhältnissen** als **reine Finanzdienstleister** auftreten, die Regelungen zur Allokation des Transaktionspreises nicht berücksichtigen, weil ein Leasingverhältnis in diesem Fall lediglich **eine** Leistungsverpflichtung im Sinne des revidierten Standardentwurfs *revenue recogniton* umfasst, nämlich eine Finanzierungsleistung zu erbringen. Viele einfache Leasingverhältnisse umfassen indes **zwei** separate Leistungsverpflichtungen, nämlich zum einen den Leasinggegenstand zur Verfügung zu stellen bzw. das Recht auf Nutzung zu übertragen und zum anderen eine Finanzierungsleistung zu erbringen. In diesen Fällen muss der Leasinggeber den Transaktionspreis (hier: die Gesamtsumme der Leasingraten, die der Leasingnehmer entrichtet) auf diese beiden separaten Leistungsverpflichtungen allokieren.

Für die Allokation der Leasingraten auf die separaten Leistungsverpflichtungen eines einfachen Leasingverhältnisses sind die relativen Einzelveräußerungspreise maßgeblich.[522] Der Einzelveräußerungspreis der ersten separaten Leistungsverpflichtung, den Leasinggegenstand zur Verfügung zu stellen und das Recht auf Nutzung zu übertragen, entspricht der Gesamtsumme der Leasingraten, die der Leasinggeber verlangen würde, wenn der Leasingnehmer zu Beginn der Laufzeit des Leasingverhältnisses eine Einmalzahlung leisten würde. Dieser Wert ist problemlos ermittelbar, indem die vereinbarten Leasingraten auf den Be-

[522] Vgl. Abschnitt 333.51.

ginn der Laufzeit des Leasingverhältnisses diskontiert werden.[523] Der so ermittelte Barwert der Leasingraten wird auf die erste Leistungsverpflichtung allokiert und ertragswirksam vereinnahmt, sobald diese Leistungsverpflichtung des Leasinggebers erfüllt ist.[524]

Der Einzelveräußerungspreis der zweiten separaten Leistungsverpflichtung, der Finanzierungsleistung, entspricht dem Betrag, den der Leasinggeber berechnen würde, sofern die Finanzierungsleistung separat erbracht werden würde. Um diesen Wert zu ermitteln, wird der Barwert der insgesamt vom Leasingnehmer zu entrichtenden Leasingraten vom Nominalwert der Leasingraten subtrahiert. Der so ermittelte Einzelveräußerungspreis wird auf die separate Leistungsverpflichtung „Finanzierungsleistung" allokiert und ebenfalls ertragswirksam erfasst, sobald die Leistungsverpflichtung erfüllt ist.[525]

333.522. Die Allokation des Transaktionspreises in komplexen Leasingverhältnissen

In komplexen Leasingverhältnissen können zusätzliche separate Leistungsverpflichtungen bspw. aus **Serviceleistungen** resultieren, die der Leasinggeber während der Laufzeit des Leasingverhältnisses erbringt. Der Transaktionspreis muss dann unter Berücksichtigung dieser zusätzlichen separaten Leistungsverpflichtungen allokiert werden.[526]

Auch **Laufzeitoptionen** und **Kaufoptionen** können separate Leistungsverpflichtungen darstellen.[527] Das Konzept im revidierten Standardentwurf *revenue recognition*, wonach der Transaktionspreis auf Basis relativer Einzelveräußerungspreise allokiert wird, gilt auch für Laufzeitoptionen und Kaufoptionen. Zu berücksichtigen ist indes, dass ein Leasinggeber in aller Regel weder Laufzeitoptionen noch Kaufoptionen separat am Markt anbietet.[528] Der Einzelveräußerungspreis einer Laufzeitoption und einer Kaufoption muss daher geschätzt

[523] Ähnlich EULER, R., Gewinnrealisierung, S. 98, der von einer „retrograden Ermittlung des Veräußerungspreises", hier des Rechts auf Nutzung, spricht.

[524] Auf den Zeitpunkt der Ertragsvereinnahmung wird in Abschnitt 333.621 eingegangen.

[525] Vgl. dazu Abschnitt 333.621.

[526] Vgl. Abschnitt 322.24 sowie das zusammenfassende Beispiel am Ende dieses Abschnitts.

[527] Vgl. Abschnitt 333.321.

[528] Vgl. Abschnitt 322.212.

werden. Nach hier vertretener Ansicht lässt sich der Einzelveräußerungspreis einer Laufzeitoption oder einer Kaufoption zu Beginn der Laufzeit des Leasingverhältnisses über die Optionsprämie approximieren, die der Leasingnehmer zahlt, um die Laufzeitoption oder die Kaufoption gewährt zu bekommen. Die Optionsprämie wird in einem Leasingverhältnis indes in aller Regel nicht durch eine separate Zahlung entrichtet, sondern ist in den Leasingraten enthalten, die während der unkündbaren Mindestleasingdauer zu zahlen sind. Da die Leasingraten im Vergleich zu einem ansonsten identischen Leasingverhältnis ohne entsprechende Optionen in aller Regel höher sind, kann der Leasinggeber auf Basis seiner Kalkulation und mit Hilfe des **Vergleichsverfahrens** die Höhe der Optionsprämie quantifizieren.[529] Mit dem nachfolgenden zusammenfassenden Beispiel wird versucht, die hier empfohlene Vorgehensweise zu verdeutlichen, wie der Transaktionspreis in komplexen Leasingverhältnissen allokiert werden sollte:

Ein Unternehmen stellt Güter mit einer wirtschaftlichen Nutzungsdauer von sechs Jahren her, die der Kunde kaufen oder leasen kann. In einem Leasingverhältnis über drei Jahre berechnet der Leasinggeber grundsätzlich eine jährliche, nachschüssig zu entrichtende Leasingrate von 3.200 GE. Der Kunde besitzt indes verschiedene vertragliche Optionen: Sofern er eine **Wartungsdienstleistung** über drei Jahre beziehen möchte, erhöht sich die Leasingrate um 50 GE p.a. Der Leasinggeber bietet die Wartungsdienstleistung auch separat am Markt an. Für einen dreijährigen Wartungsvertrag zahlt ein Kunde 250 GE. Überdies kann der Leasingnehmer eine **Laufzeitverlängerungsoption** erwerben, nämlich das Recht auf Nutzung für ein weiteres Jahr. In diesem Fall würde sich die jährliche Leasingrate während der Mindestleasingdauer (drei Jahre) um weitere 100 GE p.a. erhöhen (Optionsprämie). Sofern der Leasingnehmer die Laufzeitoption ausübt, muss er eine weitere, vergünstigte Rate von 2.500 GE für das optionale vierte Jahr zahlen.

Ein Leasingnehmer entscheidet sich, ein Leasingverhältnis über drei Jahre **inklusive** der Wartungsdienstleistung und der Laufzeitverlängerungsoption einzugehen. Die jährlich nachschüssig zu zahlende Leasingrate beträgt daher 3.350 GE (in Summe 10.050 GE,

---

529 Vgl. auch IFRS FOUNDATION (HRSG.), ED/2011/6.BC298. Der Leasinggeber vergleicht den Barwert der vereinbarten Leasingraten mit dem Barwert der Leasingraten, die er dem Leasingnehmer in Rechnung gestellt hätte, wenn dieser das identische Leasingverhältnis ohne Option eingegangen wäre. Vgl. Abschnitt 322.212.

was dem Transaktionspreis entspricht). Der Leasinggeber berechnet für die Finanzierungsleistung einen Zins von 8,5 %, sodass sich ein Barwert der Leasingraten in Höhe von 8.556 GE errechnet. Der Leasinggeber erachtet die Laufzeitverlängerungsoption als wesentliches Recht im Sinne des revidierten Standardentwurfs *revenue recognition*[530] und identifiziert die Option als separate Leistungsverpflichtung.

Das Leasingverhältnis im Beispielsachverhalt umfasst für den Leasinggeber somit insgesamt **vier** separate Leistungsverpflichtungen: Er stellt das Gut zur Verfügung bzw. überträgt das Recht auf Nutzung, er erbringt eine Finanzierungsleistung, er erbringt eine Wartungsdienstleistung und er gewährt eine Laufzeitverlängerungsoption.

Der Leasinggeber ermittelt die **Einzelveräußerungspreise** der separaten Leistungsverpflichtungen wie folgt:

- Der Einzelveräußerungspreis der Leistungsverpflichtung, das Gut zur Verfügung zu stellen und das Recht auf Nutzung einzuräumen, wird auf 8.173 GE beziffert. Das entspricht dem Barwert (somit den Preis ohne Finanzierungsleistung) der Leasingraten von 3.200 GE p.a., welche der Leasinggeber verlangt, wenn ein Leasingnehmer ein Leasingverhältnis ohne Wartungsdienstleistung und ohne Laufzeitverlängerungsoption eingeht.
- Der Einzelveräußerungspreis für die Laufzeitverlängerungsoption wird mit Hilfe des Vergleichsverfahrens geschätzt. Die Differenz zwischen dem Barwert der Raten im eingegangenen Leasingverhältnis mit Laufzeitverlängerungsoption (8.556 GE) und der Alternative ohne Laufzeitverlängerungsoption (8.301 GE bei jährlicher Leasingrate von 3.250 GE) beträgt 255 GE.
- Der Einzelveräußerungspreis der Wartungsleistung beträgt 250 GE, denn zu diesem Preis bietet der Leasinggeber die Dienstleistung über drei Jahre am Markt an.
- Der Einzelveräußerungspreis der Finanzierungsleistung entspricht dem Preis, den der Leasinggeber dafür berechnet, dass er das Recht auf Nutzung finanziert. Der Wert wird ermittelt, indem der Leasinggeber den Nominalwert der Leasingraten für das Recht auf Nutzung (3 * 3.200 GE = 9.600 GE) mit dem Barwert vergleicht, der sich mithilfe des Zinssatzes errechnet, den der Leasinggeber für die Finanzierungs-

[530] Dies ist die Voraussetzung dafür, dass eine Laufzeitoption oder eine Kaufoption eine separate Leistungsverpflichtung darstellt. Vgl. Abschnitt 333.321.

leistung berechnet (8.173 GE). Der Preis für die Finanzierungsleistung beträgt daher 1.427 GE.

Nachdem die Einzelveräußerungspreise ermittelt wurden, kann die Allokation des Transaktionspreises in Höhe von 10.050 GE erfolgen.

	Spalte A Einzelveräußerungspreise (EVP)	Spalte B Anteil an Summe der EVP in % (Spalte A / 10.105)	Spalte C Summe Leasingraten	Spalte D Allokierter Betrag (Spalte B * Spalte C)
Recht auf Nutzung	8.173,00	81%	10.050,00	8.128,52
Laufzeitoption	255,00	3%	10.050,00	253,61
Wartungsleistung	250,00	2%	10.050,00	248,64
Finanzierung	1.427,00	14%	10.050,00	1.419,23
Σ	10.105,00	100%		10.050,00

Übersicht 3-9: *Allokation des Transaktionspreises in komplexen Leasingverhältnissen*

Der jeweils allokierte Betrag wird dann ertragswirksam erfasst, wenn die jeweilige separate Leistungsverpflichtung erfüllt wurde. Die **Umsatzrealisierung dem Grunde nach** wird im folgenden Abschnitt erläutert.

333.6 Umsatzrealisierung bei Erfüllung der Leistungsverpflichtungen

333.61 Die Vorgaben im revidierten Standardentwurf *revenue recognition*

Nachdem eine oder mehrere separate Leistungsverpflichtungen identifiziert wurden, der Transaktionspreis bestimmt und dieser im Falle mehrerer separater Leistungsverpflichtungen allokiert wurde, muss bestimmt werden, **wann** die Umsatzerlöse realisiert werden dürfen. Als „übergeordnete[s] Ertragsvereinnahmungskriterium“[531] sieht der IASB im revidierten Standardentwurf *revenue recognition* das ***control***-**Kriterium** vor. In ED/2011/6.31 heißt es nämlich (Hervorhebungen durch den Verfasser):

> *"An entity shall recognise revenue when (or as) the entity **satisfies a performance obligation** by **transferring** a promised good or service (ie an asset) to a customer. An asset is transferred when (or as) the customer obtains **control** of that asset."*

[531] WÜSTEMANN, J./WÜSTEMANN, S., Exposure Draft, S. 3117. Einfügung durch den Verfasser.

Gemäß dem Wortlaut des revidierten Standardentwurfs *revenue recognition* muss ein Unternehmen eine Leistungsverpflichtung somit **erfüllen**, damit der (auf diese Leistungsverpflichtung allokierte) Umsatz realisiert werden darf. Nach Ansicht des IASB ist eine Leistungsverpflichtung dann erfüllt, wenn das betreffende Gut oder die betreffende Dienstleistung auf den Kunden **übertragen wurde** bzw. wenn der Kunde die **Verfügungsmacht** über das Gut oder die Dienstleistung erlangt. Diese Entscheidung basiert auf folgendem Gedankengang:[532] Eine Reinvermögensänderung und somit der maßgebliche Zeitpunkt für die Umsatzrealisierung (*asset liability theory*) impliziert, dass der zugrunde liegende Vermögenswert übertragen, d.h. beim leistenden Unternehmen ausgebucht wurde.[533] Dies setzt voraus, dass das leistende Unternehmen die Verfügungsmacht verliert, was gleichzeitig – so scheint der IASB zu unterstellen – dazu führt, dass der Kunde die Verfügungsmacht erlangt.[534] Im dargestellten Grundprinzip (*control*-Prinzip) ist daher – im Vergleich zum heutigen *risk and reward approach* bzw. *continuous approaach* – deutlicher der Bezug zum bilanzorientierten Ertragsrealisierungskonzept des *conceptual framework* erkennbar.[535]

Anders als im *conceptual framework* wird der Begriff der **Verfügungsmacht** im revidierten Standardentwurf *revenue recognition* **definiert** und **erläutert**. In Tz. 32 heißt es:

> *"Control of an asset refers to the ability to direct the use of and obtain substantially all of the remaining benefits from the asset. Control includes the ability to prevent other entities*

[532] Vgl. IFRS FOUNDATION (HRSG.), ED/2010/6.BC60; IFRS FOUNDATION (HRSG.), ED/2011/6.BC83.

[533] „Aus dem Aktivum ‚Fertigerzeugnis' oder einer entsprechenden aktivierten Dienstleistung ist das Aktivum ‚Forderung' geworden." LEFFSON, U., GoB, S. 262.

[534] Zu dieser „Kundenperspektive" vgl. kritisch WÜSTEMANN, J./KIERZEK, S., Projekt, S. 268 f.; IDW (HRSG.), CL ED Revenue, S. 7; SWEDISH FINANCIAL REPORTING BOARD (HRSG.), CL ED Revenue, S. 2; WÜSTEMANN, J./WÜSTEMANN, S., Umsatzerlöse, S. 2037. Auch SCHÄFER, W., Forderungen, S. 9 f. und LEFFSON, U., GoB, S. 267 wiesen bereits auf Schwierigkeiten hin, die auftreten können, wenn der Verkäufer bestimmen muss, wann der Käufer die Verfügungsmacht über einen Vermögenswert erlangt.

[535] Vgl. SCHMITZ, S., Bilanztheorie, S. 136. MARTON/WAGENHOFER weisen darauf hin, dass die *asset liability theory* zwar deutlich erkennbar, aber nicht konsequent umgesetzt wird, weil die Reformvorschläge auch Elemente der konkurrierenden *revenue expense theory* erkennen lassen. *"For example, the proposed relative stand-alone price allocation of the contract transaction price is an allocation [...] rather than an individual measurement of the respective performance obligations or any groups of such obligations."* MARTON, J./WAGENHOFER, A., Comment, S. 4. Zur *revenue expense theory* vgl. grundlegend PATON, W./LITTLETON, A., Introduction.

from directing the use of and obtaining the benefits from an asset. The benefits of an asset are the potential cash flows that can be obtained directly or indirectly".

Für viele Transaktionen mit Kunden ist das *control*-Prinzip „griffig und plausibel"[536]. Bei einem **Verkauf von Waren oder Erzeugnissen** erlangt der Kunde in der Regel die Verfügungsmacht, wenn das leistende Unternehmen die **vertraglich geschuldete** Leistung wirtschaftlich erbracht bzw. erfüllt hat, denn ab diesem Zeitpunkt besitzt der Kunde in der Regel die Möglichkeit, den Nutzen (*benefit*) zu vereinnahmen, indem die Waren oder Erzeugnisse bspw. im Produktionsprozess eingesetzt oder weiterverkauft werden.[537] Häufig fallen in diesen Fällen der Zeitpunkt, zu dem der Kunde die Verfügungsmacht erlangt und der Zeitpunkt, zu dem der Kunde **juristischer Eigentümer** und/oder **unmittelbarer Besitzer** des Guts wird, zusammen. Zu berücksichtigen ist indes, dass dies für Veräußerungsgeschäfte mit komplexen vertraglichen Strukturen mitunter nicht gilt und **zivilrechtliche Vorgänge** des jeweiligen nationalen Rechtsraums, in dem die IFRS angewendet werden, nicht taugen, um das *control*-Prinzip **allgemeingültig** zu **objektivieren**, was für den deutschen Rechtsraum beispielhaft anhand der zivilrechtlichen Ereignisse „**Übergang der Preisgefahr**"[538], „**Übergang des juristischen Eigentums**" und „**Besitzübergang**"[539] gezeigt werden kann:

- Der Übergang der Preisgefahr taugt nicht als allgemeingültiges Kriterium für den Übergang der Verfügungsmacht auf den Kunden, weil die Ereignisse – bspw. bei einem

---

536 HOMMEL, M./SCHMITZ, S., Umsatzrealisation, S. 22.

537 Der Zeitpunkt, zu dem die vertraglich geschuldete Leistung erbracht ist, stellt in der Regel auch gemäß dem derzeit geltenden *risk and reward approach* des IAS 18 den maßgeblichen Zeitpunkt für die Umsatzrealisierung bei Güterverkäufen dar. Sofern ein Verkaufsgeschäft als eine Kette realwirtschaftlicher Ereignisse verstanden wird, die mit der Beschaffung oder Herstellung beginnt und erst endet, wenn Garantie- und Gewährleistungsfristen ablaufen, werden im Zeitablauf sukzessive Risiken abgebaut, dass die vereinbarte Gegenleistung des Kunden nicht vereinnahmt wird. Zum Zeitpunkt, zu dem die vertraglich vereinbarte Leistung erbracht ist, wurden mit den Beschaffungs- oder Herstellungsrisiken, Absatzrisiken und vor allem den Erfüllungsrisiken die maßgeblichen Eigentumsrisiken eliminiert und der Umsatz ist gemäß dem *risk and reward approach* zu erfassen. Vgl. PLOCK, M., Ertragsrealisation, S. 100-110.

538 Der Übergang der Preisgefahr bedeutet, dass dem leistenden Unternehmen der Anspruch auf Gegenleistung auch dann zusteht, wenn der Vermögenswert zufällig untergeht. Vgl. stellvertretend WOERNER, L., Gewinnrealisierung, S. 774. Im Schrifttum wird auch von der „Vergütungsgefahr" oder der „Gegenleistungsgefahr" gesprochen. Vgl. LARENZ, K., Schuldrecht, S. 310; EMMERICH, V., Leistungsstörungen, S. 144.

539 Zum Begriff des Besitzes bzw. des Besitzübergangs vgl. MUSIELAK, H.-J., Grundkurs BGB, S. 303.

Verkauf mit Rücktrittsrecht – zeitlich auseinanderfallen können.[540] Bei einem Verkauf mit Rücktrittsrecht kann der Kunde die Verfügungsmacht über einen Vermögenswert erlangen, die Preisgefahr kann aber erst am Ende des Zeitraums übergehen, innerhalb dessen der Kunde berechtigt ist, zurückzutreten. Der Übergang der Preisgefahr ist also keine notwendige Bedingung für die Umsatzrealisierung dem Grunde nach gemäß dem *control*-Prinzip.[541]

- Bei einem Verkauf unter verlängertem Eigentumsvorbehalt mit Verarbeitungsklausel[542] besitzt der Vorbehaltskäufer die Verfügungsmacht über den Gegenstand, ohne dass das juristische Eigentum übertragen wurde. Umgekehrt kann das juristische Eigentum in einem zivilrechtlichen Veräußerungsgeschäft auf den Käufer übergegangen sein, ohne dass dieser die effektive Verfügungsmacht erlangt hat, wenn es sich wirtschaftlich bspw. um eine Konsignationslieferung handelt.[543]
- Bei einem sog. *bill-and-hold arrangement* kann der Kunde die Verfügungsmacht über einen Vermögenswert erlangen, ohne dass der Vermögenswert in den unmittelbaren physischen Besitz des Kunden gelangt ist.[544] In Deutschland kann bspw. ein Besitzkonstitut nach § 930 BGB vereinbart werden. Der Kunde erlangt bereits die Verfügungsmacht mit Übergang des rechtlichen Eigentums, obgleich der unmittelbare Besitz beim Verkäufer verblieben ist, weil der Käufer andere davon ausschließen kann, den Vermögenswert zu nutzen.[545] Nachdem das juristische Eigentum auf den Kunden übergegangen ist, erfüllt das leistende Unternehmen eine zusätzliche Warenverwahrungsdienstleistung.

Obgleich keiner der genannten zivilrechtlichen Vorgänge als **konstitutives Element** taugt, um **allgemeingültig** und **rechtsraumübergreifend** zu konkretisieren, wann die Verfügungsmacht an einem Gut auf den Kunden übergegangen ist, sollten diese zivilrechtlichen

[540] Vgl. EULER, R., Gewinnrealisierung, S. 90 f.

[541] Der Übergang der Preisgefahr ist auch nach derzeitiger Rechtslage keine notwendige Bedingung für die Umsatzrealisierung. Vgl. PLOCK, M., Ertragsrealisation, S. 82.

[542] Vgl. Abschnitt 23.

[543] Vgl. HOFFMANN, W.-D./LÜDENBACH, N., Realisationsprinzip, S. 1761 f.

[544] Vgl. IFRS FOUNDATION (HRSG.), ED/2011/6.B51.

[545] Vgl. WÜSTEMANN, J./WÜSTEMANN, S., Umsatzerlöse, S. 2037.

Vorgänge dennoch als **Indikatoren** im Sinne von Anhaltspunkten verwendet werden, um im jeweiligen Einzelfall zu prüfen, ob die Verfügungsmacht auf den Kunden übergegangen ist und die Umsatzrealisierung dem Grunde nach gegeben ist. In vielen Transaktionen stimmt nämlich der Zeitpunkt, zu dem der Kunde die Verfügungsmacht über eine Ware oder ein Erzeugnis erlangt, mit dem Zeitpunkt überein, zu dem zumindest eines der genannten zivilrechtlichen Ereignisse eintritt. Auch der IASB ist der Ansicht, dass die oben genannten zivilrechtlichen Ereignisse eine **Indikatorfunktion** erfüllen. Im revidierten Standardentwurf *revenue recognition* wird eine Reihe von Indikatoren genannt, die den Zeitpunkt anzeigen, zu dem die Verfügungsmacht auf den Kunden übergegangen sein kann.[546] Dieser Indikatorenkatalog umfasst sinngemäß auch die aufgeführten zivilrechtlichen Ereignisse. Dem Wortlaut kann indes entnommen werden, dass die vom Board aufgelisteten Indikatoren richtigerweise **weder notwendige noch hinreichende Bedingungen** dafür sind, dass die Verfügungsmacht auf den Kunden übergegangen ist.[547] Insgesamt zeigt sich, dass „auch bei Anwendung dieses Kriteriums [*control*-Kriterium] eine mit gewissen Ermessensspielräumen behaftete Abwägung seitens des Bilanzierenden notwendig ist“[548], um zu beurteilen, wann die Umsatzrealisierung dem Grunde nach zu erfolgen hat, wobei sich eine solche Abwägung vor dem Hintergrund der Verschiedenartigkeit und der Komplexität der international beobachtbaren Veräußerungsgeschäfte wohl nie ganz vermeiden lässt.

Neben all solchen Fällen, in denen die Lieferung oder Leistung des leistenden Unternehmens **zeitpunktbezogen** bewirkt wird, existieren Leistungsverpflichtungen, die **kontinuierlich** erfüllt werden, weil die Verfügungsmacht kontinuierlich übertragen wird.[549]

---

[546] Vgl. IFRS FOUNDATION (HRSG.), ED/2011/6.37. Im Einzelnen nennt der IASB folgende Indikatoren: Das Unternehmen besitzt einen gegenwärtigen Anspruch auf das Entgelt für den übertragenen Vermögenswert, das juristische Eigentum wurde übertragen, der unmittelbare Besitzübergang ist erfolgt, die wesentlichen mit dem Eigentum verbundenen Risiken und Chancen wurden übertragen, der Kunde hat den Vermögenswert akzeptiert.

[547] So heißt es bspw.: „*[L]egal title **often indicates** which party to a contract has the ability to direct the use of and obtain the benefits from an asset*“. IFRS FOUNDATION (HRSG.), ED/2011/6.37 (b). Hervorhebung durch den Verfasser.

[548] WÜSTEMANN, J./WÜSTEMANN, S., Umsatzerlöse, S. 2037. Einfügung durch den Verfasser.

[549] Vgl. dazu ausführlich FINK, C./KETTERLE, G./SCHEFFEL, S., Revenue Recognition, S. 2002-2005 im Kontext des revidierten Standardentwurfs *revenue recognition.* Vgl. dazu im handelsrechtlichen Kontext MOXTER, A., Bilanzrechtsprechung, S. 170-172.

In Tz. 34 des revidierten Standardentwurfs *revenue recognittion* führt der Board aus (Auslassungen und Hervorhebungen durch den Verfasser):

> *"For each separate performance obligation [...] an entity shall [...] determine at contract inception whether the entity **satisfies** the performance obligation **over time** by **transferring control** of a promised good or service **over time**. If an entity does not satisfy a performance obligation over time, the performance obligation is satisfied **at a point in time**."*

Abhängig davon, ob eine Leistungsverpflichtung **zeitpunktbezogen** oder **zeitraumbezogen** erfüllt wird, differenziert der IASB zwischen **zeitpunktbezogener** und **zeitraumbezogener Umsatzrealisierung**. Im Falle einer zeitraumbezogenen Umsatzrealisierung hat diese gemäß dem Leistungsfortschritt zu erfolgen.[550] Der Vorschlag des Board ist vor allem für **Dienstleistungen** relevant, die über einen längeren Zeitraum erbracht werden.[551] Unmittelbar eingängig ist die Vorschrift für solche Dienstleistungen, bei denen das ***uno-actu*-Prinzip** gilt, d.h. die Dienstleistungserbringung und die Konsumption durch den Kunden zeitlich zusammen fallen. Sofern ein Unternehmen im deutschen Rechtsraum bspw. im Rahmen eines Dienstvertrages nach § 611 BGB eine periodenübergreifende Schulungsleistung erbringt,[552] wird die Leistungsverpflichtung kontinuierlich im Sinne des revidierten Standardentwurfs *revenue recognition* erfüllt, weil der Kunde unmittelbar den Nutzen (*benefit*) aus dem überbrachten Wissen ziehen kann, während das Unternehmen die Leistung erbringt.[553] Schwieriger zu beurteilen sind solche Fälle, in denen das leistende Unterneh-

[550] In IFRS FOUNDATION (HRSG.), ED/2011/6.38 heißt es: *"[A]n entity shall recognise revenue over time by measuring the progress towards complete satisfaction of that performance obligation."* Der Board nennt als Möglichkeiten, den Leistungsfortschritt zu messen, outputorientierte und inputorientierte Verfahren. Vgl. IFRS FOUNDATION (HRSG.), ED/2011/6.41-46. Zu diesen Verfahren vgl. kritisch ARNEGGER, M./HOFMANN, C., Periodisierung, S. 133. Im Schrifttum wird die weitere Möglichkeit genannt, den Leistungsfortschritt *pro rata temporis* zu messen. Vgl. FINK, C./KETTERLE, G./SCHEFFEL, S., Revenue Recognition, S. 2004. In der *basis for conclusion* des revidierten Standardentwurfs *revenue recognition* wird explizit darauf hingewiesen, dass es für eine zeitraumbezogene Umsatzrealisierung nicht zwingend notwendig ist, Teilrechnungen zu stellen. Vgl. IFRS FOUNDATION (HRSG.), ED/2011/6.BC101.

[551] Überdies wird das Thema intensiv und strittig im Kontext langfristiger Auftragsfertigung diskutiert, worauf im Folgenden nicht weiter eingegangen wird, weil das Thema für die Bilanzierung von Leasingverhältnissen in aller Regel keine Relevanz hat.

[552] Beispiel in Anlehnung an HOFFMANN, W.-D./LÜDENBACH, N., Realisationsprinzip, S. 1759.

[553] Vgl. IFRS FOUNDATION (HRSG.), ED/2011/6.35 (b)(i).

men eine Dienstleistung über einen längeren Zeitraum erbringt, der Kunde den eigentlichen Nutzen (*benefit*) aber erst dann erlangt, wenn die Leistung vollständig erbracht wurde.[554] Sofern das *control*-Prinzip restriktiv ausgelegt wird, darf das leistende Unternehmen in solchen Fällen den Umsatz erst dann realisieren, wenn die Dienstleistung vollständig erbracht ist.[555] Bei einer weniger restriktiven Auslegung, die offensichtlich auch der IASB präferiert,[556] könnte bei **kundenspezifischen** Dienstleistungen auch argumentiert werden, dass der Kunde bereits implizit die Verfügungsmacht über die unfertige Leistung, d.h. die teilweise erbrachte Dienstleistung besitzt, weil der Kunde aufgrund der Spezifität der Leistung Dritte davon ausschließen kann, einen Nutzen (*benefit*) aus der Tätigkeit des leistenden Unternehmens zu ziehen. Der Umsatz würde dann zeitraumbezogen erfasst werden.

Im Folgenden ist zu untersuchen, ob die separaten Leistungsverpflichtungen eines Leasinggebers zeitpunktbezogen oder kontinuierlich erfüllt werden, damit beurteilt werden kann, zu welchem Zeitpunkt bzw. über welchen Zeitraum der Leasinggeber Erträge zu realisieren hat.

333.62 Die Erfüllung der Leistungsverpflichtungen in einem Leasingverhältnis

333.621. Die Erfüllung der Leistungsverpflichtungen in einem einfachen Leasingverhältnis

Mit dem Beginn der Laufzeit des Leasingverhältnisses verfügt der Leasingnehmer über **sämtliche Rechte**, welche ihm der Leasingvertrag zugesteht. Der Leasingnehmer kann das Leasingobjekt nutzen (*usus*) und/oder den Output vereinnahmen, welcher daraus resultiert,

[554] Als Beispiel kann eine Beratungsdienstleistung genannt werden, sofern der Kunde erst von einem abschließenden Bericht profitiert. Denkbar ist auch das Erarbeiten eines neuen Designvorschlags für das Firmenlogo. Vgl. BDO (HRSG.), CL ED Revenue, S. 8. Vgl. dazu auch bereits DÖLLERER, G., Bilanzierung, S. 1546.

[555] Vgl. WÜSTEMANN, J./KIERZEK, S., Projekt, S. 262.

[556] Vgl. IFRS FOUNDATION (HRSG.), ED/2011/6.35.

dass das Leasingobjekt genutzt wird (*usus fructus*).[557] Überdies kann der Leasingnehmer Dritte davon ausschließen, die wirtschaftlichen Vorteile zu vereinnahmen, die das Recht auf Nutzung verkörpert.[558] Sofern es für den Leasinggeber eine separate Leistungsverpflichtung darstellt, den Leasinggegenstand zur Verfügung zu stellen und das Recht auf Nutzung zu übertragen, hat der Leasingnehmer somit die **Verfügungsmacht** über den zugesagten Vermögenswert, konkret über das **Recht auf Nutzung** des Leasinggegenstandes erlangt, nachdem der Leasinggeber den Leasinggegenstand zur Verfügung gestellt und das Recht auf Nutzung übertragen hat. Dies stellt im revidierten Standardentwurf *revenue recognition* das entscheidende Ereignis für die Umsatzrealisierung dem Grunde nach dar.[559] Bei der etwaigen Verpflichtung des Leasinggebers, den Leasinggegenstand dem Leasingnehmer zur Verfügung zu stellen bzw. ihm das Recht auf Nutzung zu übertragen, handelt es sich somit um eine separate Leistungsverpflichtung, die **zeitpunktbezogen mit Beginn der Laufzeit des Leasingverhältnisses** vom Leasinggeber erfüllt wird.[560]

Zu Beginn der Laufzeit des Leasingverhältnisses deuten überdies eine Reihe der Indikatoren, die nach Ansicht des IASB den Umsatzrealisierungszeitpunkt anzeigen, darauf hin, dass die Verfügungsmacht an dem Recht auf Nutzung auf den Leasingnehmer übertragen wurde:

- Mit Beginn der Laufzeit des Leasingverhältnisses besitzt der Leasinggeber einen **unbedingten Anspruch** darauf, dass der Leasingnehmer das Entgelt für das Recht auf Nutzung entrichtet.[561]

[557] Vgl. dazu Abschnitt 23. Der Leasingnehmer kann überdies ein beschränktes Veränderungsrecht (*abusus*) besitzen.

[558] Vgl. MCGREGOR, W., A new Approach, S. 15; NAILOR, H./LENNARD, A., New Approach, S. 21 f.

[559] Dieser Befund würde in der handelsrechtlichen Leasingbilanzierung nicht zwingend gelten. Obgleich auch im handelsrechtlichen Schrifttum bspw. von BABEL, M., Ansatz und Bewertung, S. 176 die Meinung vertreten wird, das Recht auf Nutzung stelle einen ausnahmslos aktivierungspflichtigen Vermögensgegenstand dar, wird gleichzeitig die Meinung vertreten, dass „trotz Vorliegens eines Anschaffungsgeschäfts beim Erwerber [..] beim ‚Veräußerer' eine laufende [d.h. über die Laufzeit ratierlich zu erfolgende] Erfolgsrealisation [zu erfolgen hat]". KUßMAUL, H., Nutzungsrechte, S. 2060.

[560] Vgl. im Diskussionspapier *leases,* IASC FOUNDATION (HRSG.), DP/2009/1.10.16.

[561] Vgl. Abschnitt 322.132.

- Mit Beginn der Laufzeit des Leasingverhältnisses ist der Leasinggegenstand, an dem der Leasingnehmer das Recht auf Nutzung besitzt, in aller Regel im physischen Besitz des Leasingnehmers.[562]
- Mit Beginn der Laufzeit des Leasingverhältnisses hat der Leasingnehmer den Leasinggegenstand abgenommen.[563]

Zum Zeitpunkt, zu dem der Leasinggegenstand dem Leasingnehmer **zur Verfügung gestellt bzw. das Recht auf Nutzung übertragen wird**, hat der Leasinggeber somit **Umsatzerlöse zu realisieren** und zwar in Höhe des Betrages, der auf diese separate Leistungsverpflichtung allokiert wurde.[564]

Für die Ertragsrealisierung beim Leasinggeber in einem einfachen Leasingverhältnis muss zudem analysiert werden, wann die **Finanzierungsleistung** bewirkt ist und der Betrag ertragswirksam erfasst wird, welcher auf diese separate Leistungsverpflichtung allokiert wurde. Wie bereits an verschiedenen Stellen erläutert wurde,[565] erbringt der Leasinggeber seine Finanzierungsleistung **im Zeitablauf** über die Dauer der Laufzeit des Leasingverhältnisses. Aus diesem Grund muss auch die Ertragsrealisierung zeitraumbezogen erfolgen. Bei den zu vereinnahmenden Erträgen handelt sich um **Zinserträge**, deren Realisierung untrennbar mit der Folgebewertung des finanziellen Vermögenswerts verbunden ist, welcher den Anspruch des Leasinggebers repräsentiert, die künftigen Leasingraten zu erhalten und der daher zu Beginn der Laufzeit des Leasingverhältnisses in Höhe des Barwerts der künftigen Leasingraten zu aktivieren ist.[566] In den IFRS sind die grundsätzlichen Regelungen, wie Zinserträge zu erfassen sind bzw. finanzielle Vermögenswerte folgezubewerten sind, in

[562] Selbstverständlich ist dieser Indikator nur bei materiellen, nicht aber bei immateriellen Vermögenswerten relevant. Indes wurde in Abschnitt 322.11 bereits darauf hingewiesen, dass immaterielle Vermögenswerte im Jahr 2011 lediglich ca. 1 % des Anteils am Neugeschäft des Mobilien-Leasings ausgemacht haben.

[563] In Deutschland ist der Leasingnehmer häufig verpflichtet, eine Übernahmebestätigung abzugeben, nachdem ihm der Leasinggegenstand zur Verfügung gestellt wurde. Damit bestätigt der Leasingnehmer, dass er den Leasinggegenstand entgegengenommen hat und dieser mit den getroffenen Vereinbarungen übereinstimmt. Häufig wird das Leasingverhältnis überdies mit der Übernahmebestätigung in Vollzug gesetzt. Zur Übernahmebestätigung vgl. WIMMER-LEONHARDT, S., in: Leasinghandbuch, § 13. Übernahmebestätigung, Tz. 1-8.

[564] Vgl. IASC FOUNDATION (HRSG.), DP/2009/1.10.16.

[565] Vgl. Abschnitt 322.125 sowie Abschnitt 322.133.

[566] Vgl. dazu Abschnitt 322.132.

IAS 39 ***Financial Instruments: Recognition and Measurement*** geregelt. Für die Bilanzierung finanzieller Vermögenswerte, wie ihn der Anspruch des Leasinggebers darstellt, die künftigen Leasingraten zu erhalten, sieht IAS 39 die Effektivzinsmethode vor.[567] Zu berücksichtigen ist indes, dass finanzielle Vermögenswerte aus Leasingverhältnissen gemäß IAS 39.2 (b) aus dem Anwendungsbereich des IAS 39 ausgeschlossen sind. In der vorliegenden Arbeit wird entsprechend vorgeschlagen, entweder den Anwendungsbereich des IAS 39 (bzw. des künftig anzuwendenden IFRS 9 *Financial Instruments*) insofern zu erweitern, als für die Folgebewertung des finanziellen Vermögenswerts bzw. die Realisierung der Finanzerträge beim Leasinggeber auf die Effektivzinsmethode nach IAS 39 (IFRS 9) verwiesen werden kann, oder in einem IFRS zur Leasingbilanzierung eigene Regelungen zu implementieren, die mit denen in IAS 39 (IFRS 9) konzeptionell im Einklang stehen.

Die Folgebewertung des finanziellen Vermögenswerts des Leasinggebers anhand der Effektivzinsmethode führt beim Leasinggeber zu einer **konstanten periodischen Verzinsung** des finanziellen Vermögenswerts[568] und letztlich dazu, dass die eingehende Leasingrate in zwei Teilbeträge aufzuteilen ist:[569] Zum einen in einen **Tilgungsanteil**, der einen Teil der Vergütung dafür darstellt, dass der Leasinggeber das Recht auf Nutzung übertragen hat und zum anderen in einen **Zinsanteil**, den der Leasinggeber ertragswirksam erfasst. Die Anwendung der Effektivzinsmethode und die zeitraumbezogene Realisierung der Finanzerträge verdeutlicht folgendes Beispiel:

> Ein Unternehmen stellt ein Gut her und geht mit einem Leasingnehmer ein Leasingverhältnis über drei Jahre ein. Die jährlichen Leasingraten betragen 4.300 GE (Summe der Leasingraten = Transaktionspreis = 12.900 GE). Der Leasinggeber berechnet dem Leasingnehmer einen Zinssatz von 8,5 %. Der Barwert der Leasingzahlungen beträgt 10.982 GE. Dieser Betrag wird auf die separate Leistungsverpflichtung allokiert, das Gut zur Verfügung zu stellen und das Recht auf Nutzung zu übertragen. Die Differenz aus Nominal- und Barwert der Leasingraten (12.900 GE – 10.982 GE = 1.918 GE)

567 Vgl. IAS 39.9 sowie ausführlich BARCKOW, A., in: IFRS-Komm., Kommentierung zu IAS 39, Tz. 95-101.

568 Vgl. NAILOR, H./LENNARD, A., New Approach, S. 123.

569 Vgl. stellvertretend LEUCHTENSTERN, S./RANKER, D./HENNEBERGER, M., Reformierung (Teil 3), S. 28; KIRSCH, H.-J., in: IFRS-Komm., Kommentierung zu IAS 17, Tz. 39.

stellt den zu Beginn der Laufzeit des Leasingverhältnisses noch nicht realisierten Finanzertrag dar, der auf die separate Leistungsverpflichtung allokiert wird, die Finanzierungsleistung zu erbringen. Der Barwert der Leasingraten entspricht dem Wert, mit dem der finanzielle Vermögenswert erstbewertet wird und den Umsatzerlösen, die der Leasinggeber zu Beginn der Laufzeit des Leasingverhältnisses realisiert, weil er mit der Übergabe des Guts eine separate Leistungsverpflichtung erfüllt. Die Folgebewertung erfolgt anhand der Effektivzinsmethode, wie in der folgenden Übersicht dargestellt:

Spalte A	**Spalte B**	**Spalte C**	**Spalte D**	**Spalte E**	**Spalte F**	**Spalte G**
Periode	Buchwert Periodenbeginn	Eingehende Leasingrate	Umsatz	Zinsertrag (Spalte B * 8,5 %)	Tilgungs-anteil (Spalte C - Spalte E)	Buchwert Periodenende (Spalte B - Spalte F)
1	10.982	4.300	10.982	933	3.367	7.616
2	7.616	4.300	0	647	3.653	3.963
3	3.963	4.300	0	337	3.963	0
Σ		12.900	10.982	1.918	10.982	

Übersicht 3-10: *Anwendung der Effektivzinsmethode auf ein Leasingverhältnis beim Leasinggeber*[570]

Das Beispiel illustriert nicht nur, wie die Effektivzinsmethode beim Leasinggeber anzuwenden ist, sondern verdeutlicht auch die Auswirkungen, die sich für die Ertragsrealisierung daraus ergeben, dass der Transaktionspreis auf die beiden separaten Leistungsverpflichtungen allokiert wird, welche zu unterschiedlichen Zeitpunkten bzw. Zeiträumen erfüllt werden.

333.622. Die Erfüllung der Leistungsverpflichtungen in komplexen Leasingverhältnissen

Fraglich ist, zu welchem Zeitpunkt oder über welchen Zeitraum der Leasinggeber die separaten Leistungsverpflichtungen in einem komplexen Leasingverhältnis erfüllt. Aufgrund der sehr hohen Anzahl verschiedener **Servicebestandteile**, die in der Praxis beobachtet werden können, kann diese Frage für zusätzliche Servicekomponenten **nicht allgemeingültig** beantwortet werden. Vielmehr muss im Einzelfall beurteilt werden, ob die Serviceleistung zu einem Zeitpunkt oder kontinuierlich erfüllt wird und wann dies konkret der Fall ist. Sofern bspw. in einem Hersteller- /Händlerleasing-Verhältnis vereinbart wurde, dass der Leasing-

[570] Übersicht in Anlehnung an KIRSCH, H.-J., in: IFRS-Komm., Kommentierung zu IAS 17, Tz. 45.

geber eine einmalige Wartung des Leasinggegenstandes vornimmt, nachdem die Hälfte der Laufzeit des Leasingverhältnisses vorüber ist, handelt es sich um eine Leistungsverpflichtung, die zeitpunktbezogen erfüllt wird. Ein Pannenservice im Kfz-Leasing über die gesamte Laufzeit stellt indes eine Dienstleistung dar, die zeitraumbezogen erfüllt wird. Sofern eine Serviceleistung zeitraumbezogen erfüllt wird, muss überdies im Einzelfall beurteilt werden, nach welcher Methode der **Leistungsfortschritt** zu bemessen ist, denn der revidierte Standardentwurf *revenue recognition* fordert, auch die Ertragsrealisierung nach dem Leistungsfortschritt vorzunehmen.[571]

Abschließend muss beurteilt werden, zu welchem Zeitpunkt oder über welchen Zeitraum der Leasinggeber eine separate Leistungsverpflichtung in Form einer **Laufzeitoption** und/oder einer **Kaufoption** erfüllt. In der vorliegenden Arbeit wurde bereits an anderer Stelle[572] erläutert, dass die Leistung eines Optionsgebers in einem Optionsgeschäft erst dann bewirkt ist, wenn die Option ausgeübt wird oder verfällt. Überdies muss berücksichtigt werden, dass die Leasingraten in optionalen Perioden häufig vergünstigt, d.h. zu einem Preis unter dem dann gültigen Marktpreis gewährt werden.[573] Gleiches gilt für den Ausübungspreis einer Kaufoption, sofern dieser so bemessen ist, dass er dem Leasingnehmer die Möglichkeit gibt, dass Leasingobjekt am Ende der Laufzeit des Leasingverhältnisses zu einem Preis unterhalb des Marktpreises des Leasingobjekts zu erwerben. In diesen Fällen leistet der Leasingnehmer bei wirtschaftlicher Betrachtungsweise während der (ursprünglichen) Laufzeit eine **Anzahlung** auf die Vermögenswerte, die der Option zugrunde liegen (das zusätzliche Recht auf Nutzung bei einer Laufzeitoption oder den Leasinggegenstand *per se* bei einer Kaufoption).[574] In diesen Fällen wird ganz besonders deutlich, dass der Betrag, der auf eine separate Leistungsverpflichtung „Laufzeitoption" oder „Kaufoption" allokiert wurde, auch erst dann realisiert werden darf, wenn der entsprechende Vermögenswert auf den Kunden übertragen wurde (sofern die Option ausgeübt wurde) oder die Option verfällt.

---

571 Vgl. IFRS FOUNDATION (HRSG.), ED/2011/6.38 sowie Abschnitt 333.61.

572 Vgl. Abschnitt 322.212.

573 Vgl. bereits RAU, G., Mietverlängerungsoption, S. 1027.

574 Vgl. IFRS FOUNDATION (HRSG.), ED/2011/6.B21.

Folgendes abschließendes Beispiel verdeutlicht die Umsatzrealisierung in einem komplexen Leasingverhältnis dem Grunde und der Höhe nach. Wir greifen dazu das Beispiel von S. 156 wieder auf. Der Leasinggeber hat sich zu Beginn des Leasingverhältnisses zu vier separaten Leistungen verpflichtet und den Transaktionspreis von 10.050 GE wie folgt auf die separaten Leistungsverpflichtungen allokiert:[575]

- Übertragung des Rechts auf Nutzung: 8.128,52 GE
- Laufzeitverlängerungsoption: 253,61 GE
- Wartungsleistung: 248,64 GE
- Finanzierungsleistung: 1.419,23 GE

Der Betrag, der auf die separate Leistungsverpflichtung allokiert wurde, das Recht auf Nutzung zu übertragen, wird **zeitpunktbezogen** zu **Beginn der Laufzeit** des Leasingverhältnisses als Umsatz realisiert. Die Leasingrate der optionalen Periode bleibt zu Beginn der Laufzeit des Leasingverhältnisses bilanziell unberücksichtigt,[576] ebenso wenig darf der Teil der Raten vorab erfolgswirksam vereinnahmt werden, welcher auf die Wartungsleistung entfällt. Die **Wartungsleistung** wird annahmegemäß kontinuierlich während der Laufzeit erbracht, weshalb auch die entsprechenden Umsatzerlöse kontinuierlich realisiert werden. Der Leasinggeber vereinnahmt daher mit der unten genannten Buchung pro Jahr ein Drittel des Betrages, der auf die separate Leistungsverpflichtung „Wartungsleistung" allokiert wurde (82,88 GE). Die separate Leistungsverpflichtung „Laufzeitverlängerungsoption" wird erst dann erfüllt, wenn die Option **ausgeübt wird** oder **verfällt**, weshalb auch der resultierende Umsatz erst zu diesem Zeitpunkt erfasst werden darf. Zu Beginn der Laufzeit des Leasingverhältnisses bucht der Leasinggeber somit:[577]

---

575 Vgl. Abschnitt 333.522 und die dortige Übersicht 3-9.

576 So auch explizit IFRS FOUNDATION (HRSG.), ED/2011/6.BC129. Vgl. dazu auch Abschnitt 322.213.

577 Der Leasinggeber verbucht auch dann zu Beginn der Laufzeit des Leasingverhältnisses Umsatzerlöse, wenn der Leasingnehmer ein sog. Gesamtrücktrittsrecht besitzt. Vgl. dazu WÜSTEMANN, J./KIERZEK, S., Mehrkomponentenverträge, S. 905. Beispielsweise könnte der Leasingnehmer vom gesamten Vertrag zurücktreten und auch davon befreit werden, für das Recht auf Nutzung zu zahlen, wenn Leistungsstörungen auftreten, während der Leasinggeber die Wartungsleistung erbringt. Eine Begrenzung auf Umsatzerlöse, die dem leistenden Unternehmen rechtlich zustehen, unabhängig davon, ob noch ausstehende Leistungsverpflichtungen (hier: Wartungsleistung) erfüllt werden

Recht auf Leasingraten (RaL) 8.128,52 GE	an	Umsatzerlöse 8.128,52 GE

Die **Finanzerträge** werden zeitraumbezogen über die Laufzeit des Leasingverhältnisses vereinnahmt, indem der finanzielle Vermögenswert, der zu Beginn der Laufzeit des Leasingverhältnisses aktiviert wurde, anhand der Effektivzinsmethode folgebewertet wird.

Bezüglich der **Laufzeitverlängerungsoption** ist nach hier vertretener Auffassung bilanziell wie folgt vorzugehen: Laut Sachverhalt besitzt der Leasingnehmer die Möglichkeit, das Leasingobjekt in der optionalen Periode zu einer vergünstigten Leasingrate zu nutzen. Der Betrag, den der Leasingnehmer während der Mindestleasingdauer mehr zahlt als in einem Leasingverhältnis ohne Laufzeitverlängerungsoption, stellt daher im Wesentlichen eine Anzahlung dar, die der Leasingnehmer bereits während der Mindestleasingdauer für das Recht auf Nutzung in der optionalen Leasingperiode leistet. Der Betrag, der auf die separate Leistungsverpflichtung „Laufzeitverlängerungsoption" allokiert wurde, ist folglich als erhaltene Anzahlung zu bilanzieren (253,61 GE bzw. 84,54 GE p.a.).

Zum Zeitpunkt, zu dem die erste nachschüssig zu entrichtende Leasingrate auf dem Bankkonto des Leasinggebers eingeht, bucht dieser:

Bank 3.350 GE	an	Umsatzerlöse 82,88 GE (Wartung)
		Erhaltene Anzahlung 84,54 GE
		Finanzertrag 690,92 GE
		RaL 2.491,66 GE (Tilgung)

Am Ende der Mindestleasingdauer bucht der Leasinggeber:[578]

Erhaltene Anzahlung 253,61 GE	an	Umsatzerlöse 253,61 GE

Die folgende Übersicht zeigt die Ertragsrealisierung beim Leasinggeber im Zeitablauf:

(sog. *contingent revenue cap*), ist im revidierten Standardentwurf *revenue recognition* nicht vorgesehen. Der Board hat sich nicht zuletzt deshalb gegen einen *contingent revenue cap* entschieden, weil der IASB darauf hinweist, dass dem leistenden Unternehmen auch dann ein Vermögenswert in Höhe des allokierten Betrags zugegangen ist, wenn der rechtliche Anspruch noch von weiteren Handlungen des leistenden Unternehmens abhängt. Vgl. dazu IFRS FOUNDATION (HRSG.), ED/2011/6.BC193-197.

578 Diese Buchung ist unabhängig davon, ob die Laufzeitoption ausgeübt wird oder verfällt.

Spalte A	Spalte B	Spalte C	Spalte D	Spalte E	Spalte F	Spalte G	Spalte H	Spalte I	Spalte J
Periode	Buchwert Perioden-beginn	Leasing-rate	Umsatz Recht auf Nutzung	Zinsertrag (B * 8,5 %)	Umsatz Wartung	Zugang Erhaltene Anz.	Umsatz Laufzeit-option	Tilgungs-anteil (C-E-F-G)	Buchwert Perioden-ende (B-I)
1	8.128,52	3.350,00	8.128,52	690,92	82,88	84,54	0,00	2.491,66	5.636,86
2	5.636,86	3.350,00	0,00	479,13	82,88	84,54	0,00	2.703,45	2.933,42
3	2.933,42	3.350,00	0,00	249,34	82,88	84,54	253,61	2.933,24	0,00
Σ		10.050,00	8.128,52	1.419,40	248,64	253,62	253,61	8.128,34	

Übersicht 3-11: *Ertragsrealisierung in einem komplexen Leasingverhältnis*

333.7 Zwischenfazit

Das Anforderungsprofil für die Ertragsrealisierung beim Leasinggeber, welches mit den Vorschlägen des Reformprojekts *revenue recognition* bzw. dem *conceptual framework* im Einklang steht, kann wie folgt zusammengefasst werden:

- Der Leasinggeber hat **für jedes** Leasingverhältnis, für das er nicht nur als Agent des Herstellers oder Händlers auftritt, Umsatzerlöse **zu Beginn** der Laufzeit des Leasingverhältnisses zu realisieren. Diese Umsatzerlöse ergeben sich als der Barwert der nutzungsunabhängigen Leasingraten während der **unkündbaren Mindestleasingdauer**, die der Leasingnehmer dafür entrichtet, dass ihm das **Recht auf Nutzung** eingeräumt wurde.

- Bei der Ertragsrealisierung zu Beginn der Laufzeit des Leasingverhältnisses dürfen Zinserträge, nutzungsabhängige Leasingraten, Leasingraten optionaler Leasingperioden, der Ausübungspreis einer Kaufoption sowie die Anteile der Raten, die auf Servicebestandteile und/oder eine Optionsprämie entfallen, **nicht berücksichtigt** werden. Das Entgelt ist auf Basis relativer **Einzelveräußerungspreise** aufzuteilen.

- Die **Zinserträge** sind über die Laufzeit des Leasingverhältnisses anhand der **Effektivzinsmethode** zu erfassen.

- Die **Erträge aus Serviceleistungen** sind zu erfassen, wenn die entsprechende Leistung **erfüllt** ist.

- Die Zahlungen, die auf **Laufzeitoptionen** und/oder eine **Kaufoption** entfallen, sind so lange abzugrenzen bzw. als erhaltene Anzahlungen zu erfassen, bis die entsprechende Option ausgeübt wird oder verfällt.

- **Nutzungsabhängige Leasingraten** sind dann zu erfassen, wenn die tatsächliche Höhe der Leasingraten einer Abrechnungsperiode feststeht und die bedingten Leasingraten dem Leasinggeber somit **mit hinreichender Sicherheit** zugehen.

In Abschnitt 43 wird dieses Anforderungsprofil verwendet, um die vom IASB vorgeschlagenen Ansätze zur Leasinggeberbilanzierung zu würdigen. Zuvor wird im folgenden Abschnitt erläutert, dass die *de lege lata* Vorschriften zur Ertragsrealisierung beim Leasinggeber nicht geeignet sind, die o.g. Anforderungen zu erfüllen. Wie bereits in Abschnitt 31 erwähnt, ist nämlich die Forderung nach einem neuen Modell zur Leasinggeberbilanzierung, welches auch die Ertragsrealisierung beim Leasinggeber reformieren würde, nicht gerechtfertigt, wenn der *Status quo* eine adäquate Option darstellt.

334. Die Inadäquanz der Ertragsrealisierung beim Leasinggeber *de lege lata*

334.1 Die Ertragsrealisierung beim Leasinggeber in einem operativen Leasingverhältnis nach IAS 17

Die Vorschriften zur Ertragsrealisierung beim Leasinggeber nach IAS 17 differieren, je nachdem, ob der Leasinggeber das Leasingverhältnis anhand der Beispiele und Indikatoren in IAS 17.10 und IAS 17.11 als operatives oder als Finanzierungsleasing-Verhältnis klassifiziert hat.[579]

Im Falle eines **operativen Leasingverhältnisses** verlangt IAS 17.50, dass Leasingerträge *(lease income)* grds. linear **über die Laufzeit des Leasingverhältnisses** erfolgswirksam zu erfassen sind.[580] Bei den Leasingerträgen handelt es sich zunächst um die Summe aller Zahlungen, die der Leasingnehmer während der Laufzeit des Leasingverhältnisses an den Leasinggeber

[579] Zur Klassifizierung eines Leasingverhältnisses nach IAS 17 vgl. Abschnitt 323.11.

[580] Nach IAS 17.50 kann von der linearen Ertragsrealisierung auch abgewichen werden. In IAS 17.50 heißt es: *"Lease income [...] shall be recognised on a straight-line basis [...], unless another systematic basis is more representative of the time pattern in which use benefit derived from the leased asset is diminished."* Auslassungen durch den Verfasser.

entrichtet.[581] Die Leasingerträge im Sinne von IAS 17.50 umfassen in einem einfachen Leasingverhältnis sowohl das Entgelt, das der Leasingnehmer für das Recht auf Nutzung zahlt als auch das Entgelt für die Finanzierungsleistung. In einem komplexen Leasingverhältnis können die Leasingerträge auch die Optionsprämie[n] enthalten, die der Leasingnehmer als Teil der Leasingraten für eine Laufzeitoption und/oder eine Kaufoption zahlt.[582]

Sofern ein Leasinggeber in einem Leasingverhältnis zusätzliche Serviceleistungen erbringt, gehört das Entgelt, welches der Leasinggeber für diese Leistungen vereinnahmt, **nicht** zu den Leasingerträgen.[583] Sofern der Leasinggeber eine Gesamtrate erhält, die das Entgelt für das Leasinggeschäft und die zusätzlichen Serviceleistungen umfasst, muss die Rate daher in Leasing- und Servicekomponente aufgeteilt werden.[584]

IAS 17 enthält keine Vorschriften, wie Leasingerträge in der Gesamtergebnisrechnung des Leasinggebers auszuweisen sind.[585] Im Schrifttum wird vorgeschlagen, die Leasingerträge unter den Umsatzerlösen oder den sonstigen betrieblichen Erträgen auszuweisen.[586] Das Gesamtentgelt wird nicht in das Entgelt für das Recht auf Nutzung und die Finanzierungsleistung aufgeteilt.

Werden die Vorschriften des IAS 17 zur Ertragsrealisierung in operativen Leasingverhältnissen vor dem Hintergrund des Anforderungsprofils **kritisch gewürdigt**, welches in Abschnitt 333 entwickelt wurde, zeigt sich, dass die Regelungen des IAS 17 an verschiedenen Stellen den Anforderungen des *conceptual framework* und des Reformprojektes *revenue recognition* nicht gerecht werden:

- Der Leasinggeber darf in einem operativen Leasingverhältnis nach IAS 17.50 zu Beginn der Laufzeit des Leasingverhältnisses **keinen** Umsatz realisieren.[587] Indes stellt der

---

581 Vgl. MELLWIG, W./SABEL, E., in: MünchKommBiR, Kommentierung zu IAS 17, Tz. 221.

582 Vgl. dazu Abschnitt 322.212.

583 Vgl. ADS International, Abschnitt 12: Leasingverhältnisse, Tz. 282.

584 Vgl. MELLWIG, W./SABEL, E., in: MünchKommBiR, Kommentierung zu IAS 17, Tz. 224.

585 Vgl. ADS International, Abschnitt 12: Leasingverhältnisse, Tz. 294.

586 Vgl. stellvertretend ADS International, Abschnitt 12: Leasingverhältnisse, Tz. 294.

587 Dieses Verbot gilt nach IAS 17.55 explizit auch für Hersteller-/Händlerleasing-Verhältnisse.

Leasinggeber häufig – bspw. beim operativen Hersteller-/Händlerleasing – auch im Falle eines operativen Leasingverhältnisses den Leasinggegenstand zur Verfügung und überträgt das Recht auf Nutzung. Der Leasinggeber erfüllt dann eine separate Leistungsverpflichtung bzw. überträgt einen Vermögenswert auf den Leasingnehmer, namentlich das Recht auf Nutzung. Der Leasingnehmer besitzt dann die Verfügungsmacht über den Vermögenswert.[588] Nach den Vorgaben im revidierten Standardentwurf *revenue recognition* führt dies zur Umsatzrealisierung.

- Sofern der Leasingnehmer für das Recht auf Nutzung keine Einmalzahlung zu Beginn der Laufzeit des Leasingverhältnisses entrichtet, sondern die Leasingraten ratierlich über die Laufzeit des Leasingverhältnisses zahlt, enthält auch ein operatives Leasingverhältnis eine Finanzierungskomponente. Dies bleibt indes bei den Ertragsrealisierungsvorschriften in IAS 17 außer Acht. IAS 17 sieht für operative Leasingverhältnisse nicht vor, dass Zinserträge vereinnahmt werden, sondern die Leasingerträge werden *en bloc* im **operativen Ergebnis** erfasst.

- Sofern eine Laufzeitoption und/oder eine Kaufoption gewährt wurde(n), wird die Optionsprämie, die der Leasingnehmer entrichtet, ebenfalls über die Laufzeit ratierlich als Ertrag erfasst. In Abschnitt 333.622 wurde indes erläutert, dass der entsprechende Ertrag vor dem Hintergrund der Vorschriften im revidierten Standardentwurf *revenue recognition* erst dann realisiert werden darf, wenn die Option ausgeübt wird oder verfällt.

Aufgrund der dargestellten Schwächen sind die Ertragsrealisierungsvorschriften des IAS 17 für operative Leasingverhältnisse nach hier vertretener Auffassung **reformbedürftig**.

334.2 Die Ertragsrealisierung beim Leasinggeber in einem Finanzierungsleasing-Verhältnis nach IAS 17

Im Falle eines Finanzierungsleasing-Verhältnisses sind IAS 17.36-48 anzuwenden. Der Leasinggeber bucht den Vermögenswert aus und aktiviert stattdessen eine finanzielle Forde-

[588] Vgl. Abschnitt 333.621.

rung.[589] Im Gegensatz zur Bilanzierung von operativen Leasingverhältnissen sieht IAS 17.44 eine **Umsatzrealisierung zu Beginn der Laufzeit des Leasingverhältnisses** vor, indes nur, sofern der Leasinggeber auch Hersteller oder Händler des Leasinggegenstands ist. Die Umsatzerlöse entsprechen dann dem Minimum aus beizulegendem Zeitwert des Leasingobjekts und dem Barwert der Mindestleasingzahlungen, die nach dem folgenden Schema zu berechnen sind:

	Alle fixen Leasingraten während der unkündbaren Mindestleasingdauer
+	Leasingraten in optionalen Leasingperioden, sofern hinreichend sicher *(reasonably certain)* ist, dass der Leasingnehmer die entsprechenden Laufzeitoptionen ausüben wird
+	Garantierter Restwert
+	Ausübungspreis einer Kaufoption, sofern hinreichend sicher *(reasonably certain)* ist, dass die Kaufoption ausgeübt wird
=	Mindestleasingzahlungen aus Sicht des Leasinggebers

Übersicht 3-12: *Mindestleasingzahlungen aus Sicht des Leasinggebers*[590]

Obgleich IAS 17 die Umsatzrealisierung zu Beginn der Laufzeit des Leasingverhältnisses lediglich für Hersteller-/Händlerleasing-Verhältnisse vorsieht, wird es im Schrifttum in bestimmten Fällen des hersteller-/händler**un**abhängigen Leasings ebenfalls für zulässig erachtet, Umsatzerlöse zu Beginn der Laufzeit des Leasingverhältnisses zu realisieren.[591] Diese Auffassung wird zu Recht damit begründet, dass IAS 17 die Begriffe „Hersteller“ und „Händler“ nicht definiert und es sich lediglich um eine „typisierende Betrachtung“[592] handelt. Sofern zu Beginn der Laufzeit des Leasingverhältnisses der beizulegende Zeitwert des Leasingobjekts bzw. der Barwert der Mindestleasingzahlungen den Buchwert des Leasingobjekts in der Bilanz des Leasinggebers übersteigt und der Leasinggeber aus dem Leasingverhältnis daher nicht nur Zinserträge, sondern auch einen **Veräußerungsgewinn**

589 Vgl. dazu auch Abschnitt 323.12.

590 Übersicht in Anlehnung an WAGENHOFER, A., Internationale Rechnungslegungsstandards, S. 301.

591 Vgl. ADS International, Abschnitt 12: Leasingverhältnisse, Tz. 247 f.; MELLWIG, W./SABEL, E., in: MünchKommBiR, Kommentierung zu IAS 17, Tz. 207.

592 ADS International, Abschnitt 12: Leasingverhältnisse, Tz. 248.

generiert, haben auch Leasinggeber, die nicht Hersteller oder Händler des Leasinggegenstandes sind, zu Beginn der Laufzeit Umsatzerlöse zu realisieren.[593]

Während der Laufzeit des Leasingverhältnisses vereinnahmt der Leasinggeber **Zinserträge.**[594] Die Zinserträge werden als konstante periodische Verzinsung der aktivierten Forderung vereinnahmt, d.h. die Finanzerträge einer Periode werden berechnet, indem der jeweilige Buchwert der Forderung mit dem relevanten Zins multipliziert wird.[595] Die Differenz zwischen der Leasingrate und dem Finanzertrag stellt den Betrag dar, mit dem die aktivierte Forderung getilgt wird.[596] Die Vorgehensweise entspricht der Effektivzinsmethode nach IAS 39.[597]

IAS 17 verlangt bzgl. der Ertragsrealisierung in Finanzierungsleasing-Verhältnissen eine **häufig höhere Umsatzrealisierung** zu Beginn der Laufzeit des Leasingverhältnisses als wenn die Grundsätze beachtet würden, die im Reformprojekt *revenue recognition* entwickelt wurden:

- Die Umsatzerlöse können den Ausübungspreis einer Kaufoption enthalten, sofern der Leasinggeber zu Beginn der Laufzeit des Leasingverhältnisses der Ansicht ist, dass es hinreichend sicher ist, dass die Kaufoption ausgeübt wird. Zu berücksichtigen ist indes, dass es dennoch von den Handlungen des Leasingnehmers abhängt, ob dem Leasinggeber der Ausübungspreis zugeht. Sofern sich diejenigen Bedingungen während der Laufzeit des Leasingverhältnisses verändern, welche ausschlaggebend für die Einschätzung des Leasinggebers waren, dass die Kaufoption hinreichend sicher ausgeübt wird, wurde der Ausübungspreis als Umsatzerlös erfasst, obgleich dieser Betrag nicht vereinnahmt wird, weil der Leasinggegenstand am Ende der Laufzeit doch zurückgegeben und nicht erworben wird.

[593] Vgl. PFERDEHIRT, H., Leasingbilanzierung, S. 95.

[594] Vgl. IAS 17.39 f.

[595] Vgl. MELLWIG, W./SABEL, E., in: MünchKommBiR, Kommentierung zu IAS 17, Tz. 209.

[596] Vgl. KIRSCH, H.-J., in: IFRS-Komm., Kommentierung zu IAS 17, Tz. 45.

[597] Vgl. MELLWIG, W./SABEL, E., in: MünchKommBiR, Kommentierung zu IAS 17, Tz. 209.

- Die Umsatzerlöse können Leasingraten optionaler Leasingperioden enthalten, sofern es der Leasinggeber als hinreichend sicher erachtet, dass die entsprechenden Laufzeitoptionen ausgeübt werden. Mit Verweis auf das soeben angeführte Argument gegen die Berücksichtigung eines Ausübungspreises einer Kaufoption sollten auch optionale Leasingraten erst dann ertragswirksam erfasst werden, wenn die Option tatsächlich ausgeübt wird.[598]

- Die Umsatzerlöse können einen garantierten Restwert enthalten. Häufig ist dies aber nicht im Einklang mit dem Reformprojekt *revenue recognition*, weil der Leasinggeber – wie das folgende Beispiel zeigt – die entsprechende Leistung noch nicht bewirkt hat:

  Ein Leasinggeber geht ein Leasingverhältnis über zwei Jahre ein und beabsichtigt, den Leasinggegenstand im Anschluss zu verkaufen. Der Leasinggeber lässt sich den zu Beginn des Leasingverhältnisses kalkulierten Restwert durch einen Restwertausgleich garantieren, d.h. der Leasingnehmer muss ggf. eine Ausgleichszahlung leisten, sofern der Verkaufserlös, den der Leasinggeber vereinnahmt, unter dem kalkulierten Restwert liegt. Die Umsatzerlöse, die der Leasinggeber zu Beginn der Laufzeit des Leasingverhältnisses realisiert, sollten nur den Barwert der Leasingraten umfassen, nicht aber den garantierten Restwert. Der Leasinggeber hat nämlich zu Beginn der Laufzeit des Leasingverhältnisses bzgl. des Restwerts das seinerseits Erforderliche – einen Käufer zu suchen und den Leasinggegenstand auf den Käufer zu übertragen – noch nicht getätigt.

Nach hier vertretener Auffassung sind auch die Regelungen des IAS 17 zur Ertragsrealisierung in einem Finanzierungsleasing-Verhältnis **reformbedürftig**.

[598] Der Ermessensspielraum birgt zudem die Gefahr, dass Leasinggeber ihre Aktiva überbewerten. LEASEUROPE (HRSG.), Lessors, S. 20 weist darauf hin, dass in der Vergangenheit nicht selten Insolvenzen von Leasinggebern in unmittelbarem Zusammenhang damit standen, dass die Aktiva überbewertet waren.

4 Die Vorschläge des IASB zur künftigen Leasinggeberbilanzierung

41 Vorbemerkung

Ziel der vorliegenden Arbeit ist es, zu analysieren, wie die künftige Leasinggeberbilanzierung ausgestaltet werden soll. Um dieses Ziel zu erreichen, wurde in Abschnitt 3 zunächst ein Anforderungsprofil für die Leasinggeberbilanzierung entwickelt. Im Folgenden werden die Vorschläge des IASB zur künftigen Leasinggeberbilanzierung, die im Reformprojekt *leases* entwickelt wurden, dargestellt und vor dem Hintergrund des entwickelten Anforderungsprofils gewürdigt. Letztlich werden konkrete Vorschläge unterbreitet, wie die vom IASB geplante Leasinggeberbilanzierung modifiziert werden kann, um ein Modell zu erhalten, welches im Hinblick auf die entwickelten Anforderungen geeignet ist.

42 Das *right of use model* als konzeptionelle Grundlage für die Bilanzierung von Leasingverhältnissen *de lege ferenda*

Der IASB hat im Juli 2006 das Projekt *leases* auf seine Reformagenda genommen.[1] Das ursprüngliche Ziel des IASB war es dabei, ein **einheitliches** Modell zur Leasingbilanzierung zu entwickeln, welches gewährleistet, dass sämtliche Vermögenswerte und Schulden aus einem Leasingverhältnis in der Bilanz erfasst werden.[2]

Bereits im Jahr 1997 wurde der bis heute gültige IAS 17 zunächst auf Druck der IOSCO und später im Rahmen der Verbesserungen der IFRS (den sog. *annual improvements*) überarbeitet.[3] Die in Abschnitt 323 und Abschnitt 334 genannten Schwachpunkte des IAS 17 wurden dadurch indes nicht beseitigt. Dieser Befund verwundert aus folgendem Grund nicht: Wie gezeigt wurde, existiert in IAS 17 ein grundlegendes konzeptionelles Problem, die o.g. Überarbeitungen ließen die Grundkonzeption des IAS 17 indes unverändert. Weil diese Problematik erkannt wurde, ist es nur konsequent, dass der IASB im Reformprojekt

---

1 Vgl. IASC FOUNDATION (HRSG.), IASB Update July 2006, S. 7.

2 Vgl. dazu das ursprüngliche proklamierte Ziel, abrufbar unter http://archive.is/ffVX.

3 Vgl. OVERSBERG, T., Paradigmenwechsel, S. 377.

leases ein vollständig neues Bilanzierungsmodell für Leasingverhältnisse entwickelt. Im März 2007 entschied sich der Board, dass dem künftigen IFRS zur Leasingbilanzierung das ***right of use model*** als konzeptionelle Grundlage dienen soll.[4]

Der Grundgedanke des *right of use model* besteht darin, **Rechte und Pflichten** aus einem Leasingverhältnis zu bilanzieren, sofern diese ansatzpflichtige Vermögenswerte und Schulden darstellen.[5] Im Gegensatz zur Bilanzierung *de lege lata* ist es für die Bilanzierung gemäß dem *right of use model* unerheblich, welche Partei wirtschaftlicher Eigentümer des Leasinggegenstandes *per se* ist. Gemäß dem *right of use model* wird vielmehr verlangt, zu untersuchen, welche Rechte und Pflichten für einen Leasingnehmer und einen Leasinggeber aus dem zu betrachtenden Leasingverhältnis resultieren. Im nächsten Schritt ist zu prüfen, welche der Rechte Vermögenswerte und welche der Pflichten Schulden im Sinne des *conceptual framework* darstellen.[6] Diejenigen Rechte und Pflichten, für die dies zutrifft, sind verpflichtend in der entsprechenden Bilanz aufzunehmen. Der IASB vertritt seit Beginn des Reformprojekts *leases* die Ansicht, dass grundsätzlich jedes Leasingverhältnis zu bilanzierungspflichtigen Rechten und/oder Pflichten beim Leasingnehmer und Leasinggeber führt.[7] Ein *off balance sheet*-Effekt wäre dann nicht mehr möglich.

Das *right of use model* kann nach Ansicht des IASB auf sämtliche Leasingverhältnisse im Sinne der IFRS angewendet werden,[8] sodass unterschiedliche Bilanzierungsregeln, wie sie derzeit in IAS 17 aufgrund der dichotomen Unterscheidung in operatives und Finanzierungsleasing enthalten sind, nicht zwingend notwendig erscheinen. Mit dem *right of use model* würde somit grds. die in Abschnitt 323.13 geforderte **stufenlose Bilanzierung er-**

[4] Vgl. IASC FOUNDATION (HRSG.), IASB Update March 2007, S. 4. Als weitere theoretisch mögliche Bilanzierungsansätze wurden der sog. *executory contract approach*, der derzeitige IAS 17 und der *whole asset approach* diskutiert, die aber aus Sicht des IASB sämtlich nicht geeignet sind, das Ziel des Reformprojekts zu erfüllen. Zu den genannten Modellen vgl. stellvertretend LEIBFRIED, P./KLEIBOLD, T., Neuregelungen, S. 412.

[5] Vgl. KÜTING, K./KOCH, C./TESCHE, T., Leasingbilanzierung, S. 286. Diese Vorgehensweise wurde auch schon früh im handelsrechtlichen Kontext diskutiert. Vgl. dazu stellvertretend PLATHE, P., Beurteilung, S. 601-605; DÖLLERER, G., Leasing, S. 538 f.

[6] Vgl. OVERSBERG, T., Paradigmenwechsel, S. 382.

[7] Vgl. IASC FOUNDATION (HRSG.), IASB Update March 2007, S. 4; IFRS FOUNDATION (HRSG.), ED/2013/6.BC13-28.

[8] Vgl. dazu kritisch SCHMIDT, P., Discussion Paper, S. 254.

möglicht werden. Überdies werden gemäß dem Grundgedanken des *right of use model* einzelne Rechte und Pflichten im Zusammenhang mit einem Leasingverhältnis betrachtet und nicht der Leasinggegenstand *per se*. Mit dem *right of use model* ist es somit möglich, die der **Gegenstandsbilanzierung immanenten Probleme zu vermeiden**.

Im Folgenden werden die Vorschläge des IASB, wie das *right of use model* für die Leasinggeberbilanzierung umgesetzt werden könnte, dargestellt und kritisch gewürdigt.

43 Die Vorschläge des IASB zur Umsetzung des *right of use model* beim Leasinggeber

431. Vorbemerkung

Der IASB hat im August 2010 den **Standardentwurf** ***leases*** veröffentlicht. Darin hat der IASB auch erstmals konkrete Vorschläge für eine Leasinggeberbilanzierung nach dem *right of use model* unterbreitet.[9] Insgesamt gingen beim IASB zum Standardentwurf *leases* knapp **800 Kommentierungsschreiben** verschiedener Interessengruppen ein.[10] Die Reaktionen in den Kommentierungsschreiben waren mitunter sehr kritisch,[11] weshalb der IASB im Januar 2011 mit der sog. *redeliberation phase* begann, in der die Vorschläge des Standardentwurfs *leases* kritisch hinterfragt und ggf. angepasst wurden.[12] Während der *redeliberation phase* wurden die Vorschläge im Standardentwurf *leases* mitunter sehr umfangreich überarbeitet, weshalb sich der Board im Juli 2011 entschlossen hat, einen revidierten Standardentwurf *leases* (*re-exposure draft*) zu veröffentlichen. Damit soll den Interessengruppen nochmals

9 Zwar wurde bereits im März 2009 ein Diskussionspapier zur künftigen Leasingbilanzierung veröffentlicht, indes enthält dies fast ausschließlich Regelungen zur Leasingnehmerbilanzierung und nur sehr rudimentäre Vorschläge zur Leasinggeberbilanzierung. Vgl. IASC FOUNDATION (HRSG.), DP/2009/1.10.1-10.49.

10 Vgl. IFRS FOUNDATION (HRSG.), Comment Letter Summary, S. 3.

11 Vgl. IFRS FOUNDATION (HRSG.), Redeliberations, S. 1 f. Dort werden die größten Kritikpunkte (*main issues*) genannt, die die Kommentatoren identifiziert haben.

12 Vgl. IFRS FOUNDATION (HRSG.), IASB Update January 2011, S. 2.

ermöglicht werden, die revidierten Vorschläge zu beurteilen und ggf. zu kommentieren.[13] Der revidierte Standardentwurf *leases* wurde im Mai 2013 veröffentlicht.[14]

Entgegen dem ursprünglichen Ziel des Reformprojekts, ein **einheitliches** Bilanzierungsmodell für alle Leasingverhältnisse zu entwickeln, schlägt der IASB für einen Leasinggeber sowohl im Standardentwurf *leases* als auch im revidierten Standardentwurf *leases* vor, ein Leasingverhältnis einer von zwei möglichen Klassen zuzuordnen. Die konkrete Bilanzierung gemäß dem *right of use model* unterscheidet sich dabei je nachdem, wie das Leasingverhältnis klassifiziert wurde. Im Schrifttum wird daher auch von „Hybrid-Modellen" gesprochen.[15] Bevor auf die **konkreten Vorschriften** zur Bilanzierung gemäß den Standardentwürfen eingegangen wird, wird im Folgenden zunächst erläutert und kritisch gewürdigt, nach welchen Grundsätzen ein Leasingverhältnis **klassifiziert** werden soll.

432. Die Klassifizierung von Leasingverhältnissen

432.1 Die Klassifizierung nach dem *risks or benefits approach*

Gemäß den Vorschlägen im Standardentwurf *leases* muss jedes Leasingverhältnis, welches in den Anwendungsbereich des Standardentwurfs fällt,[16] dahingehend untersucht werden, ob

---

[13] Vgl. IFRS FOUNDATION (HRSG.), IASB Update July 2011, S. 4.

[14] Vgl. IFRS FOUNDATION (HRSG.), ED/2013/6.

[15] Vgl. SCHMIDT, P./HARTMANN-WENDELS, T./ADOLPH, P., Reform, S. 20.

[16] Der Anwendungsbereich erfasst grds. alle Vertragsverhältnisse, die die Definition eines Leasingverhältnisses im Sinne der IFRS erfüllen. Vgl. dazu SCHMIDT, P./HARTMANN-WENDELS, T./ADOLPH, P., Reform, S. 19. Zum Begriffsverständnis des Leasings in der internationalen Rechnungslegung vgl. Abschnitt 21. Ähnlich wie in IAS 17 werden nach ED/2010/9.5 indes bestimmte Formen der Nutzungsüberlassung aufgrund des Grundsatzes *lex specialis derogat legi generali* vom Anwendungsbereich ausgeschlossen. Konkret werden Nutzungsüberlassungen im Zusammenhang mit immateriellen Vermögenswerten (IAS 38), Gewinnungsrechten natürlicher Ressourcen (IFRS 6) und biologischen Vermögenswerten (IAS 41) vom Anwendungsbereich ausgeschlossen. Zudem sind bestimmte Sonderregelungen für als Finanzinvestitionen gehaltene Immobilien gemäß IAS 40 vorgesehen: Ein Leasinggeber wendet nach ED/2010/9.7 (b) den Standardentwurf nicht an, sofern die verleasten Immobilien zum beizulegenden Zeitwert bewertet werden. Überdies enthält der Standardentwurf *leases* eigene Leitlinien, um ein Leasingverhältnis von einem Verkauf abzugrenzen, damit eine Vereinbarung, die zwar als Leasingverhältnis bezeichnet wird, unter wirtschaftlicher Betrachtungsweise aber ein Verkauf darstellt, nicht nach den Regelungen des Standardentwurfs *leases* bilanziert wird. Vgl. dazu IFRS FOUNDATION (HRSG.), ED/2010/9.8. Für einen eigenen Vorschlag, ein Leasingverhältnis von einem Verkauf abzugrenzen, und zwar anhand der Theorie der Verfügungsrechte, vgl. Abschnitt 23. Schließlich darf ein Leasinggeber bei jedem

während oder nach der erwarteten Laufzeit des Leasingverhältnisses **wesentliche Risiken oder Nutzenpotenziale** *(significant risks or benefits)* im Zusammenhang mit dem Leasinggegenstand beim Leasinggeber verbleiben.[17] Je nachdem, ob dies im konkreten Fall bejaht oder verneint wird, werden zwei unterschiedliche **Ansätze** *(approaches)* vorgeschlagen:[18]

- **Verbleiben** während oder nach der erwarteten Laufzeit des Leasingverhältnisses wesentliche Risiken oder Nutzenpotenziale beim Leasinggeber, wendet dieser den *performance obligation approach* an.[19]
- **Gehen** während oder nach der erwarteten Laufzeit des Leasingverhältnisses wesentliche Risiken oder Nutzenpotenziale auf den Leasingnehmer **über**, wendet der Leasinggeber den *derecognition approach* an.[20]

Der Board begründet das Hybrid-Modell damit, dass grds. zwei grundlegend verschiedene **Geschäftsmodelle** bei Leasinggebern existieren.[21] In einem Fall erbringt der Leasinggeber im Wesentlichen eine **Finanzierungsleistung** und vereinnahmt daher im Wesentlichen Finanzerträge.[22] Das Hauptrisiko der Geschäftstätigkeit eines Leasinggebers in einem solchen Fall stellt das **Ausfallrisiko** dar. Die wesentlichen Risiken und Nutzenpotenziale im Zusammenhang mit dem Leasinggegenstand gehen typischerweise auf den Leasingnehmer über. Im Falle des anderen Geschäftsmodells zeichnet sich der Leasinggeber nach Ansicht des Board durch **aktives Management** des zugrunde liegenden Gegenstands aus – bspw.

kurzlaufenden Leasingverhältnis, d.h. bei einem Leasingverhältnis, welches einschließlich etwaiger Laufzeitoptionen eine maximale Laufzeit von zwölf Monaten besitzt (*short term leases*), wählen, ob der zugrunde liegende Vermögenswert weiterhin nach den einschlägigen IFRS bilanziert wird. Diese Vereinfachung ist aus Kosten-Nutzen-Überlegungen klar zu befürworten, denn sie vermeidet die mit hohen Kosten und erheblichen Schwierigkeiten behaftete Anwendung des *right of use model* bspw. bei Automietverhältnissen, die eine Laufzeit von 24 Stunden haben können, Hotelübernachtungen oder ähnlichen Vereinbarungen.

17 Vgl. IFRS FOUNDATION (HRSG.), ED/2010/9.28; IFRS FOUNDATION (HRSG.), ED/2010/9.BC14.

18 Vgl. IFRS FOUNDATION (HRSG.), ED/2010/9.29. Der Leasinggeber entscheidet zu Beginn des Leasingverhältnisses, welcher *approach* anzuwenden ist. Die Entscheidung darf nach dem Beginn des Leasingverhältnisses nicht revidiert werden. Vgl. IFRS FOUNDATION (HRSG.), ED/2010/9.28 f.

19 Zur Bilanzierung nach dem *performance obligation approach* vgl. Abschnitt 433.

20 Zur Bilanzierung nach dem *derecognition approach* vgl. Abschnitt 434.

21 Vgl. IFRS FOUNDATION (HRSG.), ED/2010/9.BC25.

22 Vgl. IFRS FOUNDATION (HRSG.), ED/2010/9.BC27 (a).

indem der Leasinggegenstand über die wirtschaftliche Nutzungsdauer mehrmals verleast wird oder nach einem Leasingverhältnis anderweitig verwertet wird.[23] Das Hauptrisiko der Geschäftstätigkeit bei diesem Geschäftsmodell stellt für den Leasinggeber das **Investitionsrisiko** dar.[24] Die wesentlichen Risiken und Nutzenpotenziale im Zusammenhang mit dem Leasinggegenstand verbleiben typischerweise beim Leasinggeber.

Gemäß den Ausführungen in den *basis for conclusions* wäre es nicht zweckmäßig, dass zwei Unternehmen, die zwar beide als Leasinggeber auftreten, aber derartig unterschiedliche Geschäftsmodelle verfolgen, ihre Leasingverhältnisse gemäß denselben Regelungen bilanzieren.[25] Häufig wird es indes nicht möglich sein, Leasinggeber anhand ihres Geschäftsmodells einer der beiden o.g. Gruppen zuzuordnen, weil von demselben Leasinggeber sowohl kurzlaufende Leasingverhältnisse, in denen die wesentlichen Risiken oder Nutzenpotenziale beim Leasinggeber verbleiben, als auch langfristige Leasingverhältnisse eingegangen werden können, in denen die wesentlichen Risiken oder Nutzenpotenziale auf den Leasingnehmer übergehen.[26] Diese Leasinggeber müssen zu Beginn eines jeden Leasingverhältnisses prüfen, welcher Ansatz im konkreten Einzelfall anzuwenden ist. Der IASB listet daher einen **Katalog an Faktoren** auf, mit denen ein Leasingverhältnis dem Anwendungsbereich des *performance obligation approach* oder des *derecognition approach* zugeordnet werden soll.[27] Ob wesentliche Risiken oder Nutzenpotenziale im Zusammenhang mit dem Leasinggegenstand **während** der erwarteten Laufzeit des Leasingverhältnisses auf den Leasingnehmer übergehen oder beim Leasinggeber verbleiben, soll der Leasinggeber anhand der folgenden Faktoren beurteilen:[28]

---

23 Vgl. IFRS FOUNDATION (HRSG.), ED/2010/9.BC27 (b).

24 Zum Begriff des Investitionsrisikos vgl. Abschnitt 323.12.

25 Vgl. IFRS FOUNDATION (HRSG.), ED/2010/9.BC25.

26 Vgl. LEUCHTENSTERN, S./RANKER, D./HENNEBERGER, M., Reformierung (Teil 3), S. 29.

27 Vgl. IFRS FOUNDATION (HRSG.), ED/2010/9.B22-B27.

28 Vgl. IFRS FOUNDATION (HRSG.), ED/2010/9.B22 f. Zu den folgenden Ausführungen vgl. auch ausführlich LEUCHTENSTERN, S./RANKER, D./HENNEBERGER, M., Reformierung (Teil 3), S. 29-31.

- Sofern die Vertragsparteien **wesentliche nutzungsabhängige Leasingraten**[29] vereinbart haben (*significant contingent rentals [...] based on the use or performance*), deutet dies darauf hin, dass wesentliche Risiken oder Nutzenpotenziale beim Leasinggeber verbleiben. Die konkrete Höhe der vom Leasingnehmer zu entrichtenden Leasingraten ist *ex ante* unsicher, weshalb der Leasinggeber einem hohen Amortisationsrisiko ausgesetzt ist.

- Der Leasinggeber soll untersuchen, wie sich **Laufzeitoptionen** auf die Verteilung von Risiken oder Nutzenpotenzialen auswirken. Zu berücksichtigen ist, dass Laufzeitoptionen sehr unterschiedlich wirken können. Eine Laufzeitverlängerungsoption, die den Leasingnehmer nach dem Ende der Mindestleasingdauer berechtigt, den Leasinggegenstand über die verbleibende Restnutzungsdauer zu nutzen, deutet darauf hin, dass die wesentlichen Risiken und Nutzenpotenziale auf den Leasingnehmer übergegangen sind, sofern es wahrscheinlich ist, dass die Option ausgeübt wird.[30] Im Gegensatz dazu können kurzfristige ordentliche Kündigungsmöglichkeiten – bspw. die Möglichkeit, in einem Leasingverhältnis über zehn Jahre jeweils zum Jahresende ohne Angabe von Gründen zu kündigen – darauf hindeuten, dass ein wesentliches Amortisationsrisiko beim Leasinggeber verbleibt.

- Nach Ansicht des IASB kann auch die Verpflichtung des Leasinggebers, während der Laufzeit des Leasingverhältnisses **materielle, nicht abgrenzbare Serviceleistungen** *(material non-distinct services)*[31] zu erbringen, darauf hindeuten, dass die wesentlichen Risiken oder Nutzenpotenziale beim Leasinggeber verbleiben. Der Board begründet dies damit, dass der Leasinggeber während der Laufzeit des Leasingverhältnisses der Gefahr ausgesetzt ist, dass der Leasingnehmer das Leasingverhältnis vorzeitig kündigt, sofern die Serviceleistungen nicht bzw. nicht wie vereinbart erbracht werden.[32]

---

29 Vgl. dazu Abschnitt 322.25.

30 Vgl. Abschnitt 323.11. IAS 17.11 nennt eine günstige Mietverlängerungsoption als einen Indikator dafür, dass ein Finanzierungsleasing-Verhältnis vorliegt.

31 Zur Definition des Begriffs „abgrenzbar“ *(distinct)* vgl. Abschnitt 333.31.

32 Letztlich müsste einzelfallabhängig geprüft werden, ob es überhaupt möglich ist, ein Leasingverhältnis mit zusätzlichen Servicekomponenten insgesamt zu kündigen, wenn zwar das Recht auf Nutzung wie vereinbart übertragen wurde, es aber zu Leistungsstörungen im Zusammenhang mit

Nach Ansicht des IASB muss der Leasinggeber überdies folgende Faktoren berücksichtigen, um zu beurteilen, ob wesentliche Risiken oder Nutzenpotenziale im Zusammenhang mit dem Leasinggegenstand **nach** der erwarteten Laufzeit des Leasingverhältnisses beim Leasinggeber verbleiben:[33]

- Sofern die Laufzeit des Leasingverhältnisses im Vergleich zur wirtschaftlichen (Rest)Nutzungsdauer nicht wesentlich *(not significant)* ist, deutet dies darauf hin, dass wesentliche Risiken oder Nutzenpotenziale am Ende der Laufzeit beim Leasinggeber verbleiben. Der Leasinggeber muss in solchen Fällen den Leasinggegenstand nochmals verleasen, verkaufen oder sonst wie verwerten, damit sich der Gegenstand amortisiert.[34] Dieser Faktor entspricht dem **Laufzeittest** nach IAS 17.10 (c).[35]

- Schließlich fordert der IASB vom Leasinggeber, zu analysieren, ob aus dem Leasingverhältnis ein wesentlicher Restvermögenswert resultiert. Im nächsten Schritt muss beurteilt werden, welche Partei etwaige **Risiken aus Restwertschwankungen** trägt oder an etwaigen **Nutzenpotenzialen aus Restwertschwankungen** partizipiert (der beizulegende Zeitwert des Leasinggegenstands am Ende der Laufzeit ist geringer als ursprünglich kalkuliert und *vice versa).*[36] Der Board verlangt dabei auch explizit, die Effekte aus Restwertgarantien zu berücksichtigen.

---

den Serviceleistungen kommt. Beispielsweise besitzt ein Mieter in einem klassischen Mietverhältnis nach § 543 Abs. 2 Nr. 1 BGB das Recht, das Mietverhältnis außerordentlich zu kündigen, wenn der Vermieter seiner Pflicht zu bestimmten Serviceleistungen in Form von Instandhaltungsmaßnahmen etc. nicht nachkommt. Zu vermuten ist, dass der Board aus ähnlichen Überlegungen heraus lediglich von nicht abgrenzbaren Dienstleistungen (*non-distinct services)* spricht, weil in vielen Rechtsräumen die Nichterbringung einzeln abgrenzbarer Dienstleistungen *(distinct services)* nicht dazu führen dürfte, dass auch das Entgelt für das eigentliche Recht auf Nutzung nicht mehr gezahlt werden muss.

33 Vgl. IFRS FOUNDATION (HRSG.), ED/2010/9.B24 f. Zu den folgenden Ausführungen vgl. auch ausführlich LEUCHTENSTERN, S./RANKER, D./HENNEBERGER, M., Reformierung (Teil 3), S. 31.

34 Vgl. ERNST & YOUNG (HRSG.), Leasingverhältnisse, S. 41.

35 Vgl. Abschnitt 323.11.

36 Vgl. Abschnitt 323.11. Die Übernahme von Gewinnen und Verlusten aus Restwertschwankungen durch den Leasingnehmer ist ein Indikator für ein Finanzierungsleasing-Verhältnis in IAS 17.11.

Der erläuterte Katalog an Faktoren für die Klassifizierung eines Leasingverhältnisses beim Leasinggeber weist **deutliche Parallelen** zu den Beispielen und Indikatoren in IAS 17 auf.[37] Beispielsweise ist im Standardentwurf *leases* wie auch in IAS 17 ein **Laufzeittest** vorgesehen. Aufgrund dieser Parallelen zwischen IAS 17 und dem Standardentwurf *leases* bestehen indes auch die Probleme weiter fort, die in IAS 17 aus der ermessensbehafteten Beurteilung resultieren, ob die wesentlichen Risiken und Chancen beim Leasinggeber verbleiben oder auf den Leasingnehmer übergehen.[38] Ein wesentliches Ziel des Reformprojekts, eben diese ermessensbehaftete Beurteilung zu eliminieren, wäre daher nicht erreicht.[39]

Als ein wesentliches Argument für das Hybrid-Modell führt der IASB die unterschiedlichen Geschäftsmodelle von Leasinggebern an. Leasingverhältnisse, in denen der Leasinggeber hauptsächlich das Ausfallrisiko trägt und Leasingverhältnisse, in denen der Leasinggeber hauptsächlich das Investitionsrisiko trägt, könnten nicht zweckmäßig bilanziert werden, wenn lediglich ein Bilanzierungsansatz verwendet wird. Die Analyse in Abschnitt 32 hat indes gezeigt, dass in grds. jedem Leasingverhältnis zu Beginn der Laufzeit des Leasingverhältnisses ein finanzieller Vermögenswert und – sofern vorhanden – ein nicht-finanzieller Restvermögenswert zu aktivieren sind. Der Leasinggegenstand sollte dazu bilanziell auf diese beiden Komponenten aufgeteilt werden. Sofern sich die Laufzeit des Leasingverhältnisses über den überwiegenden Teil oder gar die gesamte wirtschaftliche Nutzungsdauer des Leasinggegenstands erstreckt, wird dies über einen betragsmäßig hohen finanziellen Vermögenswert und einen nicht existenten oder sehr geringen Restvermögenswert bilanziell abgebildet. Im Falle eines Leasinggebers, der im Wesentlichen diese Art von Leasingverhältnissen eingeht, wird der Abschlussadressat so darüber informiert, dass das primäre

---

37 Vgl. BAETGE, J./GRAUPE, F., ED Leases, S. 478; ERNST & YOUNG (HRSG.), Leasingverhältnisse, S. 41; LEUCHTENSTERN, S./RANKER, D./HENNEBERGER, M., Reformierung (Teil 3), S. 30.

38 Vgl. BAETGE, J./GRAUPE, F., ED Leases, S. 478; LORENZ, K., Exposure Draft, S. 2560; MUGGENTHALER, B./MUJKANOVIC, R., Leasingverhältnisse, S. 312. Das Institut der Wirtschaftsprüfer in Deutschland e.V. (IDW) führt dazu zutreffend aus: *"In the boards view, the existing guidance in IAS 17 is fundamentally flawed since the existence of two different accounting models for leases [...] would lead to similar transactions being accounted for differently and would introduce significant structuring opportunities [...]. We believe that the same concerns can be expressed in relation to the two proposed approaches for lessor accounting."* IDW (HRSG.), CL ED Leases, S. 5. Auslassungen durch den Verfasser. Zu den Problemen, die aus der dichotomen Unterscheidung in operatives und Finanzierungsleasing *de lege lata* resultieren, vgl. Abschnitt 323.11.

39 Gl.A. JUNG, M./RUTHARDT, F./HERMENS, A.-S., Leasingbilanzierung, S. 202.

Risiko der Geschäftstätigkeit das Ausfallrisiko ist.[40] Im Falle eines Leasinggebers, der im Wesentlichen kurzlaufende Leasingverhältnisse über Gegenstände eingeht, die mehrmals verleast werden, wäre es genau umgekehrt. Der Leasinggeber bilanziert betragsmäßig hohe nicht-finanzielle Restvermögenswerte und informiert den Abschlussadressaten somit, dass das bilanzierende Unternehmen vor allem den für nicht-finanzielle Vermögenswerte typischen Investitionsrisiken ausgesetzt ist. Sofern ein Leasinggeber beide Arten von Leasingverhältnissen eingeht, wird der Abschlussadressat durch die Vermögensstruktur darüber informiert, dass weder das Ausfallrisiko noch das Investitionsrisiko ein dominantes Risiko darstellt, sondern der Leasinggeber beiden Risikoarten ausgesetzt ist.

Insgesamt wird deutlich, dass die Notwendigkeit, zwei unterschiedliche Bilanzierungsansätze zu implementieren, nicht erkennbar ist. Daher vermögen die Argumente des IASB für das Hybrid-Modell **nicht überzeugen.**

432.2 Die Klassifizierung nach dem *consumption principle*

Der Vorschlag im Standardentwurf *leases*, das *right of use model* beim Leasinggeber mithilfe eines Hybrid-Modells umzusetzen, wurde in den Kommentierungsschreiben **sehr kritisch** gesehen.[41] Dennoch ist auch im revidierten Standardentwurf *leases* ein hybrider Ansatz vorgesehen, der sich aber erheblich von jenem des ursprünglichen Standardentwurfs *leases* unterscheidet.[42] Vor allem wurden die Kriterien, nach denen ein Leasingverhältnis zu klassifizieren ist, umfänglich überarbeitet: Im Gegensatz zum ursprünglichen ist im revidierten Standardentwurf *leases* nicht mehr vorgesehen, Leasingverhältnisse, die in den Anwen-

[40] Vgl. EFRAG (HRSG.), CL ED Leases, S. 8.

[41] Die Leasinggeberbilanzierung war einer von fünf *main issues*, welche die Kommentatoren anprangerten. Vgl. IFRS FOUNDATION (HRSG.), Redeliberations, S. 1 f. Dieser Befund wurde auch von HENSELMANN/KLEIN/KÖNIGER bestätigt, die im Jahr 2011 die Kommentierungsschreiben von Wirtschaftsprüfern, unabhängigen Institutionen und Industrie- und Dienstleistungsunternehmen zum Standardentwurf *leases* ausgewertet haben. Die Reaktionen auf die einzelnen Vorschläge im Standardentwurf *leases* wurden in vier Kategorien eingeteilt, von „1: völlige Zustimmung" über „2: Zustimmung mit Einschränkung", „3: überwiegend ablehnende Haltung" bis „4: völlige Ablehnung". Für den Vorschlag, ein Hybrid-Modell für den Leasinggeber zu implementieren, errechnen die Autoren einen Mittelwert von 2,87, also eine stark eingeschränkt zustimmende bis überwiegend ablehnende Haltung. Vgl. HENSELMANN, K./KLEIN, M./KÖNIGER, S., Comment Letters, S. 192.

[42] Vgl. ERNST & YOUNG (HRSG.), Re-exposure, S. 30.

dungsbereich des künftigen IFRS zur Leasingbilanzierung fallen,[43] danach zu klassifizieren, ob wesentliche Risiken oder Nutzenpotenziale im Zusammenhang mit dem Leasinggegenstand auf den Leasingnehmer übertragen werden oder beim Leasinggeber verbleiben.[44] Stattdessen hat der Board folgendes "**Konsumtions-Prinzip**" (*consumption principle*) beschlossen:

> *"When assessing how to account for a lease, a lessee and a lessor would classify a lease on the basis of whether a lessee is expected to consume more than an insignificant portion of the economic benefits embedded in the underlying asset."*[45]

Das Konsumtions-Prinzip ist im Wesentlichen das Ergebnis der Beratungen des Board über das *right of use model* auf der Leasing**nehmer**seite.[46] An den Vorschlägen zur Leasingnehmerbilanzierung nach dem *right of use model* wurde häufig kritisiert, dass sie zu einem sog. *front loading effect* führen, der vor allem aus der bilanziellen Behandlung fremdfinanzierter Käufe bekannt ist. Der *front loading effect* besteht nämlich darin, dass beim Leasingnehmer – wenn er das zu aktivierende Recht auf Nutzung linear abschreiben und gleichzeitig die Schuld zur Zahlung der Leasingraten nach der Effektivzinsmethode folgebewerten würde – die Summe aus den Abschreibungen und den Zinsaufwendungen über die Laufzeit des Leasingverhältnisses abnehmen würde.[47] Nach Meinung der Kritiker des *front loading effect* im Falle eines Leasingverhältnisses – und dieser Meinung hat sich während der *redeliberations* auch der Board angeschlossen – steht dieser Aufwandsverlauf (und spiegelbildlich der Ertragsverlauf beim Leasinggeber) im Widerspruch zur Grundannahme, dass in bestimmten Leasingverhältnissen, in denen die Finanzierungskomponente des Leasingverhältnisses

---

43 Im Gegensatz zum ursprünglichen ist im revidierten Standardentwurf *leases* vorgesehen, dass Immobilienleasing-Verhältnisse vollständig vom Anwendungsbereich erfasst werden – auch dann, wenn es sich bei den Immobilien um als Finanzinvestition gehaltene Immobilien nach IAS 40 handelt. Vgl. dazu ERNST & YOUNG (HRSG.), Re-exposure, S. 7. Eine weitere Änderung besteht darin, dass nach ED/2013/6.4 (d) Leasingverhältnisse über Dienstleistungskonzessionsvereinbarungen nun explizit aus dem Anwendungsbereich ausgeschlossen sind. Zur Bilanzierung nach IFRIC 12 *Service concession arrangements* vgl. ausführlich KLAHOLZ, E., Dienstleistungskonzessionsvereinbarungen, S. 109-263. Schließlich sind immaterielle Vermögenswerte nach ED/2013/6.4 (a) nur noch für die Bilanzierung beim Leasinggeber aus dem Anwendungsbereich ausgeschlossen.

44 Vgl. dazu den vorangegangenen Abschnitt 432.1.

45 IFRS FOUNDATION (HRSG.), ED/2013/6, S. 8.

46 Vgl. ED/2013/6.BC40; BARCKOW, A., Leasing, S. 1.

47 Vgl. HOMMEL, M./WINTER, H./ZICKE, J., Neue Bestimmungen, S. 1710.

eine (vermeintlich) untergeordnete Rolle spielt, der Leasingnehmer (Leasinggeber) eine konstante Vergütung für eine konstante Nutzungsüberlassung entrichtet (erhält). In den *basis for conclusions* zum revidierten Standardentwurf *leases* führt der Board an, dass dies auf solche Leasingverhältnisse zuträfe, in denen der Leasingnehmer **keinen** oder lediglich einen **insignifikanten Anteil** des Nutzenpotenzials des zugrunde liegenden Leasinggegenstands erwirbt und konsumiert.[48] Diese Leasingverhältnisse ließen sich vor allem dann beobachten, wenn der Wert des zugrunde liegenden Gegenstands am Ende des Leasingverhältnisses annähernd dem Wert zu Beginn des Leasingverhältnisses entspricht.[49] In diesen Fällen mangele es nach Ansicht des Board an einem Erwerbsvorgang eines Anteils des zugrunde liegenden Leasinggegenstands. Für die Bilanzierung bedeute dies, dass diese Transaktionen auch nicht als „Kauf“ bzw. „Verkauf“ eines Anteils des zugrunde liegenden Leasinggegenstands zu erfassen seien.[50] Die Summe der Leasingraten würde nicht den „Kaufpreis“ bzw. „Verkaufspreis“ mit eingebetteter Zinskomponente repräsentieren,[51] sondern vielmehr eine ratierliche, i.d.R. **konstante** Vergütung für die Nutzung des Leasinggegenstands (ohne Finanzierungskomponente).[52] In allen anderen Fällen, d.h. in Leasingverhältnissen, in denen der Leasingnehmer mehr als einen insignifikanten Anteil des Nutzenpotenzials des zugrunde liegenden Leasinggegenstands konsumiert, müsse die Transaktion indes als Kauf- bzw. Verkaufstransaktion abgebildet werden, was dann auch zum *front loading effect* führen würde.[53]

Aus den oben genannten Gründen sei es nach Auffassung des IASB – trotz des ursprünglichen Ziels des Reformprojekts, eine einheitliche Bilanzierung nach dem *right of use model*

48 Vgl. IFRS FOUNDATION (HRSG.), ED/2013/6.BC40-49 sowie ED/2013/6.BC73 speziell für die Leasinggeberbilanzierung.

49 Vgl. IFRS FOUNDATION (HRSG.), Different Types, S. 7. Dies lässt sich mitunter im Immobilienleasing bei Immobilien in guter Lage beobachten.

50 In ED/2013/6.BC72 heißt es: *"[T]he right of use asset transferred to the lessee does not represent the sale of any significant portion of the underlying asset".*

51 Vgl. dazu Abschnitt 333.621 und der dortige Beispielsachverhalt.

52 In ED/2013/6.BC44 heißt es: *"[T]he lessee 'borrows' the underlying asset, uses it during the lease term while paying the lessor even (or relatively even) lease payments for that use".*

53 Vgl. IFRS FOUNDATION (HRSG.), ED/2013/6.BC71 (b). Zur konkreten Bilanzierung vgl. Abschnitt 434.

zu gewährleisten und trotz der massiven Kritik am Hybrid-Modell in den Kommentierungsschreiben – nicht zweckmäßig, ein einheitliches Modell zur Bilanzierung von Leasingverhältnissen zu verwenden – weder für die Leasingnehmerbilanzierung noch für die Leasinggeberbilanzierung.[54] Für Leasingverhältnisse, die keine Verkaufstransaktionen im Sinne des Board darstellen (im revidierten Standardentwurf *leases* werden diese Leasingverhältnisse als „Typ B-Leasingverhältnisse" bezeichnet), soll ein Leasinggeber gemäß den Vorschlägen im revidierten Standardentwurf *leases* künftig Regelungen anwenden, die im Wesentlichen denjenigen entsprechen, die derzeit für **operative Leasingverhältnisse** nach IAS 17 vorgesehen sind.[55] Der Leasinggegenstand bleibt unverändert in der Bilanz des Leasinggebers und die Leasingraten werden ratierlich über die Laufzeit des Leasingverhältnisses als **operativer** Ertrag erfasst.[56] Für alle anderen Leasingverhältnisse (im revidierten Standardentwurf *leases* als „Typ A-Leasingverhältnisse" bezeichnet) wird ein Bilanzierungsansatz vorgeschlagen, der erstmals im Juli 2011 unter dem Namen ***„receivable and residual approach"*** vorgestellt wurde.[57] Der *receivable and residual approach* entspricht im Wesentlichen dem *derecognition approach* des Standardentwurfs *leases.*[58] Der Board hat während der *redeliberations* lediglich kleinere Änderungen am *derecognition approach* vorgenommen und den Ansatz in *receivable and residual approach* umbenannt.

In den *redeliberations* wurde die Notwendigkeit erkannt, dass der Board konkretisieren müsse, wann ein Leasingnehmer mehr als einen insignifikanten Anteil des Leasinggegenstands erwirbt und konsumiert und wann nicht.[59] Als Hilfestellung wurde daher entschieden, dass Leasingverhältnisse über **Mobilien** nach dem ***receivable and residual approach*** zu bilanzieren sind, **außer**

54 Vgl. IFRS FOUNDATION (HRSG.), ED/2013/6.BC48; ED/2013/6.BC73.

55 Vgl. IFRS FOUNDATION (HRSG.), ED/2013/6.93-97.

56 Vgl. dazu auch Abschnitt 323.12. Dort wurde die Bilanzierung von operativen Leasingverhältnissen nach IAS 17 dargestellt und kritisch gewürdigt.

57 Vgl. IFRS FOUNDATION (HRSG.), IASB Update July 2011, S. 4 f. Zu den Vorschlägen vgl. IFRS FOUNDATION (HRSG.), ED/2013/6.68-92.

58 Vgl. PWC (HRSG.), Leases, S. 6. Sowohl der *derecognition approach* als auch der *receivable and residual approach* werden in Abschnitt 434 ausführlich dargestellt und gewürdigt.

59 Vgl. IFRS FOUNDATION (HRSG.), Different Types, S. 8; IFRS FOUNDATION (HRSG.), ED/2013/6.BC50.

- die Laufzeit des Leasingverhältnisses umfasst lediglich einen **insignifikanten Anteil** (*insignificant part*) der gesamten wirtschaftlichen Nutzungsdauer des zugrunde liegenden Vermögenswerts (Laufzeittest) **oder**
- der Barwert der Leasingraten ist **insignifikant** im Verhältnis zum beizulegenden Zeitwert des Leasinggegenstands zu Beginn der Laufzeit (Barwerttest).[60]

Für Leasingverhältnisse über **Immobilien,** d.h. vor allem Grundstücke, Gebäude, Gebäudeteile, Betriebsanlagen oder bauliche Anlagen auf Grundstücken,[61] gilt umgekehrt, dass sie nach Regelungen ähnlich denen für operative Leasingverhältnisse nach IAS 17 zu bilanzieren sind, **außer**

- die Laufzeit des Leasingverhältnisses umfasst den **überwiegenden Teil** (*major part*) der wirtschaftlichen (Rest)Nutzungsdauer des zugrunde liegenden Vermögenswerts (Laufzeittest) **oder**
- der Barwert der Leasingraten entspricht **im Wesentlichen** (*substantially*) dem beizulegenden Zeitwert des Leasinggegenstands zu Beginn der Laufzeit (Barwerttest).[62]

Deutlich wird, dass der IASB die **widerlegbare Vermutung** hat, dass ein Leasingnehmer in einem Mobilienleasing-Verhältnis grds. mehr als einen insignifikanten Anteil des Nutzenpotenzials des zugrunde liegenden Leasinggegenstands konsumiert und dies nur bei insignifikanter Laufzeit (relativ zur wirtschaftlichen Nutzungsdauer) oder insignifikanten Leasingraten (relativ zum beizulegenden Zeitwert) verneint wird. Mobilienleasing-Verhältnisse sollen somit künftig – unter Berücksichtigung der genannten Ausnahmen – nach dem noch zu erläuternden *receivable and residual approach* bilanziert werden.

Umgekehrt vermutet der Board, dass ein Leasingnehmer in einem Immobilienleasing-Verhältnis keinen oder lediglich einen insignifikanten Anteil des Nutzenpotenzials des zugrunde liegenden Leasinggegenstands konsumiert – es sei denn, eines der beiden oben genannten Kriterien ist erfüllt (Laufzeittest oder Barwerttest). Immobilien besitzen häufig eine sehr lange, teilweise eine unbegrenzte wirtschaftliche Nutzungsdauer. Überdies werden

---

60 Vgl. IFRS FOUNDATION (HRSG.), ED/2013/6.29.

61 Zum Immobilienleasing allgemein vgl. MARTINEK, M., in: Leasinghandbuch, § 58. Immobilien-Leasing, Tz. 1-6.

62 Vgl. IFRS FOUNDATION (HRSG.), ED/2013/6.30.

– zumindest im deutschen Rechtsraum – in aller Regel keine Immobilienleasing-Verhältnisse eingegangen, in denen sich die Investition des Leasinggebers in die Immobilie bereits durch **ein** Leasingverhältnis vollständig amortisiert.[63] Der Barwert der Leasingraten liegt in aller Regel wesentlich unter dem beizulegenden Zeitwert der Immobilie. Der Laufzeittest und der Barwerttest wären daher sehr selten erfüllt und Immobilienleasing-Verhältnisse würden meist nach Regelungen bilanziert werden, die aus IAS 17 für operative Leasingverhältnisse bekannt sind.

Unabhängig davon, ob es sich um ein Leasingverhältnis über eine Mobilie oder eine Immobilie handelt, wird gemäß dem *consumption principle* überdies unterstellt, dass ein Leasingnehmer immer dann mehr als einen insignifikanten Anteil des Leasinggegenstands konsumiert, wenn der Leasingnehmer eine Kaufoption und zudem einen wesentlichen wirtschaftlichen Anreiz (*significant economic incentive*) besitzt, die Kaufoption auszuüben.[64]

Zu klären ist, ob das dargestellte *consumption principle* positiv zu würdigen oder aber – wie der *risks or benefits approach*, der im vorherigen Abschnitt erläutert wurde – abzulehnen ist. Aus **konzeptioneller Sicht** vermag es **nicht zu überzeugen**, dass ein Leasingverhältnis beim Leasinggeber nur dann als Verkauf eines Rechts auf Nutzung bilanziert werden soll, wenn der Leasingnehmer mehr als einen insignifikanten Anteil des Nutzenpotenzials des zugrunde liegenden Leasinggegenstands konsumiert. Diese Vorgabe des Board stellt nämlich aus zwei wesentlichen Gründen einen **konzeptionellen Bruch** mit dem *right of use model* dar: **Zum einen** erwirbt ein Leasingnehmer gemäß dem Grundgedanken des *right of use model* in **jedem** Leasingverhältnis ein Recht auf Nutzung, weshalb es fraglich erscheint, warum nicht auch grds. jedes Leasingverhältnis beim Leasinggeber als Verkauf eines Rechts auf Nutzung bilanziert werden soll. Um eine prinzipienbasierte Leasingbilanzierung nach dem *right of use model* zu gewährleisten, darf es nicht entscheidend sein, dass der Leasingnehmer mehr als einen insignifikanten Anteil des zugrunde liegenden Leasinggegenstands konsumiert, damit das Leasingverhältnis auch als Verkauf eines Rechts auf Nutzung bilanziert wird. Es ist nicht einzusehen, weshalb bspw. ein Immobilien-Leasingverhältnis über zehn

63 Vgl. FOHLMEISTER, K., Immobilien-Leasing, S. 300; ZAHN, H., Immobilien-Erlaß (Teil I), S. 2482.

64 Vgl. IFRS FOUNDATION (HRSG.), ED/2013/6.31. Zum Begriff des „wesentlichen wirtschaftlichen Anreizes" vgl. Abschnitt 434.21.

Jahre nur deshalb nicht als Verkauf eines Rechts auf Nutzung zu bilanzieren ist, weil der Wert der Immobilie bzw. des (verbleibenden) Nutzenpotenzials aufgrund von Instandhaltungsmaßnahmen des Leasinggebers und/oder eines prosperierenden Immobilienmarktes während der Laufzeit des Leasingverhältnisses annähernd gleich bleibt oder ggf. sogar steigt.

Zum anderen verlangt der IASB mit seiner Forderung, zu beurteilen, ob mehr als ein insignifikanter Anteil am zugrunde liegenden Leasinggegenstand erworben und konsumiert wird, dass die Vertragsparteien durch das Leasingverhältnis „hindurch" auf den Gegenstand schauen müssen.[65] Letztlich steht nun doch wieder der Gegenstand *per se* und nicht die Rechte und Pflichten aus dem Leasingverhältnis im Mittelpunkt der Betrachtung und die Grundkonzepte der Gegenstandsbilanzierung (IAS 17) und der Rechte-und-Pflichten-Bilanzierung (*right of use model)* werden vermengt.[66]

Konzeptionell schwer begründbar ist überdies die Auffassung des Board, in jenen Leasingverhältnissen, in denen der Leasingnehmer nicht mehr als einen insignifikanten Anteil des zugrunde liegenden Leasinggegenstands konsumiert, enthielten die Leasingraten keinen Zinsanteil. Sofern nochmals der Grundgedanke des *right of use model* bemüht wird, wonach der Leasingnehmer in jedem Leasingverhältnis ein Recht auf Nutzung erwirbt, wird Folgendes deutlich: Den Erwerb des Rechts auf Nutzung (nicht des Leasinggegenstands) muss der Leasingnehmer **finanzieren**. In aller Regel finanziert der Leasinggeber den Erwerb, indem er den Kaufpreis für das Recht auf Nutzung kreditiert und der Leasingnehmer bspw. erst dann für das Recht auf Nutzung zahlt, wenn mit dem geleasten Gegenstand bereits Geld verdient wird.[67] Auch bei der Frage, ob ein Leasingverhältnis eine Finanzierungskomponente enthält bzw. ob die vom Leasinggeber zu vereinnahmenden Leasingerträge einen Zinsanteil umfassen, erscheint es aus konzeptioneller Sicht nicht relevant zu sein, ob der Leasingnehmer mehr als einen insignifikanten Anteil des zugrunde liegenden Leasinggegen-

---

65 Vgl. Barckow, A., Leasing, S. 1.

66 Dieser Befund wird auch dadurch bestätigt, dass für Leasingverhältnisse, in denen der Leasingnehmer nicht mehr als einen insignifikanten Anteil am zugrunde liegenden Leasinggegenstand konsumiert, die Regelungen für operative Leasingverhältnisse gemäß IAS 17 vorgeschlagen wurden und somit ein Bilanzierungsmodell verwendet werden soll, welches dem Grundsatz der Gegenstandsbilanzierung folgt. Vgl. dazu auch Abschnitt 323.12.

67 Im Schrifttum wird vom sog. *pay as you earn* Effekt gesprochen. Vgl. MARTINEK, M., in: Leasinghandbuch, § 1. Entwicklung, Tz. 4; MILDEBRATH, C., IAS-Einzelabschluss, S. 78.

stands konsumiert. Vielmehr sollten die nachfolgenden Aspekte berücksichtigt werden, um zu beurteilen, ob ein Leasingverhältnis eine Finanzierungskomponente enthält:

- Zu welchem Zeitpunkt bzw. über welchen Zeitraum der Laufzeit entrichtet der Leasingnehmer die Leasingraten?
- Wie hoch fiele eine (hypothetische) Differenz aus, wenn der Leasingnehmer eine Einmalzahlung zu Beginn der Laufzeit des Leasingverhältnisses leistet und die Leasingraten nicht ratierlich entrichtet (Zeitwert des Geldes)?
- Welchen Effekt hat das Ausfallrisiko, welchem der Leasinggeber ausgesetzt ist, wenn der Leasingnehmer ratierlich zahlt?

Neben der dargestellten konzeptionellen Problematik, die das *consumption principle* mit sich bringt, ist zu bemängeln, dass Immobilien und Mobilien bilanziell **unterschiedlich** behandelt werden. Wie oben dargelegt, wird ein Immobilienleasing-Verhältnis erst dann als Verkaufstransaktion bilanziert, wenn bspw. die Laufzeit des Leasingverhältnisses den **überwiegenden Teil** (*major part*) der wirtschaftlichen (Rest)Nutzungsdauer des zugrunde liegenden Vermögenswerts umfasst und das Leasingverhältnis wirtschaftlich einem kreditfinanzierten Kauf der Immobile ähnelt. Im Gegensatz dazu wird bei einem Mobilienleasing-Verhältnis bspw. bereits dann eine Verkaufstransaktion unterstellt, wenn die Laufzeit des Leasingverhältnisses **mehr als einen insignifikanten Anteil** der wirtschaftlichen Nutzungsdauer umfasst. Obgleich juristisch sowohl in Deutschland als auch in anderen europäischen Ländern häufig in bewegliche und unbewegliche Sachen unterschieden wird,[68] wäre eine bilanzielle Ungleichbehandlung in einer internationalen Rechnungslegung, die dem Grundsatz der wirtschaftlichen Betrachtungsweise verpflichtet ist, nur dann gerechtfertigt, wenn sich Mobilien und Immobilien gemäß ihrem **wirtschaftlichen Gehalt** grds. unterschieden. Für viele Großmobilien, wie industrielle Großanlagen oder Großflugzeuge, trifft dies indes nicht zu, denn die für den Leasinggeber wichtigen Eigenschaften (Investitionsvolumen, wirtschaftliche Nutzungsdauer, Werthaltigkeit u.a.) haben bei Großmobilen und Immobilien häufig ähnliche Merkmalsausprägungen.[69] Das vorgeschlagene Hybrid-Modell

[68] Vgl. JICKELI, L./STIEPER, M., in: Staudingers Kommentar zum BGB, § 90 BGB, Tz. 59-62.

[69] Immobilienleasing-Gesellschaften bieten häufig auch Leasingverhältnisse über bestimmte Großmobilien, bspw. Schiffe, an. Vgl. MARTINEK, M., in: Leasinghandbuch, § 58. Immobilien-Leasing, Tz. 8.

des IASB birgt daher die Gefahr, wirtschaftlich ähnliche Sachverhalte bilanziell unterschiedlich abzubilden.

Diese Gefahr besteht indes nicht nur, weil vorgeschlagen ist, Leasingverhältnisse über Immobilien und Mobilien unterschiedlich zu bilanzieren. Hinzu kommt, dass sowohl Mobilienleasing-Verhältnisse als auch Immobilienleasing-Verhältnisse jeweils mithilfe eines Laufzeittests und eines Barwerttests kategorisiert werden müssen. Die Regelungen für den Laufzeittest und den Barwerttest bei Immobilienleasing-Verhältnissen sollen unverändert aus den derzeitigen Regelungen des IAS 17 übernommen werden, sodass auch die für diese Regelungen vielfältig im Schrifttum herausgearbeiteten Probleme,[70] vor allem die Ermessensspielräume, mit übernommen werden. Der Laufzeittest und der Barwerttest für Mobilienleasing-Verhältnisse werden ebenfalls Ermessensspielräume mit sich bringen, vor allem durch den unbestimmten Rechtsbegriff „*insignificant*". Vom IASB wurde bisher nicht konkretisiert, ab wann die Laufzeit eines Mobilienleasing-Verhältnisses mehr als einen insignifikanten Anteil der wirtschaftlichen Nutzungsdauer umfasst oder der Barwert der Leasingraten mehr als einen insignifikanten Anteil am beizulegenden Zeitwert ausmacht.

432.3 Zwischenfazit

In den Abschnitten 432.1 und 432.2 wurde gezeigt, dass sowohl die Vorschläge zur Klassifizierung von Leasingverhältnissen nach dem *risks or benefits approach* als auch jene nach dem *consumption principle* **nicht überzeugen**. Eines der wesentlichen ursprünglichen Ziele des Reformprojektes *leases*, die ermessensbehaftete dichotome Unterscheidung der Leasingverhältnisse in zwei Kategorien zu **eliminieren**, wird durch die Notwendigkeit zur Klassifizierung von Leasingverhältnissen verfehlt. Keines der beiden erläuterten Hybrid-Modelle vermag die Ermessensspielräume auch nur zu **reduzieren**, weil die Kriterien, anhand derer ein Leasingverhältnis zu klassifizieren ist, den ermessensbehafteten Kriterien des IAS 17 **sehr ähnlich** sind. Überdies weist das *consumption principle* neben Ermessensspielräumen auch konzeptionelle Mängel auf.

[70] Vgl. Abschnitt 323.11.

Wie in den beiden vorangegangenen Abschnitten versucht wurde zu verdeutlichen, sind bereits die Gründe, die der Board für das jeweilige Hybrid-Modell anführt, nicht überzeugend. Es wird nicht ersichtlich, dass es notwendig oder zumindest vor dem Hintergrund der Entscheidungsnützlichkeit vorteilhaft ist, von einem der ursprünglichen Ziele des Reformprojekts *leases* abzuweichen, nämlich ein einheitliches Modell zur Leasingbilanzierung zu entwickeln. Während die Vorteile eines Hybrid-Modells somit zumindest zweifelhaft sind, sind die Nachteile aufgrund der Erfahrungen mit IAS 17 und den bei einer dichotomen Unterscheidung von Leasingverhältnissen auftretenden Problemen offensichtlich.[71] Der Board sollte daher seine bisherige Entscheidung überdenken und das Hybrid-Modell zugunsten eines einheitlichen Modells verwerfen. Dabei ist zu berücksichtigen, dass der Board seit Beginn des Reformprojekts *leases* mehrmals mit guten Gründen vorläufig entschieden hatte, ein einheitliches Modell für die künftige Leasinggeberbilanzierung zu verabschieden, diese Entscheidungen indes immer wieder verwarf. Sämtliche während des Reformprojekts *leases* neu entwickelten Ansätze, namentlich sowohl der *performance obligation approach* als auch der *derecognition approach* und darauf aufbauend der *receivable and residual approach*, waren zwischenzeitlich als einheitliche Ansätze für die Leasinggeberbilanzierung vorgesehen.[72] In den folgenden Abschnitten wird daher erläutert, wie ein Leasingverhältnis in der Bilanz eines Leasinggebers gemäß den Vorschriften des *performance obligtion approach*, des *derecognition approach* und des *receivable and residual approach*[73] konkret abzubilden wäre, um zu analysieren, ob **einer** dieser Ansätze (*approaches)* vor dem Hintergrund des entwickelten Anforderungsprofils als **alleinige Grundlage der Leasinggeberbilanzierung *de lege ferenda* geeignet wäre.**[74]

---

71 Vgl. dazu Abschnitt 323.11.

72 Zu den entsprechenden vorläufigen Entscheidungen vgl. IASC FOUNDATION (HRSG.), IASB Update March 2007, S. 4; IASC FOUNDATION (HRSG.), IASB Update November 2009, S. 3; IFRS FOUNDATION (HRSG.), IASB Update July 2011, S. 4 f.

73 Weil der *receivable and residual approach* konzeptionell auf dem *derecognition approach* aufbaut, werden die beiden Ansätze im Folgenden in einem gemeinsamen Abschnitt behandelt, um Redundanzen zu vermeiden. Nur wenn sich konkrete Regelungen der beiden Ansätze voneinander unterscheiden, wird differenziert vorgegangen.

74 Wie im vorangegangenen Abschnitt erläutert, schreibt der IASB im revidierten Standardentwurf *leases* für solche Leasingverhältnisse, in denen der Leasingnehmer nicht mehr als einen insignifikanten Anteil des zugrunde liegenden Gegenstands konsumiert, Regelungen vor, die jenen für operative Leasingverhältnisse nach IAS 17 sehr ähnlich sind. Die Leasinggeberbilanzierung für ope-

433. Die Bilanzierung nach dem *performance obligation approach*

433.1 Die Anwendung auf ein einfaches Leasingverhältnis

433.11 Die Abbildung eines einfachen Leasingverhältnisses in der Bilanz

Der *performance obligation approach* wurde im Jahre 2010 im Standardentwurf *leases* für die Bilanzierung von Leasingverhältnissen vorgestellt, in denen die wesentlichen Risiken oder Nutzenpotenziale am Leasinggegenstand beim Leasinggeber verbleiben.[75] Fraglich ist, ob die Regelungen gemäß dem *performance obligation approach* als einheitliches Modell für grds. sämtliche Leasingverhältnisse taugen und gemäß dem Grundgedanken des *right of use model* sämtliche ansatzpflichtigen **Rechte und Pflichten** in der Bilanz des Leasinggebers erfasst werden.

Nach dem *performance obligation approach* aktiviert ein Leasinggeber in einem einfachen Leasingverhältnis[76] zu Beginn der Laufzeit des Leasingverhältnisses ein **Recht auf Erhalt der Leasingraten** *(right to receive lease payments).*[77] Nach Ansicht des IASB erfüllt dieses Recht nämlich mit Beginn der Laufzeit des Leasingverhältnisses die Definitions- und Ansatzkriterien eines Vermögenswerts im Sinne des *conceptual framework.*[78]

Die **Erstbewertung** des Rechts auf Erhalt der Leasingraten erfolgt zum Barwert der künftigen Leasingraten zzgl. anfänglicher dem Leasingverhältnis direkt zurechenbarer Kosten (*initial direct costs*).[79] Als Diskontierungszins ist der **Zinssatz** zu verwenden, **den der Leasinggeber dem Leasingnehmer berechnet** *(rate the lessor charges the lessee).* Im

ratives Leasing nach IAS 17 wurde in den Abschnitten 323.12 und 334.1 gewürdigt und abgelehnt. Im Folgenden wird daher nicht untersucht, ob die Regelungen als einheitliches Modell für die Leasinggeberbilanzierung *de lege ferenda* geeignet sind, weil das Ergebnis der Untersuchung vorgezeichnet wäre.

75 Vgl. Abschnitt 432.1.

76 Zu den Eigenschaften eines einfachen Leasingverhältnisses vgl. Abschnitt 322.11.

77 Vgl. IFRS FOUNDATION (HRSG.), ED/2010/9.30.

78 In ED/2010/9.BC17 heißt es: *"The lessor has an unconditional right to receive lease payments as a result of transferring to the lessee the right to use the underlying asset. The unconditional right is a resource controlled by the lessor as a result of past events from which future economic benefits are expected to flow to the lessor and, thus, meet the boards' definition of an asset."* Zu den Definitions- und Ansatzkriterien eines Vermögenswerts vgl. Abschnitt 321.2 und Abschnitt 321.4.

79 Vgl. IFRS FOUNDATION (HRSG.), ED/2010/9.33 (a).

Standardentwurf *leases* werden drei verschiedene Methoden vorgeschlagen, wie dieser Zinssatz im Einzelfall ermittelt werden kann:[80]

- Als **Grenzfremdkapitalzinssatz** des Leasingnehmers *(lessee's incremental borrowing rate)*. Dies ist der Zinssatz, den ein Leasingnehmer zu entrichten hätte, wenn er einen ähnlichen zugrunde liegenden Vermögenswert (*similar underlying asset*) erwerben würde und dafür einen Kredit mit vergleichbarer Laufzeit und Besicherung aufnehmen würde.[81]

- Als dem **Leasingverhältnis zugrunde liegender Zins** *(rate implicit in the lease)*. Dies ist derjenige Zins, bei dem der Barwert der Leasingraten zzgl. des Barwerts eines etwaigen Restwerts dem beizulegenden Zeitwert des Leasinggegenstands entspricht.[82] Der dem Leasingverhältnis zugrunde liegende Zins ist regelmäßig der Zins, mit dem der Leasinggeber das Leasingverhältnis kalkuliert.

- Als **Immobilienrendite** *(yield on the property)* in bestimmten Fällen des Immobilienleasings. Im Immobilienleasing ist es mitunter möglich, dass der Restwert, d.h. der beizulegende Zeitwert der Immobilie am Ende der Laufzeit, höher ist als der beizulegende Zeitwert der Immobilie zu Beginn der Laufzeit (bspw. bei einem Leasingverhältnis über eine Immobilie in guter Lage). Der IASB hält es in diesen Fällen für nicht zweckmäßig, den Zins zu verwenden, der dem Leasingverhältnis zugrunde liegt.[83] Stattdessen sollte die Immobilienrendite verwendet werden, die bspw. ermittelt werden kann, indem die jährliche Leasingrate durch die Anschaffungs- oder Herstellungskosten der Immobilie dividiert wird.[84]

Abgesehen von den genannten speziellen Fällen des Immobilienleasings wird für die Leasinggeberbilanzierung nach dem *performance obligation approach* nicht konkretisiert, in

---

80 Vgl. IFRS FOUNDATION (HRSG.), ED/2010/9.B12.

81 Vgl. ED/2010/9, Appendix A.

82 Vgl. IFRS FOUNDATION (HRSG.), ED/2010/9.B12. Dieser Zins ist auch für die Diskontierung der Forderung des Leasinggebers in einem Finanzierungsleasing-Verhältnis nach IAS 17 zu verwenden. Vgl. KIRSCH, H.-J., in: IFRS-Komm., Kommentierung zu IAS 17, Tz. 14.

83 Vgl. IFRS FOUNDATION (HRSG.), ED/2010/9.BC95.

84 Vgl. IFRS FOUNDATION (HRSG.), Discount Rate, S. 15.

welchen Situationen welcher der möglichen Zinssätze verwendet werden sollte. Vor allem bleibt unklar, wann der Grenzfremdkapitalzinssatz des Leasingnehmers geeigneter ist als der dem Leasingverhältnis zugrunde liegende Zins oder umgekehrt.[85]

Der Diskontierungszins sollte jenem Zins entsprechen, den der **Leasinggeber für die Finanzierungsleistung berechnet**, d.h. im Wesentlichen den Zeitwert des Geldes und die Bonität des Leasingnehmers berücksichtigen.[86] Aus diesem Grund wird der dem Leasingverhältnis zugrunde liegende Zins häufig als Diskontierungszins geeignet sein, denn dieser stellt in der Regel den Zins dar, mit dem der Leasinggeber das Leasingverhältnis und somit auch den Preis für die Finanzierungsleistung kalkuliert. Der Grenzfremdkapitalzins des Leasingnehmers wird lediglich vereinzelt für die Kalkulation des Leasinggebers eine Rolle spielen – bspw., wenn der (potenzielle) Leasingnehmer vor einer Leasing-oder-Kreditkauf-Entscheidung steht und der Leasinggeber keine teurere Finanzierungsalternative anbieten möchte.[87] Ansonsten wird der Grenzfremdkapitalzins des Leasingnehmers aber als Diskontierungszins beim Leasinggeber eine eher untergeordnete Rolle spielen.

Zu berücksichtigen ist indes, dass in dem Zinssatz, welcher dem Leasingverhältnis zugrunde liegt, mitunter nicht nur der Zeitwert des Geldes und das Bonitätsrisiko, sondern auch ein Restwertrisiko eingepreist sein kann. Dies ist immer dann der Fall, wenn der Leasinggeber – wie in einem einfachen Leasingverhältnis – das Restwertrisiko trägt und sich dieses Risiko durch einen Zinsaufschlag vergüten lässt, wenn er das Leasingverhältnis kalkuliert.[88] Dies verdeutlicht das folgende Beispiel:[89]

> Der Leasinggeber geht zum 01.01.20X5 ein Leasingverhältnis über vier Jahre ein. Der beizulegende Zeitwert des Leasinggegenstands beträgt zu Beginn des Leasingverhältnisses 40.000 GE. Der kalkulierte Restwert beträgt 5.000 GE. Der Leasinggeber lässt sich keine Restwertgarantie gewähren und trägt daher das Risiko, dass der Restwert unterhalb

85 Vgl. dazu kritisch ERNST & YOUNG (HRSG.), Leasingverhältnisse, S. 44, die auf den resultierenden Ermessensspielraum hinweisen.

86 Vgl. Abschnitt 322.132.

87 *"Nonetheless, a lessor is likely to consider the lessee's incremental borrowing rate when determining the rate it charges the lessee."* IFRS FOUNDATION (HRSG.), ED/2013/6.BC213.

88 Vgl. NAILOR, H./LENNARD, A., New Approach, S.112.

89 Beispiel in Anlehnung an NAILOR, H./LENNARD, A., New Approach, S. 112 f.

der kalkulierten 5.000 GE liegt, nachdem der Gegenstand zurückgegeben wurde. Der Leasinggeber berechnet seine Finanzierungsleistung, indem er auf den beobachtbaren risikolosen Zins gleicher Laufzeit von 5 %, der den Zeitwert des Geldes berücksichtigt, einen Bonitätsaufschlag von 3 % addiert. Für die Diskontierung des Restwerts veranschlagt der Leasinggeber unter Berücksichtigung des Restwertrisikos 9 %. Somit liegt der Kalkulation der Leasingraten folgende Berechnung zugrunde:

$$\frac{X}{1{,}08} + \frac{X}{1{,}08^2} + \frac{X}{1{,}08^3} + \frac{X}{1{,}08^4} + \frac{5.000}{1{,}09^4} = 40.000$$

Per Zielwertsuche errechnet der Leasinggeber eine jährliche, nachschüssig zu zahlende Leasingrate von 11.007,39 GE. Der Leasinggeber kalkuliert somit mit einem dem Leasingverhältnis zugrunde liegenden Zins, der sich wie folgt ermittelt:

$$\frac{11.007{,}39}{1+x} + \frac{11.007{,}39}{(1+x)^2} + \frac{11.007{,}39}{(1+x)^3} + \frac{11.007{,}39}{(1+x)^4} + \frac{5.000}{(1+x)^4} = 40.000$$

Wiederum per Zielwertsuche errechnet sich ein dem Leasingverhältnis zugrunde liegender Zins von 8,14 %. Dieser Zinssatz wäre als Diskontierungszins für die Bewertung des finanziellen Vermögenswerts um 0,14 % zu hoch, weil der Zins nicht nur den Zeitwert des Geldes und das Bonitätsrisiko berücksichtigt, sondern auch einen Anteil des Risikoaufschlags für das Restwertrisiko umfasst. Letzterer ist indes für die Bewertung des Rechts auf Erhalt der Leasingraten unerheblich und darf sich nur bei der Bewertung des Restvermögenswerts auswirken.

Kommt der Leasinggeber wie im Beispielsachverhalt zum Schluss, dass der dem Leasingverhältnis zugrunde liegende Zins zu hoch bemessen ist, sollte dieser insofern adjustiert werden, als der Leasinggeber den Zuschlag für das Restwertrisiko eliminiert.[90]

Die Aktivierungspflicht des Rechts auf Erhalt der Leasingraten, die der *performance obligation approach* vorschreibt, ist positiv zu würdigen, denn wie in dieser Arbeit gezeigt werden konnte,[91] resultiert für einen Leasinggeber grds. aus jedem Leasingverhältnis ein finanzieller Vermögenswert. Zu berücksichtigen ist indes, dass das Recht auf Erhalt der Leasingraten

---

90 Vgl. SABEL, E., Leasingverträge, S. 183 f. Diese Adjustierung ist für die Bilanzierung nach dem *performance obligation approach* nicht vorgeschrieben und sollte auch nur dann vorgenommen werden, wenn der Effekt wesentlich ist. Viele Leasinggeber kalkulieren die Leasingverhältnisse mit einem einheitlichen Zinssatz (sog. *blended rate*) und sollten nur dann dazu verpflichtet sein, den Zinssatz für die Bewertung des Rechts auf Nutzung anzupassen, wenn es unter Kosten-Nutzen-Abwägungen auch gerechtfertigt ist.

91 Vgl. Abschnitt 322.132.

gemäß dem *performance obligation approach* **zusätzlich** zum Leasinggegenstand (nicht: Restvermögenswert) aktiviert werden muss. In ED/2010/9.30 heißt es explizit (Auslassung durch den Verfasser):

> *"At the date of commencement of a lease, a lessor shall recognise in the statement of financial position a right to receive lease payments [...]. The lessor shall not derecognise the underlying asset."*

Der dem Leasingverhältnis zugrunde liegende Gegenstand wird weiterhin unverändert nach den jeweils einschlägigen IFRS bilanziert. Der Board führt im Wesentlichen zwei Argumente an, welche diesen Vorschlag begründen sollen:[92] Zum einen darf der Leasinggegenstand nicht ausgebucht werden, weil der Leasinggegenstand auch nach Beginn der Laufzeit des Leasingverhältnisses eine wirtschaftliche Ressource des Leasinggebers darstelle, über die der Leasinggeber die **Verfügungsmacht** besäße. Zum anderen würde ein den tatsächlichen Verhältnissen entsprechendes Bild der Vermögenslage des Leasinggebers gezeigt werden, wenn der *performance obligation approach* angewendet wird, denn das Leasingverhältnis schaffe mit dem Recht, die Leasingraten zu erhalten, **einen zusätzlichen Vermögenswert** beim Leasinggeber – der dem Leasingverhältnis zugrunde liegende, aktivierte Gegenstand bleibe davon unberührt.[93]

Fraglich ist, ob diese beiden Argumente überzeugen können. Der Ansicht des IASB, der Leasinggegenstand sei weiterhin unverändert in der Bilanz zu erfassen, weil der Leasinggeber nach wie vor die Verfügungsmacht über den Gegenstand besitzt, wäre dann zuzustimmen, wenn die Leasinggeberbilanzierung *de lege ferenda* nach wie vor auf dem Grundsatz der Gegenstandsbilanzierung basieren soll.[94] Für eine Leasinggeberbilanzierung nach dem *right of use model* ist dieses Argument indes verfehlt. Gemäß dem Grundgedanken des *right of use model* stehen die einzelnen aus einem Leasingverhältnis resultierenden bilanzierungsfähigen Rechte im Mittelpunkt, um die bilanziellen Konse-

[92] Vgl. IFRS FOUNDATION (HRSG.), ED/2010/9.BC16.

[93] Diese Ansicht des IASB erinnert stark an die Sichtweise der Duldungstheoretiker im deutschen Zivilrecht. Vgl. HARTMANN-WENDELS, T./SCHMIDT, P., Reform, S. 281. Zur Duldungstheorie vgl. Abschnitt 322.124.

[94] Zum Grundsatz der Gegenstandsbilanzierung vgl. Abschnitt 323.12.

quenzen auf der Aktivseite der Bilanz des Leasinggebers zu beurteilen.[95] Für die Bilanzierung nach dem *right of use model* sollte daher auch ausschließlich relevant sein, über welche Rechte, die aus einem Leasingverhältnis resultieren, der Leasinggeber die Verfügungsmacht besitzt. Die Frage nach der Verfügungsmacht über den Gegenstand *per se* stellt sich nicht.[96] Der *performance obligation approach* setzt daher den Grundgedanken des *right of use model* nicht konsequent um.[97]

Das zweite Argument des IASB, die bilanzielle Behandlung des dem Leasingverhältnis zugrunde liegenden Gegenstands sei deshalb unabhängig von der Aktivierung des Rechts auf Erhalt der Leasingraten, weil Letzteres **zusätzlich** beim Leasinggeber entsteht, steht im groben Widerspruch zum Verständnis eines Vermögenswerts im Sinne des *conceptual framework*.[98] Ein Vermögenswert spiegelt Einzahlungspotenzial wider.[99] Sofern ein Leasinggeber einen Gegenstand anschafft oder herstellt, stellen die Anschaffungs- oder Herstellungskosten die Mindesteinzahlungserwartungen des Leasinggebers bzgl. des Gegenstands dar.[100] Das Recht auf Erhalt der Leasingraten, welches dem Leasinggeber zusteht, nachdem ein Leasingverhältnis eingegangen und das Leasingobjekt zur Verfügung gestellt wurde, entsteht indes nicht zusätzlich zu diesem Mindesteinzahlungspotenzial, obgleich dies durch den *performance obligation appraoch* suggeriert würde, sofern das Recht auf Erhalt der Leasingraten – wie vorgesehen – zusätzlich zum Leasinggegenstand aktiviert würde.[101] Tatsächlich sind die Leasingraten aber Bestandteil der Mindesteinzahlungserwartungen des Leasinggebers aus dem Leasinggegenstand. Letztlich käme es beim *performance obligation appraoch* zu einer nicht akzeptablen **Doppelzählung von Ein-**

95 Vgl. Abschnitt 42.

96 Ähnlich PFERDEHIRT, H., Leasingbilanzierung, S. 67.

97 Gl.A. LEUCHTENSTERN, S./RANKER, D./HENNEBERGER, M., Reformierung (Teil 3), S. 34. Auch der französische Standardsetter *Autorite des Normes Comptables (ANC)* führt in diesem Zusammenhang aus: *"[I]t is inappropriate for the lessor to continue to recognise the asset in its entirety whereas the lessee has acquired part of it."* ANC (HRSG.), CL ED Leases, S. 5.

98 Vgl. stellvertretend EFRAG (HRSG.), CL ED Leases, S. 8.

99 Vgl. Abschnitt 321.2.

100 Vgl. bereits ORDELHEIDE, D., Periodengewinn, S. 279-283.

101 Vgl. PWC (HRSG.), CL ED Leases, S. 7.

zahlungspotenzial.[102] Gegen die Bilanzierung nach dem *performance obligation approach* könnte auch mit der Theorie der Verfügungsrechte[103] argumentiert werden:[104] Sofern der Leasinggeber als (ursprünglicher) Voll-Eigentümer der Verfügungsrechte an dem Gegenstand diesen unverändert auf der Aktivseite seiner Bilanz erfasst, suggeriert dies, dass der Leasinggeber nach wie vor sämtliche Verfügungsrechte an dem Leasinggegenstand besitzt. Theoretisch nicht begründbar ist daher, weshalb der Leasinggeber zusätzlich ein Recht auf Erhalt der Leasingraten aktivieren muss, weil dieses Recht nachgerade die Tatsache widerspiegelt, dass der Leasinggeber das Nutzungsrecht (*usus*) und/oder das Recht auf Fruchtziehung (*usus fructus*) auf den Leasingnehmer **übertragen** hat.[105]

Diese Problematik der Doppelzählung ist wohl auch dem Board bewusst. Statt aber eine Korrektur auf der Aktivseite in Erwägung zu ziehen und das richtige Einzahlungspotenzial zu zeigen, ist „in einer Art Bruttorechnung“[106] vorgesehen, dass der Leasinggeber zu Beginn der Laufzeit des Leasingverhältnisses eine sog. **Leasingverbindlichkeit** (*lease liability*) in Höhe des Barwerts der künftigen Leasingraten **passiviert.**[107] Die Leasingverbindlichkeit soll die Leistungsverpflichtung (*performance obligation*) des Leasinggebers widerspiegeln. In ED/2010/9.BC16 heißt es (Auslassung durch den Verfasser):

> *"The lease creates [...] a new liability, representing the obligation to permit the lessee to continue to use the underlying asset during the lease term (a 'performance obligation')."*

In ED/2010/9.BC18 heißt es weiter:

> *"The performance obligation approach views the obligation to permit the lessee to use the underlying asset during the lease term as a performance obligation. That performance ob-*

[102] Gl.A. LORENZ, K., Exposure Draft, S. 2558. A.A. THI, T./FINK, C./SCHULTZE, W., Leasingbilanzierung, S. 465.

[103] Vgl. Abschnitt 22.

[104] Vgl. HARTMANN-WENDELS, T./SCHMIDT, P., Reform, S. 281; LABRENZ, H., Analyse, S. 82 f.

[105] Gegebenenfalls wurde auch ein beschränktes Veränderungsrecht (*abusus*) übertragen. Vgl. dazu Abschnitt 23.

[106] FÜLBIER, R. U./FEHR, J., Der Standardentwurf, S. 1021.

[107] Vgl. IFRS FOUNDATION (HRSG.), ED/2010/9.30; IFRS FOUNDATION (HRSG.), ED/2010/9.33 (b). In einem einfachen Leasingverhältnis ohne anfängliche direkt zurechenbare Kosten entspricht die Erstbewertung der Leasingverbindlichkeit der Erstbewertung des Rechts auf Erhalt der Leasingraten.

ligation is satisfied continuously during the lease term as the lessor permits the lessee to use the underlying asset."

Gemäß dem Wortlaut der *basis for conclusions* wird die Hauptleistungspflicht eines Leasinggebers in einem (einfachen) Leasingverhältnis somit nicht darin gesehen, das Leasingobjekt zu Beginn der Laufzeit des Leasingverhältnisses zur Verfügung zu stellen, das Recht auf Nutzung zu übertragen und dieses Recht zu finanzieren. Die Hauptleistungspflicht besteht vielmehr darin, eine **Dienstleistung** kontinuierlich über die gesamte Dauer der Laufzeit des Leasingverhältnisses zu erbringen. Der Leasinggeber muss die Nutzungsmöglichkeit des Leasingnehmers dulden, oder positiv formuliert, dem Leasingnehmer ermöglichen, den Gegenstand zu nutzen.[108] Diese Hauptleistungspflicht des Leasinggebers ist zu Beginn der Laufzeit des Leasingverhältnisses noch nicht erfüllt, was nach Ansicht des IASB durch die Passivierung der Leasingverbindlichkeit bilanziell abgebildet werden soll.[109]

Die **gleichzeitige** Bilanzierung eines Rechts auf Erhalt von Leasingraten auf der Aktivseite und einer Leistungsverpflichtung auf der Passivseite der Bilanz eines Leasinggebers ist indes aus folgendem Grund widersprüchlich:[110] **Entweder** der Board vertritt die Ansicht, der Leasinggeber hat zu Beginn der Laufzeit des Leasingverhältnisses das **seinerseits Erforderliche** getan und besitzt – wie oben aufgeführt – einen **Anspruch**, die Leasingraten zu erhalten. Dann erübrigt sich die Bilanzierung einer Leasingverbindlichkeit, welche die eigentliche Hauptleistungspflicht widerspiegeln soll. **Oder** der IASB vertritt die Ansicht, zu Beginn der Laufzeit des Leasingverhältnisses hat der Leasinggeber das seinerseits Erforderliche **noch nicht** getan und erdient seinen Anspruch auf Erhalt der Leasingraten erst, indem er seiner Leistungsverpflichtung kontinuierlich über die Laufzeit des Leasingverhältnisses nachkommt und dem Leasingnehmer fortlaufend eine Dienstleistung erbringt, indem er das Recht auf Nutzung des Leasinggegenstands ermöglicht. Bei dieser Sichtweise dürfte indes zu Beginn der Laufzeit des Leasingverhältnisses **kein** Recht auf Erhalt der Leasingzahlungen

---

108 Vgl. LAUBACH, W./FINDEISEN, K.-D./MURER, A., Leasingbilanzierung, S. 2406. Auch hier wird die inhaltliche Nähe zwischen dem *performance obligation approach* und der Duldungstheorie ersichtlich. Letztere sieht ebenfalls die Duldungspflicht eines Nutzungsüberlassenden als seine Hauptleistungspflicht an. Vgl. Abschnitt 322.124.

109 Vgl. IFRS FOUNDATION (HRSG.), ED/2010/9.BC17.

110 Vgl. hierzu und im Folgenden SCHMIDT, P./HARTMANN-WENDELS, T./ADOLPH, P., Leasing-Geber-Bilanzierung, S. 116; SCHMIDT, P./HARTMANN-WENDELS, T./ADOLPH, P., Reform, S. 27.

aktiviert werden, weil es dann an dem Ereignis in der Vergangenheit mangeln würde, welches die Verfügungsmacht des Leasinggebers über den Anspruch begründet, die Leasingraten zu erhalten.

Zu berücksichtigen ist überdies, dass die Passivierung der Leasingverbindlichkeit in jedem Fall und unabhängig von den beiden dargestellten Sichtweisen im Widerspruch zum *conceptual framework* steht, da die Duldungspflicht des Leasinggebers nicht die Definitionskriterien einer Schuld erfüllt.[111] Sofern – entgegen der Ansicht in der vorliegenden Arbeit – die Meinung vertreten wird, der Leasinggeber würde nicht zu Beginn, sondern während der Laufzeit eines einfachen Leasingverhältnisses seine Hauptleistungspflicht erbringen,[112] stellt das Leasingverhältnis ein **Dauerschuldverhältnis** dar.[113] Weil ein Dauerschuldverhältnis zu den schwebenden Geschäften gehört[114] und Ansprüche und Verpflichtungen aus schwebenden Geschäften die Definitionskriterien eines Vermögenswerts bzw. einer Schuld in aller Regel nicht erfüllen,[115] dürfte das Recht auf Erhalt der Leasingraten – aber eben auch die Leasingverbindlichkeit – nicht in der Bilanz des Leasinggebers erfasst werden.

Insgesamt sind die vorgeschlagenen Regelungen des *performance obligation approach* für die bilanzielle Abbildung eines einfachen Leasingverhältnisses in der Bilanz **abzulehnen**, weil es aufgrund der oben angeführten Argumente nicht gerechtfertigt ist, zu Beginn der Laufzeit des Leasingverhältnisses neben dem Recht auf Erhalt der Leasingraten weiterhin den Leasinggegenstand und zusätzlich eine Leasingverbindlichkeit zu erfassen.[116] Der *performance obligation approach* wird dem entwickelten Anforderungsprofil, welches vorsieht, dass der

[111] Vgl. Abschnitt 322.124.

[112] Zur Begründung, warum dieser Auffassung nicht gefolgt wird, vgl. Abschnitt 322.124 und Abschnitt 322.132.

[113] Vgl. SCHMIDT, P./HARTMANN-WENDELS, T./ADOLPH, P., Reform, S. 27.

[114] Vgl. stellvertretend BAUER, H., Schwebende Geschäfte, S. 14-18.

[115] Vgl. Abschnitt 321.2 und Abschnitt 321.3.

[116] Gemäß ED/2010/9.42 ist zwar vorgesehen, dass die drei Größen netto auszuweisen sind (Leasinggegenstand zzgl. Recht auf Erhalt der Leasingraten abzgl. Leasingverbindlichkeit), die aufgezeigten konzeptionellen Probleme des *performance obligation approach* werden dadurch indes nicht gelöst. *"This approach to presentation is simply an attempt to dissimulate the artificial grossing up of lessor assets created by the performance obligation approach."* LEASEUROPE (HRSG.), CL ED Leases, S. 26.

Leasinggeber in einem (einfachen) Leasingverhältnis zu Beginn der Laufzeit des Leasingverhältnisses das Recht auf Erhalt der Leasingraten und – sofern vorhanden – einen Restvermögenswert aktiviert, **nicht gerecht**.

433.12 Die Ertragsrealisierung beim Leasinggeber in einem einfachen Leasingverhältnis

Fraglich ist, ob bzw. wie weit die Vorschläge zur Ertragsrealisierung beim Leasinggeber gemäß dem *performance obligation approach* in einem einfachen Leasingverhältnis konzeptionell mit dem Reformprojekt *revenue recognition* im Einklang stehen.[117] In ED/2010/9.31 f. wird dazu Folgendes formuliert (Auslassungen durch den Verfasser):

> *"A lessor shall recognise the following items in profit or loss:*
> *(a) interest income on the right to receive lease payments [...]*
> *(b) lease income as the lease liability is satisfied [...]*
> *A lessor shall classify lease income as revenue if it arises in the course of a lessor's ordinary activities."*

Gemäß dem Wortlaut realisiert der Leasinggeber in einem (einfachen) Leasingverhältnis **Zinserträge** (*interest income*) und sog. **Leasingerträge** (*lease income*). Die Zinserträge resultieren aus der Folgebewertung des aktivierten Rechts des Leasinggebers, die Leasingraten zu erhalten. Gemäß dem *performance obligation approach* wird nämlich explizit vorgeschlagen, dass dieses Recht zu fortgeführten Anschaffungskosten (*amortised cost*) folgebewertet wird, indem die **Effektivzinsmethode** angewendet wird.[118]

Die Leasingerträge resultieren aus der Folgebewertung der Leasingverbindlichkeit.[119] Diese ist so zu verringern, wie der Leasingnehmer das auf ihn übertragene Recht auf Nutzung

---

[117] Vgl. zusammenfassend Abschnitt 333.7 für das in dieser Arbeit entwickelte Anforderungsprofil für die Ertragsrealisierung beim Leasinggeber.

[118] Vgl. IFRS FOUNDATION (HRSG.), ED/2010/9.37 (a). Dies entspricht den Vorgaben im entwickelten Anforderungsprofil in Abschnitt 333.621.

[119] Vgl. IFRS FOUNDATION (HRSG.), ED/2010/9.31 (b) i.V.m. IFRS FOUNDATION (HRSG.), ED/2010/9.37 (b).

vereinnahmt (*on the basis of the pattern of use of the underlying asset by the lessee*).[120] Dieses Muster kann bspw. über Maschinenstunden bestimmt werden, d.h. zum Bewertungsstichtag muss der Leasinggeber die vom Leasingnehmer bereits genutzten Betriebsstunden den insgesamt über die Laufzeit veranschlagten Betriebsstunden ins Verhältnis setzen.[121] Entsprechend den bereits genutzten Betriebsstunden ist die Leasingverbindlichkeit zu reduzieren. Die Gegenbuchung stellt den Leasingertrag dar.[122] Das folgende Beispiel veranschaulicht die Ertragsrealisierung beim Leasinggeber in einem einfachen Leasingverhältnis gemäß dem *performance obligation approach*:

Ein Leasinggeber stellt eine Anlage her und aktiviert diese zu Herstellungskosten von 12.000 GE. Die Nutzungsdauer beträgt 10 Jahre, die Anlage wird linear abgeschrieben. Ein Kunde kann die Anlage entweder zu 15.000 GE kaufen oder über eine bestimmte Dauer leasen. Der Leasinggeber geht mit einem Kunden ein Leasingverhältnis über drei Jahre ein. Die nachschüssig zu zahlende, jährliche Leasingrate beträgt 2.600 GE. Der Leasinggeber berechnet dem Leasingnehmer für die Finanzierungsleistung einen Zins von 5,14 %, was einen Barwert der künftigen Leasingraten von 7.062 GE ergibt. In dieser Höhe bucht der Leasinggeber zu Beginn der Laufzeit des Leasingverhältnisses erfolgsneutral das Recht auf Erhalt der Leasingraten sowie die Leasingverbindlichkeit ein. Letztere wird in den Folgeperioden linear ertragswirksam aufgelöst. Das Recht auf Erhalt der Leasingraten wird anhand der Effektivzinsmethode folgebewertet, woraus ein Zinsertrag resultiert. Die nachfolgende Übersicht zeigt, wie das Leasingverhältnis nach den Vorgaben des *performance obligation approach* bilanziert wird:

[120] Vgl. IFRS FOUNDATION (HRSG.), ED/2010/9.37 (b).

[121] Vgl. IFRS FOUNDATION (HRSG.), ED/2010/9.38 (b); LAUBACH, W./FINDEISEN, K.-D./MURER, A., Leasingbilanzierung, S. 2408.

[122] Vgl. stellvertretend KÜMPEL, T./BECKER, M., Wandel, S. 462. Häufig wird es dem Leasinggeber nicht möglich sein, das Muster, mit dem der Leasingnehmer das übertragene Nutzenpotenzial vereinnahmt, zu erkennen. Die Vorschläge nach dem *performance obligation approach* sehen daher vor, dass der Leasinggeber die Leasingverbindlichkeit in Zweifelsfällen linear auflöst, was zu einer linearen Ertragsrealisierung führen würde. Vgl. IFRS FOUNDATION (HRSG.), ED/2010/9.37 (b).

Spalte A Periode	Spalte B Buchwert Leasinggegenstand Periodenbeginn	Spalte C Buchwert Recht auf Leasingraten Periodenbeginn / Periodenende	Spalte D Buchwert Leasingverbindlichkeit Periodenbeginn / Periodenende	Spalte E Leasingrate	Spalte F Leasingertrag (7.062 / 3)	Spalte G Zinsertrag (Spalte C Periodenbeginn * 5,14 %)	Spalte H Abschreibung Leasinggegenstand
1	12.000	7.062 / 4.825	7.062 / 4.708	2.600	2.354	363	1.200
2	10.800	4.825 / 2.473	4.708 / 2.354	2.600	2.354	248	1.200
3	9.600	2.473 / 0	2.354 / 0	2.600	2.354	127	1.200
Σ				7.800	7.062	738	3.600

Übersicht 4-1: *Die Ertragsrealisierung nach dem performance obligation approach*

Das Beispiel verdeutlicht, dass ein Leasinggeber nach den Vorschlägen des *performance obligation approach* zu Beginn der Laufzeit des Leasingverhältnisses keinen Ertrag realisiert. Sowohl die Leasingerträge als auch die Zinserträge werden ratierlich über die Laufzeit des Leasingverhältnisses realisiert. Das Muster der Ertragsrealisierung spiegelt die Auffassung des IASB im *performance obligation approach* wider, in einem Leasingverhältnis erbringe der Leasinggeber seine Leistungsverpflichtungen kontinuierlich im Zeitablauf.[123] Dieser Auffassung ist insofern zuzustimmen, als die Finanzierungsleistung zeitraumbezogen erfüllt und die Zinserträge zeitraumbezogen unter Anwendung der Effektivzinsmethode vereinnahmt werden sollten.[124] Die zeitraumbezogene Realisierung der Leasingerträge (im Beispiel 2.354 GE pro Periode) steht indes im Widerspruch zu den Vorgaben im Reformprojekt *revenue recognition*, wonach die Umsatzrealisierung zu erfolgen hat, sofern ein Vermögenswert auf den Kunden übertragen wurde.[125] Sofern die Übertragung des Rechts auf Nutzung – wie im Beispielsachverhalt – eine separate Leistungsverpflichtung des Leasinggebers darstellt, hat der Leasinggeber nämlich mit Beginn der Laufzeit des Leasingverhältnisses einen Vermögenswert (das Recht auf Nutzung) auf den Kunden übertragen,[126] was auch zur Umsatzrealisierung führen muss.[127] Überdies ist der IASB selbst der Ansicht, der Leasinggeber

[123] Vgl. dazu auch die Ausführungen des IASB in ED/2010/9.BC18.

[124] Vgl. dazu auch das Anforderungsprofil zur Erfassung der Zinserträge in Abschnitt 333.621.

[125] Gl.A. DRSC (Hrsg.), CL ED Leases, S. 6.

[126] Das "Herzstück" des *right of use model* auf der Seite des Leasingnehmers besteht darin, dass der Leasingnehmer grds. in jedem Leasingverhältnis zu Beginn der Laufzeit des Leasingverhältnisses ein Recht auf Nutzung aktiviert. Vgl. IFRS Foundation (Hrsg.), ED/2010/9.10.

[127] Vgl. Abschnitt 333.61.

besitze bereits zu Beginn der Laufzeit des Leasingverhältnisses einen unbedingten Anspruch, die künftigen Leasingraten zu erhalten.[128] Diesen unbedingten Anspruch würde der Leasinggeber nicht besitzen, wenn er seine Leistungspflicht, namentlich das Recht auf Nutzung zu übertragen, nicht bereits zu Beginn der Laufzeit des Leasingverhältnisses erfüllt hätte. Anders ausgedrückt: Auch der unbedingte Anspruch auf Erhalt der Leasingraten, den der Leasinggeber bereits zu Beginn der Laufzeit des Leasingverhältnisses besitzt, zeigt an, dass der Umsatz (im Beispiel 7.062 GE) zeitpunktbezogen zu Beginn der Laufzeit des Leasingverhältnisses zu realisieren ist.[129]

Als Zwischenfazit kann festgehalten werden, dass die Vorschläge des *performance obligation approach* nicht nur bei der Abbildung eines Leasingverhältnisses in der Bilanz, sondern auch bei der Ertragsrealisierung des Leasinggebers zu „**konzeptionellen Verwerfung[en]**“[130] führen und mitunter im deutlichen Widerspruch zu den Anforderungen des *conceptual framework* bzw. zu den Vorgaben des entwickelten Anforderungsprofils stehen. Der *performance obligation approach* ist wegen dieser konzeptionellen Mängel als **einheitlicher Ansatz** für eine Leasinggeberbilanzierung *de lege ferenda* **abzulehnen.**[131]

434. Die Bilanzierung nach dem *derecognition approach* und dem *receivable and residual approach*

434.1 Die Anwendung auf ein einfaches Leasingverhältnis

434.11 Die Abbildung eines einfachen Leasingverhältnisses in der Bilanz

Der *derecognition approach* wurde zusammen mit dem *performance obligation approach* im Jahre 2010 im Standardentwurf *leases* vorgestellt, indes nur für solche Leasingverhältnisse, in denen die wesentlichen Risiken oder Nutzenpotenziale am Leasinggegenstand auf den

128 Vgl. Abschnitt 433.11. Aus diesem Grund muss ein Leasinggeber auch im *performance obligation approach* das Recht auf Erhalt der Leasingraten bereits zu Beginn der Laufzeit aktivieren.

129 Vgl. Abschnitt 333.62 und die dortigen Ausführungen zum Anforderungsprofil.

130 SCHMIDT, P./HARTMANN-WENDELS, T./ADOLPH, P., Leasing-Geber-Bilanzierung, S. 115. Einfügung durch den Verfasser.

131 Weil der *performance obligation approach* abzulehnen ist, wird im Folgenden nicht auf die Vorschriften eingegangen, die bei der Bilanzierung eines komplexen Leasingverhältnisses nach dem *performance obligation approach* zu berücksichtigen wären.

Leasingnehmer **übergegangen** sind.[132] In den *redeliberations* wurde der *derecognition approach* weiterentwickelt und in *receivable and residual approach* umbenannt, ohne dass das grundlegende Konzept verändert wurde. Analog zu Abschnitt 433 wird im Folgenden analysiert, ob die vorgeschlagenen Regelungen gemäß dem *derecognition approach* bzw. dem *receivable and residual approach* als **einheitlicher Ansatz** für grds. sämtliche Leasingverhältnisse taugen.

In einem (einfachen) Leasingverhältnis ist der Leasinggeber zu Beginn der Laufzeit des Leasingverhältnisses verpflichtet, ein **Recht auf Erhalt der Leasingraten** zu aktivieren.[133] Insofern unterscheiden sich die **Ansatzvorschriften** nicht von denen des *performance obligation approach*. Der *derecognition approach* bzw. der *receivable and residual approach* basiert indes auf einem anderen Grundgedanken als der *performance obligation approach*: Der Leasinggeber schafft mit dem Recht auf Erhalt der Leasingraten keinen Vermögenswert **zusätzlich** zum Gegenstand, welcher dem Leasingverhältnis zugrunde liegt.[134] Stattdessen wird angenommen, dass der Leasinggeber das Recht auf Erhalt der Leasingraten besitzt, weil er einen Teil des wirtschaftlichen Nutzens, welchen der Leasinggegenstand verkörpert, mit Beginn der Laufzeit des Leasingverhältnisses auf den Leasingnehmer **übertragen** hat. Im Gegensatz zur Bilanzierung nach dem *performance obligation approach* verbleibt der Leasinggegenstand daher zu Beginn der Laufzeit des Leasinggebers auch **nicht** in der Bilanz des Leasinggebers, sondern wird bilanziell durch das Recht auf Erhalt der Leasingraten und das etwaige Recht auf das verbleibende Nutzenpotenzial des Gegenstands am Ende der Laufzeit des Leasingverhältnisses (Restvermögenswert) ersetzt.[135] Gemäß den **Ansatzvorschriften** des *derecognition approach* bzw. des *receivable and residual approach* bilanziert ein Leasinggeber in einem einfachen Leasingverhältnis somit zu Beginn der Laufzeit des Leasingverhältnisses ein Recht auf Erhalt der Leasingraten **und** – sofern vorhanden – einen Restvermögenswert, wohingegen die **Passivseite** der Bilanz **unberührt** bleibt. Diese Ansatzvorschriften stehen im

[132] Vgl. Abschnitt 432.1.

[133] Vgl. IFRS FOUNDATION (HRSG.), ED/2010/9.46 (a); IFRS FOUNDATION (HRSG.), ED/2013/6.68.

[134] Vgl. IFRS FOUNDATION (HRSG.), ED/2010/9.BC19.

[135] Vgl. IFRS FOUNDATION (HRSG.), ED/2010/9.46; IFRS FOUNDATION (HRSG.), ED/2013/6.68.

Einklang mit dem *conceptual framework* bzw. dem Anforderungsprofil, welches dieser Arbeit zugrunde gelegt wurde.[136]

Die Vorschläge zur **Erst- und Folgebewertung** des Rechts auf Erhalt der Leasingraten entsprechen in einem einfachen Leasingverhältnis den Vorgaben des *performance obligation approach*, sodass diesbezüglich auf die Darstellung und Würdigung der Vorschriften in Abschnitt 433.11 verwiesen wird.[137] Indes müssen im Folgenden die vorgeschlagenen Regelungen zur **Erst- und Folgebewertung des Restvermögenswerts** näher analysiert werden. Gemäß den Vorschlägen des Board soll der Restvermögenswert in einem einfachen Leasingverhältnis zum **Barwert** des Restwerts am Ende des Leasingverhältnisses abzgl. etwaiger auf den Restvermögenswert entfallender **stiller Reserven** (vom IASB als *unearned profit* bezeichnet) **erstbewertet** werden.[138] Gemäß dem Wortlaut des revidierten Standardentwurfs *leases* sollen die anteiligen stillen Reserven, die auf den Restvermögenswert entfallen, in **zwei Schritten** berechnet werden. In ED/2013/6.74 heißt es zunächst (Auslassung durch den Verfasser):

> *"A lessor shall calculate the profit relating to the lease recognised at the commencement date as the difference between the fair value and the carrying amount of the underlying asset immediately before the commencement date, multiplied by the present value of the lease payments [...], divided by the fair value of the underlying asset."*

Mathematisch könnte dieser erste Schritt auch wie folgt ausgedrückt werden:

---

136 Vgl. dazu die zusammenfassende Übersicht 322.3.

137 Für die Erst- und Folgebewertung gemäß dem *derecognition approach* vgl. IFRS FOUNDATION (HRSG.), ED/2010/9.49 (a) i.V.m. IFRS FOUNDATION (HRSG.), ED/2010/9.51-53; IFRS FOUNDATION (HRSG.), ED/2010/9.54. Diese Regelungen gelten in einem einfachen Leasingverhältnis unverändert auch für die Bewertung des Rechts auf Nutzung im *receivable and residual approach*. Vgl. IFRS FOUNDATION (HRSG.), ED/2013/6.69 f.; ED/2013/6.76 f.; ERNST & YOUNG (HRSG.), Re-exposure, S. 31-35.

138 Vgl. IFRS FOUNDATION (HRSG.), ED/2013/6.71. Die Vorschläge zur Erstbewertung des Restvermögenswerts nach dem *derecognition approach* weichen insofern von denen nach dem *receivable and residual approach* ab, als dort keine direkte Erstbewertung des Restvermögenswerts vorgesehen war. Stattdessen war vorgeschlagen worden, dass der Buchwert des zugrunde liegenden Gegenstands vermindert wird und der insofern korrigierte Buchwert in einen Restvermögenswert umklassifiziert wird. In einem einfachen Leasingverhältnis führen die Vorgaben indes zum selben Ergebnis. Deshalb wird im Folgenden nicht gesondert auf die Vorschriften zur Erstbewertung des Restvermögenswerts nach dem *derecognition approach* eingegangen.

$$(Fair\ Value\ Gegenstand - Buchwert\ Gegenstand) * \frac{Barwert\ Leasingraten}{Fair\ Value\ Gegenstand}$$

Übersicht 4-2: *Schritt 1 zur Ermittlung der auf den Restvermögenswert entfallenden stillen Reserven*

Gemäß dem Grundgedanken des *right of use model*, wonach der Leasinggegenstand ein (teilbares) Rechtebündel darstellt, wird mit dem Bruch in der Formel der prozentuale Anteil des gesamten Rechtebündels ermittelt, der auf den Leasingnehmer übertragen wird. Durch die Multiplikation mit dem Klammerterm wird der Anteil der stillen Reserven berechnet, der auf den Teil des Rechtebündels entfällt, welcher auf den Leasingnehmer übertragen und zu Beginn der Laufzeit des Leasingverhältnisses realisiert wird.[139]

In ED/2013/6.75 wird dann der zweite Schritt erläutert, wie der Anteil der stillen Reserven berechnet werden soll, der auf den Restvermögenswert entfällt:

> *"A lessor shall determine the unearned profit included in the initial measurement of the residual asset as the difference between the fair value and the carrying amount of the underlying asset immediately before the commencement date, less the profit recognised at the commencement date."*

Die stillen Reserven, die auf den Restvermögenswert entfallen, werden somit ermittelt, indem von den gesamten stillen Reserven jener Anteil abgezogen wird, der auf das Rechtebündel entfällt, welches auf den Leasingnehmer übertragen wurde. Dieser Vorschlag zur Erstbewertung des Restvermögenswerts wird durch das folgende Beispiel illustriert:

> Ein Unternehmen stellt ein Gut her und aktiviert dies zu Herstellungskosten von 11.000 GE. Die Nutzungsdauer des Guts beträgt 10 Jahre. Der beizulegende Zeitwert des Guts beläuft sich auf 14.000 GE, denn zu diesem Preis kann ein Kunde den Gegenstand kaufen (Marktpreis). Kunden können das Gut auch über eine bestimmte Dauer leasen. Das Unternehmen geht mit einem Kunden ein Leasingverhältnis über sechs Jahre ein. Die nachschüssig zu zahlende Leasingrate beträgt 2.000 GE p.a. Der Leasinggeber berechnet dem Leasingnehmer für die Finanzierungsleistung einen Zins von 7,36 %, sodass sich ein Barwert der künftigen Leasingraten von 9.428 GE errechnet. In dieser Höhe bucht der Leasinggeber zu Beginn der Laufzeit des

[139] Zur Realisation vgl. Abschnitt 434.12.

Leasingverhältnisses das Recht auf Erhalt der Leasingraten ein. Für die Kalkulation des Leasingverhältnisses[140] ermittelt der Leasinggeber auch den erwarteten beizulegenden Zeitwert des Restvermögenswerts am Ende der Laufzeit des Leasingverhältnisses. Der Leasinggeber schätzt einen Wert von 7.000 GE. Zu Beginn der Laufzeit des Leasingverhältnisses setzt sich der beizulegende Zeitwert des Guts (14.000 GE = Marktpreis des Guts) somit aus dem Barwert der Leasingraten von 9.428 GE (beizulegender Zeitwert des übertragenen Rechts auf Nutzung) und dem Barwert des erwarteten Restwerts von 4.572 GE[141] (beizulegender Zeitwert des Restvermögenswerts) zusammen.

Gemäß dem *receivable and residual approach* soll der Restvermögenswert indes nicht mit 4.572 GE erstbewertet werden. Der Anteil der stillen Reserven, der auf den Restvermögenswert entfällt, soll bei der Erstbewertung nämlich abgezogen werden. Der Leasinggeber soll nach ED/2013/6.74 f. wie folgt vorgehen:

Im Beispielsachverhalt hat der Leasinggeber den Leasinggegenstand unmittelbar vor Beginn der Laufzeit des Leasingverhältnisses nicht zum beizulegenden Zeitwert von 14.000 GE, sondern zu Herstellungskosten von 11.000 GE aktiviert. Durch die Bewertung zu Herstellungskosten wurden stille Reserven i.H.v. 3.000 GE gelegt.[142] Dies entspricht der Differenz zwischen Marktpreis des Guts und den Herstellungskosten (Buchwert). Der Leasinggeber ermittelt den Anteil der stillen Reserven, der auf das Leasingverhältnis entfällt, mithilfe der Formel in Übersicht 4-2:

$$(14.000\,GE - 11.000\,GE) * \frac{9.428\,GE}{14.000\,GE} = 2.019\,GE.$$

Die auf den Restvermögenswert entfallenden stillen Reserven werden ermittelt, indem die 2.019 GE von den gesamten stillen Reserven (3.000 GE) subtrahiert werden. Der

[140] Für ein Beispiel einer Kalkulation vgl. Abschnitt 433.11.

[141] Der Leasinggeber zinst den erwarteten Restwert von 7.000 GE mit 7,36 % ab, womit auch die Leasingraten diskontiert werden. Im Beispiel wird nämlich vereinfacht angenommen, dass der Leasinggeber trotz Restwertrisikos keinen wesentlichen Aufschlag für dieses Risiko erhebt, damit das Beispiel nicht unnötig verkompliziert wird. Zur Berücksichtigung eines Aufschlags für das Restwertrisiko vgl. Abschnitt 433.11.

[142] Zu berücksichtigen ist, dass es sich bei den stillen Reserven i.H.v. 3.000 GE um sog. Zwangsreserven handelt. Sie resultieren aus der Definition von Herstellungskosten nach IAS 2.10-14 und nicht, wie bei sog. Dispositions- oder Ermessensreserven, aus gezielten bilanzpolitischen Maßnahmen. Zur Klassifizierung stiller Reserven in Zwangs-, Dispositions- und Ermessensreserven vgl. COENENBERG, A./HALLER, A./SCHULTZE, W., Jahresabschluss, S. 346 f.

Restvermögenswert würde nach dem *receivable and residual approach* somit mit 4.572 GE – 981 GE = 3.591 GE erstbewertet.

Sofern der Buchwert des Leasinggegenstands zu Beginn der Laufzeit des Leasingverhältnisses dem beizulegenden Zeitwert entspricht, erfolgt die Erstbewertung des Restvermögenswerts nach den Vorschlägen des *receivable and residual approach* zum Barwert des Restwerts, weil keine anteiligen stillen Reserven zu berücksichtigen sind. Dies verdeutlicht das folgende Beispiel:

> Ein institutioneller Immobilien-Leasinggeber geht ein Leasingverhältnis über fünf Jahre ein. Zu Beginn der Laufzeit des Leasingverhältnisses entspricht der Buchwert der Immobilie dem beizulegenden Zeitwert von 1.500 GE (keine stillen Reserven). Der Leasinggeber geht davon aus, dass der beizulegende Zeitwert der Immobilie am Ende der Laufzeit des Leasingverhältnisses weiterhin 1.500 GE beträgt. Der Leasinggeber möchte eine Immobilienrendite von 10 % p.a. erzielen und setzt die jährlichen Leasingraten über die fünfjährige Laufzeit auf 150 GE fest. Der Barwert der Leasingraten zu Beginn der Laufzeit des Leasingverhältnisses beträgt 569 GE (Diskontierungszins = 10 %). Der Barwert des Restwerts (1.500 GE diskontiert mit 10 %) entspricht 931 GE. Der Buchwert des Rechts auf Erhalt der Leasingraten und der Buchwert des Restvermögenswerts addieren sich auf 1.500 GE, was dem bisherigen Buchwert der Immobilie entspricht.

Zu klären ist, ob der dargestellte Vorschlag zur **Erstbewertung des Restvermögenswerts** geeignet ist, den Abschlussadressaten entscheidungsnützliche Informationen zu vermitteln. Durch die Höhe des Restvermögenswerts soll der Abschlussadressat zu Beginn der Laufzeit des Leasingverhältnisses über die wirtschaftlichen Ressourcen des Leasinggegenstands informiert werden, die beim Leasinggeber verbleiben.[143] Den theoretisch exakten Wert dieser wirtschaftlichen Ressourcen zu Beginn der Laufzeit des Leasingverhältnisses stellt der **beizulegende Zeitwert** des Leasinggegenstands **am Ende** der Laufzeit des Leasingverhältnisses dar,[144] diskontiert auf den Zeitpunkt, zu dem die Laufzeit des Leasingverhältnisses **beginnt**.

143 Vgl. Abschnitt 322.134.

144 Dies kann bspw. der Verkaufspreis sein, den der Leasinggeber am Markt erzielen kann, sofern der Leasinggegenstand am Ende der Laufzeit des Leasingverhältnisses am Markt veräußert wird.

Zu diesem Zeitpunkt setzt sich nämlich der beizulegende Zeitwert des Leasinggegenstands insgesamt aus dem **Barwert der künftigen Leasingraten** (beizulegender Zeitwert des übertragenen Rechts auf Nutzung) und dem **Barwert des Restwerts** (beizulegender Zeitwert des Restvermögenswerts zu Beginn der Laufzeit) zusammen.[145]

Der IASB hat sich indes bewusst **gegen** die Bewertung des Restvermögenswerts zum beizulegenden Zeitwert entschieden, sofern der Buchwert des Leasinggegenstands zu Beginn der Laufzeit des Leasingverhältnisses nicht dem beizulegenden Zeitwert entspricht – was in der Regel im Hersteller-/Händlerleasing der Fall ist, selten indes in leasingtypischen Dreiecksverhältnissen.[146] Der Vorschlag des IASB, zu Beginn der Laufzeit des Leasingverhältnisses bei der Erstbewertung des Restvermögenswerts die anteiligen stillen Reserven nicht aufzudecken, ist positiv zu würdigen. Diese vorgeschlagene Regelung ist nämlich konsistent zu den Vorgaben zur Erstbewertung anderer nicht-finanzieller Vermögenswerte.[147] Den Vorschlägen des IASB zur Erstbewertung des Restvermögenswerts ist somit grds. zuzustimmen.

Zu berücksichtigen ist indes, dass der Leasinggeber bei der Erstbewertung des Restvermögenswerts nach dem *derecognition approach* bzw. dem *receivable and residual approach* nicht nur verpflichtet ist, den **Restwert**, sondern auch den **beizulegenden Zeitwert des Leasinggegenstands** zu Beginn der Laufzeit des Leasingverhältnisses zu ermitteln. Der Board setzt offensichtlich voraus, dass ein Leasinggeber stets in der Lage ist, den beizulegenden Zeitwert des Leasinggegenstands verlässlich zu schätzen. Für viele Leasinggeber trifft diese Annahme zu. So stellt bei einem Hersteller-/Händlerleasing-Verhältnis das Leasing eine absatzfördernde Maßnahme dar, die dem Kunden häufig als Alternative zum Kauf des Gegenstands angeboten wird.[148] Dem Leasinggeber ist der beizulegende Zeitwert in diesen Fällen bekannt, weil er den Marktpreis des Gegenstands kennt. Für einen institutionellen Leasinggeber, der in einem leasingtypischen Dreiecksverhältnis ein hersteller-/händlerunabhängiges Leasingverhältnis eingeht, stellt der Vorschlag des IASB ebenfalls kein

145 Vgl. McGregor, W., A new Approach, S. 24.

146 Vgl. IFRS Foundation (Hrsg.), ED/2010/9.BC105; IFRS Foundation (Hrsg.), ED/2013/6.BC229.

147 Beispielsweise darf weder bei der Bewertung von Vorräten gemäß IAS 2.9 noch bei der Erstbewertung von Sachanlagevermögen nach IAS 16.15 der beizulegende Zeitwert angesetzt werden, sofern dieser die Anschaffungs- oder Herstellungskosten des jeweiligen Vermögenswerts übersteigt.

148 Vgl. Abschnitt 21.

Problem dar. Der Buchwert des Leasinggegenstands stellt nämlich zu Beginn der Laufzeit in aller Regel den beizulegenden Zeitwert des Leasinggegenstands dar, weil der Leasinggeber den Leasinggegenstand erst auf Wunsch des Leasingnehmers am Markt beschafft.[149] In Abschnitt 21 wurde mit den „sonstigen Leasinggebern" indes auch eine Gruppe von Leasinggebern identifiziert, die Leasingverhältnisse eingeht, ohne dass diese einen direkten oder indirekten Bezug zum Kerngeschäft aufweisen.[150] Für diese Unternehmen wird es häufig nicht möglich sein, den beizulegenden Zeitwert des Leasinggegenstands verlässlich zu ermitteln.[151] Weder im ursprünglichen noch im revidierten Standardentwurf *leases* werden indes gesonderte Regelungen vorgeschlagen, wie ein Leasinggeber den Restvermögenswert erstmalig bewerten sollte, sofern es ihm unmöglich ist, den beizulegenden Zeitwert des Leasinggegenstands verlässlich zu bestimmen. Dies ist kritisch zu beurteilen, denn Leasingverhältnisse, in denen diese Problematik auftritt, sind kein vernachlässigbares Randproblem.

Um Ermessensspielräume zu vermeiden, die entstehen würden, wenn ein Leasinggeber den beizulegenden Zeitwert nicht verlässlich über einen Markpreis ermitteln kann, sondern bspw. auf DCF-Kalküle zurückgreifen müsste,[152] sollte der künftige IFRS zur Bilanzierung von Leasingverhältnissen folgende vereinfachende Formel für die Erstbewertung des Restvermögenswerts vorschreiben:[153]

Restvermögenswert = Max {0; Buchwert Leasinggegenstand – Barwert Leasingraten}

Übersicht 4-3: *Vereinfachende Formel zur Erstbewertung des Restvermögenswerts*

149 Vgl. KÜTING, K./KOCH, C./TESCHE, T., Umbruch, S. 429; THI, T./FINK, C./SCHULTZE, W., Leasingbilanzierung, S. 461.

150 Ein Unternehmen kann bspw. aufgrund von Überkapazitäten vorübergehend eine Lagerhalle verleasen, ohne dass dieses Leasingverhältnis einen Bezug zum Kerngeschäft aufweist.

151 Auf diese Problematik wurden die Mitglieder des Board auch durch den *staff* des IASB aufmerksam gemacht. Vgl. IFRS FOUNDATION (HRSG.), Lessor Accounting, S. 25 f. Vgl. dazu auch kritisch LORENZ, K., Exposure Draft, S. 2559.

152 Vgl. dazu kritisch BAETGE, J., DCF-Kalküle, S. 18-22.

153 Eine ähnliche Formel war zwischenzeitlich vom IASB vorgesehen, um den Restvermögenswert in solchen Fällen zu bewerten, in denen der Gewinn aus einem Leasingverhältnis zu Beginn der Laufzeit des Leasingverhältnisses nicht hinreichend sicher ist. Diese Entscheidung wurde indes kurze Zeit später wieder verworfen. IFRS FOUNDATION (HRSG.), IASB Update July 2011, S. 5; IFRS FOUNDATION (HRSG.), IASB Update October 2011, S. 4. Zu Ertrags- bzw. Gewinnrealisierung im *derecognition approach* bzw. *receivable and residual approach* vgl. den folgenden Abschnitt 434.12.

Die Formel bietet eine Möglichkeit, den Restvermögenswert objektiv zu bewerten, ohne den beizulegenden Zeitwert des Leasinggegenstands verwenden zu müssen. Der Nachteil der Formel besteht – wie im folgenden Abschnitt noch zu zeigen sein wird – darin, dass verhindert wird, dass der Leasinggeber zu Beginn der Laufzeit des Leasingverhältnisses einen Gewinn realisiert. Dies ist vor allem beim Hersteller-/Händlerleasing problematisch, weil Leasing hier als absatzfördernde Maßnahme genutzt wird und Leasinggeber nicht nur Zinserträge, sondern auch Veräußerungsgewinne erzielen, wenn das Recht auf Nutzung übertragen wird. Wie bei einem Verkauf des zugrunde liegenden Gegenstands sollten die Veräußerungsgewinne auch zu Beginn der Laufzeit des Leasingverhältnisses realisiert werden.[154] Aus diesem Grund sollte die Formel nur dann angewendet werden, wenn der beizulegende Zeitwert des Leasinggegenstands nicht verlässlich bestimmt werden kann.

Im Folgenden muss noch geklärt werden, wie die Vorschläge des Board zur **Folgebewertung des Restvermögenswerts** zu würdigen sind. Dazu muss im Folgenden erstmalig zwischen den Vorschlägen des *derecognition approach* und den Vorschlägen des *receivable and residual approach* **differenziert** werden. Gemäß den Vorschriften des *derecognition approach* wird der Restvermögenswert während der Laufzeit des Leasingverhältnisses **nicht planmäßig folgebewertet**.[155] Der Leasinggeber ist in einem einfachen Leasingverhältnis lediglich verpflichtet, an jedem Bilanzstichtag den Restvermögenswert gemäß den Vorschriften des IAS 36 auf Werthaltigkeit zu testen.[156] Sofern der Restvermögenswert nicht abgeschrieben werden muss, bleibt der Buchwert während der Laufzeit des Leasingverhältnisses in der Bilanz unverändert.

Anders als im *derecognition approach* ist im *receivable and residual approach* indes eine **planmäßige Folgebewertung** des Restvermögenswerts vorgesehen.[157] Der Board schlägt im *receivable and residual approach* nämlich vor, dass der Restvermögenswert über die Laufzeit

---

[154] Vgl. dazu IFRS FOUNDATION (HRSG.), Lessor Accounting, S. 20. Dort heißt es: "*A manufacturer lessor enters into a lease contract for two reasons – firstly, to earn manufacturing profit on the leased asset in a manner similar to how it would if it sold the asset; and secondly, to earn interest income by transferring control of the use of the asset to the lessee at lease commencement but getting paid for that use over the lease term.*"

[155] Vgl. IFRS FOUNDATION (HRSG.), ED/2010/9.55.

[156] Vgl. IFRS FOUNDATION (HRSG.), ED/2010/9.59.

[157] Vgl. dazu auch IFRS FOUNDATION (HRSG.), IASB Update July 2011, S. 5.

des Leasingverhältnisses **aufzuzinsen** ist.[158] Diese Vorgabe ist nicht neu, sondern wurde bereits im frühen Schrifttum zum *right of use model* bspw. im Tweedie-Diskussionspapier gefordert.[159] Der IASB hat die Vorschläge, wie der Restvermögenswert folgezubewerten bzw. aufzuzinsen ist, in ED/2013/6.82 wie folgt konkretisiert:

> *"After the commencement date, a lessor shall increase the carrying amount of the residual asset in each period to account for the effect of the unwinding of the discount on the gross residual asset, using the rate the lessor charges the lessee."*

Gemäß dem Wortlaut soll ein Leasinggeber den Restvermögenswert somit auf Basis des Bruttowerts (*gross residual asset*) folgebewerten, d.h. inklusive anteiliger stiller Reserven, obgleich der Restvermögenswert netto (d.h. exklusive stiller Reserven) in der Bilanz anzusetzen ist. Dieser Vorschlag des Board wird verdeutlicht, indem das Beispiel auf S. 211 ff. wieder aufgegriffen wird:

Wie oben berechnet, weist der Restvermögenswert brutto, d.h. inklusive der stillen Reserven, die auf den Restvermögenswert entfallen, einen Wert von 4.572 GE auf. Der Restvermögenswert wird folgebewertet, indem dieser Bruttowert mit 7,36 % aufgezinst wird. In der Bilanz weist der Leasinggeber den Restvermögenswert indes sowohl zu Beginn als auch während der Laufzeit des Leasingverhältnisses netto, d.h. exklusive anteiliger stiller Reserven aus. Den Werteverlauf des Restvermögenswerts zeigt die folgende Übersicht 4-4. Das Beispiel verdeutlicht, dass die Bilanzierung des Restvermögenswerts nach dem *receivable and residual approach* dazu führt, dass der Bruttowert des Restvermögenswerts bis zum Ende der Laufzeit des Leasingverhältnisses auf den erwarteten Wert des Leasinggegenstands bei Rückgabe aufgezinst wird.[160] Der in der Bilanz ausgewiesene Nettowert entspricht diesem Wert abzüglich etwaiger anteiliger stiller Reserven, die somit erst dann realisiert werden, wenn der Leasinggegenstand am Ende der Laufzeit selbständig verwertet wird.

---

158 Vgl. IFRS FOUNDATION (HRSG.), ED/2013/6.76 (b) i.V.m. ED/2013/6.82 f.

159 Vgl. NAILOR, H./LENNARD, A., New Approach, S. 128.

160 Oben wurde angeführt, dass der Leasinggeber schätzt, dass der Wert des Leasinggegenstands am Ende der Laufzeit 7.000 GE beträgt und dieser Wert auch verwendet wird, um das Leasingverhältnis zu kalkulieren.

Spalte A Periode	Spalte B Restvermögens-wert brutto	Spalte C Anteilige stille Reserven (berechnet zu Beginn der Laufzeit)	Spalte D Restvermögens-wert netto (Bilanzwert) Spalte B - C	Spalte E Zinseffekt der Periode (Spalte B * 7,36 %)
0	4.572	981	3.591	336
1	4.908	981	3.927	361
2	5.270	981	4.289	388
3	5.658	981	4.677	416
4	6.074	981	5.093	447
5	6.521	981	5.540	480
6	7.000	981	6.019	

Übersicht 4-4: *Folgebewertung des Restvermögenswerts im receivable and residual approach*

Zu klären ist, ob dem Vorschlag im *derecognition approach* zu folgen ist und der Restvermögenswert während der Laufzeit des Leasingverhältnisses planmäßig unverändert in der Bilanz verbleiben sollte oder, ob die tatsächlichen wirtschaftlichen Verhältnisse besser abgebildet werden, wenn der Restvermögenswert – wie im *receivable and residual approach* vorgeschlagen – aufgezinst wird. Entscheidend ist dabei, dass der Restvermögenswert zum **Barwert** des Nutzenpotenzials am Ende der Laufzeit des Leasingverhältnisses **erstbewertet** wird. Bei der Erstbewertung des Restvermögenswerts wird somit u.a. der Effekt eliminiert, der aus dem Zeitwert des Geldes resultiert. Nur wenn während der Laufzeit des Leasingverhältnisses der Restvermögenswert aufgezinst wird, kehrt sich dieser Effekt wieder um. *"As the residual represents the lessor's right to control of the underlying asset in the future (i.e. at the end of the lease), we consider that its subsequent measurement should reflect the time value of money"*[161]. Daher sollte der Vorschlag im *receivable and residual approach*, den Restvermögenswert planmäßig folgezubewerten und den Buchwert über die Dauer des Leasingverhältnis aufzuzinsen, in den finalen IFRS übernommen werden.[162]

161 LEASEUROPE (HRSG.), CL ED Leases, S. 30. Gl.A. SABEL, E., Leasingverträge, S. 186.

162 Gl.A. DEUTSCHE TELEKOM AG (HRSG.), CL Leases, S. 11, die sich indes dafür ausspricht, den Restvermögenswert nicht gesondert, sondern zusammen mit dem Recht auf Erhalt der Leasingraten zu erfassen.

Abschließend werden im Folgenden die **Ausweisvorschriften** für die Bilanz dargestellt und gewürdigt. Im *derecognition approach* wird vorgeschlagen, das Recht auf Erhalt der Leasingraten und den etwaigen Restvermögenswert als **separate Bilanzposten** innerhalb der finanziellen Vermögenswerte bzw. dem Sachanlagevermögen **auszuweisen.**[163] Die Forderung nach einem getrennten Ausweis ist grds. positiv, denn er ermöglicht den Abschlussadressaten zu beurteilen, in welchem Maße der Leasinggeber den für finanzielle Vermögenswerte typischen **finanzwirtschaftlichen Risiken** auf der einen Seite und den für nichtfinanzielle Vermögenswerte typischen **Investitionsrisiken** auf der anderen Seite ausgesetzt ist.[164] Der Vorschlag des Board, den Restvermögenswert zwingend innerhalb des Sachanlagevermögens auszuweisen, kann indes nicht überzeugen. Während die Vorgabe bspw. für ein Industrieunternehmen zweckmäßig ist, welches ein Verwaltungsgebäude vorübergehend vermietet und anschließend wieder selbst nutzt, ist dies bspw. für einen Automobilkonzern kritisch, wenn das verleaste Fahrzeug im Anschluss veräußert werden soll und der Restvermögenswert daher eher den bilanziellen Charakter eines Vorratsvermögenswerts besitzt. Nicht zuletzt aufgrund dieser Problematik[165] wird im *receivable and residual approach* vorgeschlagen, das Recht auf Erhalt der Leasingraten und den Restvermögenswert als **eigene Posten** (d.h. nicht innerhalb der finanziellen Vermögenswerte bzw. des Sachanlagevermögens) auszuweisen, die sich zu einer Zwischensumme *"lease assets"* aufaddieren.[166] Dieser positive Aspekt bzgl. der Ausweisvorschriften wird indes insofern getrübt, als der Board im *receivable and residual approach* vorsieht, dem Leasinggeber gleichzeitig das Wahlrecht einzuräumen, das Recht auf Erhalt der Leasingraten und den Restvermögenswert auch zusammengefasst als *lease asset* auszuweisen und lediglich im Anhang anzugeben, wie sich der Posten zusammensetzt. Dieser Vorschlag sollte revidiert werden, denn ein zusammengefasster Posten in der Bilanz würde ein wenig nachvollziehbares Wertekonglomerat darstellen, welches sich aus zwei Positionen mit unterschiedlicher Risikostruktur, Liquidität und Bewertung zusammensetzt.

---

163 Vgl. IFRS FOUNDATION (HRSG.), ED/2010/9.60.

164 Vgl. Abschnitt 323.12.

165 Zur entsprechenden Diskussion vgl. IFRS FOUNDATION (HRSG.), Lessor Statement of Financial Position, S. 2 f.

166 Vgl. IFRS FOUNDATION (HRSG.), ED/2013/6.88.

434.12 Die Ertragsrealisierung beim Leasinggeber in einem einfachen Leasingverhältnis

Im Folgenden werden die Vorschläge zur **Ertragsrealisierung** nach dem *receivable and residual approach* beim Leasinggeber in einem einfachen Leasingverhältnis dargestellt und gewürdigt. Auf die Vorschläge gemäß dem *derecognition approach* wird nicht gesondert eingegangen. Diese Vorgehensweise ist gerechtfertigt, weil die entsprechenden Vorschläge im *derecognition approach* und im *receivable and residual approach* zur Ertragsrealisierung für ein einfaches Leasingverhältnis im Wesentlichen übereinstimmen. Der einzige signifikante Unterschied zwischen den Vorschlägen resultiert aus der planmäßigen Folgebewertung des Restvermögenswerts, die – im Gegensatz zum *derecognition approach* – im *receivable and residual approach* vorgesehen ist.[167]

Anders als der *performance obligation approach*[168] enthält der *receivable and residual approach* Vorschriften zur Ertrags- bzw. Gewinnrealisierung **zu Beginn der Laufzeit des Leasingverhältnisses.** In ED/2013/6.68 heißt es (Hervorhebung und Auslassung durch den Verfasser):

> *"At the* ***commencement date****, a lessor shall [...] recognise any resulting profit or loss on the lease in profit or loss".*

Der Board begründet diese Vorgabe damit, dass die Hauptleistungspflicht des Leasinggebers in einem Leasingverhältnis, welches nach dem Verständnis des *receivable and residual approach* bilanziert wird, darin besteht, den Leasinggegenstand zur Verfügung zu stellen und das Recht auf Nutzung auf den Leasingnehmer zu übertragen.[169] Diese Leistungsverpflichtung werde zu Beginn der Laufzeit des Leasingverhältnisses erfüllt, sodass der Ertrags- bzw. Gewinnrealisierungszeitpunkt gegeben sei.

Der allfällige Gewinn, der auf das Leasingverhältnis zu Beginn der Laufzeit des Leasingverhältnisses entfällt (*profit on the lease*), soll nach dem Vorschlag des Board mithilfe der im

---

[167] Vgl. Abschnitt 434.11.

[168] Zur Ertragsrealisierung gemäß dem *performance obligation approach* vgl. Abschnitt 433.12.

[169] Vgl. IFRS FOUNDATION (HRSG.), ED/2013/6.BC72. Zur analogen Argumentation des Board im Zusammenhang mit dem *derecognition approach* vgl. IFRS FOUNDATION (HRSG.), ED/2010/9.BC20.

vorherigen Abschnitt in Übersicht 4-2 dargestellten Formel ermittelt werden[170] und entspricht somit den stillen Reserven, die auf das Leasingverhältnis entfallen und zu Beginn der Laufzeit des Leasingverhältnisses realisiert werden. Sofern das bilanzierende Unternehmen Leasing als absatzfördernde Maßnahme nutzt, d.h. Leasingverhältnisse über Gegenstände anbietet, welche auch verkauft werden (Hersteller-/Händlerleasing), soll nach Ansicht des IASB der positive Erfolgsbeitrag des Leasingverhältnisses brutto – bei Anwendung des Umsatzkostenverfahrens als **Umsatz** und **Umsatzkosten** – erfasst werden.[171] Der Umsatz entspricht dabei dem **Barwert** der künftigen Leasingraten.[172] Die Umsatzkosten, die dem Umsatz in der Gesamtergebnisrechnung zu Beginn der Laufzeit des Leasingverhältnisses gegenüberzustellen sind, entsprechen der Differenz aus dem Buchwert des Leasinggegenstands unmittelbar vor Beginn der Laufzeit des Leasingverhältnisses und dem Wert, zu dem der Restvermögenswert zu Beginn der Laufzeit erstbewertet wird.[173] Um die Vorschläge zur Ertragsrealisierung zu **Beginn** der Laufzeit des Leasingverhältnisses nach dem *receivable and residual approach* zu verdeutlichen, wird das Beispiel auf S. 211 ff. nochmals aufgegriffen:

Folgende Größen wurden bereits ermittelt:

- Barwert der künftigen Leasingraten: 9.428 GE
- Buchwert des Restvermögenswerts zu Beginn der Laufzeit: 3.591 GE
- Beizulegender Zeitwert des Leasinggegenstands: 14.000 GE
- Buchwert des Leasinggegenstands: 11.000 GE
- Auf das Leasingverhältnis entfallender Gewinn (anteilige zu Beginn der Laufzeit zu realisierende stille Reserven): 2.019 GE
- Auf den Restvermögenswert entfallende stille Reserven: 981 GE

170 Vgl. IFRS FOUNDATION (HRSG.), ED/2013/6.74.

171 Vgl. IFRS FOUNDATION (HRSG.), ED/2013/6.91 (a).

172 Vgl. IFRS FOUNDATION (HRSG.), ED/2013/6.IE12 und das dortige *example* 20. Durch die Beschränkung auf den Barwert wird sichergestellt, dass der Teil der Leasingraten, der auf die Finanzierungsleistung des Leasinggebers entfällt, nicht zu Beginn, sondern erst während der Laufzeit des Leasingverhältnisses realisiert wird. Vgl. dazu auch IFRS FOUNDATION (HRSG.), ED/2010/9.BC20. Dort heißt es: *"[T]he lessor may recognise at the date of commencement of the lease revenue that is not attributable to the financing component of the lease"*. Einfügung durch den Verfasser.

173 Vgl. IFRS FOUNDATION (HRSG.), ED/2013/6.IE12.

Der Barwert der künftigen Leasingraten wird als Umsatz erfasst. Die Umsatzkosten ermitteln sich als Differenz zwischen dem Buchwert des Guts (11.000 GE) und dem Buchwert des Restvermögenswerts (3.591 GE) unmittelbar vor bzw. zu Beginn der Laufzeit des Leasingverhältnisses. Die Buchungssätze zu Beginn der Laufzeit des Leasingverhältnisses lauten daher:

Recht auf Erhalt der Leasingraten 9.428 GE	*an*	*Umsatz 9.428 GE*
Umsatzkosten 7.409 GE		
Restvermögenswert 3.591 GE	*an*	*Leasinggegenstand 11.000 GE*

Die Differenz zwischen Umsatz und Umsatzkosten beläuft sich auf 9.428 GE – 7.409 GE = 2.019 GE und entspricht den bereits berechneten anteiligen stillen Reserven, die zu Beginn der Laufzeit des Leasingverhältnisses als Gewinn realisiert werden (*profit relating to the lease*).

Sofern der Buchwert des Leasinggegenstands dem beizulegenden Zeitwert entspricht, was regelmäßig in leasingtypischen Dreiecksverhältnissen der Fall ist, in denen der Leasinggeber vornehmlich eine Finanzierungsdienstleistung erbringt, realisiert der Leasinggeber nach den Vorschlägen im *receivable and residual approach* zu Beginn der Laufzeit des Leasingverhältnisses **keinen** Ertrag bzw. **keinen** Gewinn.[174] **Im Ergebnis** entspricht dieser Vorschlag des IASB zur Ertragsrealisierung zu Beginn der Laufzeit des Leasingverhältnisses häufig auch dem Vorschlag in der vorliegenden Arbeit, der im Rahmen der Entwicklung des Anforderungsprofils unterbreitet wurde. Wie auch im *receivable and residual approach* wurde in Abschnitt 333 die Ertragsrealisierung zu Beginn der Laufzeit nämlich für viele Leasingverhältnisse in leasingtypischen Dreiecksverhältnissen verneint. Indes wurde nicht – wie im *receivable and residual approach* – mit dem Geschäftsmodell des Leasinggebers (Finanzierungsdienstleistung) argumentiert, sondern stattdessen dargelegt, dass es für institutionelle Leasinggeber häufig **keine separate Leistungsverpflichtung** darstellt, den Leasinggegenstand zu Beginn der Laufzeit des Leasingverhältnisses zur Verfügung zu stellen.[175] Es mangelt dann an einer separaten Leistungsverpflichtung, die **zu Beginn** der Laufzeit des Leasingverhältnisses erfüllt wird, weshalb auch kein Ertrag realisiert werden darf, wenn die

[174] Vgl. IFRS FOUNDATION (HRSG.), ED/2013/6.IE12 und das dortige *example* 19.

[175] Vgl. Abschnitt 333.322.

Ertragsrealisierung beim Leasinggeber mit der Grundkonzeption des Reformprojekts *revenue recognition* im Einklang stehen soll. Aus konzeptioneller Sicht wäre es wünschenswert, wenn die Ertrags- bzw. Gewinnrealisierung zu Beginn der Laufzeit des Leasingverhältnisses auch im künftigen Standard zur Leasingbilanzierung an die Frage geknüpft wäre, ob der Leasinggeber zu Beginn der Laufzeit eine separate Leistungsverpflichtung erfüllt oder nicht.

Unabhängig davon, ob der Leasinggeber zu Beginn der Laufzeit des Leasingverhältnisses bereits Erträge realisiert hat, vereinnahmt dieser **Zinserträge während der Laufzeit des Leasingverhältnisses.**[176] Diese Zinserträge setzen sich ggf. aus zwei Komponenten zusammen: Zum einen resultieren in jedem Leasingverhältnis Zinserträge aus der Folgebewertung des Rechts auf Erhalt der Leasingraten mithilfe der Effektivzinsmethode.[177] Zum anderen realisiert der Leasinggeber ggf. Zinserträge, weil er den Restvermögenswert aufzinst. Dies wird deutlich, wenn das Beispiel auf S. 213 weitergeführt wird:

> Zu Beginn der Laufzeit des Leasingverhältnisses aktiviert der Leasinggeber das Recht auf Erhalt der Leasingraten i.H.v. 569 GE und einen Restvermögenswert i.H.v. 931 GE. Weil der Buchwert der verleasten Immobilie zu Beginn der Laufzeit des Leasingverhältnisses dem beizulegenden Zeitwert entspricht (1.500 GE), realisiert der Leasinggeber im *receivable and residual approach* zu Beginn der Laufzeit keinen Gewinn. Die Buchung zu Beginn der Laufzeit entspricht einem Aktivtausch. In den Folgeperioden wird das Recht auf Erhalt der Leasingraten anhand der Effektivzinsmethode folgebewertet und der Restvermögenswert aufgezinst (Zinssatz: Immobilienrendite = 10 %). Die nachfolgende Übersicht 4-5 verdeutlicht die Ertragsrealisierung während der Laufzeit des Leasingverhältnisses. Im Beispiel wird der Restvermögenswert bis zum Ende des Leasingverhältnisses auf 1.500 GE, d.h. auf den dann zu beobachtenden beizulegenden Zeitwert der Immobilie aufgezinst (es wird unterstellt, dass der beizulegende Zeitwert der Immobilie während der Laufzeit des Leasingverhältnisses unverändert bleibt). In diesem konkreten Fall addieren sich die insgesamt zu vereinnahmenden **Zinserträge** nach

---

[176] Vgl. IFRS FOUNDATION (HRSG.), ED/2013/6.77.

[177] Vgl. IFRS FOUNDATION (HRSG.), ED/2013/6.76 (a). Die Vorgabe des *receivable and residual approach* entspricht insofern den Vorgaben des entwickelten Anforderungsprofils in Abschnitt 333.621. Dort wurde ebenfalls gefordert, das Recht auf Erhalt der Leasingraten unter Anwendung der Effektivzinsmethode folgezubewerten.

dem *receivable and residual approach* **in jeder Periode** zu einer **konstanten** Summe (hier 150 GE).

Spalte A	Spalte B	Spalte C	Spalte D	Spalte E	Spalte F	Spalte G
Periode	Buchwert Recht auf Leasingraten Periodenbeginn / Beriodenende	Eingehende Leasingrate	Zinsertrag Recht auf Leasingraten (Spalte B Periodenbeginn * 10 %)	Buchwert Restvermögenswert Periodenbeginn / Periodenende	Zinsertrag Restvermögenswert (Spalte E Periodenbeginn * 10 %)	Ertrag gesamt (Spalte D + Spalte F)
1	568,62 / 475,48	150,00	56,86	931,38 / 1024,52	93,14	150,00
2	475,48 / 373,03	150,00	47,55	1024,52 / 1126,97	102,45	150,00
3	373,03 / 260,33	150,00	37,30	1126,97 / 1239,67	112,70	150,00
4	260,33 / 136,36	150,00	26,03	1239,67 / 1363,64	123,97	150,00
5	136,36 / 0,00	150,00	13,64	1363,64 / 1500,00	136,36	150,00
Σ		750,00	181,38		568,62	750,00

Übersicht 4-5: *Die Ertragsrealisierung nach dem receivable and residual approach in einem Immobilienleasing-Verhältnis*

434.13 Zwischenfazit

Die bilanzielle Abbildung eines einfachen Leasingverhältnisses nach dem *derecognition approach* bzw. dem *receivable and residual approach* erfüllt das dieser Arbeit zugrunde liegende Anforderungsprofil für die Leasinggeberbilanzierung in höherem Maße als eine Bilanzierung nach dem *performance obligation approach.* Der *derecognition approach* bzw. der *receivable and residual approach* ist grds. geeignet, eine Bilanzierung eines einfachen Leasingverhältnisses beim Leasinggeber zu gewährleisten, welche mit den Vorgaben des *conceptual framework* und dem Reformprojekt *revenue recognition* im Einklang steht.

Im Folgenden werden die Vorschläge des IASB zur bilanziellen Behandlung komplexer Leasingverhältnisse im *derecognition approach* bzw. im *receivable and residual approach* analysiert und kritisch gewürdigt.

434.2 Die Anwendung auf ein komplexes Leasingverhältnis

434.21 Die Bilanzierung von Laufzeitoptionen

Die Bilanzierung von **Laufzeitoptionen** (das **Recht** des Leasingnehmers, die Laufzeit des Leasingverhältnisses zu verlängern oder vorzeitig zu kündigen) nach dem *derecognition ap-*

proach unterscheidet sich erheblich von der Bilanzierung nach dem *receivable and residual approach*. Beide Ansätze werden daher diesbezüglich im Folgenden differenziert analysiert.

Der IASB hat seit Beginn des Reformprojekts *leases* verschiedene Möglichkeiten diskutiert, wie Laufzeitoptionen bilanziert werden können[178] und dabei auch erwogen, Laufzeitoptionen separat zu bilanzieren.[179] Diese Möglichkeit wurde indes u.a. deshalb verworfen, weil der Board bezweifelt, dass Laufzeitoptionen verlässlich bewertet werden können.[180] Letztlich hat sich der IASB im *derecognition approach* für die Vorgabe entschieden, dass der Leasinggeber Laufzeitoptionen berücksichtigen muss, wenn zu Beginn die **Laufzeit des Leasingverhältnisses** (*lease term*) bestimmt wird. In ED/2010/9.51 heißt es:

> *"A lessor shall determine the lease term by estimating the probability of occurrence for each possible term, taking into account the effect of any options to extend or terminate the lease."*

In Tz. B16 der *application guidance* des Standardentwurfs *leases* wird die Vorschrift wie folgt konkretisiert:

> *"The lease term is defined as the longest possible term that is more likely than not to occur. An entity determines the lease term considering all explicit and implicit options included in the contract and given effect by the operation of statutory law."*

Sofern ein Leasinggeber zu Beginn der Laufzeit des Leasingverhältnisses das Recht auf Erhalt der Leasingraten nach den Vorschlägen des *derecognition approach* erstmalig bewertet, bestimmt dieser somit **nicht** den Barwert der Leasingraten, die er über die **unkündbare Mindestleasingdauer** erhält, sondern die er **erwartungsgemäß** über die **längste mögliche Dauer** des Leasingverhältnisses vereinnahmt, die mit einer Wahrscheinlichkeit von **mehr** als

---

178 Vgl. SCHMIDT, P., Discussion Paper, S. 256. Zu den verschiedenen Möglichkeiten vgl. ausführlich IASC FOUNDATION (HRSG.), Different Approaches, Tz. 7-60.

179 Vgl. IFRS FOUNDATION (HRSG.), ED/2010/9.BC120 (a).

180 Vgl. IFRS FOUNDATION (HRSG.), ED/2010/9.BC120 (a). Dieser Ansicht ist zuzustimmen. Die Analyse in Abschnitt 322.212 hat gezeigt, dass es weder praktikabel ist, Laufzeitoptionen separat zu bilanzieren, noch, dass sichergestellt werden kann, dass die Optionen verlässlich bewertet werden können.

50 % eintreten wird (*longest possible term that is more likely than not to occur).*[181] Im *derecognition approach* werden Laufzeitoptionen somit bilanziell nach dem in Abschnitt 322.213 vorgestellten und erläuterten *more likely than not approach* abgebildet. Indes ist dieser Ansatz abzulehnen, weil er zum einen gegen den **Fundamentalgrundsatz der glaubwürdigen Darstellung** verstößt.[182] In der Praxis werden Laufzeitoptionen nämlich häufig gerade deshalb gewährt, um dem Leasingnehmer Flexibilität zu gewähren, weil er eben *ex ante* noch **nicht** weiß, wie lange er das Leasingobjekt nutzen will und daher auch nicht verlässlich geschätzt werden kann, mit welcher Wahrscheinlichkeit eine Laufzeitoption ausgeübt wird.[183] Zum anderen würde der *more likely than not approach* einen „Vermögenswert" einführen würde, der Zahlungen aus optionalen Leasingperioden enthält, was im **Widerspruch** zu den **Definitionskriterien** des *conceptual framework* steht.[184]

Überdies ist zu bemängeln, dass bestimmte Leasinggeber im *derecognition approach* – wie in Abschnitt 433.12 erläutert wurde – zu Beginn der Laufzeit des Leasingverhältnisses **Leasingerträge** in Höhe des Barwerts der künftigen Leasingraten realisieren und die erläuterten Vorschläge zur Bilanzierung von Laufzeitoptionen dazu führen können, dass der Leasinggeber zu Beginn der Laufzeit des Leasingverhältnisses Erträge bzw. Gewinne auf der Grundlage erwarteter künftiger Zahlungen realisiert, die der Leasingnehmer ohne Weiteres **vermeiden** kann bzw. die dem Leasinggeber **nur dann zufließen**, wenn der Leasingnehmer die Laufzeitoptionen auch **tatsächlich ausübt**. Häufig wird der Leasinggeber in einem Leasingverhältnis mit Laufzeitoptionen die Laufzeit des Leasingverhältnisses inkl. optionaler Perioden auf Basis **subjektiver Erwartungen** schätzen müssen, d.h. subjektiv beurteilen, ob mehr Gründe dafür sprechen als dagegen, dass der Leasingnehmer die entsprechende(n) Laufzeitoption(en) ausübt. Die Bilanzierung nach dem *derecognition approach* stünde dann nicht nur im Widerspruch zum *conceptual framework* im Allgemeinen, sondern auch zu den

[181] Vgl. MUGGENTHALER, B./MUJKANOVIC, R., Leasingverhältnisse, S. 308. Dieses Konzept ist nicht neu. Vgl. bereits im Zusammenhang mit der Bestimmung der Abschreibungsdauer MOXTER, A., Unsichere Erwartungen, S. 616.

[182] Vgl. Abschnitt 322.213. Dort wurde erläutert, dass der Verstoß gegen den Fundamentalgrundsatz der glaubwürdigen Darstellung aus den Ermessensspielräumen resultiert, die unmittelbar mit dem *more likely than not approach* einhergehen.

[183] Vgl. BUNDESVERBAND DEUTSCHER LEASING-UNTERNEHMEN (HRSG.), CL ED Leases, S. 16.

[184] Wie in Abschnitt 322.213 dargelegt, besitzt der Leasinggeber keine Verfügungsmacht über Zahlungen in optionalen Leasingperioden.

Vorgaben des **Reformprojekts *revenue recognition*** im Speziellen, weil der Leasinggeber zu Beginn des Leasingverhältnisses Erträge realisieren könnte, die **nicht hinreichend sicher** im Sinne des revidierten Standardentwurfs *revenue recognition* sind.[185]

Die dargestellte bilanzielle Behandlung von Laufzeitoptionen wird auch im Schrifttum massiv kritisiert.[186] Die Kritik umfasst dabei auch die bereits angeführten Bedenken gegen den *more likely than not approach*. Konkret wird kritisiert, dass die Laufzeit des Leasingverhältnisses auf diese Weise nicht hinreichend verlässlich geschätzt werden kann und dass die Vorschläge im *derecognition approach* zu Widersprüchen mit den Definitionskriterien des *conceptual framework* führen.[187]

Fraglich ist, ob die Vorschläge zur bilanziellen Behandlung von Laufzeitoptionen nach dem *receivable and residual approach* positiver zu beurteilen sind als jene nach dem *derecognition approach*. Gemäß dem *receivable and residual approach* ist vorgesehen, dass Laufzeitoptionen nur dann berücksichtigt werden, wenn ein **wesentlicher wirtschaftlicher Anreiz** besteht, dass sie ausgeübt werden. In ED/2013/6.25 heißt es (Auslassungen durch den Verfasser):

> *"An entity shall determine the lease term as the non-cancellable period of the lease, together with [...] periods covered by an option to extend the lease if the lessee has a significant economic incentive to exercise that option [..] and [..] periods covered by an option to terminate the lease if the lessee has a significant economic incentive not to exercise that option."*

185 Vgl. dazu Abschnitt 333.41. Dort wurde erläutert, dass Erträge, die auf subjektiven Erwartungen basieren, nicht hinreichend sicher im Sinne des revidierten Standardentwurfs *revenue recognition* sind und daher nicht realisiert werden dürfen. LEASEUROPE (HRSG.), CL ED Leases, S. 45 verweist zudem auf drohende Manipulationsmöglichkeiten durch das Management: *"Additionally, requiring lessors to include rentals under optional periods in their receivables comes with the risk of creating an incentive for management to recognise longer lease terms to benefit from additional revenue and any linked compensation schemes. The Boards may also wish to look into past cases of lessor bankruptcies (e.g. Atlantic Computer, Itel, Sound Diffusion) which could be attributed to an overstatement in assets (e.g. anticipated extensions did not arise)."*

186 Vgl. stellvertretend KÜTING, K./KOCH, C./TESCHE, T., Umbruch, S. 427 f. Vgl. dazu auch IFRS FOUNDATION (HRSG.), Comment Letter Summary, S. 14. Dort heißt es: *"Almost all respondents disagreed with the definition of the lease term as the longest term that is more likely than not to occur."*

187 Vgl. IFRS FOUNDATION (HRSG.), Options, S. 4 f; IFRS FOUNDATION (HRSG.), ED/2013/6.BC139.

Der IASB nennt beispielhafte Faktoren (*examples of factors*), die dafür sprechen können, dass der Leasingnehmer einen wesentlichen wirtschaftlichen Anreiz (*significant economic incentive*) besitzt, eine Laufzeitoption auszuüben.[188] Nach Ansicht des Board sprechen u.a. günstige Leasingraten in der optionalen Periode, hohe Strafzahlungen im Falle einer Kündigung oder eine hohe wirtschaftliche Bedeutung des Leasinggegenstands für den Geschäftsbetrieb des Leasingnehmers dafür, dass ein wesentlicher wirtschaftlicher Anreiz besteht, den Leasinggegenstand in einer optionalen Periode zu nutzen.

Auch dieser Vorschlag des IASB zur Bilanzierung von Laufzeitoptionen vermag die oben genannten Bedenken nicht auszuräumen. So ist es nach wie vor problematisch, dass ein Leasinggeber Leasingraten optionaler Perioden in die Erstbewertung seines Rechts auf Erhalt der Leasingraten und somit ggf. bei der Ertragsrealisierung berücksichtigen kann – bspw. weil er darauf verweist, dass die Leasingraten in der optionalen Periode günstig sind und somit ein wesentlicher wirtschaftlicher Anreiz für die Ausübung der Option für den Leasingnehmer existiert.[189] Zum einen bleibt es häufig sehr ermessensbehaftet, wann bereits ein wesentlicher wirtschaftlicher Anreiz vorliegt und wann nicht.[190] Zum anderen besitzt der Leasinggeber auch in den Fällen, in denen der Leasingnehmer tatsächlich zu Beginn der Laufzeit des Leasingverhältnisses einen wesentlichen wirtschaftlichen Anreiz besitzt, die Laufzeitoption auszuüben, keine Verfügungsmacht über die Zahlungen in diesen optionalen Perioden. Ob der Leasinggeber die Leasingraten in den optionalen Perioden erhält, hängt auch im *receivable and residual approach* letztlich davon ab, wie der Leasingnehmer handelt und ob die Einschätzung, die zu Beginn der Laufzeit des Leasingverhältnisses vorgenommen wurde, auch weiterhin zu dem Zeitpunkt Bestand hat, zu dem die Laufzeitoption fällig ist. Bemerkenswert ist, dass dies eigentlich bereits zu Beginn des Reformprojekts im Jahre 2007 von der *IASB/FASB joint international working group* erkannt wurde.[191] Ein Leasingnehmer wird eine Laufzeitoption nicht ausüben, wenn er keine sinn-

[188] Vgl. IFRS FOUNDATION (HRSG.), ED/2013/6.B5.

[189] Vgl. dazu PWC (HRSG.), Leases, S. 14: *"[T]he potential inclusion of extension options initially thought to meet the 'significant economic incentive' threshold is viewed by some as creating a potential for over recognition of profit by lessors at lease commencement".* Einfügung durch den Verfasser.

[190] Vgl. ERNST & YOUNG (HRSG.), Re-exposure, S. 14: *"Assessing whether an economic incentive is significant would be a subjective determination."*

[191] Vgl. IASC FOUNDATION (HRSG.), Option to renew - accounting models, S. 5.

volle Möglichkeit mehr besitzt, das Gut zu nutzen, auch dann nicht, wenn die Leasingraten sehr günstig sind.[192] Konzeptionell akzeptabel wäre es lediglich, wenn nur Laufzeitoptionen berücksichtigt werden dürften, welche **so gut wie sicher** ausgeübt werden und unter wirtschaftlicher Betrachtungsweise gar keine Optionen darstellen.[193] An solche Umstände sollten indes nach hier vertretener Auffassung sehr strenge Anforderungen gestellt werden. Der Leasinggeber sollte dann anhand von Fakten nachweisen müssen, dass die Option keine Substanz hat. Eine solche Einschätzung sollte nicht auf einer Ermessensentscheidung beruhen dürfen. Ein Anwendungsfall läge bspw. dann vor, wenn eine Strafzahlung, die ein Leasingnehmer zu leisten hat, wenn er eine Kündigungsoption ausübt oder eine Laufzeitverlängerungsoption nicht ausübt, höher ist, als die Leasingraten in der optionalen Periode. Ein weiterer Fall würde dann vorliegen, wenn der Leasingnehmer ein Unterleasing-Verhältnis mit einer unkündbaren Mindestleasingdauer eingehen würde, welche die gesamte Leasingdauer des Hauptleasingverhältnisses umfasst – d.h. inklusive der optionalen Periode. In allen anderen Fällen können die genannten konzeptionellen Probleme der bilanziellen Behandlung von Laufzeitoptionen nach dem *derecognition approach* bzw. nach dem *receivable and residual approach* nur dann vollkommen verhindert werden, wenn das zu aktivierende Recht auf Erhalt der Leasingraten und korrespondierend der Leasingertrag zu Beginn der Laufzeit des Leasingverhältnisses konsequent nur den Barwert der Leasingraten in der unkündbaren Mindestleasingdauer umfassen und über Laufzeitoptionen – wie in Abschnitt 322.214 vorgeschlagen – im **Anhang** zu berichten ist.

434.22 Die Bilanzierung von Kaufoptionen

Kaufoptionen (das **Recht** des Leasingnehmers, den Leasinggegenstand am Ende der Laufzeit des Leasingverhältnisses zu kaufen) weisen bei wirtschaftlicher Betrachtungsweise deutliche Parallelen zu **Laufzeitoptionen** auf.[194] Im *derecognition approach* ist indes nicht vorgesehen, Kaufoptionen und Laufzeitoptionen analog zu bilanzieren. Während Lauf-

---

[192] Vgl. dazu auch IASC FOUNDATION (HRSG.), Terminate or Extend, S. 5.

[193] Vgl. DRSC (HRSG.), CL ED Leases, S. 14. Vgl. auch IASC FOUNDATION (HRSG.), Terminate or Extend, S. 6 f. Dort werden derartige Optionen als *non-genuine options* bezeichnet. Gl.A. auch PWC (HRSG.), CL ED Leases, S. 16 f.

[194] Vgl. Abschnitt 322.22.

zeitoptionen nach dem *more likely than not approach* bilanziert werden, d.h. Zahlungen optionaler Perioden ggf. einbezogen werden, wenn das Recht auf Erhalt der Leasingraten erstmalig bewertet wird,[195] darf der **Ausübungspreis** einer Kaufoption unter keinen Umständen berücksichtigt werden; auch dann nicht, wenn mehr Gründe dafür als dagegen sprechen, dass die Kaufoption ausgeübt wird.[196] Diese bilanzielle Behandlung von Kaufoptionen wurde auch bei der Entwicklung des Anforderungsprofils vorgeschlagen[197] und ist positiv zu würdigen.

Anders als im *derecognition approach* soll eine Kaufoption im *receivable and residual approach* als **ultimative Laufzeitverlängerungsoption** (*ultimate renewal option*) aufgefasst und daher auch analog zu einer Laufzeitverlängerungsoption bilanziert werden.[198] Ein Leasinggeber berücksichtigt den Ausübungspreis einer Kaufoption zu Beginn der Laufzeit des Leasingverhältnisses, wenn das Recht auf Erhalt der Leasingraten erstmalig bewertet wird. Dies geschieht aber nur dann, wenn der Leasingnehmer einen wesentlichen wirtschaftlichen Anreiz hat, die Kaufoption auszuüben.[199] In diesem Fall würde auch ein etwaiger Leasingertrag, den der Leasinggeber zu Beginn der Laufzeit des Leasingverhältnisses vereinnahmt,[200] den Ausübungspreis der Kaufoption umfassen, unabhängig davon, ob der Leasingnehmer die Kaufoptionen bei Fälligkeit tatsächlich ausübt.

Dem Vorschlag des Board im *receivable and residual approach* ist zwar insoweit zuzustimmen, als Laufzeitoptionen und Kaufoptionen analog zu bilanzieren sind, weil eine ausgeübte Kaufoption und eine ausgeübte Laufzeitverlängerungsoption, die das Recht auf Nutzung für die gesamte verbleibende Restnutzungsdauer des Leasinggegenstands gewährt,

---

195 Vgl. Abschnitt 434.21.

196 Vgl. IFRS FOUNDATION (HRSG.), ED/2010/9.53. Im Gegensatz dazu war im Diskussionspapier *leases*, welches 2009 veröffentlicht wurde, der *more likely than not approach* auch für Kaufoptionen vorgesehen. Vgl. IASC FOUNDATION (HRSG.), DP/2009/1.55-58.

197 Vgl. Abschnitt 322.22.

198 Vgl. dazu IFRS FOUNDATION (HRSG.), Purchase Options, S. 2; IFRS FOUNDATION (HRSG.), ED/2013/6.BC161 i.V.m. ED/2013/6.BC223.

199 Vgl. IFRS FOUNDATION (HRSG.), ED/2013/6.70 (e).

200 Vgl. Abschnitt 434.12.

zu vergleichbaren wirtschaftlichen Konsequenzen führen.[201] Indes sollte darauf verzichtet werden, den Ausübungspreis einer Kaufoption ab einer bestimmten Wahrscheinlichkeit oder einem anderen Grenzwert (hier: wesentlicher wirtschaftlicher Anreiz) bereits zu Beginn der Laufzeit des Leasingverhältnisses bilanziell zu berücksichtigen. Analog zu den Problematiken, die im Zusammenhang mit der bilanziellen Behandlung von Laufzeitoptionen im vorangegangenen Abschnitt diskutiert wurden, würde der Vorschlag gemäß dem *receivable and residual approach* nämlich zu einem Widerspruch mit dem *conceptual framework* (der Leasinggeber hat keine Verfügungsmacht über den Ausübungspreis, weil die Zahlung von der Handlung des Leasingnehmers abhängt) und den Vorschlägen im Reformprojekt *revenue recognition* (der Leasinggeber realisiert ggf. Umsatzerlöse auf Basis seiner subjektiven Erwartung, dass die Kaufoption ausgeübt wird) führen.[202] Damit es nicht zu diesen konzeptionellen Problemen kommt, sollte über Kaufoptionen, wie auch über Laufzeitoptionen, im Anhang berichtet werden, denn nur so wird eine prinzipienorientierte Bilanzierung gewährleistet, die mit dem *conceptual framework* und den Vorgaben im Reformprojekt *revenue recognition* im Einklang steht.[203]

434.23 Die Bilanzierung von Restwertgarantien

Restwertgarantien dürfen **nicht separat** bilanziert werden, wenn eine Leasinggeberbilanzierung gewährleistet werden soll, die kompatibel mit den Anforderungen des *conceptual framework* ist.[204] Stattdessen sollten Restwertgarantien insofern bilanziell berücksichtigt werden, als ein aktivierter Restvermögenswert trotz Wertminderung im Sinne des IAS 36

201 Vgl. IFRS FOUNDATION (HRSG.), ED/2013/6.BC161.

202 Vgl. dazu auch die DEUTSCHE TELEKOM AG (HRSG.), CL Leases, S. 16, die richtigerweise auf die immer verbleibende Unsicherheit hinweist, ob eine Kaufoption künftig tatsächlich ausgeübt wird. Als Beispiel wird ein Leasingverhältnis über ein Grundstück mit einer günstigen Kaufoption angeführt, das Grundstück wird aber während der Mindestleasingdauer ohne Verschulden des Leasingnehmers kontaminiert.

203 Zu dieser Argumentation vgl. ausführlich Abschnitt 322.22.

204 Vgl. dazu ausführlich die Ausführungen in Abschnitt 322.23. Der IASB hat eine separate Bilanzierung von Restwertgarantien während des Reformprojekts *leases* erwogen, indes richtigerweise bereits in einem frühen Stadium des Reformprojektes verworfen, u.a., weil eine verlässliche Bewertung nicht gewährleistet werden kann. Vgl. IASC FOUNDATION (HRSG.), DP/2009/1.7.38.

nicht außerplanmäßig abgeschrieben wird, wenn die Restwertgarantie mindestens den zu Beginn des Leasingverhältnisses kalkulierten Restwert garantiert.[205]

Gemäß dem *derecognition approach* wird indes folgende, davon abweichender Art und Weise der Bilanzierung von Restwertgarantien vorgeschlagen: Nachdem der Leasinggeber die erwartete Laufzeit des Leasingverhältnisses – ggf. unter Berücksichtigung von Laufzeitoptionen – geschätzt hat, muss der Leasinggeber den Barwert der künftigen Zahlungen bestimmen, die ihm während der Laufzeit des Leasingverhältnisses erwartungsgemäß zugehen.[206] Dieser Betrag soll nach Ansicht des IASB mithilfe des **Erwartungswertverfahrens** ermittelt werden.[207] Dabei bezieht der Leasinggeber explizit auch den Betrag ein, welcher ihm **erwartungsgemäß** aufgrund einer Restwertgarantie des Leasingnehmers **zugehen** wird.[208] Der ermittelte Betrag ist nach diesem Vorschlag zu Beginn der Laufzeit des Leasingverhältnisses als Teil des Rechts auf Erhalt der Leasingraten zu **aktivieren.**[209] In den Folgeperioden soll der Leasinggeber kontinuierlich zu überprüfen, ob sich der erwartete Betrag aufgrund von **Schätzungsänderungen wesentlich geändert** hat.[210] Bei entsprechender Änderung wäre der Buchwert des Rechts auf Erhalt der Leasingraten **erfolgswirksam anzupassen.**

In der internationalen Leasingpraxis lassen sich Leasinggeber in der Regel den erwarteten Wert des Leasinggegenstands am Ende der Laufzeit, und keine höheren oder niedrigeren Beträge garantieren.[211] Häufig ist daher der zu Beginn der Laufzeit des Leasingverhältnisses

---

205 Vgl. Abschnitt 322.23

206 Vgl. IFRS FOUNDATION (HRSG.), ED/2010/9.52.

207 Vgl. IFRS FOUNDATION (HRSG.), ED/2010/9.52 i.V.m. IFRS FOUNDATION (HRSG.), ED/2010/9.B21.

208 Vgl. IFRS FOUNDATION (HRSG.), ED/2010/9.52 (b). Der Leasinggeber muss somit für die Restwertentwicklung verschiedene Szenarien durchspielen, die jeweilige Eintrittswahrscheinlichkeit für diese Szenarien schätzen, den jeweiligen Barwert der im entsprechenden Szenario fälligen Zahlung mit der Eintrittswahrscheinlichkeit gewichten und die Summe dieser Barwerte bilden.

209 In ED/2010/9.52 (b) führt der Board einschränkend an, dass die Aktivierung voraussetzt, dass der ermittelte Betrag verlässlich bewertet werden kann. Dies erscheint indes insofern redundant, als die verlässliche Bewertbarkeit als Ansatzkriterium des *conceptual framework* ohnehin Voraussetzung dafür ist, dass ein Sachverhalt aktiviert werden darf.

210 Vgl. IFRS FOUNDATION (HRSG.), ED/2010/9.56 (b).

211 Vgl. IFRS FOUNDATION (HRSG.), Residual Value Guarantees, S. 2.

geschätzte erwartete Betrag, den der Leasinggeber aus einer Restwertgarantie erhält (Differenz aus erwartetem und garantiertem Restwert), gering oder sogar Null und wirkt sich nur geringfügig oder gar nicht auf die erstmalige Bewertung des Rechts auf Erhalt der Leasingraten aus.[212] Dies ändert sich indes immer dann, wenn während der Laufzeit des Leasingverhältnisses deutlich wird, dass der Wert des Leasinggegenstands am Ende der Laufzeit geringer sein wird als ursprünglich kalkuliert und dem Leasinggeber folglich aufgrund seiner Restwertgarantie Zahlungen zugehen werden.[213] Gemäß den Vorschlägen im *derecognition approach* wäre der Leasinggeber in diesem Fall verpflichtet, den Buchwert des Rechts auf Erhalt der Leasingraten ertragswirksam zuzuschreiben.

Weil sich ein Leasinggeber durch eine Restwertgarantie dagegen absichern möchte, dass der Wert des Leasinggegenstands am Ende der Laufzeit des Leasingverhältnisses unterhalb des ursprünglich kalkulierten Restwerts liegt, ist offensichtlich, dass der Buchwert des Restvermögenswerts und die erwartete Zahlung aufgrund einer Restwertgarantie in einem **reziproken Verhältnis** stehen.[214] Das Recht auf Erhalt der Leasingraten wäre faktisch nur dann ertragswirksam zu erhöhen, wenn der Buchwert des Restvermögenswerts außerplanmäßig abzuschreiben wäre. Gemäß dem *derecognition approach* wäre der Leasinggeber verpflichtet, **kontinuierlich zu überprüfen**, ob sich der kalkulierte Restwert bzw. die Höhe der erwarteten Zahlungen aufgrund der Restwertgarantie verändert hat, obgleich sich der Effekt der beiden Buchungen (außerplanmäßige Abschreibung des Restvermögenswerts und ertragswirksame Zuschreibung des Rechts auf Erhalt der Leasingraten) in der Gesamtergebnisrechnung *per saldo* **ausgleichen** würde.[215] Bereits im Tweedie-Diskussionspapier wurde darauf hingewiesen, dass dem erhöhten **Bilanzierungsaufwand**, der mit einer solchen kontinuierlichen Überprüfung der Buchwerte einhergehen würde, **kein wesentlicher Informationsertrag** gegenüber stünde.[216] Bei hoher Volatilität des Restwerts würde der Vorschlag im *derecognition approach* lediglich dazu führen, dass die

[212] Vgl. IFRS FOUNDATION (HRSG.), Residual Value Guarantees, S. 7.

[213] Vgl. dazu auch das Beispiel in Abschnitt 322.23.

[214] Vgl. NAILOR, H./LENNARD, A., New Approach, S. 105.

[215] Vgl. IFRS FOUNDATION (HRSG.), Residual Value Guarantees, S. 10 f.

[216] Vgl. NAILOR, H./LENNARD, A., New Approach, S. 105.

Buchwerte des Restvermögenswerts und des Rechts auf Erhalt der Leasingzahlungen ohne bzw. ohne wesentliche Ergebniswirkung ständig angepasst werden müssten.

Vor dem Hintergrund dieser Bedenken am Vorschlag zur Bilanzierung von Restwertgarantien nach dem *derecognition approach* ist positiv zu würdigen, dass der Board im *receivable and residual approach* einen Vorschlag unterbreitet hat, der jenem im Tweedie-Papier im Wesentlichen entspricht.[217] Gemäß dem *receivable and residual approach* ist für die bilanzielle Behandlung von Restwertgarantien grds. vorgesehen, dass erwartete Zahlungen aufgrund von Restwertgarantien bis zum Ende der Laufzeit des Leasingverhältnisses bilanziell unberücksichtigt bleiben,[218] Restwertgarantien das bilanzierende Unternehmen indes davon befreien, den Restvermögenswert nach IAS 36 außerplanmäßig abzuschreiben.[219] Die Bilanzierung von Restwertgarantien beim Leasinggeber gemäß dem *receivable and residual approach* entspricht im Wesentlichen dem Anforderungsprofil dieser Arbeit.[220] Der Vorschlag des Board sollte daher in den finalen Standard zur Leasingbilanzierung übernommen werden.

434.24 Die Bilanzierung von Servicebestandteilen

Gemäß den Vorschlägen im *derecognition approach* bzw. im *receivable and residual approach* soll der Leasinggeber zu Beginn der Laufzeit des Leasingverhältnisses ein Recht auf Erhalt der Leasingraten aktivieren. Sofern es sich bei dem Leasinggeber um einen Hersteller-/Händlerleasinggeber handelt, ist diese Buchung grds. ertragswirksam.[221] Erbringt der Leasinggeber eine oder mehrere zusätzliche **Serviceleistungen**, umfasst das insgesamt vom Leasingnehmer zu zahlende Entgelt auch den Anteil, den der Leasingnehmer für die Ser-

---

217 Zum entsprechenden vorläufigen Entschluss vgl. IFRS FOUNDATION (HRSG.), IASB Update September 2011, S. 3.

218 Von dieser Vorgabe sind solche Zahlungen ausgenommen, die vertraglich als Restwertgarantien strukturiert sind, wirtschaftlich indes fixe Leasingraten darstellen. Vgl. IFRS FOUNDATION (HRSG.), ED/2013/6.70 (d).

219 Vgl. IFRS FOUNDATION (HRSG.), ED/2013/6.85; IFRS FOUNDATION (HRSG.), ED/2013/6.BC221.

220 Vgl. dazu ausführlich Abschnitt 322.23.

221 Vgl. Abschnitt 434.12.

viceleistungen entrichtet. Ein Teil des gesamten Entgelts entfällt daher auf Leistungen, die zu Beginn der Laufzeit des Leasingverhältnisses noch nicht erfüllt sind, weshalb dieser Anteil nicht aktiviert bzw. ertragswirksam erfasst werden darf.[222] Aus diesem Grund soll ein Leasinggeber sowohl nach den Vorschlägen im *derecognition approach* als auch nach den Vorschlägen im *receivable and residual approach* den Anteil des Entgelts für sämtliche zusätzliche Serviceleistungen identifizieren und diesen nach den Regelungen der IFRS zur Ertragsrealisierung bei Dienstleistungen bilanzieren.[223] Der Leasinggeber soll nach den Vorschlägen des IASB das insgesamt vom Leasingnehmer zu leistende Entgelt auf Basis jener Vorschriften auf die Leasingkomponenten und die Servicekomponenten allokieren, die während des Reformprojekts *revenue recognition* entwickelt wurden, d.h. auf Basis der relativen Einzelveräußerungspreise.[224] Dies ist aus zwei wesentlichen Gründen positiv zu würdigen: Zum einen wird gewährleistet, dass Leasing- und Servicekomponenten getrennt werden, was unbedingt notwendig ist, weil die auf die jeweiligen Komponenten entfallenden Entgeltbestandteile zu unterschiedlichen Zeitpunkten bzw. über unterschiedliche Zeiträume ertragswirksam erfasst werden müssen. Zum anderen wird eine Bilanzierung sichergestellt, die konzeptionell mit den Vorschlägen im Einklang steht, die im Reformprojekt *revenue recognition* erarbeitet wurden. Der Vorschlag des IASB zur Bilanzierung von Servicekomponenten in Leasingverträgen gewährleistet somit ein Vorgehen, welches dem entwickelten Anforderungsprofil gerecht würde.[225]

434.25 Die Bilanzierung von bedingten Leasingraten

Wie in Abschnitt 434.23 erläutert, wäre der Leasinggeber gemäß den Vorschlägen im *derecognition approach* zu Beginn des Leasingverhältnisses verpflichtet, einen Erwartungs-

---

[222] Vgl. Abschnitt 322.24 und Abschnitt 333.622.

[223] Vgl. IFRS FOUNDATION (HRSG.), ED/2010/9.6(c); IFRS FOUNDATION (HRSG.), ED/2010/9.BC53; IFRS FOUNDATION (HRSG.), ED/2013/6.BC116 (a). Beispielsweise heißt es in ED/2010/9.BC53: *"The IASB propose that a lessor that applies the derecognition approach should separate all service components of a contract to ensure that income from a service component is not recognised before the lessor provides that service."*

[224] Vgl. IFRS FOUNDATION (HRSG.), ED/2010/9.B5; IFRS FOUNDATION (HRSG.), ED/2013/6.22; Vgl. dazu ausführlich Abschnitt 333.5.

[225] Zum entsprechenden Teil des Anforderungsprofils vgl. Abschnitt 322.24 für die Bilanz und Abschnitt 333.5 für die Ertragsrealisierung.

wert zu berechnen, der die diskontierten Zahlungen repräsentiert, welche der Leasingnehmer voraussichtlich über die Laufzeit des Leasingverhältnisses an den Leasinggeber entrichten wird.[226] Im *derecognition approach* ist explizit vorgesehen, dabei auch **bedingte Leasingraten** einzubeziehen.[227] Der IASB unterscheidet bei dieser Vorgabe nicht in bedingte Zahlungen, die der Leasingnehmer **vermeiden** kann und solche, die der Leasingnehmer **nicht vermeiden** kann.[228] Letztlich bezieht der Leasinggeber somit auch **direkt** und **indirekt nutzungsabhängige** Leasingraten mit ein, wenn das Recht auf Erhalt der Leasingraten und die etwaigen Umsatzerlöse zu Beginn der Laufzeit des Leasingverhältnisses erfasst werden.[229]

Dieser Vorschlag im *derecognition approach* steht in zwei Punkten im Widerspruch zum Anforderungsprofil, das dieser Arbeit zugrunde liegt, denn zum einen ist es mit den **Definitionskriterien** eines Vermögenswerts im Sinne des *conceptual framework* **unvereinbar**, zu Beginn der Laufzeit des Leasingverhältnisses ein Recht auf Erhalt der Leasingraten zu aktivieren, welches Zahlungen umfasst, die vom Leasingnehmer beeinflusst oder gar vermieden werden können.[230] Zum anderen besteht ein **deutlicher Widerspruch** zum revidierten Standardentwurf *revenue recognition,* weil es zu Beginn des Leasingverhältnisses für einen Leasinggeber **nicht hinreichend sicher** im Sinne des revidierten Standardentwurfs *revenue recognition* ist, dass ihm nutzungsabhängige Leasingraten während der Laufzeit des Leasingverhältnisses tatsächlich zugehen.[231]

Aufgrund dieser Kritikpunkte an den Vorschlägen im *derecognition approach* ist es zu begrüßen, dass im *receivable and residual approach* nicht vorgesehen ist, dass der Leasinggeber

226 Vgl. IFRS FOUNDATION (HRSG.), ED/2010/9.52.

227 Vgl. IFRS FOUNDATION (HRSG.), ED/2010/9.52 (a).

228 Vgl. dazu Abschnitt 322.25.

229 Der IASB setzt dafür indes voraus, dass die entsprechenden bedingten Zahlungen verlässlich ermittelt werden können. Vgl. IFRS FOUNDATION (HRSG.), ED/2010/9.52 (a). Dies hat indes lediglich eine klarstellende Funktion, weil künftige bedingte Zahlungen, die nicht verlässlich ermittelt werden können, vor dem Hintergrund des Ansatzkriteriums der verlässlichen Bewertbarkeit des *conceptual framework* ohnehin nicht erfasst werden dürfen.

230 Der Leasinggeber besitzt über diese Zahlungen keinerlei Verfügungsmacht. Vgl. dazu Abschnitt 322.25. Der IASB hingegen ist ausweislich der *basis for conclusions* der Ansicht, dass die Definitionskriterien eines Vermögenswerts erfüllt sind. Lediglich die Höhe des Vermögenswerts sei unsicher. Vgl. IFRS FOUNDATION (HRSG.), ED/2010/9.BC123.

231 Vgl. dazu die Ausführungen in Abschnitt 333.422.

nutzungsabhängige Leasingraten einzubeziehen hat, wenn zu Beginn der Laufzeit des Leasingverhältnisses das Recht auf Erhalt der Leasingraten und die etwaigen Umsatzerlöse der Höhe nach bestimmt werden.[232] Stattdessen ist vorgesehen, nutzungsabhängige Leasingraten grds. dann erfolgswirksam zu erfassen, wenn sie anfallen.[233]

Auch die bilanzielle Behandlung von **nutzungsunabhängigen** bedingten Leasingraten im *derecognition approach* unterscheidet sich von den Vorschlägen im *receivable and residual approach*. Während der *derecognition approach* vorsieht, Terminkurse (*forward rates or indices*) zu verwenden, sofern diese verfügbar (*readily available*) sind,[234] ist im *receivable and residual approach* ausschließlich vorgesehen, Kassakurse zu verwenden,[235] denn *"forecasts can often be unreliable"*[236].

Auch die Analyse in Abschnitt 322.25 hat verdeutlicht, dass nutzungsunabhängige bedingte Leasingraten gemäß den Anforderungen des *conceptual framework* ohne Berücksichtigung von Terminkursen bilanziert werden sollten, weil nicht gewährleistet werden kann, dass der Leasinggeber die Terminkurse der entsprechenden externen Faktoren (künftige Wechselkurse, VPI, Leit- oder Referenzzinssätze etc.) verlässlich schätzen kann. Aus diesem Grund ist der Vorschlag des IASB im *receivable and residual approach*, auf Terminkurse zu verzichten, positiv zu würdigen.

[232] Vgl. IFRS FOUNDATION (HRSG.), ED/2013/6.70. Davon ausgenommen sind solche Leasingraten, die vertraglich zwar als variabel deklariert, bei wirtschaftlicher Betrachtungsweise indes fix sind. Diese Vorgabe hat eher klarstellenden Charakter, da vertragliche Formulierungen ohnehin keine Bewandtnis haben dürfen, sofern sie der wirtschaftlichen Realität entgegenstehen. Als Beispiel nennt der Board eine vertragliche Vereinbarung, wonach der Leasingnehmer als Leasingrate 2 % des Umsatzes entrichtet, welchen er mit einer geleasten Immobilie erzielt (indirekt nutzungsabhängige Leasingraten), die Leasingrate indes mindestens 100.000 GE beträgt. Vgl. IFRS FOUNDATION (HRSG.), ED/2013/6.IE10.

[233] Vgl. IFRS FOUNDATION (HRSG.), ED/2013/6.77 (c).

[234] Vgl. IFRS FOUNDATION (HRSG.), ED/2010/9.52 (a).

[235] Vgl. IFRS FOUNDATION (HRSG.), ED/2013/6.70 (b).

[236] IFRS FOUNDATION (HRSG.), ED/2013/6.BC155.

435. Zwischenfazit und Handlungsempfehlungen für den IASB

Ziel des Abschnitts 43 war es, die vorgeschlagenen Neuregelungen zur Leasinggeberbilanzierung zu erläutern und anhand des entwickelten Anforderungsprofils kritisch zu würdigen.[237]

Wie die Ausführungen zeigen, können die Anforderungen nur erfüllt werden, wenn ein einheitliches Modell implementiert würde[238] – wie es vom Board selbst im Verlauf des Reformprojekts *leases* zwischenzeitlich auch immer wieder angedacht war. Der IASB hat seit Beginn des Reformprojekts *leases* mit dem *performance obligation approach*, dem *derecognition approach* sowie dem auf dem *derecognition approach* aufsetzenden *receivable and residual approach* drei Ansätze veröffentlicht, die das *right of use model* beim Leasinggeber umsetzen sollen. Der *performance obligation approach* ist für die Leasinggeberbilanzierung abzulehnen, weil sowohl die bilanzielle Abbildung in der Bilanz (gleichzeitige Erfassung eines Rechts auf Erhalt der Leasingraten, des zugrunde liegenden Leasinggegenstands und einer Leistungsverpflichtung) als auch die Vorschriften zur Ertragsrealisierung (keine Ertragsrealisierung zu Beginn der Laufzeit des Leasingverhältnisses – auch nicht im Hersteller-/Händlerleasing) nicht mit den Vorgaben des *conceptual framework* bzw. des Reformprojekts *revenue recognition* im Einklang stehen.

Im Gegensatz dazu ist der *derecognition approach* bzw. der *receivable and residual ap-proach* grds. geeignet, das *right of use model* beim Leasinggeber umzusetzen, denn die Ansätze sehen vor, ein Recht auf Erhalt von Leasingraten und einen etwaigen Restvermögenswert zu aktivieren. Überdies ermöglichen beide Ansätze für bestimmte Leasingverhältnisse eine Ertragsrealisierung zu Beginn der Laufzeit des Leasingverhältnisses bzw. eine Aufteilung der insgesamt zu vereinnahmenden Erträge in Veräußerungserträge zu Beginn der Laufzeit und Zinserträge während der Laufzeit des Leasingverhältnisses.

[237] Zum Anforderungsprofil vgl. Abschnitt 3.

[238] Vgl. Abschnitt 432.3.

Der *receivable and residual approach* unterscheidet sich in einigen wesentlichen Aspekten von den Vorschlägen gemäß dem *derecognition approach*. Viele dieser Aspekte sind **positiv zu würdigen:**[239]

- Der Restvermögenswert wird im *receivable and residual approach* folgebewertet, indem dieser über die Laufzeit des Leasingverhältnisses aufgezinst wird.
- Erwartete Zahlungen aus Restwertgarantien werden im *receivable and residual approach* nicht berücksichtigt, wenn das Recht auf Erhalt der Leasingraten bewertet wird.
- Nutzungsabhängige Leasingraten werden im *receivable and residual approach* nicht berücksichtigt, wenn das Recht auf Erhalt der Leasingraten erstmalig bewertet wird bzw. ein Veräußerungserfolg zu Beginn der Laufzeit des Leasingverhältnisses realisiert wird.
- Terminkurse werden im *receivable and residual approach* nicht berücksichtigt, wenn nutzungsunabhängige bedingte Leasingraten bestimmt werden.

Der *receivable and residual approach* erfüllt daher im Vergleich zu den anderen Ansätzen der Leasinggeberbilanzierung nach dem *right of use model* das entwickelte Anforderungsprofil in höchstem Maße. Der ***receivable and residual approach* sollte als einheitlicher Ansatz für die Leasinggeberbilanzierung in den finalen IFRS *Leases* übernommen werden.** Die Vorschläge gemäß dem *receivable and residual approach* sollten indes noch bezüglich folgender **wesentlicher** Aspekte **modifiziert** werden:

- Sofern ein Leasinggeber den beizulegenden Zeitwert des Leasinggegenstands nicht verlässlich ermitteln kann, sollte der Restvermögenswert als Residualgröße erstbewertet werden. Der finale IFRS zur Leasingbilanzierung sollte etwa folgende Textziffer enthalten:
  Sofern der Buchwert des Leasinggegenstands zu Beginn der Laufzeit des Leasingverhältnisses nicht dem beizulegenden Zeitwert des Leasinggegenstands entspricht, weil der Gegenstand hergestellt wurde ***oder*** *zwischen Anschaffung und Beginn des Leasingverhältnisses ein längerer Zeitraum liegt und die fortgeführten Anschaffungskosten nicht (mehr) dem beizulegenden Zeitwert entsprechen* ***und*** *der Leasinggeber den Marktpreis des Leasinggegenstands möglicherweise nicht kennt, weil er im Gegensatz zu einem Hersteller-/*

[239] Vgl. dazu ausführlich Abschnitt 434.

Händlerleasinggeber den Gegenstand nicht auch zum Verkauf anbietet, ist der Restvermögenswert nach folgender Formel erstmalig zu bewerten:
Restvermögenswert = Max {0; Buchwert Leasinggegenstand – Barwert Leasingraten}.

- Laufzeitoptionen und Kaufoptionen sollten zu Beginn der Laufzeit des Leasingverhältnisses bilanziell unberücksichtigt bleiben. Der Vorschlag im *receivable and residual approach*, Zahlungen in optionalen Leasingperioden sowie den Ausübungspreis bilanziell zu berücksichtigen, sofern ein wesentlicher wirtschaftlicher Anreiz besteht, die Option(en) auszuüben, führt zur Aktivierung eines Rechts auf Erhalt der Leasingraten und ggf. zu Erträgen zu Beginn der Laufzeit des Leasingverhältnisses, welches bzw. welche im Widerspruch zum *conceptual framework* respektive dem Reformprojekt *revenue recognition* stehen. Der Vorschlag sollte zugunsten einer Berichterstattung im Anhang – wie in Übersicht 3-5 beispielhaft dargestellt – verworfen werden.

- Das Wahlrecht des Leasinggebers, das Recht auf Erhalt der Leasingraten und den Restvermögenswert zusammengefasst als *lease assets* in der Bilanz ausweisen zu dürfen, sollte gestrichen werden. Der Ausweis von Leasingverhältnissen in der Bilanz sollte berücksichtigen, dass sich das Recht auf Erhalt der Leasingraten und der Restvermögenswert erheblich hinsichtlich ihrer Risikostruktur, Liquidität und Bewertungsvorschriften unterscheiden.

5 Zusammenfassung

Das **übergeordnete Ziel** der vorliegenden Arbeit war, zu analysieren, wie die künftige **Leasinggeberbilanzierung** nach dem *right of use model* ausgestaltet werden sollte, damit sämtliche Vermögenswerte und Schulden in der Bilanz des Leasinggebers erfasst werden und das Modell konzeptionell mit dem Reformprojekt *revenue recognition* im Einklang steht. Um dieses Ziel zu erreichen, wurde zunächst ein Anforderungsprofil an die Leasinggeberbilanzierung entwickelt und anschließend die seit Beginn des Reformprojekts *leases* vom Board vorgeschlagenen Ansätze zur Leasinggeberbilanzierung unter besonderer Berücksichtigung der Vorschläge zur Ertragsrealisierung **erläutert** und **kritisch gewürdigt**. Im Folgenden werden die **Grundlagen der Untersuchung** und die **wesentlichen Ergebnisse** dieser Arbeit zusammengefasst:

Zu den Grundlagen der Untersuchung

- Leasingverhältnisse in der Internationalen Rechnungslegung sind grds. sämtliche Vereinbarungen, bei denen der Leasinggeber dem Leasingnehmer für eine Gegenleistung das **Recht auf Nutzung eines Vermögenswerts** für eine bestimmte Zeit überträgt. Leasing im Sinne der IFRS ist ein **Mantelbegriff**, der sowohl die deutschen zivilrechtlich kodifizierten Grundformen der Nutzungsüberlassung (Miete, Pacht, Nießbrauch, Erbbaurecht) als auch Leasing im Sinne der wirtschaftlichen Praxis in Deutschland als Teilmengen umfasst.
- In der internationalen Leasingpraxis ist die Gruppe der Unternehmen, die als Leasinggeber auftritt, **sehr heterogen**. Auch die beobachtbaren Vertragsverhältnisse sind sehr unterschiedlich. Bei **jedem** Leasingverhältnis werden indes bestimmte **Verfügungsrechte** an dem zugrunde liegenden Leasinggegenstand vom Leasinggeber auf den Leasingnehmer übertragen, sodass nach Beginn der Laufzeit des Leasingverhältnisses die Verfügungsrechte teils beim Leasingnehmer und teils beim Leasinggeber liegen. In einem Leasingverhältnis nach IFRS wird ein beschränktes oder unbeschränktes Nutzungsrecht (*usus*) oder ein Recht auf Fruchtziehung (*usus fructus*) oder eine Kombination aus diesen Teilrechten übertragen. Mitunter wird in einem Leasingverhältnis auch ein beschränktes Veränderungsrecht (*abusus*) auf den Leasingnehmer übertragen.

Ein unbeschränktes Veränderungsrecht oder ein unbedingtes Verwertungsrecht (*successionis*) wird indes nur im Falle eines Verkaufs des Gegenstands übertragen.

Zum Anforderungsprofil für die Erfassung von Leasingverhältnissen in der Bilanz

- Den übergeordneten **Zweck der IFRS-Rechnungslegung** sieht der IASB darin, den Abschlussadressaten **entscheidungsnützliche Informationen** zu vermitteln. Um diesen Zweck zu erfüllen, soll ein IFRS-Abschluss den Abschlussadressaten dabei helfen, die künftigen Netto-Cashflows des Unternehmens zu schätzen, u.a. indem in der Bilanz die aktivierungspflichtigen **wirtschaftlichen Ressourcen des Unternehmens** (Vermögenswerte) und die passivierungspflichtigen **Ansprüche gegen das Unternehmen** (Schulden) erfasst werden. Vermögenswerte und Schulden dürfen dann und nur dann in der Bilanz erfasst werden, wenn sie die Definitions- und Ansatzkriterien des *conceptual framework* erfüllen.
- Aus einem Leasingverhältnis resultieren verschiedene Ansprüche gegen den Leasinggeber sowie verschiedene wirtschaftliche Ressourcen für den Leasinggeber. Legt man das *conceptual framework* als Leitmaxime zugrunde, stellt bei „normalem Vertragsablauf" (positiver Erfolgsbeitrag aus dem Leasingverhältnis, keine Leistungsstörungen) indes lediglich der **Anspruch des Leasinggebers auf das Entgelt für die Nutzungsüberlassung** und der **Anspruch des Leasinggebers auf die wirtschaftlichen Ressourcen des Restvermögenswerts** (sofern vorhanden) bilanzierungspflichtige Posten dar. Die Passivseite der Bilanz sollte **unberührt** bleiben.
- Die Vorgaben des *conceptual framework* werden erfüllt, wenn der Anspruch des Leasinggebers auf das Entgelt für die Nutzungsüberlassung (finanzieller Vermögenswert) zum **Barwert** der Leasingraten der **unkündbaren Mindestleasingdauer** bewertet wird. **Nutzungsabhängige Leasingraten** dürfen zu Beginn der Laufzeit des Leasingverhältnisses genauso wenig berücksichtigt werden, wie der **Ausübungspreis** einer Kaufoption und der Anteil der Leasingraten, der auf **Servicebestandteile** entfällt. Dagegen sind **nutzungsunabhängige bedingte Leasingraten** zu Beginn der Laufzeit des Leasingverhältnisses zu berücksichtigen, indes auf Basis **derzeitiger Gegebenheiten** (z.B. derzeitiger Wechselkurs, VPI oder Leit- bzw. Referenzzins), d.h. ohne **Terminkurse** zu verwenden.

- Der Anspruch des Leasinggebers auf die wirtschaftlichen Ressourcen des Restvermögenswerts repräsentiert den **Wert des Leasinggegenstands am Ende der Laufzeit** des Leasingverhältnisses. Sofern sich der Leasinggeber eine Restwertgarantie gewähren lässt und diese mindestens den geschätzten Restwert absichert, sollte der Restvermögenswert **keiner Wertminderungspflicht** nach IAS 36 unterliegen.
- Die *de lege lata* Leasinggeberbilanzierung ist in IAS 17 geregelt. Im Konzept des IAS 17 wird der wirtschaftliche Eigentümer des Leasinggegenstands mithilfe des ***risk and reward approach*** identifiziert. Diese Identifizierung ist indes mit erheblichen Ermessensspielräumen behaftet, die vor dem Hintergrund des Fundamentalgrundsatzes der glaubwürdigen Darstellung sehr kritisch zu beurteilen sind. Der Gegenstand wird dem wirtschaftlichen Eigentümer bilanziell zugerechnet. Dieser **Gegenstandsbilanzierung** ist indes immanent, dass der Leasinggegenstand entweder **ganz** (operatives Leasing) **oder gar nicht** (Finanzierungsleasing) in der Bilanz des Leasinggebers auftaucht (Alles-oder-Nichts-Prinzip). Das Grundkonzept der Leasingbilanzierung nach IFRS sollte in der Weise reformiert werden, dass grds. jeder Leasinggeber einen finanziellen Vermögenswert **und** – sofern vorhanden – einen nicht-finanziellen Restvermögenswert anzusetzen hat und damit eine Bilanzierung sichergestellt wird, die mit den Anforderungen des *conceptual framework* im Einklang steht.

Zum Anforderungsprofil für die Ertragsrealisierung beim Leasinggeber

- Entscheidungsnützliche Informationen müssen auch solche Informationen enthalten, die dem Abschlussadressaten zeigen, wie **effizient** und **effektiv** die Unternehmensleitung das **anvertraute Kapital verwendet hat.** Dafür bedarf es auch und vor allem einer **periodengerechten Aufwands- und Ertragsermittlung.**
- Durch das Reformprojekt *revenue recognition* soll die Umsatzrealisierung nach IFRS künftig stärker als bisher im Einklang mit der von der *asset liability theory* geprägten Sichtweise des *conceptual framework* stehen. Das bedeutet, dass ein Unternehmen gemäß dem ***control*-Prinzip** Umsatzerlöse zu dem Zeitpunkt bzw. über den Zeitraum erfassen soll, zu dem bzw. über den die **Verfügungsmacht** an dem zugesagten Gut oder an der zugesagten Dienstleistung auf den Kunden **übertragen wird.**
- Die Ertragsrealisierung beim Leasinggeber sollte sich an den Leitlinien orientieren, welche im Reformprojekt *revenue recognition* entwickelt wurden. Auf diese Weise wird

sichergestellt, dass die Ertragsrealisierung beim Leasinggeber **mit den Vorgaben des *conceptual framework* übereinstimmt** und überdies **Kompatibilität** zwischen dem IFRS zur Umsatzrealisierung und dem IFRS zur Leasingbilanzierung gewährleistet wird. Die **Implikationen** des Reformprojekts *revenue recognition* für die Ertragsrealisierung beim Leasinggeber lassen sich wie folgt zusammenfassen:

- Sofern es für den Leasinggeber eine **separate Leistungsverpflichtung** darstellt, den Leasinggegenstand zur Verfügung zu stellen und das Recht auf Nutzung zu übertragen, wird diese Leistungspflicht **zu Beginn der Laufzeit des Leasingverhältnisses** erfüllt und der Leasinggeber realisiert Umsatzerlöse in Höhe des Barwerts der **nutzungsunabhängigen** Leasingraten, die auf die **unkündbare** Mindestleasingdauer entfallen.
- **Während** der Laufzeit des Leasingverhältnisses erbringt der Leasinggeber seine Finanzierungsleistung. Der Leasinggeber realisiert **Zinserträge**, indem der aktivierte finanzielle Vermögenswert anhand der **Effektivzinsmethode** folgebewertet wird.
- In komplexen Leasingverhältnissen umfassen die Leasingraten zudem das Entgelt für **Serviceleistungen** und/oder **Optionsprämien** für gewährte Laufzeit- und/oder Kaufoptionen. Das vom Leasingnehmer insgesamt zu zahlende Entgelt ist in diesen Fällen zu Beginn der Laufzeit des Leasingverhältnisses auf der Basis **relativer Einzelveräußerungspreise** auf die einzelnen separaten Leistungsverpflichtungen aufzuteilen. Der Anteil, der auf Serviceleistungen entfällt, ist ertragswirksam zu erfassen, wenn die entsprechenden Leistungen erfüllt sind. Die Zahlungen, die auf Laufzeitoptionen und/oder eine Kaufoption entfallen, sind so lange abzugrenzen bzw. als erhaltene Anzahlungen zu erfassen, bis die entsprechende Option ausgeübt wird oder verfällt.

- Die Ertragsrealisierung beim Leasinggeber nach IAS 17 unterscheidet sich erheblich, je nachdem, ob es sich um ein operatives oder ein Finanzierungsleasing handelt. Indes stehen **weder** die Vorschriften des IAS 17 bei operativen Leasingverhältnissen **noch** jene bei Finanzierungsleasing-Verhältnissen vollumfänglich im Einklang mit den Vorgaben, die im Reformprojekt *revenue recognition* entwickelt wurden. Wesentlicher Kritikpunkt an der Ertragsrealisierung bei operativem Leasing ist, dass eine Ertragsrealisierung zu Beginn der Laufzeit des Leasingverhältnisses unter keinen Umständen zulässig ist, sondern die Leasingraten über die Laufzeit des Leasingverhältnisses als operativer Ertrag zu realisieren sind. Der wesentliche Kritikpunkt an der Ertragsrealisierung beim

Finanzierungsleasing besteht darin, dass es zu Beginn der Laufzeit des Leasingverhältnisses zu einer überhöhten Ertragsrealisierung kommen kann – bspw., weil Leasingraten optionaler Perioden ggf. einzubeziehen sind.

Zu den Vorschlägen des IASB zur künftigen Leasinggeberbilanzierung

- Aufgrund anhaltender Kritik an der Leasingbilanzierung nach IFRS hat der IASB im Jahre 2006 das **Reformprojekt** ***leases*** auf seine Agenda gesetzt. Der Kritik an der Bilanzierung *de lege lata* soll mit einem neuen Bilanzierungsmodell, dem ***right of use model,*** begegnet werden. Gemäß dem Grundgedanken des *right of use model* werden **Rechte und Pflichten** aus einem Leasingverhältnis bilanziert, sofern diese ansatzpflichtige Vermögenswerte und Schulden darstellen. Der Leasinggegenstand *per se* bzw. das wirtschaftliche Eigentum am Leasinggegenstand spielt für die Bilanzierung grds. **keine Rolle.**
- Der Board hat seit Beginn des Reformprojekts konkrete Vorschläge unterbreitet, wie das *right of use model* beim Leasinggeber umgesetzt werden könnte. Allerdings hat der Board entgegen seiner ursprünglichen Absicht, ein **einheitliches** Modell zur Leasingbilanzierung zu implementieren, ebenfalls verschiedene Vorschläge für eine abermalige **dichotome Unterscheidung** von Leasingverhältnissen gemacht (Hybrid-Modelle). Die Gründe des IASB für das jeweilige Hybrid-Modell können indes **nicht überzeugen.** Denn es wird nicht ersichtlich, dass es notwendig oder zumindest vorteilhaft ist, von einem der ursprünglichen Ziele, nämlich ein einheitliches Modell zur Leasingbilanzierung zu entwickeln, abzuweichen. In der vorliegenden Arbeit wird daher **nachdrücklich** ein einheitliches Modell empfohlen.
- Seit Beginn des Reformprojekts *leases* hat der IASB mit dem ***performance obligation approach,*** dem ***derecognition approach*** und dem auf dem *derecognition approach* aufbauenden ***receivable and residual approach*** drei neue Ansätze vorgestellt, die das *right of use model* beim Leasinggeber umsetzen sollen. Diese drei Ansätze wurden darauf untersucht, welcher der Ansätze das in Abschnitt 3 entwickelte Anforderungsprofil in **höchstem Maße** erfüllt bzw., ob einer der Ansätze als **alleiniger Ansatz taugt,** das *right of use model* beim Leasinggeber zu implementieren.
    - Der *performance obligation approach* ist **abzulehnen,** weil sowohl die Vorschläge zur Erfassung eines Leasingverhältnisses in der Bilanz als auch die Vorgaben zur Ertrags-

realisierung teilweise im Widerspruch zum *conceptual framework* bzw. zu den Grundprinzipien des Reformprojekts *revenue recognition* stehen.

- Sowohl der *derecognition approach* als auch der darauf aufbauende *receivable and residual approach* sind konzeptionell geeignet, das Anforderungsprofil zu erfüllen. Dies zeigte die Anwendung beider Ansätze auf die Bilanzierung eines einfachen Leasingverhältnisses.
- Die vergleichende Analyse der Bilanzierung komplexer Leasingverhältnisse nach dem *derecognition approach* und dem *receivable and residual approach* hat gezeigt, dass viele Vorschläge im *receivable and residual approach* positiver zu würdigen sind als jene im *derecognition approach*. Der *receivable and residual approach* stellt den Ansatz zur Leasinggeberbilanzierung dar, welcher den Anforderungen des *conceptual framework* in höchstem Maße gerecht wird und in höchstem Maße mit den Vorschlägen des Reformprojekts *revenue recognition* kompatibel ist. *De lege ferenda* wird der *receivable and residual approach* als **einheitlicher Ansatz** für die Bilanzierung grds. aller Leasingverhältnisse beim Leasinggeber mit **folgenden wesentlichen ergänzenden Regeln** empfohlen:
  - Sofern der Leasinggeber den beizulegenden Zeitwert des Leasinggegenstands nicht verlässlich ermitteln kann, sollte der Restvermögenswert als Residualgröße (Maximum aus bisherigem Buchwert des Leasinggegenstands abzgl. Barwert der Leasingraten und null) erstmalig bewertet werden.
  - Laufzeitoptionen und/oder Kaufoptionen des Leasingnehmers sollten zu Beginn der Laufzeit des Leasingverhältnisses bilanziell unberücksichtigt bleiben.
  - Das Recht auf Erhalt der Leasingraten und der Restvermögenswert sollten zwingend als zwei separate Posten in der Bilanz ausgewiesen werden.

Die Kommentierungsfrist für den revidierten Standardentwurf *leases* endet am 13. September 2013.[1] Nach dem derzeitigen Stand[2] des Reformprojekts *leases* ist mit dem finalen neuen IFRS zur Leasingbilanzierung bzw. der erstmaligen Anwendung dieses IFRS nicht vor 2014 bzw. 2016 zu rechnen.[3] Ob die Vorschläge des IASB, die hier als kritisch

---

1 Vgl. IFRS FOUNDATION (HRSG.), ED/2013/6, S. 1.

2 Es wurden Informationen bis zum 6. Juni 2013 berücksichtigt.

3 Vgl. PWC (HRSG.), Leases, S. 23.

erachtet wurden – vor allem die abermalige dichotome Unterscheidung von Leasingverhältnissen und einige Regelungen bei der Bilanzierung komplexer Leasingverhältnisse –, tatsächlich nochmals überarbeitet werden, ist zwar fraglich. Zu berücksichtigen ist indes, dass eine solche Überarbeitung die Voraussetzung für eine künftige prinzipienorientierte Leasinggeberbilanzierung darstellt, mit der entscheidungsnützlichere Informationen vermittelt werden als mit den derzeitigen Regelungen.

Quellenverzeichnis

Verzeichnis der Kommentare und Handbücher zur Bilanzierung

ADLER, HANS/DÜRING, WALTHER/SCHMALTZ, KURT, Rechnungslegung nach Internationalen Standards, Stuttgart 2002 ff. (zitiert: ADS International).

BAETGE, JÖRG/WOLLMERT, PETER/KIRSCH, HANS-JÜRGEN/OSER, PETER/BISCHOF, STEFAN (HRSG.), Rechnungslegung nach IFRS, Loseblatt, 2. Auflage, Stuttgart 2002 ff. (zitiert: BEARBEITER, in: IFRS-Komm.).

BOHL, WERNER/RIESE, JOACHIM/SCHLÜTER, JÖRG (HRSG.), Beck´sches IFRS-Handbuch, 3. Auflage, München 2009 (zitiert: BEARBEITER, in: Beck´sches IFRS-Handbuch).

ENGEL, JOHANNA, Handbuch Kraftfahrzeug-Leasing, 2. Auflage, München 2000 (KFZ-Leasing).

HEUSER, PAUL J./THEILE, CARSTEN, IFRS-Handbuch, Einzel- und Konzernabschluss, 5. Auflage, Köln 2012 (zitiert: BEARBEITER, in: IFRS-Handbuch).

JAUERNIG, OTHMAR (HRSG.), Bürgerliches Gesetzbuch – Mit Allgemeinen Gleichbehandlungsgesetz, 14. Auflage, München 2011 (zitiert: BEARBEITER, in: BGB-Kommentar).

KÜTING, KARLHEINZ/PFITZER, NORBERT/WEBER, CLAUS-PETER (Hrsg.), Handbuch der Rechnungslegung – Einzelabschluss, Loseblatt, 5. Auflage, Stuttgart 2002 ff. (zitiert: BEARBEITER, in: HdR-E).

LÜDENBACH, NORBERT/HOFFMANN, WOLF-DIETER (Hrsg.) Haufe IFRS-Kommentar, 10. Auflage, Freiburg 2012 (zitiert: BEARBEITER, in: Haufe IFRS-Kommentar).

MARTINEK, MICHAEL/STOFFELS, MARKUS/WIMMER-LEONHARDT, SUSANNE Handbuch des Leasingrechts, 2. Auflage, München 2008 (zitiert: BEARBEITER, in: Leasinghandbuch).

NEUHAUS, KAI-JOCHEN, Handbuch der Geschäftsraummiete, 3. Auflage, Münster 2008 (Geschäftsraummiete).

SÄCKER, FRANZ JÜRGEN/RIXECKER, ROLAND (HRSG.), Münchener Kommentar zum Bürgerlichen Gesetzbuch, 6. Auflage, München 2012 (zitiert: BEARBEITER, in: MünchKomm BGB).

Verzeichnis der Aufsätze und Monographien

AAA FINANCIAL ACCOUNTING STANDARDS COMMITTEE (HRSG.), Evaluation of the Lease Accounting Proposed in G4+1 Special Report, in: Accounting Horizons 2001, S. 289-296 (Evaluation).

ADAM, DIETRICH, Planung und Entscheidung, Modelle - Ziele - Methoden; mit Fallstudien und Lösungen, 4. Auflage, Wiesbaden 1997 (Planung und Entscheidung).

ALCHIAN, ARMEN, Some Economics of Property Rights, in: Il Politico 1965, S. 816-829 (Property Rights).

ANDERSONS, ARVID, Neue Entwicklungen in der Bilanzierung von Leasinggeschäften, Graz 1998 (Entwicklungen).

ANDREJEWSKI, KAI, Die Risikobestimmung und -prüfung in der Rechnungslegung nach International Financial Reporting Standards - Eine kritische Würdigung unter besonderer Berücksichtigung komplexer Leasingtransaktionen, Ulm 2006 (Risikobestimmung).

APEL, JÜRGEN, § 9. Leistungsstörungen und Gewährleistung, in: Praxishandbuch Leasing, hrsg. v. Büschgen, Hans E., München 1998, S. 191-247 (Leistungsstörungen).

ARNEGGER, MARTIN/HOFMANN, CHRISTIAN, Periodisierung von Erfolgskomponenten zur Steuerung langfristiger Aufträge - Completed-Contract-Methode versus Percentage-of-Completion-Methode, in: ZfB 2007, S. 115-139 (Periodisierung).

BABEL, MATHIAS, Ansatz und Bewertung von Nutzungsrechten, Frankfurt am Main 1997 (Ansatz und Bewertung).

BAETGE, JÖRG, Möglichkeiten der Objektivierung des Jahreserfolges, Düsseldorf 1970 (Objektivierung).

BAETGE, JÖRG, Bilanzen, 1. Auflage, Düsseldorf 1991 (Bilanzen, 1. Auflage).

BAETGE, JÖRG, Verwendung von DCF-Kalkülen bei der Bilanzierung nach IFRS, in: WPg 2009, S. 13-23 (DCF-Kalküle).

BAETGE, JÖRG/BALLWIESER, WOLFGANG, Ansatz und Ausweis von Leasingobjekten in Handels- und Steuerbilanz, in: DBW 1978, S. 3-19 (Leasingobjekte).

BAETGE, JÖRG/GRAUPE, FABIAN, Der ED Leases - Paradigmenwechsel mit Schattenseiten, in: IRZ 2010, S. 477-478 (ED Leases).

BAETGE, JÖRG/GRAUPE, FABIAN/BRÜGGEMANN, PETER, Die bilanzielle Behandlung von Anteilen von Minderheitsgesellschaftern an Personengesellschaften nach IAS 32 im Konzernabschluss, in: Der Konzern 2009, S. 466-475 (Minderheitsgesellschafter).

BAETGE, JÖRG/KIRSCH, HANS-JÜRGEN/THIELE, STEFAN, Bilanzanalyse, 2. Auflage, Düsseldorf 2004 (Bilanzanalyse).

BAETGE, JÖRG/KIRSCH, HANS-JÜRGEN/THIELE, STEFAN, Konzernbilanzen, 9. Auflage, Düsseldorf 2011 (Konzernbilanzen).

BAETGE, JÖRG/KIRSCH, HANS-JÜRGEN/THIELE, STEFAN, Bilanzen, 12. Auflage, Düsseldorf 2012 (Bilanzen).

BAETGE, JÖRG/THIELE, STEFAN, Gesellschafterschutz versus Gläubigerschutz - Rechenschaft versus Kapitalerhaltung - Zu den Zwecken des deutschen Einzelabschlusses vor dem Hintergrund der internationalen Harmonisierung, in: Handelsbilanzen und Steuerbilanzen, hrsg. v. Budde, Wolfgang Dieter/Moxter, Adolf/Offerhaus, Klaus, Düsseldorf 1997, S. 11-24 (Gesellschafterschutz).

BAETGE, JÖRG/THIELE, STEFAN/PLOCK, MARCUS, Die Restrukturierung des IASC, in: DB 2000, S. 1033-1038 (Restrukturierung).

BALLWIESER, WOLFGANG, Rahmenkonzepte der Rechnungslegung: Funktionen, Vergleich, Bedeutung, in: Der Konzern 2003, S. 337-348 (Rahmenkonzepte).

BALLWIESER, WOLFGANG, Die Konzeptionslosigkeit des International Accounting Standards Board (IASB), in: Festschrift für Volker Röhricht zum 65. Geburtstag, hrsg. v. Crezelius, Georg/Hirte, Heribert/Vieweg, Klaus, Köln 2005, S. 727-745 (Konzeptionslosigkeit).

BALLWIESER, WOLFGANG, The Limitations of Financial Reporting, in: The economics and politics of accounting, hrsg. v. Leuz, Christian/Pfaff, Dieter/Hopwood, Anthony G., Oxford 2006, S. 58-77 (Limitations).

BALLWIESER, WOLFGANG, IFRS-Rechnungslegung - Konzept, Regeln und Wirkungen, 2. Auflage, München 2009 (IFRS-Rechnungslegung).

BALLWIESER, WOLFGANG/KÜTING, KARLHEINZ/SCHILDBACH, THOMAS, Fair Value - erstrebenswerter Wertansatz im Rahmen einer Reform der handelsrechtlichen Rechnungslegung?, in: BFuP 2004, S. 529-549 (Fair Value).

BANNETT, BRUCE/BRADBURRY, MICHAEL, Capitalizing Non-cancelable Operating Leases, in: Journal of International Financial Management and Accounting 2003, S. 101-114 (Operating Leases).

BARKER, RICHARD, On the Definitions of Income, Expenses and Profit in IFRS, in: Accounting in Europe 2010, S. 147-158 (Definitions).

BARCKOW, ANDREAS, Was Sie schon immer über Leasing wissen wollten… (aber bislang nicht zu buchen wagten), in: BB 2013, Die erste Seite (Leasing).

BARTH, CHRISTOPHER, Die Zurechnung von Leasingobjekten im Jahresabschluß nach Handelsrecht, Steuerrecht und den International Accounting Standards, unter besonderer Berücksichtigung der Aktivierbarkeit eines Nutzungsrechts als immateriellen Vermögensgegenstand, München 1999 (Zurechnung).

BAUER, HEINRICH, Schwebende Geschäfte im Steuerrecht, Erlangen/Nürnberg 1981 (Schwebende Geschäfte).

BEASLEY, MARK/CARCELLO, JOSEPH/HERMANSON, DANA, Financial Fraud: Just Say 'No', in: Strategic Finance 1999, S. 52-57 (Fraud).

BEATTIE, VIVIAN/EDWARDS, KEITH/GOODACRE, ALAN, The Impact of Constructive Operating Lease Capitalisation on Key Accounting Ratios, in: Accounting and Business Research 1998, S. 233-254 (Impact).

BEATTIE, VIVIEN/GOODACRE, ALAN/THOMSON, SARAH, International lease-accounting reform and economic consequences: The views of U.K. users and preparers, in: The International Journal of Accounting 2006, S. 75-103 (Lease-accounting).

BECKMANN, HEINER, Finanzierungsleasing - Rechtsprobleme im typischen Leasingdreieck nach der Schuldrechtsreform, 3. Auflage, München 2006 (Finanzierungsleasing).

BEIGLER, MICHAEL, Analyse der Vorteilhaftigkeit zwischen Leasing und kreditfinanziertem Kauf - Eine Untersuchung unter Berücksichtigung von Investoren, Leasinggesellschaften und Banken, Wiesbaden 2012 (Vorteilhaftigkeit).

BENDER, CHRISTIAN, Umsatzerfassung nach US-GAAP und IFRS - Konzeption, Problembereiche, Lösungsansätze, Wiesbaden 2005 (Umsatzerfassung).

BERGER, NIKOLAUS, Typus und Rechtsnatur des Herstellerleasing, Heidelberg 1988 (Herstellerleasing).

BIEG, HARTMUT, Schwebende Geschäfte in Handels- und Steuerbilanz - Die derzeitige und mögliche bilanzielle Behandlung beiderseits noch nicht erfüllter synallagmatischer Verträge unter besonderer Berücksichtigung der Interessen der Bilanzadressaten, Frankfurt am Main 1977 (Schwebende Geschäfte).

BIRCK, HEINRICH/MEYER, HEINRICH, Die Bankbilanz - Aufstellung, Struktur, Gliederung und Bewertung in den Jahresabschlüssen der Kreditinstitute nach Handels- und Steuerrecht einschliesslich Bilanz- und Reservenpolitik, 3. Auflage, Wiesbaden 1991 (Bankbilanz).

BLACK, FISCHER/SCHOLES, MYRON, The Valuation of Option Contracts and a Test of Market Efficiency, in: Journal of Finance 1972, S. 399-417 (Option Contracts).

BÖCKING, HANS-JOACHIM, Der Grundsatz der Nettobilanzierung von Zero-Bonds, in: ZfbF 1986, S. 930-955 (Nettobilanzierung).

BÖSSER, JÖRG/OPPERMANN, MICHAEL/PILHOFER, JOCHEN, Auswirkungen der Standardentwürfe zur Umsatzrealisierung und zu Leasingverträgen auf sog. Non-GAAP Financial Measures - Reflexion der rechnungslegungsübergreifenden Effekte, in: PiR 2012, S. 242-250 (Auswirkungen).

BOSSERT, RAINER, Risikostruktur und Risikoverteilung bei Finanzierungsleasingverträgen über bewegliche Wirtschaftsgüter, in: BB 1981, S. 2038-2041 (Risikostruktur).

BRAKENSIEK, SONJA, Bilanzneutrale Finanzierungsinstrumente in der internationalen und nationalen Rechnungslegung - Die Abbildung von Leasing, Asset-Backet-Securities-Transaktionen und Special purpose entities im Konzernabschluss, Herne 2001 (Finanzierungsinstrumente).

BROX, HANS/WALKER, WOLF-DIETRICH, Besonderes Schuldrecht, 35. Auflage, München 2011 (Schuldrecht).

BÜHNER, ARND/SHELDON, CAROLINE, US-Leasingtransaktionen: Grundstrukturen einer grenzüberschreitenden Sonderfinanzierung - Chancen und Risiken für kommunale Anlageneigentümer, in: DB 2001, S. 315-318 (US-Leasingtransaktionen).

CANNING, JOHN, The Economics of Accountancy - A Critical Analysis of Accounting Theory, New York 1929 (Nachdruck 1978) (Accountancy).

CASPER, MATTHIAS, Der Optionsvertrag, Tübingen 2005 (Optionsvertrag).

CLAUSEN, UWE, Zur Bilanzierung von Nutzungsverhältnissen (insbesondere Miete, Pacht, Nießbrauch, Lizenzen), in: Jahrbuch der Fachanwälte für Steuerrecht 1976/1977, hrsg. v. Institut für Steuerrecht der Rechtsanwaltschaft e.V., Herne/ Berlin 1976, S. 120-144 (Nutzungsverhältnisse).

COASE, RONALD, The Problem of Social Cost, in: The Journal of law & Economics 1960, S. 1-44 (Social Cost).

COENENBERG, ADOLF/HALLER, AXEL/SCHULTZE, WOLFGANG, Jahresabschluss und Jahresabschlussanalyse - Betriebswirtschaftliche, handelsrechtliche, steuerrechtliche und internationale Grundlagen - HGB, IAS/IFRS, US-GAAP, DRS, 22. Auflage, Stuttgart 2012 (Jahresabschluss).

COPELAND, THOMAS/WESTON, J./SHASTRI, KULDEEP, Finanzierungstheorie und Unternehmenspolitik - Konzepte der kapitalmarktorientierten Unternehmensfinanzierung, 4. Auflage, München 2008 (Finanzierungstheorie).

COX, JOHN/ROSS, STEPHEN, The Valuation of Options for alternative stochastic Processes, in: Journal of Financial Economics 1976, S. 145-166 (Valuation).

COX, JOHN/ROSS, STEPHEN/RUBINSTEIN, MARK, Option Pricing: A Simplified Approach, in: Journal of Financial Economics 1979, S. 229-263 (Option Pricing).

DECKER, CHRISTIAN/PAESLER, STEPHAN, Pay-on-Production-Modelle: ein neuer Weg zur Cash-flow-basierten Finanzierung von Fertigungs- und Transportsystemen, in: BB 2003, S. 1831-1837 (Pay-on-Production-Modelle).

DEMSETZ, HAROLD, The Exchange and Enforcement of Property Rights, in: The Journal of law & Economics 1964, S. 11-26 (Property Rights).

DÖLLERER, GEORG, Leasing - wirtschaftliches Eigentum oder Nutzungsrecht?, in: BB 1971, S. 535-540 (Leasing).

DÖLLERER, GEORG, Zur Bilanzierung des schwebenden Vertrags, in: BB 1974, S. 1541-1548 (Bilanzierung).

DUROCHER, SYLVAIN, The Capitalization of Operating Leases: A Canadian Study (Capitalization).

ECKSTEIN, WOLFRAM, Langfristige Entwicklung im Leasing, in: BB 1987, Beilage 10, S. 1-11 (Entwicklung).

EMMERICH, VOLKER, Das Recht der Leistungsstörungen, 6. Auflage, München 2005 (Leistungsstörungen).

ERCHINGER, HOLGER/MELCHER, WINFRIED, Die Bilanzierung von Umsatzerlösen de lege ferenda - Aktuelle Entwicklungen vor dem Hintergrund des IASB Exposure Draft Revenue Recognition (Teil 1), in: KoR 2010, S. 434-442 (Umsatzerlöse (Teil 1)).

ERLEI, MATHIAS/LESCHKE, MARTIN/SAUERLAND, DIRK, Neue Institutionenökonomik, Stuttgart 1999 (Institutionenökonomik).

ERNST & YOUNG (HRSG.), Umsatzrealisierung bei Verträgen mit Kunden, http://www.ey.com/Publication/vwLUAssets/Umsatzrealisierung_bei_Vertraegen_mit_Kunden/$FILE/Umsatzrealisierung_bei_Vertraegen_mit_Kunden_012011.pdf. Zuletzt geprüft am: 4. Juni 2013 (Umsatzrealisierung).

ERNST & YOUNG (HRSG.), Applying IFRS - Challenges in adopting and applying IFRS 11, http://www.ey.com/Publication/vwLUAssets/Applying_IFRS_11_1011/$FILE/AApplyin%20IFRS%2011%201011.pdf. Zuletzt geprüft am: 4. Juni 2013 (Applying IFRS 11).

ERNST & YOUNG (HRSG.), Die künftige Bilanzierung von Leasingverhältnissen nach IFRS, http://www.ey.com/Publication/vwLUAssets/Kuenftige_BIlanzierung_von_Leasingverhaeltnis-sen_nach_IFRS/$FILE/Bilanzierung_von_Leasingverhaeltnissen_nach_IFRS_012011.pdf. Zuletzt geprüft am: 4. Juni 2013 (Leasingverhältnisse).

ERNST & YOUNG (HRSG.), Leases project on the brink of re-exposure, http://www.ey.com/Publication/vwLUAssets/Applying_Leases_September_2012/$FILE/Applying_Leases_Sept2012.pdf. Zuletzt geprüft am: 4. Juni 2013 (Re-exposure).

ERNST & YOUNG (HRSG.), Umsatzrealisierung bei Verträgen mit Kunden, http://www.ey.com/Publication/vwLUAssets/Applying_IFRS_-_Umsatzrealisierung_bei_Vertr%C3%A4gen_mit_Kunden/$FILE/Applying%20IFRS%20-%20Umsatzrealisierung%20bei%20Vertraegen%20mit%20Kunden.pdf. Zuletzt geprüft am: 4. Juni 2013 (Überarbeiteter Standardentwurf).

ERNSTING, INGO/KEITZ, ISABEL VON, Bilanzierung von Rückstellungen nach IAS 37, in: DB 1998, S. 2477-2484 (Rückstellungen).

ESSER, MAIK, Leasingverhältnisse in der IFRS-Rechnungslegung - Darstellung der Leasingbilanzierung gem. IAS 17 und IFRIC 4, in: StuB 2005, S. 429-436 (Leasingverhältnisse).

EUBE, STEFFEN, Realoptionen - Instrument wertorientierter Unternehmensführung, in: Werte messen - Werte schaffen, hrsg. v. Arnold, Hansjörg/Englert, Joachim/Eube, Steffen, Wiesbaden 2000, S. 373-387 (Realoptionen).

EULER, ROLAND, Grundsätze ordnungsmäßiger Gewinnrealisierung, Düsseldorf 1989 (Gewinnrealisierung).

EWELT-KNAUER, CORINNA, Der Konzernabschluss als Berichtsinstrument der wirtschaftlichen Einheit - Zur Abgrenzung des Vollkonsolidierungskreises sowie zur bilanziellen Abbildung von Transaktionen mit Dritten, Lohmar 2010 (Berichtsinstrument).

FABRI, STEPHAN, Grundsätze ordnungsmäßiger Bilanzierung entgeltlicher Nutzungsverhältnisse, Bergisch Gladbach/Köln 1986 (Nutzungsverhältnisse).

FALK, BALDHARD, Leasing in den USA, in: DB 1963, S. 351-352 (Leasing in den USA).

FEIST, GERHARD, Leasing-Kompendium der Praxis, Wiesbaden 1975 (Leasing-Kompendium).

FELIX, GÜNTHER, Der Nießbrauch in der Besteuerungspraxis (Arbeitskreis I), in: StKongR 1972, S. 371-404 (Nießbrauch).

FIGGE, HORST, Die internationale Diskussion zur Bilanzierung von Leasinggeschäften - nur ein Anwendungsfall unterschiedlicher Bilanzierungskonzepte?, in: Wertorientierte Konzernführung, hrsg. v. Küting, Karlheinz/Weber, Claus-Peter, Stuttgart 2000, S. 157-181 (Leasinggeschäfte).

FINDEISEN, KLAUS-DIETER, Die Bilanzierung von Leasingverträgen nach den Vorschriften des International Accounting Standards Committee, in: RIW 1997, S. 838-847 (Leasingverträge).

FINDEISEN, KLAUS-DIETER/SABEL, ELMAR, Diskussionspapier von IASB und FASB zur Reform der Leasingbilanzierung, in: DB 2009, S. 1885-1894 (Diskussionspapier).

FINK, ALFRED, Leasing in Frankreich, in: Leasing-Handbuch für die betriebliche Praxis, hrsg. v. Eckstein, Wolfram/Feinen, Klaus, 7. Auflage, Frankfurt am Main 2000, S. 451-473 (Leasing in Frankreich).

FINK, CHRISTIAN/KETTERLE, GÜNTER/SCHEFFEL, STEVE, Revenue Recognition: Bilanzpolitische, -analytische und prozessuale Auswirkungen des Re-Exposure Draft auf die Bilanzierungspraxis, in: DB 2012, S. 1997-2007 (Revenue Recognition).

FISCHER, DANIEL/SIGGELKOW, LENA, Das Diskussionspapier "Leases - Preliminary Views" des IASB und des FASB, in: PiR 2009, S. 174-176 (Diskussionspapier).

FISCHER, MARC, Der Property Rights-Ansatz, in: WiSt 1994, S. 316-318 (Property Rights-Ansatz).

FISHER, IRVING, The Theory of Interest, New York 1930 (Interest).

FOHLMEISTER, KLAUS J., Immobilien- und Großanlagen-Leasing, in: Leasing-Handbuch für die betriebliche Praxis, hrsg. v. Eckstein, Wolfram/Feinen, Klaus, 7. Auflage, Frankfurt am Main 2000, S. 277-332 (Immobilien-Leasing).

FRIEDERICH, HARTMUT, Grundsätze ordnungsmäßiger Bilanzierung für schwebende Geschäfte, Düsseldorf 1975 (Schwebende Geschäfte).

FÜLBIER, ROLF UWE/FEHR, JANE, Aktueller Diskussionsstand im IASB/FASB-Leasingprojekt: Weiter Richtung full fair value?, in: PiR 2008, S. 181-188 (Diskussionsstand).

FÜLBIER, ROLF UWE/FEHR, JANE, Die bilanzwirksame Gleichbehandlung aller Leasingverträge steht vor der Tür: Das IASB/FASB-Discussion Paper zu "Leases", in: WPg 2009, S. 673-676 (Gleichbehandlung).

FÜLBIER, ROLF UWE/FEHR, JANE, IASB und FASB machen Ernst mit der neuen Leasingbilanzierung: Der Standardentwurf "Leases" liegt vor, in: WPg 2010, S. 1019-1023 (Der Standardentwurf).

FÜLBIER, ROLF UWE/LIRIO SILVA, JORGE/PFERDEHIRT, HENRIK, Impact of Lease Capitalization on Financial Ratios of Listed German Companies, in: sbr 2008, S. 122-144 (Lease Capitalization).

FÜLBIER, ROLF UWE/PFERDEHIRT, HENRIK, Überlegungen des IASB zur künftigen Leasingbilanzierung: Abschied vom off balance sheet approach, in: KoR 2005, S. 275-285 (Überlegungen).

FURUBOTN, EIRIK/PEJOVICH, SVETOZAR, Property Rights and Economic Theory: A survey of recent literature, in: Journal of economic literature 2001, S. 1137-1162 (Property Rights).

GÄFGEN, DIETER, Leasing in den USA, in: Leasing-Handbuch, hrsg. v. Hagenmüller, Karl Friedrich, 2. Auflage, Frankfurt 1968, S. 107-165 (Leasing in den USA).

GASSEN, JOACHIM/FISCHKIN, MICHAEL/HILL, VERENA, Das Rahmenkonzept-Projekt des FASB: Eine normendeskriptive Analyse des aktuellen Stands, in: WPg 2008, S. 874-882 (Rahmenkonzept-Projekt).

GEBHARDT, RONNY, Abbildung von Leasingverhältnissen in der internationalen Rechnungslegung - Eine Analyse propagierter Neuregelungen auf konzeptionelle Begründbarkeit, Hamburg 2009 (Leasingverhältnisse).

GELHAUSEN, HANS, Das Realisationsprinzip im Handels- und im Steuerbilanzrecht, Frankfurt am Main 1985 (Realisationsprinzip).

GIERSBERG, JENS/VÖGTLE, MARCUS, Bilanzielle Auswirkungen der Adjustierung von Operating-Leasingverhältnissen, in: FB 2007, S. 431-442 (Bilanzielle Auswirkungen).

GÖTZ, JAN/SPANHEIMER, JÜRGEN, Zur Identifizierung von Leasingverhältnissen - Auswirkungen und Beurteilung von IFRIC D3 im Lichte erster Erfahrungen mit EITF 01-8, in: WPg 2004, S. 510-518 (Identifizierung).

GRADOW, ALEXANDER, Bilanzierung von Leasinggeschäften - Rahmenkonzept für eine investoren-orientierte Neugestaltung der Leasingbilanzierung, Bamberg 2008 (Leasinggeschäfte).

GRAF WESTPHALEN, FRIEDRICH VON, Leistungsfähigkeit und Leistungswilligkeit des Lieferanten - ein Risiko des Leasinggebers, in: ZIP 1985, S. 1436-1442 (Leistungsfähigkeit).

GRAF WESTPHALEN, FRIEDRICH VON, Rechtliche Qualifizierung des Leasing - Steuer- und kreditrechtliche Fußnoten, in: BB 1988, S. 1829-1832 (Qualifizierung).

GRAF WESTPHALEN, FRIEDRICH VON, Kapitel E. Vollzug des Leasingvertrages - Hauptpflichten des Leasinggebers, in: Der Leasingvertrag, hrsg. v. Graf Westphalen, Friedrich von, 6. Auflage, Köln 2008, S. 266-290 (Hauptpflichten).

GRAF WESTPHALEN, FRIEDRICH VON, Zur Unwirksamkeit von (leasingtypischen) Rückkaufverpflichtungen unter besonderer Berücksichtigung der Kfz-Branche, in: BB 2009, S. 2378-2385 (Rückkaufverpflichtungen).

GRAU, ANDREAS, Gewinnrealisierung nach International Accounting Standards, Wiesbaden 2002 (Gewinnrealisierung).

GROSSEKETTLER, HEINZ/HADAMITZKY, ANDREAS/LORENZ, CHRISTIAN, Volkswirtschaftslehre, 2. Auflage, Konstanz 2008 (Volkswirtschaftslehre).

GROTE, ANDREAS/HOLD, CHRISTIANE/PILHOFER, JOCHEN, Führt der Re-Exposure Draft ED/2011/6 zu gravierenden Änderungen der Umsatzrealisierung oder wird der Berg eine Maus gebären? - Eine branchenspezifische Analyse des bevorstehenden Anpassungsbedarfs auf Basis des gegenwärtigen Diskussionsstands (Teil 1), in: KoR 2012, S. 105-113 (Umsatzrealisierung (Teil 1)).

GROTE, ANDREAS/HOLD, CHRISTIANE/PILHOFER, JOCHEN, Führt der Re-Exposure Draft ED/2011/6 zu gravierenden Änderungen der Umsatzrealisierung oder wird der Berg eine Maus gebären? - Eine branchenspezifische Analyse des bevorstehenden Anpassungsbedarfs auf Basis des gegenwärtigen Diskussionsstands (Teil 2), in: KoR 2012, S. 170-177 (Umsatzrealisierung (Teil 2)).

GUNKEL, JOCHEN, Das Mobilien-Leasing, in: NWB 1989, S. 1725-1736 (Mobilien-Leasing).

HAAS, STEFAN/KREHER, TIMO, Besonderheiten der Umsatzrealisierung bei Lizenzverträgen nach dem geänderten Standardentwurf ED/2010/6 und nach den aktuellen IFRS-Regelungen, in: KoR 2012, S. 114-120 (Lizenzverträge).

HAAS, STEFAN/MÖHRING, SABINE/BORNHOFEN, MARTIN, ED Revenue Recognition: Kritische Würdigung ausgewählter Aspekte unter Einbeziehung erster Reaktionen der Boards, in: KoR 2011, S. 236-242 (ED Revenue Recognition).

HACHMEISTER, DIRK, Verbindlichkeiten nach IFRS - Bilanzierung von kurz- und langfristigen Verbindlichkeiten, Rückstellungen und Eventualschulden, München 2006 (Verbindlichkeiten).

HALL, WILLIAM, Current Problems in Accounting for Leases, in: The Journal of Accountancy 1967, S. 35-42 (Current Problems).

HARLING, HANS BURCHARD VON, Leasing in den USA - Eine Analyse seiner Entwicklung unter besonderer Berücksichtigung des Leasing als organisiertes Bankgeschäft, München 1968 (Leasing in den USA).

HARTMANN-WENDELS, THOMAS, Internationale Leasing-Bilanzierung im Umbruch, in: Kreditwesen aktuell 2009, S. 1068-1070 (Leasing-Bilanzierung).

HARTMANN-WENDELS, THOMAS/PFINGSTEN, ANDREAS/WEBER, MARTIN, Bankbetriebslehre, 5. Auflage, Berlin 2010 (Bankbetriebslehre).

HARTMANN-WENDELS, THOMAS/SCHMIDT, PEER, Zur Reform des IAS 17: Ist der Right-of-Use-Approach dem Risk-Reward-Approach überlegen?, in: WPg 2010, S. 278-285 (Reform).

HASTEDT, UWE-PETER, Gewinnrealisation beim Finanzierungs-Leasing, Wiesbaden 1992 (Gewinnrealisation).

HAYN, SVEN, Die International Accounting Standards (Teil I) - Ihre grundlegende Bedeutung für die internationale Harmonisierung der Rechnungslegung sowie eine Darstellung wesentlicher Unterschiede zu den einzelgesellschaftlichen Normen des HGB, in: WPg 1994, S. 713-721 (Die IAS (Teil I)).

HAYN, SVEN, Internationale Rechnungslegung - Ursachen, Wirkungen und Lösungsansätze zur Überwindung internationaler Rechnungslegungsdivergenzen, Stuttgart 1997 (Internationale Rechnungslegung).

HELMSCHROTT, HARALD, Leasingbilanzierung im Umbruch - Betrachtung unterschiedlicher Konzepte der Bilanzierung von Leasinggeschäften unter besonderer Berücksichtigung neuerer Vorschläge von McGregor, Tweedie und Mellwig, Aachen 2000 (Umbruch).

HELMSCHROTT, HARALD, Zum Einfluss von SIC 12 und IAS 39 auf die Bestimmung des wirtschaftlichen Eigentums bei Leasingvermögen nach IAS 17, in: WPg 2000, S. 426-429 (Einfluss).

HELWIG, CHRISTIAN, Portfolioorientierte Quantifizierung des Adressenausfall- und Restwertrisikos im Leasinggeschäft - Modellierung und Anwendung, Frankfurt am Main 2008 (Quantifizierung).

HENDERSON, SCOTT/PEIRSON, GRAHAM, A Note on Accounting and Executory Contracts, in: Abacus 1983, S. 96-98 (Executory Contracts).

HENNEBERGER, MICHAEL/KIENE, SONJA, Die Internationalisierung der Rechnungslegung - Auswirkung auf die Restwert- und Refinanzierungspolitik von Leasing-Gesellschaften, in: FLF 2003, S. 175-179 (Internationalisierung).

HENSELMANN, KLAUS/KLEIN, MARTIN/KÖNIGER, SEBASTIAN, Comment Letters zum ED Leases - Status Quo und erste Reaktionen des IASB auf die von Unternehmen, Wissenschaft und Wirtschaftsprüfung ausgesprochene Kritik zur Leasingbilanzierung, in: PiR 2011, S. 188-196 (Comment Letters).

HEUER, DENNIS/PAESLER, STEPHAN, Verbriefung von Restwertrisiken bei Leasing-Gesellschaften, in: FLF 2007, S. 18-24 (Restwertrisiken).

HOFFMANN, WOLF-DIETER/LÜDENBACH, NORBERT, Das Realisationsprinzip - 1884 und heute - Eine kleine (Geburtstags-)Gabe für Adolf Moxter, in: DStR 2004, S. 1758-1764 (Realisationsprinzip).

HOMMEL, MICHAEL, Grundsätze ordnungsmäßiger Bilanzierung für Dauerschuldverhältnisse, Wiesbaden 1992 (Dauerschuldverhältnisse).

HOMMEL, MICHAEL/SCHMITZ, STEFANIE, ED/2010/6: Revenue from Contracts with Customers - Die Umsatzrealisation unter Kontrolle?, in: WPg 2011, S. 17-24 (Umsatzrealisation).

HOMMEL, MICHAEL/WINTER, HEIKE/ZICKE, JULIA, ED/2013/6 „Leases“: Neue Bestimmungen für Miete, Pacht und Leasing, in: BB 2013, S. 1707-1712.

HULL, JOHN, Optionen, Futures und andere Derivate, 8. Auflage, München 2012 (Optionen).

IDW (HRSG.), Stellungahme HFA 1/1989 - Zur Bilanzierung beim Leasinggeber, in: WPg 1989, S. 625-626 (HFA 1/1989).

ITEN, ANDRES, Der Leasingvertrag in der Büromaschinenbranche, Zürich 1983 (Leasingvertrag).

JACOBI, ARNE, Analyse bilanztheoretischer Grundlagen der International Accounting Standards als Basis für deren Interpretation und Weiterentwicklung, Aachen 2003 (Analyse).

JANSEN, RUDOLF/JANSEN, MARTIN, Der Nießbrauch im Zivil- und Steuerrecht, 7. Auflage 2005 (Nießbrauch).

JOHNSON, L. TODD, Future Events - A Conceptual Study of Their Significance for Recognition and Measurement, Norwalk 1994 (Future Events).

JOINT WORKING GROUP OF STANDARD SETTERS (HRSG.), Recommendations on accounting for Finacial Instruments and Similar Items, London 2000 (Recommendations).

JUNG, MARC/RUTHARDT, FREDERIK/HERMENS, ANN-SOPHIE, Scheitert das IASB an einer tragfähigen Reform der Leasingbilanzierung, in: IRZ 2011, S. 199-203 (Leasingbilanzierung).

JUNG, WILLI, US-amerikanische und deutsche Rechnungslegung - Bilanzierungs-Leitfaden für beide Länder mit Besteuerungs-Richtlinien für deutsche Unternehmen in den USA, Düsseldorf 1979 (Rechnungslegung).

KAUFMANN, KATRIN, Die Bilanzierung schwebender Geschäfte am Beispiel von Erbbaurechten, in: DB 1993, S. 290-292 (Erbbaurechte).

KAYSER, UWE, Zum 25jährigen Bestehen des Bundesverbandes Deutscher Leasing-Gesellschaften e.V., in: FLF 1997, S. 97-102 (Bestehen).

KILKA, MICHAEL, Realoptionen - Optionspreistheoretische Ansätze bei Investitionsentscheidungen unter Unsicherheit, Frankfurt am Main 1995 (Realoptionen).

KIRSCH, HANS-JÜRGEN/OLBRICH, ALEXANDER/DETTENRIEDER, DOMINIK, Die Vorschläge des IASB zu den künftigen Wertminderungsvorschriften des IFRS 9 vor dem Hintergrund der qualitativen Anforderungen des Conceptual Framework, in: KoR 2012, S. 563-571 (Wertminderungsvorschriften).

KLAHOLZ, EVA, Bilanzierung von Dienstleistungskonzessionsvereinbarungen im IFRS-Abschluss - Eine Analyse von IFRIC 12: Service Concession Arrangements, Düsseldorf 2009 (Dienstleistungskonzessionsvereinbarungen).

KOCH, RAINER, Immobilien-Leasing: ein Beitrag zur Zivilrechtsdogmatik des Leasing, München 1989 (Immobilien-Leasing).

KOCH, SIMONE, Bilanzierung von Nutzungsrechten nach GoB und IFRS, Düsseldorf 2011 (Nutzungsrechte).

KÖHLING, KATHRIN, Barwertorientierte Fair Value-Ermittlung für Renditeimmobilien in der IFRS-Rechnungslegung - Empfehlungen zur Konkretisierung eines Bewertungskalküls, Lohmar 2011 (Renditeimmobilien).

KRATZER, JOST/KREUZMAIR, BENNO, Leasing in Theorie und Praxis - Leitfaden für Anbieter und Anwender, 2. Auflage, Wiesbaden 2002 (Theorie und Praxis).

KRONER, MATTHIAS/LEUCHTENSTERN, SYLVIA/RANKER, DANIEL, Reformierung der Leasingbilanzierung - Wo geht die Reise hin? (Teil 2), in: KoR 2010, S. 605-613 (Reformierung (Teil 2)).

KRONKE, HERBERT, Finanzierungsleasing in rechtsvergleichender Sicht, in: Grundfragen des Finanzierungsleasing, hrsg. v. Grunsky, Wolfgang/Lieb, Manfred/Medicus, Dieter, Tübingen 1990, S. 383-408 (Finanzierungsleasing).

KÜHNE, MAREIKE/SCHLEIS, INGO, Geplante Neuregelung der Umsatzrealisierung nach IFRS - Erneuter Standardentwurf des IASB (ED/2011/6 "Revenue from Contracts with Customers"), in: WPg 2012, S. 259-263 (Umsatzrealisierung).

KÜMPEL, THOMAS/BECKER, MICHAEL, Leasing nach IFRS - Beurteilung, Bilanzierung und Berichtspflichten, München 2006 (Leasing).

KÜMPEL, THOMAS/BECKER, MICHAEL, (Internationale) Leasingbilanzierung im Wandel - Was ändert sich zukünftig bei der Leasingbilanzierung in der internationalen Rechnungslegung?, in: DStR 2010, S. 456-462 (Wandel).

KUßMAUL, HEINZ, Sind Nutzungsrechte Vermögensgegenstände bzw. Wirtschaftsgüter? - Auch eine Stellungnahme zu dem Beitrag von D. E. Meyer-Scharenberg, BB 1987, S. 874-877, in: BB 1987, S. 2053-2065 (Nutzungsrechte).

KUßMAUL, HEINZ, Nutzungsrechte an Grundstücken in Handels- und Steuerbilanz, Hamburg 1987 (Nutzungsrechte).

KÜTING, KARLHEINZ/HELLEN, HEINZ-HERMANN/BRAKENSIEK, SONJA, Leasing in der nationalen und internationalen Bilanzierung - Eine vergleichende Darstellung unter Berücksichtigung neuer Ansätze, in: BB 1998, S. 1465-1473 (Leasing).

KÜTING, KARLHEINZ/KOCH, CHRISTIAN/TESCHE, THOMAS, Die internationale Leasingbilanzierung vor dem Umbruch - Eine bilanzanalytische Betrachtung der Leasingnehmerbilanzierung, in: PiR 2010, S. 283-293 (Leasingbilanzierung).

KÜTING, KARLHEINZ/KOCH, CHRISTIAN/TESCHE, THOMAS, Umbruch der internationalen Leasingbilanzierung - Fluch oder Segen, in: DB 2011, S. 425-430 (Umbruch).

KÜTING, KARLHEINZ/LAM, SIU, Umsatzrealisierung dem Grunde nach - Ein Vergleich zwischen HGB, IFRS und dem Standardentwurf ED/2011/6, in: DStR 2012, S. 2348-2354 (Umsatzrealisierung).

KÜTING, KARLHEINZ/TUROWSKI, PHILIPP/PILHOFER, JOCHEN, Umsatzrealisation im Zusammenhang mit Mehrkomponentenverträgen, in: WPg 2001, S. 305-317 (Mehrkomponentenverträge).

LABRENZ, HELFRIED, Konzeptionelle Analyse der geplanten Leasingbilanzierung - Plädoyer für eine prinzipienbasierte Standardsetzung, in: KoR 2013, S. 79-87 (Analyse).

LANDSBERG, ERNST, Die Glosse des Accursius und ihre Lehre vom Eigenthum, Leipzig 1883 (Glosse des Accursius).

LARENZ, KARL, Lehrbuch des Schuldrechts - Erster Band, allgemeiner Teil, 14. Auflage, München 1987 (Schuldrecht).

LARENZ, KARL/CANARIS, CLAUS-WILHELM, Lehrbuch des Schuldrechts Bd II/2, 13. Auflage, München 1994 (Lehrbuch des Schuldrechts).

LAUBACH, WOLFGANG/FINDEISEN, KLAUS-DIETER/MURER, ALEXANDER, Leasingbilanzierung nach IFRS im Umbruch - der neue Exposure Draft "Leases", in: DB 2010, S. 2401-2410 (Leasingbilanzierung).

LEENEN, DETLEF, Die Pflichten des Leasing-Gebers, in: Grundfragen des Finanzierungsleasing, hrsg. v. Grunsky, Wolfgang/Lieb, Manfred/Medicus, Dieter, Tübingen 1990, S. 260-291 (Pflichten).

LEFFSON, ULRICH, Die Darstellung von Leasingverträgen im Jahresabschluss (I), in: DB 1978, S. 637-641 (Leasingverträge).

LEFFSON, ULRICH, Bilanzanalyse, 3. Auflage, Stuttgart 1984 (Bilanzanalyse).

LEFFSON, ULRICH, Die Grundsätze ordnungsmäßiger Buchführung, 7. Auflage, Düsseldorf 1987 (GoB).

LEIBFRIED, PETER/KLEIBOLD, THORSTEN, Neuregelungen der Leasingbilanzierung im IFRS-Abschluss des Leasingnehmers, in: KoR 2009, S. 408-413 (Neuregelungen).

LEIBFRIED, PETER/ROGOWSKI, CARMEN, Mögliche zukünftige Leasingbilanzierung nach IFRS - Empirische Untersuchung der bilanziellen Auswirkungen auf DAX- und MDAX-Unternehmen, in: KoR 2005, S. 552-555 (Mögliche zukünftige Leasingbilanzierung).

LEIPPE, BRITTA, Die Bilanzierung von Leasinggeschäften nach deutschem Handelsrecht und US-GAAP - Darstellung und Zweckmäßigkeitsanalyse, Frankfurt am Main 2002 (Leasinggeschäfte).

LEUCHTENSTERN, SYLVIA/RANKER, DANIEL/HENNEBERGER, MICHAEL, Reformierung der Leasingbilanzierung - Wo geht die Reise hin? (Teil 3), in: KoR 2011, S. 26-34 (Reformierung (Teil 3)).

LIEBLER, HANS, Strategische Optionen - Eine kapitalmarktorientierte Bewertung von Investitionen unter Unsicherheit, Konstanz 1996 (Strategische Optionen).

LIPE, ROBERT, Lease Accounting Research and the G4+1 Proposal, in: Accounting Horizons 2001, S. 299-310 (Lease Accounting).

LIVIJN, CLAES-OLOF, 5000 years of Leasing, Stockholm 1969 (5000 years).

LÖHR, DIRK, Die handelsrechtliche Bilanzierung und Bewertung des Stillhalterrisikos aus Realoptionen, in: WPg 200, S. 597-605 (Stillhalterrisiko).

LOITZ, RÜDIGER/LEUCHTENSTERN, SYLVIA/KRONER, MATTHIAS, Leasing Heute und Morgen - Die Unternehmenspraxis, in: DB 2011, S. 1873-1881 (Unternehmenspraxis).

LORENZ, KARSTEN, IFRS Exposure Draft "Leases": Abschaffung des wirtschaftlichen Eigentums bei Leasingverhältnissen, in: BB 2010, S. 2555-2560 (Exposure Draft).

LÜDENBACH, NORBERT/CHRISTIAN, DIETER, Die Bilanzierung von Cross-Border-Leasing nach IFRS und HGB in der Finanzmarktkrise, in: DStR 2009, S. 1054-1059 (Cross-Border-Leasing).

LÜDENBACH, NORBERT/FREIBERG, JENS, Wirtschaftliches Eigentum nach IAS 17 - die unterschätzte Bedeutung des Spezialleasings, in: BB 2006, S. 259-265 (Spezialleasing).

LÜDERS, JÜRGEN, Der Zeitpunkt der Gewinnrealisierung im Handels- und Steuerbilanzrecht, Köln 1987 (Gewinnrealisierung).

LÜPOLD, PATRICK, Der überarbeitete Entwurf zur Umsatzrealisierung: Letzte Brennpunkte auf dem Weg zum finalen Standard, in: IRZ 2013, S. 17-22 (Umsatzrealisierung).

MAREK, MICHAEL, Geschichte des Leasing - Abriss einer beeindruckenden Entwicklung (Geschichte).

MARTIN, WALTER, Das Erbbaurecht in der Bilanz, in: DB 1982, S. 1077-1082 (Erbbaurecht).

MARTON, JAN/WAGENHOFER, ALFRED, Comment on the IASB Discussion Paper 'Preliminary Views on Revenue Recognition in Contracts with Customers', in: Accounting in Europe 2010, S. 3-13 (Comment).

MARUSEV, ALFRED/PFINGSTEN, ANDREAS, Arbitragefreie Herleitung zukünftiger Zinsstruktur-Kurven und Kurswerte, in: Die Bank 1992, S. 169-172 (Herleitung).

MATENA, SONJA, Bilanzielle Vermögenszurechnung nach IFRS - Konzept und Analyse der Zurechnung von Vermögenswerten zum bilanziellen Vermögen von Unternehmen, Düsseldorf 2004 (Vermögenszurechnung).

MATHIAK, WALTER, Zur Bilanzierung dinglicher Rechtsverhältnisse, in: Handelsrecht und Steuerrecht, hrsg. v. Knobbe-Keuk, Brigitte/Klein, Franz/Moxter, Adolf, Düsseldorf 1988, S. 397-409 (Dingliche Rechtsverhältnisse).

MCGREGOR, WARREN, Accounting for Leases - a New Framework, in: Australian Accountant 1993, S. 17-20 (New Framework).

MCGREGOR, WARREN, Accounting for Leases: A new Approach - Recognition by Lessees of Assets and Liabilities arising under Lease Contracts, Norwalk 1996 (A new Approach).

MELLWIG, WINFRIED, Die bilanzielle Darstellung von Leasingverträgen nach den Grundsätzen des IASC - Derzeitige Regelung und Reformvorschläge, in: DB 1998, Beilage Nr. 12/98, S. 1-16 (Darstellung).

MELLWIG, WINFRIED, Leasing im nationalen und internationalen Handelsrecht, in: Leasing-Handbuch für die betriebliche Praxis, hrsg. v. Eckstein, Wolfram/Feinen, Klaus, 7. Auflage, Frankfurt am Main 2000, S. 67-97 (Leasing).

MELLWIG, WINFRIED/SABEL, ELMAR, Der Grundsatz der Nichtbilanzierung schwebender Geschäfte unter IAS/IFRS, in: Der Konzern 2005, S. 357-370 (Nichtbilanzierung).

MELLWIG, WINFRIED/WEINSTOCK, MARC, Die Zurechnung von mobilen Leasingobjekten nach deutschem Handelsrecht und den Vorschriften des IASC, in: DB 1996, S. 2345-2352 (Zurechnung).

MEYER, WILLI, Entwicklung und Bedeutung des Property Rights-Ansatzes in der Nationalökonomie, in: Property rights und ökonomische Theorie, hrsg. v. Schüller, Alfred, München 1983, S. 1-44 (Property Rights-Ansatz).

MILDEBRATH, CHRISTINA, Der IAS-Einzelabschluss - Ordnungspolitische Konsequenz einer vergleichenden Betrachtung von HGB- und IFRS-Rechnungslegung unter besonderer Berücksichtigung der Bilanzierung von Leasingverhältnissen, Frankfurt am Main 2008 (IAS-Einzelabschluss).

MONSON, DENNIS, Commentary - The Conceptual Framework and Accounting for Leases, in: Accounting Horizons 2001, S. 275-287 (Commentary).

MOXTER, ADOLF, Bilanzierung und unsichere Erwartungen, in: ZfhF, NF 1962, S. 607-632 (Unsichere Erwartungen).

MOXTER, ADOLF, Die Grundsätze ordnungsmäßiger Bilanzierung und der Stand der Bilanztheorie, in: ZfbF 1966, S. 28-59 (Grundsätze).

MOXTER, ADOLF, Fundamentalgrundsätze ordnungsmäßiger Rechenschaft, in: Bilanzfragen, hrsg. v. Baetge, Jörg/Moxter, Adolf/Schneider, Dieter, Düsseldorf 1976, S. 87-117 (Fundamentalgrundsätze).

MOXTER, ADOLF, Bilanzrechtliche Abzinsungsgebote und -verbote, in: Ertragsbesteuerung, hrsg. v. Raupach, Arndt/Uelner, Adalbert, München 1993, S. 195-207 (Abzinsungsgebote).

MOXTER, ADOLF, Rechnungslegungsmythen, in: BB 2000, S. 2143-2149 (Rechnungslegungsmythen).

MOXTER, ADOLF, Bilanzrechtsprechung, 6. Auflage, Tübingen 2007 (Bilanzrechtsprechung).

MUGGENTHALER, BARBARA/MUJKANOVIC, ROBIN, Die Bilanzierung von Leasingverhältnissen nach ED/2010/9, in: PiR 2010, S. 305-312 (Leasingverhältnisse).

MUSIELAK, HANS-JOACHIM, Grundkurs BGB - Eine Darstellung zur Vermittlung von Grundlagenwissen im bürgerlichen Recht mit Fällen und Fragen zur Lern- und Verständniskontrolle sowie mit Übungsklausuren, 12. Auflage, München 2011 (Grundkurs BGB).

MYERS, JOHN, Reporting of Leases in Financial Statements - An Accounting Research Study, New York 1962 (Reporting of Leases).

MYERS, STEWART, Determinants of Corporate Borrowing, in: Journal of Financial Economics 1977, S. 147-175 (Determinants).

NAILOR, HANS/LENNARD, ANDREW, Leases: Implementation of a New Approach, Norwalk 2000 (New Approach).

NELLES, MICHAEL/STROMBERG, FRANK, IFRS/IAS und US-GAAP bei Immobilien-Leasing-Konzeptionen - Praktische Probleme und mögliche stukturelle Lösungsansätze, in: FLF 2006, S. 26-33 (Immobilien-Leasing-Konzeptionen).

NELSON, A., Capitalizing Leases - The Effect on Financial Rations, in: The Journal of Accountancy 1963, S. 49-58 (Capitalizing Leases).

NEMET, MARIJAN/KHREBTISHCHEV, ALEXANDER, Forfaitierung von Restwertrisiken unter IFRS, in: FLF 2011, S. 91-94 (Forfaitierung).

NIEHUS, RUDOLF, Zur Bilanzierung von Leasing beim Leasing-Nehmer, in: DB 1967, S. 1641-1647 (Leasing).

NIEHUS, RUDOLF, Neuregelungen der Bilanzierung von Leasing in den USA - Nur von theoretischem Interesse - oder Denkanstoß auch für uns?, in: DB 1977, S. 1862-1865 (Neuregelungen).

NOBES, CHRISTOPHER, Revenue Recognition and EU Endorsement of IFRS, in: Accounting in Europe 2006, S. 81-89 (Revenue Recognition).

NOBES, CHRISTOPHER, On the Definitions of Income and Revenue in IFRS, in: Accounting in Europe 2012, S. 85-94 (Income).

O.V., Leasing hat den Bankkredit überholt, in: FAZ vom 20. November 2007, S. 14 (Bankkredit).

OBERDÖRSTER, TATJANA, Finanzberichterstattung und Prognosefehler von Finanzanalysten, Wiesbaden 2009 (Finanzberichterstattung).

OLSEN, LORI/WEIRICH, THOMAS, New Revenue-Recognition Model, in: Journal of Corporate Accounting & Finance 2010, S. 55-61 (New Revenue-Recognition).

ORDELHEIDE, DIETER, Kaufmännischer Periodengewinn als ökonomischer Gewinn - Zur Unsicherheitsrepräsentation bei der Konzeption von Erfolgsgrößen, in: Unternehmungserfolg, hrsg. v. Domsch, Michel/Eisenführ, Franz/Ordelheide, Dieter/Perlitz, Manfred, Wiesbaden 1988, S. 275-302 (Periodengewinn).

OVERSBERG, THOMAS, Paradigmenwechsel in der Bilanzierung von Leasingverhältnissen - Eine Einführung in das aktuelle IASB/FASB-Leasingprojekt, in: KoR 2007, S. 376-386 (Paradigmenwechsel).

PALMON, DAN/KWATINETZ, MICHAEL, The Significant Role Interpretation Plays in the Implementation of SFAS, in: Journal of acounting, auditing & finance, S. 207-225 (Interpretation).

PATON, WILLIAM/LITTLETON, ANANIAS, An Introduction to Corporate Accounting Standards, ohne Ort 1940 (Introduction).

PEJOVICH, SVETOZAR, The Capitalist Corporation and the Socialist Firm - A Study of Comparative Efficiency, in: Schweizerische Zeitschrift für Volkswirtschaft und Statistik 1976, S. 1-25 (Capitalist Corporation).

PELLENS, BERNHARD/FÜLBIER, ROLF UWE/GASSEN, JOACHIM/SELLHORN, THORSTEN, Internationale Rechnungslegung - IFRS 1 bis 9, IAS 1 bis 41, IFRIC-Interpretationen, Standardentwürfe; mit Beispielen, Aufgaben und Fallstudie, 8. Auflage, Stuttgart 2011 (Internationale Rechnungslegung).

PERRIDON, LOUIS/STEINER, MANFRED/RATHGEBER, ANDREAS, Finanzwirtschaft der Unternehmung, 15. Auflage, München 2009 (Finanzwirtschaft).

PETERS, SÖREN, Entscheidungsnützlichkeit der Leasingbilanzierung nach IFRS und US-GAAP - Eine Analyse der aktuellen Reformbestrebungen, Lohmar 2009 (Entscheidungsnützlichkeit).

PFERDEHIRT, HENRIK, Die Leasingbilanzierung nach IFRS - Eine theoretische und empirische Analyse der Reformbestrebungen, Wiesbaden 2007 (Leasingbilanzierung).

PICOT, ARNOLD, Der Beitrag der Theorie der Verfügungsrechte zur ökonomischen Analyse von Unternehmensverfassungen, in: Unternehmungsverfassung als Problem der Betriebswirtschaftslehre, hrsg. v. Bohr, Kurt/Drukarczyk, Jochen/Drumm, Hans-Jürgen/Scherrer, Gerhard, Berlin 1981, S. 153-197 (Ökonomische Analyse).

PILHOFER, JOCHEN, Umsatz- und Gewinnrealisierung im internationalen Vergleich - Bilanzpolitische Gestaltungsmöglichkeiten nach HGB, US-GAAP und IFRS, Herne u. a. 2002 (Gewinnrealisierung).

PILHOFER, JOCHEN/BÖSSER, JÖRG/DÜNGEN, JENS, Die Umsatzrealisierung von Mehrkomponentenverträgen außerhalb der Softwarebranche im IFRS-Normensystem - Schließung von Regelungslücken durch Adaption von EITF 00-21 bzw. EITF 08-1?, in: WPg 2010, S. 78-91 (Mehrkomponentenverträge).

PLATHE, PETER, Zur rechtlichen Beurteilung des Leasing-Geschäfts, in: BB 1970, S. 601-605 (Beurteilung).

PLOCK, MARCUS, Ertragsrealisation nach International Financial Reporting Standards (IFRS), Düsseldorf 2004 (Ertragsrealisation).

POPP, MICHAEL, Die Bilanzierung von Optionsgeschäften, in: DStR 1976, S. 87-91 (Optionsgeschäfte).

POPPER, KARL, Logik der Forschung, 11. Auflage, Tübingen 2005 (Logik).

PRÜTTING, HANNS, Sachenrecht, 34. Auflage, München 2010 (Sachenrecht).

PWC (HRSG.), Leases - One size does not fit all, http://www.PwC.com/en_US/us/cfodirect/assets/pdf/dataline/09-17-2012.pdf. Zuletzt geprüft am: 4. Juni 2013 (Leases).

RAU, HANS-GERD, Zur Bewertung einer Mietverlängerungsoption beim Leasing, in: BB 1968, S. 1027-1028 (Mietverlängerungsoption).

REITHER, CHERI, What are the best and the worst accounting standards?, in: Accounting Horizons 1998, S. 283-292 (Accounting).

RICHTER, RUDOLF/FURUBOTN, EIRIK, Neue Institutionenökonomik - Eine Einführung und kritische Würdigung, 4. Auflage, Tübingen 2010 (Neue Institutionenökonomik).

ROLFES, BERND, Arbitragefreier Gewinntransfer an den Finanzmärkten - Eine kritische Analyse, in: Kredit und Kapital 1995, S. 376-402 (Gewinntransfer).

SABEL, ELMAR, Leasingverträge in der kapitalmarktorientierten Rechnungslegung, Wiesbaden 2006 (Leasingverträge).

SABEL, ELMAR/VOGEL, MARTIN, Die Leasing-Vertragsoptionen im Rahmen der Reform des IAS 17 - Mixed Model bei der Leasing-Bilanzierung?, in: FLF 2008, S. 198-205 (Leasing-Vertragsoptionen).

SCHÄFER, WOLF, Grundsätze ordnungsmäßiger Bilanzierung für Forderungen, Düsseldorf 1971 (Forderungen).

SCHARENBERG, SIGRUN, Die Bilanzierung von wirtschaftlichem Eigentum in der IFRS-Rechnungslegung - Eine vergleichende Analyse von Abbildungsregeln für ausgewählte Rechtsinstitute, Wiesbaden 2009 (Wirtschaftliches Eigentum).

SCHARR, CHRISTOPH/USINGER, RAINER, Der neue Entwurf zur Umsatzrealisierung: Revolution oder reine Evolution, in: IRZ 2012, S. 101-107 (Umsatzrealisierung).

SCHILDBACH, THOMAS, Das private Rechnungslegungsgremium gemäß § 342 HGB und die Zukunft der Rechnungslegung in Deutschland, in: DB 1999, S. 646-652 (Rechnungslegungsgremium).

SCHIMMELSCHMIDT, UWE/HAPPE, PETER, Off-Balance-Sheet-Finanzierungen am Beispiel der Bilanzierung von Leasingverträgen im Einzelabschluss und im Konzernabschluss nach HGB, IFRS und US-GAAP, in: DB 2004, Beilage 9, S. 1-12 (Off-Balance-Sheet-Finanzierungen).

SCHIRDUAN, HEINZ, Finanzierungs-Leasing in der Bilanz des Leasinggebers – Ertragsteuer- und handelsrechtliche Fragen, Wiesbaden 1994 (Finanzierungs-Leasing).

SCHMALENBACH, EUGEN, Dynamische Bilanz, 11. Auflage, Köln/Opladen 1953 (Dynamische Bilanz).

SCHMIDT, PEER, Das Discussion Paper "Leases - Preliminary Views" von FASB und IASB - Neues Konzept, alte Probleme, neue Baustellen, in: FLF 2009, S. 253-259 (Discussion Paper).

SCHMIDT, PEER/HARTMANN-WENDELS, THOMAS/ADOLPH, PETER, Die Leasing-Geber-Bilanzierung nach internationalen Standards - Eine kritische Würdigung der Reformvorschläge, in: FLF 2010, S. 113-122 (Leasing-Geber-Bilanzierung).

SCHMIDT, PEER/HARTMANN-WENDELS, THOMAS/ADOLPH, PETER, Zur Reform der Leasingbilanzierung: Leasingverhältnisse gemäß ED "Leases" - Die Abbildung von Leasingverhältnissen beim Leasinggeber, in: IRZ 2011, S. 19-28 (Reform).

SCHMITZ, STEFANIE, Bilanztheorie in der US-amerikanischen und internationalen Standardsetzung - Eine historische und wissenschaftstheoretische Analyse, Wiesbaden 2012 (Bilanztheorie).

SCHOLZ, CHRISTIAN, Die steuerliche Verlustzuweisung beim Erwerb einer Eigentumswohnung, in: FR 1972, S. 265-270 (Verlustzuweisung).

SCHOPPE, SIEGFRIED, Moderne Theorie der Unternehmung, München 1995 (Moderne Theorie).

SEIFERT, PETER, Leasing von beweglichen Wirtschaftsgütern aus rechtlicher Sicht, in: Leasing-Handbuch für die betriebliche Praxis, hrsg. v. Eckstein, Wolfram/Feinen, Klaus, 7. Auflage, Frankfurt am Main 2000, S. 33-65 (Leasing).

SIEBERT, HANNS-PETER, Verfügungsgewalt über Nutzungsgegenstände bei Kauf und Leasing, in: Kauf, Miete und Leasing im Rating, hrsg. v. Börner, Christoph J./Everling, Oliver/Soethe, Robert, Wiesbaden 2008, S. 47-59 (Verfügungsgewalt).

SIGLOCH, JOCHEN, Leasing-Transaktionen in der Rechnungslegung - off- or on-balance sheet?, in: Unternehmungen, Versicherungen und Rechnungswesen, hrsg. v. Siegel, Theodor/Klein Andreas/Schneider, Dieter/Schwintowski, Hans-Peter, Berlin 2006, S. 409-425 (Leasing-Transaktionen).

SIMON, HERMAN, Die Bilanzen der Aktiengesellschaften und der Kommanditgesellschaften auf Aktien, 3. Auflage, Berlin 1899 (Bilanzen).

SONTIS, JOHANNES M., Strukturelle Betrachtungen zum Eigentumsbegriff, in: Festschrift für Karl Larenz zum 70. Geburtstag, hrsg. v. Paulus, Gotthard/Diedderichsen. Uwe/Canaris, Claus-Wilhelm, München 1973, S. 981-1002 (Eigentumsbegriff).

SPITTLER, HANS-JOACHIM, 20 Jahre Leasing in Deutschland, in: Süddeutsche Zeitung - Beilage Leasing (20 Jahre).

SPRENGER, REINHARD, Grundsätze gewissenhafter und getreuer Rechenschaft im Geschäftsbericht, Wiesbaden 1976 (Grundsätze).

SPROUSE, ROBERT/MOONITZ, MAURICE, Summary from "A Tentative Set of Broad Accounting Principles for Business Enterprises", in: The Journal of Accountancy 1962, S. 61-63 (Summary).

STEINER, MANFRED/BRUNS, CHRISTOPH, Wertpapiermanagement - Professionelle Wertpapieranalyse und Portfoliostrukturierung, 8. Auflage, Stuttgart 2002 (Wertpapiermanagement).

STOLL, HEINRICH, Die Lehre von den Leistungsstörungen - Denkschrift des Ausschusses für Personen-, Vereins- und Schuldrecht, Tübingen 1936 (Leistungsstörungen).

STREIM, HANNES, Die Vermittlung von entscheidungsnützlichen Informationen durch Bilanz und GuV - Ein nicht einlösbares Versprechen der internationalen Standardsetter, in: BFuP 2000, S. 111-131 (Informationen).

STREIM, HANNES/BIEKER, MARCUS/LEIPPE, BRITTA, Anmerkungen zur theoretischen Fundierung der Rechnungslegung nach International Accounting Standards, in: Wolfgang Stützel - Moderne Konzepte für Finanzmärkte, Beschäftigung und Wirtschaftsverfassung, hrsg. v. Schmidt, Hartmut/Ketzel, Eberhart/Prigge, Stefan, Tübingen 2001 (Fundierung).

STÜTZEL, WOLFGANG, Bemerkungen zur Bilanztheorie, in: ZfB 1967, S. 314-340 (Bilanztheorie).

TACKE, HELMUT, Leasing, 3. Auflage, Stuttgart 1999 (Leasing).

THI, TAMI/FINK, CHRISTIAN/SCHULTZE, WOLFGANG, Reform der Leasingbilanzierung nach IFRS - Asymmetrische Behandlung von Leasingnehmer und Leasinggeber, in: KoR 2011, S. 458-466 (Leasingbilanzierung).

ULLRICH, ERHARD, § 21. Persönliche Zurechnung der Leasinggegenstände (wirtschaftliches Eigentum), in: Praxishandbuch Leasing, hrsg. v. Büschgen, Hans E., München 1998, S. 514-257 (Zurechnung).

VATER, HENDRIK, Bilanzierung von Leasingverhältnissen nach IAS 17: Eldorado bilanzpolitischer Möglichkeiten?, in: DStR 2002, S. 2094-2100 (Eldorado).

VATTER, WILLIAM, Accounting for Leases, in: Journal of Accounting Research 1966, S. 133-148 (Accounting for Leases).

VOGEL, MARTIN, Immobilienleasingverhältnisse (IAS 17), in: IFRS Immobilien, hrsg. v. Weber, Ernst/Baumunk, Henrik/Pelz, Jürgen, 2. Auflage, Köln 2009, S. 171-212 (Immobilienleasingverhältnisse).

WAGENHOFER, ALFRED, Internationale Rechnungslegungsstandards - IAS/IFRS - Grundlagen und Grundsätze ; Bilanzierung, Bewertung und Angaben ; Umstellung und Analyse, 6. Auflage, München 2010 (Internationale Rechnungslegungsstandards).

WAßMER, STEPHAN/HELMSCHROTT, HARALD, Leasingbilanzierung nach dem G4+1 Positionspapier: Fortschritt oder Rückschritt, in: DB 2000, S. 2025-2026 (Positionspapier).

WEHLMANN, FRANK, Das Erbbaurecht im Einkommensteuerrecht, Mainz 1992 (Erbbaurecht).

WEINSTOCK, MARC, Accounting for Leases: Neuer Vorschlag des IASC zur Bilanzierung von Leasingverträgen, in: WPg 1996, S. 794-800 (Leases).

WEINSTOCK, MARC, Die Bilanzierung von Leasingverträgen nach IASC - Darstellung mit ausführlichen Beispielen, Frankfurt am Main 2000 (Leasingverträge).

WIEDMANN, HARALD/SCHWEDLER, KRISTINA, Die Rahmenkonzepte von IASB und FASB: Konzeption, Vergleich und Entwicklungstendenzen, in: Rechnungslegung und Wirtschaftsprüfung, hrsg. v. Kirsch, Hans-Jürgen/Thiele, Stefan, Düsseldorf 2007, S. 679-715 (Rahmenkonzepte).

WOERNER, LOTHAR, Die Gewinnrealisierung bei schwebenden Geschäften - Vollständigkeitsgebot, Vorsichts- und Realisationsprinzip, in: BB 1988, S. 769-777 (Gewinnrealisierung).

WOLLMERT, PETER, Neue Wege bei der Gewinnrealisierung nach IFRS, in: Brennpunkte der Bilanzierungspraxis nach IFRS und HGB, hrsg. v. Küting, Karlheinz/Pfitzer, Norbert/Weber, Claus-Peter, Stuttgart 2012, S. 73-97 (Gewinnrealisierung).

WÜNSCHE, BENEDIKT, Verbindlichkeitsrückstellungen im IFRS-Abschluss - Eine Untersuchung der Entscheidungsnützlichkeit der Regelungen in ED IAS 37 und in IAS 37, Düsseldorf 2009 (Verbindlichkeitsrückstellungen).

WÜSTEMANN, JENS/BISCHOF, JANNIS, Der Grundsatz der Fair-Value-Bewertung von Schulden nach IFRS: Zweck, Inhalte und Grenzen, in: ZfB Special Issue 6/2006, S. 77-110 (Fair-Value-Bewertung).

WÜSTEMANN, JENS/KIERZEK, SONJA, Ertragsvereinnahmung im neuen Referenzrahmen von IASB und FASB - internationaler Abschied vom Realisationsprinzip?, in: BB 2005, S. 427-434 (Ertragsvereinnahmung).

WÜSTEMANN, JENS/KIERZEK, SONJA, Revenue Recognition under IFRS Revisited: Conceptual Models, Current Proposals and Practical Consequences, in: Accounting in Europe 2005, S. 69-106 (Revenue Recognition).

WÜSTEMANN, JENS/KIERZEK, SONJA, Das Projekt "Revenue Recognition" von FASB und IASB - Notwendigkeit, Vorschläge und Bewertung möglicher Neufassungen von IAS 18 und IAS 1, in: Internationale Rechnungslegung: Standortbestimmung und Zukunftsperspektiven, hrsg. v. Küting, Karlheinz/Pfitzer, Norbert/Weber, Claus-Peter, Stuttgart 2006, S. 245-279 (Projekt).

WÜSTEMANN, JENS/KIERZEK, SONJA, Normative Bilanztheorie und Grundsätze ordnungsmäßiger Gewinnrealisierung für Mehrkomponentenverträge, in: ZfbF 2007, S. 882-913 (Mehrkomponentenverträge).

WÜSTEMANN, JENS/WÜSTEMANN, SONJA, Umsatzerlöse aus Kundenverträgen nach IFRS - Neuausrichtung an der Erfüllung von Verpflichtungen in ED/2010/6, in: BB 2010, S. 2035-2040 (Umsatzerlöse).

WÜSTEMANN, JENS/WÜSTEMANN, SONJA, Exposure Draft ED/2011/6 "Revenue from Contracts with Customers" - Überarbeitung als Kompromiss, in: BB 2011, S. 3117-3119 (Exposure Draft).

ZAHN, HERBERT, Risiko des Leasinggebers und Vertragsgestaltung nach dem Immobilien-Erlaß vom 23.12.1991 (Teil I), in: DB 1992, S. 2482-2488 (Immobilien-Erlaß (Teil I)).

ZÜLCH, HENNING, Die Bilanzierung von Investment Properties nach IAS 40, Düsseldorf 2003 (Investment Properties).

ZWICKER, DIETER G., Mobilien-Leasing in den USA, in: Leasing-Handbuch für die betriebliche Praxis, hrsg. v. Eckstein, Wolfram/Feinen, Klaus, 7. Auflage, Frankfurt am Main 2000, S. 519-571 (Mobilien-Leasing).

Verzeichnis der Geschäfts- und Jahresberichte

BUNDESVERBAND DEUTSCHER LEASING-UNTERNEHMEN (HRSG.), Jahresbericht 2011/2012 (Jahresbericht 2011/2012).

DEUTSCHE LEASING AG (HRSG.), Geschäftsbericht 2010/2011, Bad Homburg 2012 (Geschäftsbericht 2010/2011).

VOLKSWAGEN AG (HRSG.), Geschäftsbericht 2011, Wolfsburg 2012 (Geschäftsbericht 2011).

VOLKSWAGEN FINANCIAL SERVICES AG (HRSG.), Anteilsbesitz gem. §§ 285 und 313 HGB für die Volkswagen Financial Services AG und den Konzern der Volkswagen Financial Services AG zum 31.12.2011, http://www.vwfsag.de/content/sites/vwcorporate/vwfsag_de/de/home/investor_relations/geschaeftsberichte/geschaeftsbericht2011/_jcr_content/parsysContent/c011_download-list_1/items/c005_download.download.pdf/FSAG.Anteilsbesitz.31.12.2011.pdf. Zuletzt geprüft am: 4. Juni 2013 (Anteilsbesitzliste 2011).

VOLKSWAGEN FINANCIAL SERVICES AG (HRSG.), Geschäftsbericht 2011, Braunschweig 2012 (Geschäftsbericht 2011).

Gesetzesverzeichnis und Verzeichnis der Rechtsquellen der EG/EU

Bürgerliches Gesetzbuch (BGB) in der Fassung der Bekanntmachung vom 02.01.2002, BGBl. I 2002, S. 42-44, zuletzt geändert durch Gesetz vom 10.05.2012, BGBl. II 2012, S. 1084.

Handelsgesetzbuch (HGB) vom 10.05.1897, RGBl. 1897, S. 219-436,), zuletzt geändert durch Artikel 1 des Gesetzes zur Reform des Seehandelsrechts vom 20. April 2013 (BGBl. I 2013, S. 831).

Verordnung (EG) Nr. 1606/2002 des Europäischen Parlaments und des Rates vom 19. Juli 2002 betreffend die Anwendung internationaler Rechnungslegungsstandards, in: Amtsblatt der EG Nr. L 243 vom 11. September 2002, S. 1-4.

Verzeichnis der Rechtsprechung

BGH, Urteil vom 28. März 1990 - VIII ZR17/89, in: DB 1990, S. 1228.

BGH, Urteil vom 12. Juni 1985 - VIII ZR 148/84, in: BGHZ 1985, S. 39-62.

Verzeichnis der Materialien aus dem Standardsetzungsprozess

ANC (HRSG.), Comment Letter Exposure Draft ED/2010/9 Leases, http://www.fasb.org/cs/BlobServer?blobkey=id&blobwhere=1175821973628&blobheader=application%2Fpdf&blobcol=urldata&blobtable=MungoBlobs. Zuletzt geprüft am: 4. Juni 2013 (CL ED Leases).

BDO (HRSG.), Comment Letter Exposure Draft ED/2010/6 Revenue from Contracts with Customers, http://www.fasb.org/cs/BlobServer?blobkey=id&blobwhere=1175821620715&blobheader=application%2Fpdf&blobcol=urldata&blobtable=MungoBlobs. Zuletzt geprüft am: 4. Juni 2013 (CL ED Revenue).

BUNDESVERBAND DEUTSCHER LEASING-UNTERNEHMEN (HRSG.), Comment Letter Exposure Draft ED/2010/9 Leases, http://www.ifrs.org/Current-Projects/IASB-Projects/Leases/ed10/cl/Documents/20101214CommentLetterfinalgesamt.pdf. Zuletzt geprüft am: 4. Juni 2013 (CL ED Leases).

DEUTSCHE TELEKOM AG (HRSG.), Comment Letter Exposure Draft ED/2010/9 Leases, http://www.fasb.org/cs/BlobServer?blobkey=id&blobwhere=1175821982174&blobheader=application%2Fpdf&blobcol=urldata&blobtable=MungoBlobs. Zuletzt geprüft am: 4. Juni 2013 (CL Leases).

DRSC (HRSG.), Comment Letter Exposure Draft ED/2010/9 Leases, http://www.fasb.org/cs/BlobServer?blobkey=id&blobwhere=1175821994662&blobheader=application%2Fpdf&blobcol=urldata&blobtable=MungoBlobs. Zuletzt geprüft am: 4. Juni 2013 (CL ED Leases).

EFRAG (HRSG.), Comment Letter Exposure Draft ED/2010/9 Leases, http://www.fasb.org/cs/BlobServer?blobkey=id&blobwhere=1175821995413&blobheader=application%2Fpdf&blobcol=urldata&blobtable=MungoBlobs. Zuletzt geprüft am: 4. Juni 2013 (CL ED Leases).

ERNST & YOUNG (HRSG.), Comment Letter Exposure Draft ED/2010/9 Leases, http://www.fasb.org/cs/BlobServer?blobkey=id&blobwhere=1175821983260&blobheader=application%2Fpdf&blobcol=urldata&blobtable=MungoBlobs. Zuletzt geprüft am: 4. Juni 2013 (CL ED Leases).

IASC FOUNDATION (HRSG.), IASB Update June 2003, London 2003 (IASB Update June 2003).

IASC FOUNDATION (HRSG.), IASB Update July 2006, London 2006 (IASB Update July 2006).

IASC FOUNDATION (HRSG.), Analysis of different accounting models for a lease with a lessee option to renew, http://www.ifrs.org/Current-Projects/IASB-Projects/Leases/Meeting-Summaries-and-Observer-Notes/Documents/Obs10.pdf. Zuletzt geprüft am: 13. März 2013 (Option to renew - accounting models).

IASC FOUNDATION (HRSG.), Different Approaches to Accounting for Options to Extend or Terminate a Leases (Agenda paper 2B), http://www.ifrs.org/Current-Projects/IASB-Projects/Leases/Meeting-Summaries-and-Observer-Notes/Documents/Leases0705b02bobs.pdf. Zuletzt geprüft am: 4. Juni 2013 (Different Approaches).

IASC FOUNDATION (HRSG.), IASB Update March 2007, London 2007 (IASB Update March 2007).

IASC FOUNDATION (HRSG.), Identification of assets and liabilities arising in a lease with a lessee option to renew, http://www.ifrs.org/Current-Projects/IASB-Projects/Leases/Meeting-Summaries-and-Observer-Notes/Documents/Obs9.pdf. Zuletzt geprüft am: 13. März 2013 (Option to renew).

IASC FOUNDATION (HRSG.), Identification of assets and liabilities arising in a simple lease, http://www.ifrs.org/Current-Projects/IASB-Projects/Leases/Meeting-Summaries-and-Observer-Notes/Documents/Leases0703b12aobs.pdf. Zuletzt geprüft am: 4. Juni 2013 (Simple lease).

IASC FOUNDATION (HRSG.), Options to Terminate or Extend a Lease, http://www.ifrs.org/Current-Projects/IASB-Projects/Leases/Meeting-Summaries-and-Observer-Notes/Documents/Leases0705b02aobs.pdf. Zuletzt geprüft am: 13. März 2013 (Terminate or Extend).

IASC FOUNDATION (HRSG.), IASB Update July 2008, London 2008 (IASB Update July 2008).

IASC FOUNDATION (HRSG.), Preliminary Views on Revenue Recognition in Contracts with Customers, http://www.ifrs.org/Current-Projects/IASB-Projects/Revenue-Recognition/Discussion-Paper/Documents/DP_PreliminaryViewsRevenueRecognition1208.pdf. Zuletzt geprüft am: 4. Juni 2013 (DP Revenue Recognition).

IASC FOUNDATION (HRSG.), IASB Update November 2009, London 2009 (IASB Update November 2009).

IASC FOUNDATION (HRSG.), Leases - Preliminary Views, , http://www.ifrs.org/Current-Projects/IASB-Projects/Leases/DPMar09/Documents/DPLeasesPreliminaryViews.pdf. Zuletzt geprüft am: 4. Juni 2013 (DP/2009/1).

IDW (HRSG.), Comment Letter ED/2010/6 Revenue from Contracts with Customers, http://www.fasb.org/cs/BlobServer?blobkey=id&blobwhere=1175821482858&blobheader=application%2Fpdf&blobcol=urldata&blobtable=MungoBlobs. Zuletzt geprüft am: 7. April 2013 (CL ED Revenue).

IDW (HRSG.), Comment Letter Exposure Draft ED/2010/9 Leases, http://www.fasb.org/cs/BlobServer?blobkey=id&blobwhere=1175821984173&blobheader=application%2Fpdf&blobcol=urldata&blobtable=MungoBlobs. Zuletzt geprüft am: 4. Juni 2013 (CL ED Leases).

IFRS FOUNDATION (HRSG.), Leases, Basis for Conclusions Exposure Draft ED/2010/9 http://www.ifrs.org/Current-Projects/IASB-Projects/Leases/ed10/Documents/EDLeasesBasis0810.pdf. Zuletzt geprüft am: 4. Juni 2013 (ED/2010/9.BC).

IFRS FOUNDATION (HRSG.), Leases, Exposure Draft ED/2010/9 http://www.ifrs.org/Current-Projects/IASB-Projects/Leases/ed10/Documents/EDLeasesStandard0810.pdf. Zuletzt geprüft am: 4. Juni 2013 (ED/2010/9).

IFRS FOUNDATION (HRSG.), Revenue from Contracts with Customers, Exposure Draft ED/2010/6 http://www.ifrs.org/Current-Projects/IASB-Projects/Revenue-Recognition/ed0610/Documents/EDRevRecogSt0610.pdf. Zuletzt geprüft am: 24. Januar 2013 (ED/2010/6).

IFRS FOUNDATION (HRSG.), Revenue from Contracts with Customers, Basis for Conclusions Exposure Draft ED/2010/6 http://www.ifrs.org/Current-Projects/IASB-

Projects/Revenue-Recognition/ed0610/Documents/EDRevRecogBC0610.pdf. Zuletzt geprüft am: 4. Juni 2013 (ED/2010/6.BC).

IFRS FOUNDATION (HRSG.), Accounting for options to extend or terminate a lease, http://www.ifrs.org/Meetings/MeetingDocs/IASB/Archive/Leases/Leases-0211b05B.pdf. Zuletzt geprüft am: 4. Juni 2013 (Options).

IFRS FOUNDATION (HRSG.), Accounting for Purchase Options, http://www.ifrs.org/Meetings/MeetingDocs/IASB/Archive/Leases/Leases-0311b05D.pdf. Zuletzt geprüft am: 13. März 2013 (Purchase Options).

IFRS FOUNDATION (HRSG.), Comment letter summary - main issues, http://www.fasb.org/cs/ContentServer?site=FASB&c=Document_C&pagename=FASB%2FDocument_C%2FDocumentPage&cid=1176158279406. Zuletzt geprüft am: 4. Juni 2013 (Comment Letter Summary).

IFRS FOUNDATION (HRSG.), Definition of a lease, http://www.ifrs.org/Meetings/MeetingDocs/IASB/Archive/Leases/Leases-04116thb01D.pdf. Zuletzt geprüft am: 14. April 2013 (Definition).

IFRS FOUNDATION (HRSG.), Determination of the Discount Rate in a Lease, http://www.ifrs.org/Meetings/MeetingDocs/IASB/Archive/Leases/Leases-0311b11H.pdf. Zuletzt geprüft am: 4. Juni 2013 (Discount Rate).

IFRS FOUNDATION (HRSG.), IASB Update 1 and 2 March 2011, London 2011 (IASB Update 1 and 2 March 2011).

IFRS FOUNDATION (HRSG.), IASB Update February 2011, London 2011 (IASB Update February 2011).

IFRS FOUNDATION (HRSG.), IASB Update January 2011, London 2011 (IASB Update January 2011).

IFRS FOUNDATION (HRSG.), IASB Update July 2011, London 2011 (IASB Update July 2011).

IFRS FOUNDATION (HRSG.), IASB Update March 2011, London 2011 (IASB Update March 2011).

IFRS FOUNDATION (HRSG.), IASB Update October 2011, London 2011 (IASB Update October 2011).

IFRS FOUNDATION (HRSG.), IASB Update September 2011, London 2011 (IASB Update September 2011).

IFRS FOUNDATION (HRSG.), Lessor Accounting, http://www.ifrs.org/Meetings/MeetingDocs/IASB/Archive/Leases/Leases-0711b05G.pdf. Zuletzt geprüft am: 4. Juni 2013 (Lessor Accounting).

IFRS FOUNDATION (HRSG.), Lessor accounting: residual value guarantees, http://www.ifrs.org/Meetings/MeetingDocs/IASB/Archive/Leases/Leases-0911b02F.pdf. Zuletzt geprüft am: 4. Juni 2013 (Residual Value Guarantees).

IFRS FOUNDATION (HRSG.), Lessor Subsequent Measurement Issues, http://www.ifrs.org/Meetings/MeetingDocs/IASB/Archive/Leases/Leases-0911b02E.pdf. Zuletzt geprüft am: 4. Juni 2013 (Subsequent Measurement).

IFRS FOUNDATION (HRSG.), Presentation: Lessor Statement of Financial Position, http://www.ifrs.org/Meetings/MeetingDocs/IASB/Archive/Leases/Leases-0911b02B.pdf. Zuletzt geprüft am: 16. April 2013 (Lessor Statement of Financial Position).

IFRS FOUNDATION (HRSG.), Redeliberations plan, http://www.ifrs.org/Meetings/MeetingDocs/IASB/Archive/Leases/Leases-0111b05B.pdf. Zuletzt geprüft am: 4. Juni 2013 (Redeliberations).

IFRS FOUNDATION (HRSG.), Revenue from Contracts with Customers, Exposure Draft ED/2011/6 – A revision of ED/2010/6 Revenue from Contracts with Customers, http://www.ifrs.org/Current-Projects/IASB-Projects/Revenue-Recognition/EDNov11/Documents/RevRec_EDII_Standard.pdf. Zuletzt geprüft am: 4. Juni 2013 (ED/2011/6).

IFRS FOUNDATION (HRSG.), Revenue from Contracts with Customers - Basis for Conclusion Exposure Draft ED/2011/6 - A revision of ED/2010/6 Revenue from Contracts with Customers, http://www.ifrs.org/Current-Projects/IASB-Projects/Revenue-Recognition/EDNov11/Documents/RevRec_EDII_BC.pdf. Zuletzt geprüft am: 4. Juni 2013 (ED/2011/6.BC).

IFRS FOUNDATION (HRSG.), Contracts that contain a lease - how to allocate between components, Staff Paper March 2011, http://www.ifrs.org/Meetings/MeetingDocs/IASB/Archive/Leases/Leases-0311b11J.pdf. Zuletzt geprüft am: 4. Juni 2013 (Allocate between components).

IFRS FOUNDATION (HRSG.), How to determine 'the line' for different types of leases, http://www.ifrs.org/Meetings/MeetingDocs/IASB/Archive/Leases/Leases-0612b03D.pdf. Zuletzt geprüft am: 4. Juni 2013 (Different Types).

IFRS FOUNDATION (HRSG.), Leases, Basis for Conclusions Exposure Draft ED/2013/6 http://www.ifrs.org/Current-Projects/IASB-Projects/Leases/Exposure-Draft-May-2013/Documents/ED-Leases-Basis-for-Conclusions-May-2013.pdf. Zuletzt geprüft am: 4. Juni 2013 (ED/2013/6.BC).

IFRS FOUNDATION (HRSG.), Leases, Illustrative Examples Exposure Draft ED/2013/6 http://www.ifrs.org/Current-Projects/IASB-Projects/Leases/Exposure-Draft-May-2013/Documents/ED-Leases-Illustrative-Examples-May-2013.pdf. Zuletzt geprüft am: 4. Juni 2013 (ED/2013/6.IE).

IFRS FOUNDATION (HRSG.), Leases, Exposure Draft ED/2013/6 http://www.ifrs.org/Current-Projects/IASB-Projects/Leases/Exposure-Draft-May-2013/Documents/ED-Leases-Standard-May-2013.pdf. Zuletzt geprüft am: 4. Juni 2013 (ED/2013/6).

LEASEUROPE (HRSG.), Comment Letter Exposure Draft ED/2010/9 Leases, http://www.leaseurope.org/uploads/documents/positions/pp101215.pdf. Zuletzt geprüft am: 23. Mai 2013 (CL ED Leases).

LEASEUROPE (HRSG.), Comment Letter on Accounting for Lessors, http://www.fasb.org/cs/BlobServer?blobcol=urldata&blobtable=MungoBlobs&blobkey=id&blobwhere=1175820173526&blobheader=application%2Fpdf. Zuletzt geprüft am: 8. April 2013 (Lessors).

PWC (HRSG.), Comment Letter Exposure Draft ED/2010/9 Leases, http://www.fasb.org/cs/BlobServer?blobkey=id&blobwhere=1175821983715&blobheader=application%2Fpdf&blobcol=urldata&blobtable=MungoBlobs. Zuletzt geprüft am: 4. Juni 2013 (CL ED Leases).

SWEDISH FINANCIAL REPORTING BOARD (HRSG.), Comment Letter ED/2010/6 Revenue from Contracts with Customers, http://www.fasb.org/cs/BlobServer?blobkey=id&blobwhere=1175821658162&blobheader=application%2Fpdf&blobcol=urldata&blobtable=MungoBlobs. Zuletzt geprüft am: 7. April 2013 (CL ED Revenue).

VOLKSWAGEN AG (HRSG.), Comment Letter Exposure Draft ED/2010/9 Leases, http://www.fasb.org/cs/BlobServer?blobkey=id&blobwhere=1175821952066&blobheader=application%2Fpdf&blobcol=urldata&blobtable=MungoBlobs. Zuletzt geprüft am 4. Juni 2013 (CL ED Leases).

Verzeichnis der Verwaltungsanweisungen

BMF, Schreiben vom 19.04.1971 – IV B2-S 2170-31/71, in: BStBl. I 1971, S. 264 f. (Schreiben vom 19. April 1971).

BMF, Schreiben vom 21.03.1972 – IV B2-S 2170-11/72, in: BStBl. I 1972, S. 188 (Schreiben vom 21. März 1972).

BMF, Schreiben vom 22.12.1975 – IV B2-S 2170-161/75, in: DB 1976, S. 172-174 (Schreiben vom 22. Dezember 1975).

BMF, Schreiben vom 23.12.1991 – IV B6-S 2170-115/91, in: BStBl. I 1992, S. 13 (Schreiben vom 23. Dezember 1991).